管理學

主　編◎蔣希眾
副主編◎黃建春、伍曙、伍燕嫵、黃牧乾

財經錢線

前　言

　　管理學是一門以實踐為基礎的綜合性學科，在100多年的發展歷程中，形成了相對完整的學科體系。20世紀中期以來，隨著科學技術的發展和生產社會化程度的不斷提高，人類社會進入了一個新的發展時期，其重要標誌是社會的信息化和知識經濟的興起以及全球經濟一體化趨勢的加強。在這一背景下，組織管理正面臨著觀念轉變、機制變革和社會發展所帶來的挑戰和壓力，管理的重要性日益凸現。管理已成為現代社會的三大支柱之一，成為新生產力的重要構成要素，社會對管理人才與管理水準的要求也越來越高。所以，各國在各自的實踐中不斷豐富和發展管理學理論，構建了基於現代社會發展的管理學新的體系。儘管在管理學研究中尚有多種學術派別和理論，但管理活動的開放化與全球化，正使各派理論相互融合，特別是一些新的管理思想和實踐，已被人們廣泛認可。因此，及時、系統地歸納管理學界比較成熟的、具有普遍應用性的管理理論，向廣大讀者介紹國內外最新管理理論研究成果，對提高中國高校管理學教學水準，提高各行業管理工作的效率與效果，推動社會主義現代化建設事業的發展，具有重要的現實意義，這也是編著本書的目的所在。

　　本教材的編寫人員均為正在從事管理學教學工作的教師，根據人才培養目標的要求以及培養能力定位，編寫了這本體例較為獨特、內容符合學校學生的特點、滿足管理學課程教學需要的教材。

　　本教材編寫過程中，編者們在借鑑和吸收管理學主要傳統內容的基礎上，密切結合中國的管理實際，提出了管理服務的新觀點；在適度的基礎知識與理論體系覆蓋下，增加了實踐內容，以加強學生實踐能力的培養；在內容與體系上具有「教師易教，學生樂學，理論夠用，技能實用」的特色；突出了教材的基礎性、實踐性、科學性、先進性，反應了當代管理科學的新思想、新技術。

　　本教材編寫過程中，編者們堅持以馬克思主義管理科學理論為指導，以建設具有中國特色社會主義管理科學為努力方向；堅持理論聯繫實際的原則，立足本土，借鑑國外；注意總結當今中外管理實踐的新經驗，盡力吸取當代中外管理科學研究的前沿成果；全面系統地研究了管理的特徵、管理的要素、管理職能、管理架構、管理過程、管理方式、管理效率、管理理論的形成與發展等管理科學的基本範疇，致力於實現學術性與科學性、理論性與應用性的有機統一。本書突出了以下特點：

　　1. 創新性

　　本教材按照管理學的內在邏輯創新了管理學的結構體系，突破了管理學教材的傳統結構，創新地將本書結構分為幾大模塊：管理基礎模塊（第一章）、管理架構模塊

(第二章至第五章)、管理過程模塊(第六章至第十章)、管理方式模塊(第十一章至第十三章)、管理效率模塊(第十四章至第十五章)和管理發展模塊(第十六章),把管理學龐大的體系有機地結合起來,降低了學生學習的難度。

2. 可讀性、實用性

本教材克服了管理學教材往往是「以教師為中心」,把「可教性」放在第一位的不足,把是否有利於學生閱讀和能力開發等放在第一位;注重學生學習能力,分析問題、解決問題能力的培養。

3. 實踐性

在學習目標方面,理論知識以必須、夠用為度,減少了理論闡述比例,增加了實際技能和案例的比例,突出了實踐性,增加了學生實踐能力培養方面的內容,有利於加強學生實踐能力的培養。

4. 中國管理特色

我們在教學實踐中介紹西方管理理論時,遇到的質疑經常是理論和實踐的結合問題。我們不可能一直拿著國外的管理學教科書來分析國內企業的案例。中國企業大部分是中小企業,中國私營企業絕大部分是小型企業。它們內部有一套不靠制度卻能協作的工作方式。這種對內結成內部網絡,對外結成網絡式組織的方式,絕對是中國式管理的特色。本教材力求突出中國管理特色的內容。

全書共分十六章,主要內容有管理與管理學概述、組織體系與組織設計、組織結構與組織運行、組織變革與組織文化、人員配備、計劃、決策、領導、激勵、控制、制度管理、目標管理、人本管理、管理成本、管理效率、管理理論的形成與發展及管理創新等。本書由蔣希眾確定編寫思路,提出編寫大綱,最後由蔣希眾、黃牧乾、蔣喜清總纂、修改定稿。具體分工如下:第一章由蔣希眾編寫,第二章由孟喜悅編寫,第三章由劉琰編寫,第四章由伍曙編寫,第五章、第十二章由王麗編寫,第六章由黃建春編寫,第七章、第八章由李少利編寫,第九章、第十章由賈廣敏編寫,第十一章由莫姣姣編寫,第十三章 由黃牧乾編寫,第十四章、第十五章由伍燕嬌編寫,第十六章由蔣喜清編寫。

本教材可作為經管類本科各專業及高職高專管理學課程的教材,也可作為各類企事業管理人員的培訓教材,也適合作為有志於學習管理學的員工及社會人士的自學教材。

本教材在編寫過程中參閱和借鑑了眾多作者的科研成果,在此表示誠摯的感謝。本教材的出版得到廣州市霖度圖書發行有限公司和西南財經大學出版社的大力支持和幫助,在此一併表示感謝。

限於我們的知識水準及認知能力,加之編寫時間倉促,深知書中尚有不完善之處,敬請各位專家、學者和廣大讀者批評指正,使本教材在修改再版時更加完善。

編者

目 錄

第一章　管理與管理學概述 …………………………………（1）
　　第一節　管理概述 ……………………………………（1）
　　第二節　管理學概述 …………………………………（7）
　　第三節　管理者的角色與技能 ………………………（11）

第二章　組織體系與組織設計 ………………………………（17）
　　第一節　組織概述 ……………………………………（17）
　　第二節　組織目標 ……………………………………（20）
　　第三節　組織素質 ……………………………………（24）
　　第四節　組織設計與部門分工 ………………………（27）
　　第五節　職務設定、職權設計與平衡 ………………（30）
　　第六節　管理幅度與管理層次 ………………………（33）

第三章　組織結構與組織運行 ………………………………（37）
　　第一節　組織結構的典型形式 ………………………（37）
　　第二節　組織形態的縱向層次劃分 …………………（42）
　　第三節　權變的組織結構 ……………………………（53）

第四章　組織變革與組織文化 ………………………………（61）
　　第一節　組織生命週期理論 …………………………（61）
　　第二節　組織變革 ……………………………………（62）
　　第三節　組織文化及其發展 …………………………（64）

第五章　人員配備 ……………………………………………（73）
　　第一節　人員配備概述 ………………………………（73）
　　第二節　人員的招聘 …………………………………（77）
　　第三節　人員的培訓 …………………………………（81）
　　第四節　績效考核 ……………………………………（93）

第六章　計劃 （102）
第一節　計劃的概述 （102）
第二節　計劃的類型及編製流程 （108）
第三節　計劃的基本方法 （112）

第七章　決策 （121）
第一節　決策概述 （121）
第二節　決策的原則 （123）
第三節　決策的分類 （125）
第四節　決策的過程 （127）
第五節　決策的方法 （130）

第八章　領導 （140）
第一節　領導概述 （140）
第二節　領導理論 （142）
第三節　領導的風格與類型 （146）
第四節　領導的藝術 （154）
第五節　領導者的溝通 （157）

第九章　激勵 （164）
第一節　激勵概述 （164）
第二節　激勵理論 （166）
第三節　激勵方法 （177）

第十章　控制 （183）
第一節　控制概述 （183）
第二節　控制過程 （187）
第三節　控制類型 （190）
第四節　控制方法與技術 （193）

第十一章　制度管理 ……………………………………………………（205）
　　第一節　制度管理概述 …………………………………………………（205）
　　第二節　制度的優化 ……………………………………………………（210）
　　第三節　制度管理實施 …………………………………………………（212）

第十二章　目標管理 ……………………………………………………（216）
　　第一節　目標概述 ………………………………………………………（216）
　　第二節　目標管理概述 …………………………………………………（220）
　　第三節　目標管理的實施 ………………………………………………（224）

第十三章　人本管理 ……………………………………………………（232）
　　第一節　人本管理概述 …………………………………………………（232）
　　第二節　人本管理的核心內容 …………………………………………（236）
　　第三節　人本管理的方式 ………………………………………………（238）

第十四章　管理成本 ……………………………………………………（245）
　　第一節　管理成本概述 …………………………………………………（245）
　　第二節　管理成本的影響因素與控制方法 ……………………………（249）

第十五章　管理效率 ……………………………………………………（261）
　　第一節　管理效率概述 …………………………………………………（261）
　　第二節　管理效率的影響因素 …………………………………………（263）
　　第三節　提高管理效率的有效途徑 ……………………………………（265）

第十六章　管理理論的形成與發展 ……………………………………（273）
　　第一節　中國管理理論的形成與發展 …………………………………（273）
　　第二節　西方管理理論的形成與發展 …………………………………（281）
　　第三節　管理創新 ………………………………………………………（299）

第一章　管理與管理學概述

【學習要點】
1. 管理、管理學、管理者的定義；
2. 管理的特性與要素；
3. 管理者的類型、角色、技能與素質；
4. 管理學的研究對象。

第一節　管理概述

　　管理的歷史源遠流長，自古有之。管理活動作為人類最重要的一項活動，是伴隨著人類社會歷史的發展而發展的。在人類歷史上，自從有了人類群體組織活動，也就出現了管理活動。管理活動廣泛存在於人類社會生活之中，無論是過去、現在還是在未來，無論是國家、軍隊、企業還是社會團體，只要有人類的群體組織活動存在，就存在管理活動。人類社會發展的實踐證明，有效的管理是任何國家、企業及其他社會組織取得成功的基礎。因此，在社會生活中，特別是在組織活動中，人們瞭解什麼是管理，為什麼要進行管理，怎樣才能有效地進行管理，既有利於規範組織成員的行為，也有利於提高管理工作的效率。

一、管理的定義

　　管理是管理學中最基本的概念，由於管理的要素存在著廣泛性和複雜性的特點，加上管理學者們研究的側重點和角度不同，中外學者們對「管理」的定義一直是眾說紛紜。不同歷史時期、不同學派對管理的認識也不盡相同。下面我們援引具有一定代表性的中外管理學教科書對管理下的定義，概括總結出本書對管理的定義。

　　（一）國外學者對管理的定義

　　「管理是以計劃、組織、指揮、協調及控制等職能為要素組成的活動過程。」這一觀點是由「現代管理理論之父」法國工業家亨利·法約爾（Henri Fayol）於 1916 年提出的。後經英美等國管理學者的完善與發展，形成了著名的管理過程理論學派。他們主要從管理職能的角度進行定義，明確了管理的過程和職能。

　　被譽為「現代管理之父」的美國管理學家彼得·F. 德魯克（Peter F. Drucker）指出：「管理不只是一門學問，還應是一種文化，它具有自己的價值觀、信仰、工具和語

言。」① 這是從文化角度給管理下的定義。

美國著名管理學家哈羅德·孔茨（Harold Koontz）認為：「管理就是設計和保持一種良好環境，使人在群體裡高效率地完成既定目標。」② 即管理是使人群高效率完成工作的過程。

美國管理學家、1978年諾貝爾經濟學獎獲得者赫伯特·A. 西蒙（Herbert A. Simen）則提出「管理就是決策」，認為決策貫穿於管理的全過程。

(二) 國內學者對管理的定義

周三多等認為：「管理是指組織為了達到個人無法實現的目標，通過各項職能活動，合理分配、協調相關資源的過程。」

徐國華等認為：「管理是通過計劃、組織、控制、激勵和領導等環節來協調人力、物力和財力資源，以期更好地達成組織目標的過程。」

楊文士等認為：「管理是組織中的管理者，通過實施計劃、組織、人員配備、指導與領導、控制等職能來協調他人的活動，使別人同自己一起實現既定目標的活動過程。」

芮明杰認為：「管理是對組織的資源進行有效整合以達成組織既定目標與責任的動態創造性活動。」

(三) 本書對管理的定義

上述國內外學者的管理定義雖然說法不盡相同，但都從不同的角度、不同的側面揭示了管理的內涵。綜合上述定義，本書對管理的定義是：管理是組織中的管理者，通過計劃、組織、領導、控制、服務等職能協調組織資源、優化資源配置、實現組織目標的活動過程。這一管理定義的特點是提出了服務是管理職能的新觀點。實踐證明：一個擁有為組織成員服務意識的管理者，一個能夠積極主動地為組織成員解決工作、學習、生活上的實際困難的管理者，在管理的實踐中往往能贏得被管理者的信任和追隨，使管理工作達到事半功倍的效果，有利於管理工作效率的提高及組織目標的實現。

二、管理的特性

(一) 目的性

管理是人類的一種有意識、有目的的活動，因而，它有明顯的目的性。管理的這一特徵，是區別自然界和人類社會中管理與非管理活動的重要標誌。管理的目的是為了實現組織的既定目標。

(二) 組織性

組織是指人們為了實現一定的目標，結合而成的具有一定結構的協作群體。組織是管理的載體。管理活動是發生在組織之內的活動過程，任何管理工作都是在某一特

---

① 彼得·F. 德魯克. 卓有成效的管理者 [M]. 上海：上海譯文出版社，1998.
② 哈羅德·孔茨，海因茨·韋里克克. 管理學 [M]. 郝國華，等，譯. 北京：經濟科學出版社，1993.

定組織中進行並為該特定組織服務的；任何組織要實現其特定的目標，都需要管理工作的支持。所以，我們說組織是管理的載體，管理是組織中必不可少的活動。

（三）經濟性

管理者的管理活動是通過管理的職能協調組織資源、優化資源配置的活動過程。由於管理者的管理風格不同，選擇資源配置的方式不同，管理效率的不同，其產生的成本、費用及效益也不同，這種特性稱為管理的經濟性。

（四）動態性

不同的組織擁有不同的目標，所處的客觀環境與具體的管理環境也不盡相同，從而導致了每個組織中資源配置方式的差異性，這種差異性就是管理動態特性的一種表現。事實上，不存在一個標準的、處處成功的管理模式，更不存在適合所有組織環境的管理模式。權變管理理論認為，管理者要根據組織所處的環境隨機應變，針對不同的環境尋求相應的管理模式。這一觀點也說明了管理存在動態性特徵。

（五）人本性

在社會組織的各種活動中，人都是決定性因素。管理活動也不例外。人在組織的管理活動中起著根本性作用，直接關係到組織的發展。管理的人本性，是指管理者在管理活動中要以人為中心，把理解人、尊重人、調動人的積極性放在首位，把人視為管理的重要對象及組織最重要的資源。重視並發揮人的根本作用，優化人力資源配置，做到人盡其才，才能實現高水準、高效率的管理。

（六）創新性

管理活動是獲取資源、組織資源並通過其他人來實現目標的過程，是一個動態的而非靜態的過程。任何組織在面臨新的激烈競爭的時候，其管理者都要盡力做好管理工作，但這並不是一件容易的事。人在變化、條件在變化、技術在變化，而且規則也在變化，即組織的管理環境處於動態變化中。這就要求組織的管理模式及管理活動要根據環境的變化而不斷調整，主動適應組織環境的變化。這種根據管理環境的變化而調整組織管理模式、管理理念、管理活動的過程，我們稱為管理的創新性。管理創新是組織發展的不竭動力。管理的創新特性包括：理念創新、目標創新、技術創新、制度創新和架構創新。

（七）科學性

管理的科學性是指管理作為一個活動過程，其間存在著一系列基本的客觀規律。尊重這一系列的客觀規律，可以減少或避免管理工作的失誤。長期以來，人們經過對無數次管理成功經驗和失敗教訓的總結，探索出一系列反應管理活動客觀規律的管理理論和一般方法。採用這些理論和方法來指導管理活動，可以提高人們的管理水準，避免管理工作的盲目性，達到有效提高管理效率的目的。在管理的實踐中，隨著人們管理經驗的不斷豐富，用以指導管理活動的理論和方法也在不斷地發展和完善，最終形成了科學的管理理論。管理的科學性揭示了管理活動的規律，反應了管理的共性。

（八）藝術性

管理的藝術性強調的是管理的實踐性，也是管理者的管理技巧。由於不同組織、不同行業的管理對象所處的管理環境不同，所以對每一個具體管理對象的管理沒有一個唯一的完全有章可循的模式，從而造成了具體管理活動的成效與管理者技巧發揮的程度相關性很大。管理者善於運用與發揮好這種管理技巧，有利於提升其對被管理者的影響力，有利於調動被管理者的積極性。在管理的實踐中，我們不難發現這樣的現象：甲任某企業的總經理，企業連年虧損，乙取代甲任總經理後，根據企業的具體情況，創造性地運用管理理論和方法，開展管理工作，企業扭虧為盈。後者往往較前者更懂得管理的藝術性。由此可見，管理的藝術性，就是指管理活動除了要掌握一定的理論和方法外，還要有靈活運用這些理論和方法的技巧和訣竅。管理沒有一成不變的固定模式，也沒有放之四海而皆準的絕對原理。管理者只有根據組織的具體情況，依據管理的基本原理和方法，創造性地去解決管理問題，管理工作才能取得成功。

三、管理的要素

管理活動的全貌由管理要素和管理職能構成。管理要素是構成管理活動的靜態因素，管理職能是構成管理活動的動態因素。對於管理要素有不同的分類方法，早期的觀點認為，人、財、物三種有形資源是構成管理的三個基本要素，即管理的有形要素。隨著經濟社會的發展、科技的進步及商業競爭的日益激烈，一些重要的無形資源也被列入了管理的要素，即管理的無形要素。管理的要素存在著廣泛性和複雜性的特點，是維持組織的生存和發展、實現組織目標的基礎條件，是組織的重要資源。

（一）有形要素

1. 人力資源

人力資源是任何一個組織都必需的資源，也是最重要的資源，是組織中唯一起能動作用，並可以決定其他要素作用發揮程度的關鍵要素。人力資源包括組織中的管理者和被管理者。作為組織第一管理要素，人力資源在現代經濟社會中是指具有一定文化知識，掌握一定技術技能、勞動技能、管理技能的人。

2. 金融資源

金融資源是指組織擁有並能有效控制的貨幣資本和現金。在現實社會中，由於貨幣資本和現金可以用來購買物質資源、人力資源、技術資源等，故一個組織擁有金融資源的多寡實際上也反應了組織擁有資源的多寡。

3. 物質資源

物質資源是指組織所能運用的各種有形的物質要素的總和，包括土地、廠房、機器設備、各種產成品、原材料、輔助材料等。對一個組織而言，物質資源的多寡也可表現為其擁有財富的多少。

（二）無形要素

1. 組織文化

組織文化是指一個組織在長期實踐中形成的、具有本組織特色的、並為組織成員普遍認可和奉行的價值觀、道德規範、行為準則的總和。

組織文化由三個層次的內容組成：一是物質層文化，又稱為行為文化，是最表層文化。它是組織文化的載體與外在化，是一種外顯文化。它是由組織成員創造的產品和各種設施等所構成的實物文化。二是制度文化，又稱規範文化，是中間層文化，它包括組織的各種規章制度、道德規範、領導風格、員工修養、人際關係等，它規定著組織中每個成員的行為規範。三是精神文化，是核心層文化，它是組織文化的核心。它包括組織的理想信念、目標追求、價值觀念、行為準則等。

2. 組織環境

組織環境是指存在於一個組織內部和外部，對組織的運作具有現實和潛在影響力的各種客觀因素的總和。組織環境可分為外部環境和內部環境兩個方面。組織的外部環境是指存在於組織之外並對組織的管理活動產生影響的外界客觀情況和條件。組織的外部環境可分為一般環境因素和具體環境因素。組織的內部環境是指存在於組織之內並對組織的管理活動產生影響力的客觀條件的總和，一般包括組織的物質環境和文化環境。

3. 時間資源

時間是組織的重要資源，它可以衡量速度和效率的高低。時間管理是所有管理工作的基礎和開端。若時間管理不善、分配不當，就可能出現不平衡的現象，造成時間的浪費、效率及效益的損失。一個高效的管理系統，應該重視時間的充分利用，重視用技巧、技術和工具實施有效的時間管理，幫助組織成員完成工作、實現目標。

4. 信息資源

信息資源與組織的人力、財力、物力和自然資源一樣同為組織的重要資源，且為組織發展的戰略資源。同時，它又不同於其他資源（如材料、能源資源），是可再生的、無限的、可共享的，是人類活動的最高級財富。信息資源可分為廣義的信息資源和狹義的信息資源。狹義的信息資源是指人類社會經濟活動中經過加工處理並大量累積起來的有用信息的集合；廣義的信息資源是指人類社會信息活動中累積起來的信息、信息生產者、信息技術等信息活動要素的集合。

信息技術的快速發展，組織、社會信息化應用的過熱式需求，使信息資源從技術應用變成了無處不在的重要經濟資源。信息資源牽動著經濟增長、體制改革、社會變遷和發展，信息資源管理技術也從單一走向綜合，正在形成集各種軟硬件於一體的大型平臺。對信息的有效管理，是現代管理的重要內容。

5. 技術資源

技術是實現經濟目標的手段之一，技術像土地、勞動力和資本一樣也是一種資源。技術資源的本質特性在於它的知識性。對於一個組織來說，技術包括兩個方面：其一是與解決實際問題有關的軟件方面的知識；其二是為解決這些實際問題而使用的設備、工具等硬件方面的知識。兩者合起來就構成了這個組織的特殊資源，即技術資源。

技術資源在廣義上也屬於社會人文資源，其在經濟發展中發揮著重大作用。技術是自然科學知識在生產過程中的應用，是直接的生產力，是改造客觀世界的方法、手段。科學技術對生產力的發展具有巨大的推動作用，實施技術開發與管理是實現生產力高速發展的關鍵。

6. 關係資源

關係資源是指組織與其他組織、客戶及個人等方面的合作及親善的程度與廣度。組織的存續不是孤立的，它必須與其他的組織、客戶及個人保持密切的關係，而這種關係有時會非常有助於組織目標的實現。如企業與客戶間長期良好的合作而建立起的顧客忠誠，可使客戶成為企業經營中獲取強大競爭優勢的一項重要資源。組織應特別重視對這種資源的管理。

四、管理的職能

管理的職能是對管理職責與功能的簡要概括，它幫助組織充分利用其資源以實現組織目標，涉及管理工作的職權和範圍，即管理在一個組織中究竟包括哪些方面的工作。關於這個問題，管理學界存在爭議。

法國工業家亨利·法約爾於1916年提出，所有的管理者都履行著五種管理職能——計劃、組織、指揮、協調和控制。此後，研究管理職能就成為管理學的重大研究課題之一。由於各管理學者強調的重點不同，因而對管理職能的具體提法也各不相同。1934年美國的戴維斯等人提出管理的三職能說，提出了管理的職能包括計劃、組織、控制的觀點。1934年美國的另一學者古利克認為管理應當包括計劃、組織、人事、指揮、協調、報告和預算七項職能。

到了20世紀50年代中期，加利福尼亞大學洛杉磯分校的兩位教授，哈羅德·孔茨和西里爾·奧唐奈，在他們的著作《管理學》中，就把管理職能劃分為計劃、組織、人事、領導和控制。隨著決策理論的創立，人們普遍認識到決策對組織發展的決定作用及其在管理中的重要地位。為此，有些管理學者為了強調決策在管理中的作用，將決策從計劃職能中獨立出來作為一個管理職能。

國內一些學者關於管理職能的問題也存在著分歧。周三多等在1993年出版的《管理學：原理與方法》中將管理的職能劃分為決策、組織、領導、控制、創新；楊文士和張雁等在1994年出版的《管理學原理》中將管理的職能劃分為計劃、組織、人員配備、指導與領導、控制。

關於人類的管理活動具有哪些基本的職能這一問題，管理學界最常見的觀點是四個基本職能，即計劃、組織、領導和控制。種種關於管理職能的學說表明：管理的職能是隨著經濟社會的發展、科學技術的進步和管理理論與實踐的發展而不斷發展變化的。隨著經濟社會的發展，服務的作用日益重要，無論是政府機關、其他社會組織還是組織的部門及管理者，其服務工作的效果都直接或間接影響管理的效果。為此，我們提出服務也是管理的基本職能的新觀點。即管理的基本職能包括計劃、組織、領導、控制和服務。任何組織各部門、各級別的管理者，都必須履行上述五種職能。管理者履行這些職能的程度將決定其組織活動的效率和效果。

第二節　管理學概述

一、管理學的定義

管理活動作為人類最重要的一項活動，是伴隨著人類社會歷史的發展而發展的。在人類歷史上，自從有了人類群體的組織活動，就出現了管理活動。人類社會早期的管理活動是人類的實踐活動，將管理實踐作為理論，有意識地、系統地去研究卻是近百年來的事情。19世紀末20世紀初，伴隨泰勒等管理學家對管理實踐的總結與研究，管理學才正式問世。管理學的形成是社會化組織活動的產物。從實質上看，只要有人類群體活動存在，就有管理問題。針對普遍存在著的管理問題，人們必然進行規律性研究，必然產生尋求科學管理思想、理論和方法的探索，由此構成了管理的科學研究領域。社會的進步與發展不斷充實管理研究的內容，導致了從管理實踐、管理思想到管理理論與方法研究的不斷完善，確立了管理學作為一門科學的學科地位與體系。

綜上所述，管理學是一門從管理實踐中形成和發展起來的系統研究管理活動的基本規律、基本理論和一般方法的科學。它是由一系列管理職能、管理原理、管理原則、管理方法和管理制度等組成的科學體系。

二、管理學的特點

（一）歷史性

管理活動是伴隨人類群體的組織活動而產生的。管理理論是人類對不同歷史時期管理活動的管理實踐、管理經驗、管理思想的理論總結和發展，與其他理論一樣，都是實踐和歷史的產物。瞭解管理歷史發展和前人對管理經驗的理論總結，是管理理論建立和發展的基礎。隨著社會的不斷進步、科學技術的不斷發展及管理活動內容的日益豐富，人類對管理理論的研究將不斷得到充實和發展。所以作為管理理論科學體系的管理學具有歷史性的特點，學習管理學應瞭解管理理論的發展歷史。

（二）二重性

在組織管理活動中，組織資源配置的合理性影響著組織目標的實現。組織的重要資源人、財、物能否實現合理配置，是決定組織目標實現的關鍵。在組織管理活動中，我們把針對財、物的管理稱為生產過程要素管理，也是物質資料的再生產，這一管理強調的是效率，稱為管理的自然屬性；而對人的管理涉及的是生產中形成的人與人之間的關係，屬於生產關係的範疇，稱為管理的社會屬性。管理的二重性即管理的自然屬性和管理的社會屬性，兩者是二位一體的，不能截然分開，它們同為管理學研究的對象。

（三）綜合性

管理活動的複雜性和多樣化決定了管理學在內容和研究方法上的綜合性。在內容

上，它從各種不同類型組織的管理活動中概括和抽象出對各門具體管理學科都具有普遍指導意義的管理思想、原理和方法；在方法上，它綜合運用現代社會科學、自然科學和技術科學的成果，研究管理活動過程中普遍存在的基本規律和一般方法。因此，管理學是一門綜合性的學科，或稱為綜合性的邊緣學科。管理學的綜合性特徵，要求管理者要掌握廣博的知識，而不僅僅是某個學科。

（四）實踐性

管理學的實踐性是指管理學是一門實踐性很強的應用科學。也就是說，管理的理論和方法來自管理實踐的科學總結，同時又要回到實踐中接受實踐的檢驗。因此，只有把管理理論與管理實踐相結合，才能真正發揮這門學科的作用。管理活動要充分考慮各種實際情況，既要借鑑國外的經驗，又要研究總結國內的經驗，一切從實際出發，將管理的原理、思想、方法等應用到管理實踐並服務於管理實踐，接受實踐的檢驗，才有助於形成有中國特色的管理學理論。

三、管理學的研究對象

管理學是一門系統研究管理活動的基本規律、基本理論和一般方法的科學。作為一門學科，管理學與其他學科有著不同的研究領域。管理學的研究對象就是管理活動過程，並對管理活動的基本規律進行歸納總結，從中找出管理的基本原則、基本方法，用於指導人們的管理實踐，提升管理者的管理素質，改善管理行為的效果。它的研究對象主要包括如下幾方面：

（一）生產關係方面

管理學作為一門以經濟科學為主導的科學，生產關係是管理學研究的重點。研究生產關係就是要研究人們在物質資料的生產、分配、交換、消費過程中所形成的關係。即研究如何建立和完善組織機構以及各種管理體制，如何激勵組織內成員並最大限度地調動他們的積極性和創造性，為實現組織目標而服務。只有把這些關係處理好，才能適應生產力發展的要求，促進生產力的發展。

（二）生產力方面

管理科學與生產力的發展密切相關，生產力發展水準不同，對管理的要求也不同。合理組織生產力，是管理學研究的重要內容。在生產力方面主要研究生產力諸要素之間的關係，研究如何合理配置組織中的人、財、物，使各要素充分發揮作用的問題；研究如何根據組織目標的要求和社會的需要，合理地使用各種資源，以求得最佳的經濟效益和社會效益的問題。

（三）上層建築方面

管理學與上層建築也有密切的聯繫。管理離不開政策、法令、計劃、管理機制和規章制度等。在上層建築方面主要研究如何使組織內部環境與其外部環境相適應的問題，研究如何使組織的意識形態、規章制度與社會的政治、經濟、法律、道德等上層建築保持一致，維持正常的生產關係，促進生產力的發展。

（四）管理的一般規律方面

這是指從管理者出發研究管理的一般規律和管理過程。它反應管理活動中內在的、本質的、必然的聯繫。管理學從管理過程的角度出發，研究管理者在管理活動中應有哪些職能，執行這些職能涉及組織的哪些要素、哪些障礙及怎樣處理等。管理的載體是組織，管理存在於一定的組織中，沒有組織就無所謂管理；而管理的各項任務體現在管理的過程中。因此，計劃、組織、領導、控制、服務是管理學研究的主要內容。

管理學與各個專業領域的管理學，如行政管理學、國民經濟管理學、科技管理學、學校管理學、體育管理學、企業管理學等，既有區別，又有聯繫。各專業管理學研究的是某一特定領域的管理的特殊規律，而管理學研究的則是人類社會一切領域的管理的一般規律。各專業管理學的發展，推動著管理學的發展；而管理學的形成與發展，又為專業管理學提供理論基礎，給各專業管理學以基本原理和方法論的指導。

值得指出的是，管理學的研究領域是與人類社會的發展同步的，自有人類社會存在以來，就存在著具有社會意義的管理問題，由此構成了管理學的研究內容。然而，管理學作為一門學科的建立和發展都是近現代社會發展與進步的產物，隨著現代社會的知識化、信息化發展以及管理中許多新問題的出現，管理學的內容正處於不斷變革和完善之中。因此，我們對管理學研究內容的歸納，是基於當前的認識，是從現實問題研究出發所進行的總結和概括。這同時也說明，隨著社會的不斷進步、科學技術的不斷發展以及管理活動內容的日益豐富，人類對管理理論的研究將不斷得到充實和發展。

四、管理學的研究方法

管理活動的複雜性和多樣化決定了管理學在內容和研究方法上的綜合性。從管理學的綜合角度出發，我們認為管理學的研究方法主要有以下幾種：

（一）歷史研究法

歷史研究法就是按照客觀事物歷史發展的自然進程，分析和揭示對象的本質及其運動規律的方法。任何管理現象都不是孤立的，都有它產生的歷史背景及其發生、發展過程。管理學是一門複雜的邊緣學科，不同的社會、歷史和文化都影響到管理學的產生與發展。因此，對管理學中的某一理論、某一定義、某一規律的研究，都應放在一定的歷史條件下，從其發生和發展的過程去考察，這樣才能掌握其來龍去脈，瞭解其實質所在。用歷史的方法研究管理學，要求我們全面地、發展地看待一切管理思想和流派，既要挖掘其歷史淵源，又要看到其發展變化。

（二）比較研究法

比較研究法，是對彼此有某種聯繫的事物加以對照，確定對象之間的差異點和共同點的方法。有比較，才有鑑別。管理學的比較研究，不僅要進行縱向的歷史考察，還應進行橫向的中外比較。從縱向來看，管理學要研究管理發展史，要進行縱向的歷史比較分析；從橫向來看，管理學要研究他人、他國的管理活動與管理效果，要進行橫向的比較分析。通過對管理組織、管理制度、管理方法、管理經驗進行全面的比較、

分析，總結經驗，以便博採眾長，為我所用，為今後管理活動的優化指明方向。

著名的「霍桑試驗」就是運用比較研究法研究管理學的一個典範。通過比較試驗所得到的重要成果，摒棄了傳統管理學將人視為單純的「經濟人」的假設，建立起了「社會人」的觀念，從而為行為科學這一管理學新分支的形成和發展奠定了基礎。因此，比較研究的方法是管理學研究的一種重要的方法。但是，管理中也有許多問題，如高層所進行的風險性決策管理，由於問題的複雜性和環境變化的不確定性，很難通過比較研究法進行研究。由此可見，比較研究法的應用也是有條件限制的。

（三）案例研究法

案例研究法是指對已發生的真實而典型的、具有代表性的事例進行剖析，從中總結出管理的原則和規律，從而加強對管理理論的理解與方法的運用。這是管理學研究和學習的重要方法。管理學的案例研究法，是當代管理科學比較發達的國家在管理學教學中廣為推行的一種學習研究方法，效果甚佳。哈佛商學院就借助成功的案例教學，培養出了大批的優秀企業家。學習研究管理學，必須掌握案例教學法、案例研究法，將自己置身於模擬的管理情景中，學會運用所學的管理原理、原則和方法去指導管理實踐。案例分析法雖然應用很廣，使用也比較方便；但其局限性也十分明顯。這是因為有限的典型調查或經驗性研究只是諸多管理事例中的有限樣本。因此，案例分析中應十分注重研究結果的普遍性。

（四）調查研究法

調查研究法是指人們在科學的方法論的指導下，運用科學的手段和方法，對有關研究對象進行實質接觸與溝通和有目的、有系統的考察，以此搜集相關原始資料，並對這些資料進行認真分析和研究，以達到明確事物內部結構和相互關係以及發展變化趨勢的目的。管理學是一門應用性很強的學科，它與一般以邏輯推理為主的學科不同，在描述性、解釋性和探索性的研究中都以直接或間接調查取得的大量材料為依據，運用科學、有效的問卷、訪談等調查方法，全面、系統地瞭解管理活動的實際情況，從中探索管理的一般原理、原則和管理規律，然後用於指導管理實踐，達到提高管理效率的目的。

（五）定量分析法

定量分析法是通過對事物的觀察和測量，考察事物存在的規律、運動的規模和發展的程度，並用數量表示出來的方法。現代管理活動除了定性方法外，還應廣泛採用定量分析的方法。為此，可以通過建立數學模型，解決程序化的管理問題，也可以從管理運籌出發進行管理模式的優化，實現優化的管理目標。通過定量分析，人們對管理客體的認識才能進一步精確化、科學化。這有利於人們客觀認識管理客體的發展方向，掌握其發展趨勢。

上述各種方法，可視具體情況而靈活地採用，也可以把幾種方法綜合起來進行研究，從系統的觀點出發，理論聯繫實際，實事求是，以便較快地收到良好的研究效果，為提高中國的管理水準作出有益的貢獻。

第三節　管理者的角色與技能

一、管理者的定義

管理大師德魯克給管理者作了如下定義：「在一個現代組織裡，一個知識工作者如果能夠由於其職位和知識，對組織負有貢獻的責任，因而能夠實質性地影響該組織經營及達成成果的能力，則其為管理者。」① 由此可見，管理者是管理行為過程的主體，在管理工作中居於主導地位，對組織的目標負有貢獻責任的人。

二、管理者的類型

任何組織要做到管理工作既有效率又有效益，都需要管理者的有效管理。組織的管理有三種類型，分別是基層管理者、中層管理者和高層管理者，他們分佈於不同的等級，控制著不同的組織資源，在管理活動中承擔著不同的職責。

（一）基層管理者

基層管理者，是組織中處於最低層次的管理者。他們所管轄的僅僅是作業人員而不涉及其他管理者。其職責是按中層管理者的安排去組織、指揮和從事具體的管理活動，如給作業人員分派工作、直接指揮和監督現場作業活動等。例如，酒店的領班、工廠的生產班組長、高校的教研室主任等都是基層管理者。

（二）中層管理者

中層管理者是介於高層和基層管理者之間的管理人員。酒店的部門經理、工廠的車間主任、高校的系主任等都是中層管理者。中層管理者的職責主要是執行高層管理人員制定的決策和策略，使高層管理者確定的目標、戰略付諸實施。其具體職責是：找出運用組織的人力和其他資源以實現組織目標的最佳方法和途徑；想辦法幫助一線管理者和作業人員更好地利用資源、降低成本、改進顧客服務的手段；分析判斷組織目標是否適當，向高層管理者提出如何加以改進的建議。

（三）高層管理者

高層管理者是指對組織管理負有全面責任的管理者。他們對組織的所有部門負責。他們負責確立組織目標和發展戰略，制定重大政策和評價組織績效。具體來說，他們決定公司應該提供何種產品或服務；決定不同部門之間如何協作；監控各個部門中的中層管理者利用資源以實現目標的進展情況；處理組織的突發事件；為中層管理者解決管理中的實際困難。

三、管理者的角色

（一）德魯克的觀點

管理學家德魯克認為，管理者扮演著三大類角色，即：

---

① 彼得·德魯克. 卓有成效的管理者［M］. 上海：上海譯文出版社，1998.

第一，管理一個組織，求得組織的生存和發展。
第二，管理管理者。
第三，管理工人和工作。

(二) 亨利·明茨伯格的觀點

亨利·明茨伯格對五位總經理的工作進行了研究，提出了管理角色理論。他將管理者在計劃、組織、領導、控制組織資源過程中需要履行的特定職責簡化為十種角色。管理者通過這些角色的履行影響組織內外個人和群體的行為。他將這十種角色劃分為三大類：人際角色、信息角色和決策角色。管理者往往同時扮演上述幾種角色。

1. 人際角色

管理者扮演人際角色歸因於管理者的正式權力，其目的是與組織其他人員協作互動，並為員工和組織提供導向和監督管理。它包括代表人、領導者和聯絡者三類角色。

管理者作為所在組織的領導，是所在組織或部門的象徵。在參加社會活動及出席商務談判活動中往往扮演著代表人的角色。

管理者的領導者角色意味著他不但要鼓勵下級發揮出高水準的績效，還要有計劃地、有針對性地去指導下級的工作，領導員工齊心協力實現組織的目標。

管理者的聯絡者角色是指管理者要協調不同部門管理者的工作，與不同組織建立良好的合作關係，以實現資源共享並使其他組織接受本組織的產品或服務。

2. 信息角色

信息角色是指管理者從外部的組織或內部部門、人員處收集和接收信息並對內外發布信息。它包括監聽者、傳播者、發言人三類角色。

作為監聽者，管理者要收集、分析組織內外部的各種信息，並接收有價值的信息。有了這些信息，管理者才能有效地履行管理的職能，組織、控制管理要素，實現組織的目標。

作為傳播者，管理者把收集與接收的信息，有針對性地傳達給組織成員，以此影響他們的態度和行為。

作為發言人，管理者根據需要向組織外部透露或發布組織的有關信息，使外界瞭解本組織，擴大組織的對外影響，樹立良好的公眾形象，使內部和外部的人對組織產生積極的反應。

3. 決策型角色

決策型角色是指管理者在管理過程中處理信息，得出結論，在其工作崗位上參與組織決策的工作。它包括企業家、衝突管理者、資源分配者、談判者四類角色。決策型角色與管理者所從事的戰略規劃、資源配置等工作密切相關。管理者利用這一角色控制管理要素，配置各種資源。

作為企業家，管理者承擔著經營戰略的籌劃，決定要從事的項目或計劃的實施，對發現的機會進行投資。如開發新產品、提供新服務等。

作為衝突管理者，管理者承擔著處理可能影響組織營運的突發事件或危機的責任。如平息客戶的怒氣、解決員工罷工事件、處理事故、調解員工間的糾紛等。

作為資源分配者，管理者承擔著如何對資源進行合理分配的重要職責。如何對有

限的資源進行合理配置，是個影響組織經營績效和關係組織發展的十分重要的問題。為此，管理者要利用這一角色，合理地調配好組織的各種資源。

作為談判者，管理者有相當多的時間要用在談判上。談判的對象包括員工、供應商、客戶及其他組織和消費者等。任何組織要實現自己的管理目標，管理者都要開展不同形式的談判工作。

四、管理者的技能

任何組織的管理者，不論處於哪個層次，都應該具有一定的管理技能。美國管理學家羅伯特·李·卡茲（Robert L. Katz）根據管理者的工作特點，提出了有效的管理者應具備概念技能、人際技能和技術技能的觀點。

（一）概念技能

概念技能指管理者在分析、處理事關全局的重大問題和複雜關係的能力。概念技能包括管理者對複雜環境和管理問題的分析能力、對戰略性問題的決策能力、對突發事件的應變能力等。管理者在扮演決策型角色的過程中，計劃和組織工作需要較高水準的概念技能。

（二）人際技能

人際技能指管理者處理人際關係的能力。人際技能包括理解人、激勵人、善於溝通及協調的能力。有效的管理者的突出特徵之一就是具有良好的溝通、協調能力，能創造一種使下級感到安全並能自由發表意見的民主氛圍，能激勵人們形成一個團結一致的團隊。管理者在扮演人際角色的過程中，需較高水準的人際技能。

（三）技術技能

技術技能指管理者對某一專業領域特定工作崗位所要求的專業知識與技術的熟練程度，及其在工作中運用該領域的知識、技術和方法的能力。技術技能是管理者應該具備的基本技能，包括專業知識、專業技術、方法、技巧等。掌握一定的技術技能可以使管理者成為某一領域的內行，是做好管理工作的基礎。

上述三種管理技能對於不同類型的管理者來說，其要求是不同的。由於高層管理者在組織中負有戰略決策的重任，因此要求其具有較高的概念技能。高層管理者與組織的作業人員接觸較少，不需要直接指揮現場的作業活動，技術技能要求相對較低；基層管理者在組織中主要的任務是負責指導作業人員，需要在作業現場解決許多具體的作業問題，其技術技能要求較高。中層管理者介於高層管理者與基層管理者之間，其技術技能與概念技能的要求也介於二者之間。因為組織中任何類型的管理者在從事管理工作時，都要與人打交道，因此都要求具有較高的人際技能。

五、管理者的素質

管理者素質由管理活動及其職業要求決定，它與社會發展水準、社會文化和其他方面的社會條件有關，同時，不同的管理環境和不同的管理業務對管理者的素質具有不同的要求。因此，我們從基本素質出發，討論其素質問題。

管理者的基本素質是指管理者所必須具備的素質，它主要包括以下幾方面的內容：

（一）道德素質

管理者的道德素質，特指管理者在道德方面的內在基礎，是管理者的道德認識和道德行為水準的綜合反應。其包含道德修養和道德情操，體現著管理者的道德水準和道德風貌。同時，它也是管理者必須具備的首要素質。道德素質是管理者的靈魂，它對管理者及其所從事的管理行為起著決定性的影響。

（二）能力素質

管理者的能力素質可理解為善於完成任務、達成組織目標的素質。管理者的能力，除直接關係到管理效率外，更多的是影響他人，決定組織運行的效益。從能力結構上看，管理者的能力素質包括創新能力、決策能力、組織指揮能力、溝通協調能力、人際交往能力、控制能力、技術能力素質等。這些能力素質由管理業務活動內容和組織管理目標與任務決定。

（三）知識素質

管理是一種綜合性極強的活動，不僅要求管理者具有人文社會科學方面的知識和實現科學化管理所需的信息科學、系統科學、運籌控制與數理知識，而且要求管理者具有與所從事的各管理領域有關的專業知識。專業知識要求精、深，文化科學知識要求廣、博。即要求管理者既要掌握精、深的專業知識，又要具備較寬的知識面。知識素質是管理者提高智慧和能力、履行好管理職責的基礎。

知識作為人類社會歷史經驗的總結，可分為八大類：自然科學、社會科學、數學科學、系統科學、思維科學、人體科學、文學藝術科學和軍事科學。這八類知識中，前五類都與管理科學有相當的聯繫，後三類也存在間接的聯繫。

（四）健康的心理素質

管理者健康的心理素質主要表現在：

第一，要有識大體、顧大局的觀念。因此，管理者的領導行為要以大局為重，著眼於全局，在處理問題時，高屋建瓴，高瞻遠矚，不局限於微薄小利的得失，要立足於現在，著眼於未來。

第二，要有良好的認知品質。管理者認知就是管理者對其工作對象的看法和理解。良好的認知心理品質是管理者瞭解情況、獲得信息、正確決策的基礎。為此，管理者必須具有良好的觀察、記憶、想像和思維等心理品質。

第三，要有開拓創新的進取精神。具有開拓創新精神是對管理者的基本要求。要創新，必須擴大視野：一是要突破傳統的小生產的狹隘境界，樹立面向現代化、面向世界、面向未來的全新的戰略眼光；二是要高瞻遠矚，勇於進取，和因循守舊、思想僵化決裂。

第四，要有當機立斷的膽識和魄力。當機立斷的魄力是管理者膽量和見識的綜合表現，也是時代強者的表現。在競爭激烈的今天，現代管理者面臨著許多新問題，必然要用他的知識和智慧，綜觀全局，把握時機，作出抉擇，這就是當機立斷的魄力。

第五，管理者還要有堅強的意志、不屈的毅力、非凡的膽略、寬闊的胸懷以及敢

於負責的精神。堅強的意志包括主動性和獨立性、目的性和自覺性、堅定性和果斷性、堅韌性和頑強性、沉著性和自制力及自信心等基本品質。管理者的意志主要體現為管理者的魄力，即能自覺地確定目標並支配其行動，以頑強的堅韌性實現預定的目標。管理者的心理品質應該表現為熱情忠厚、與人為善、大公無私、坦率耿直、虛心謙遜、嚴於律己。既敢於批評別人，也勇於自我剖析；既能顧全大局，有時還要委曲求全；既要敢於負責，又能主動承擔責任。

【本章小結】

　　本章主要介紹了管理的定義、特性、職能、要素以及管理者的層次、角色、技能、素質和管理學的研究對象等管理的基本知識。

　　管理是指組織中的管理者通過計劃、組織、領導、控制、服務等職能協調組織資源、優化資源配置以實現組織目標的活動過程。

　　管理具有目的性、組織性、經濟性、動態性、人本性、創新性、科學性、藝術性等特性。

　　管理的要素包括有形要素和無形要素。

　　有形要素包括：人力資源、金融資源、物質資源。

　　無形要素包括：組織文化、組織環境、時間資源、信息資源、技術資源、關係資源。

　　管理的基本職能是指計劃、組織、領導、控制、服務。

　　管理者的角色：亨利·明茨伯格提出了管理角色理論，認為管理者在履行特定的職責時往往同時扮演以下幾種角色：

　　人際角色：包括代表人、領導者和聯絡者三類角色。

　　信息角色：包括監聽者、傳播者、發言人三類角色。

　　決策型角色：包括企業家、衝突管理者、資源分配者、談判者四類角色。

　　組織中的管理者一般分為三個層次，即高層管理者、中層管理者和基層管理者。管理者的管理技能包括技術技能、人際技能和概念技能。人際技能對所有管理者都很重要，高層管理者更注重概念技能，基層管理者更注重技術技能，中層管理者各項管理技能都要具備。管理者的基本素質是指管理者所必須具備的素質，它主要包括道德素質、能力素質、知識素質、健康的心理素質。

【思考題】

　　1. 管理的定義是什麼？
　　2. 管理的基本職能有哪些？
　　3. 管理的要素有哪些？
　　4. 管理者應掌握哪些技能？

【案例】

李科長的煩惱

李平（女），某大學工科專業畢業後，分配到一個中型工業企業，在車間任技術員。李平工作認真負責，一年後經廠領導同意，又考上同專業的碩士研究生，三年後研究生畢業，應原廠的要求，再回原廠工作。

該廠技術科科長前一年退休，技術科暫由王副科長負責。王副科長及其他技術員雖然工齡較長，但均為本科以下學歷。此時正值企業急需開發一批新產品，而李平的碩士畢業論文是與企業開發新產品有關的課題，而且該廠的領導對李平以前的工作表現有良好的印象，於是，企業決定任命李平為技術科科長。正式任命之前，廠長在與李平談話時指出：「要與科裡的其他老同志團結，你的工作一方面是主持技術科的全面工作，另一方面是重點負責新產品的開發。」

該廠技術科目前有兩個副科長，均為男性。王副科長56歲，中專畢業，建廠初期就進廠工作，已有30餘年的工作經歷，對該廠的各項技術工作都十分熟悉，工作經驗很豐富，與現有各位廠領導關係都很好。但考慮到其學歷較低，不適應當前科學技術發展的要求，沒有任命其擔任正科長。夏副科長40歲，本科學歷，十年前調入該廠，五年前曾參與當時的一系列新產品開發，獲得成功，其中部分產品成為目前該廠的主導產品，但考慮到其現有技術及知識結構，與當前正在開發的新產品不適應，而且他與王副科長關係不很融洽，所以，也沒有任命其擔任正科長。技術科還有其他7名技術員，除一位是去年分配來的女大學生外，其餘都是男性，年齡均在35~50之間。由於這批新產品的開發是相當複雜的工作，開發成功與否，對企業有重大的影響，所以，該廠成立新產品開發領導小組，由一位副廠長任組長，李平任副組長，但由李平具體負責。小組成員還包括夏副科長、兩名技術人員，銷售科和供應科各一名副科長。

李平感到自己雖然有較多的專業知識，但技術科的兩位副科長和其他技術員都是自己的老前輩，有豐富的工作經驗。因此，在分配工作任務、確定技術措施、進行產品設計等方面，李平都通過各種會議徵求大家的意見，充分發揚民主，共同商定。一段時間後，李平感到同志們提的方案不是很好，但好的方案大家並不認真對待，有時還沒有深入研究，大家就給予否定。王副科長會習慣性地向廠長匯報和研究有關全廠的技術工作建議，這些建議往往與李平的建議相左，廠領導並不明確表示支持誰，僅強調精誠團結；夏副科長對新產品開發已有一套方案，但李平清楚地知道那是不可行的，從其責任心來講也是不能同意的，可又不好意思由自己直接來推翻，希望由新產品開發領導小組來做出決議，但組長（分管副廠長）又不表態，其他組員似乎是無所適從。有時王、夏二人對科裡的一些工作意見不一致，李平感到十分為難。科裡工作效率低，士氣也不高，李平感到這個科長當得真的很難。

【思考題】

1. 你認為李平是否勝任廠技術科科長的工作？
2. 對目前技術科的工作現狀，你認為應採取哪些有效辦法加以改進？

第二章　組織體系與組織設計

【學習要點】
1. 瞭解組織的含義及分類；
2. 描述組織目標的制定過程；
3. 理解組織素質的內涵；
4. 掌握組織設計的原則；
5. 明確部門化的基本形式；
6. 把握管理層次與管理幅度的關係。

第一節　組織概述

一、組織的含義

　　組織是人類社會生活中最常見、最普遍的社會現象。人們對組織的認識由來已久。在原始社會，人們靠打獵為生，但由於缺乏先進的器具，單個人在獵物面前顯得弱小。經過長期實踐，他們發現集體打獵效果較好，並且發現聽從一個人的指揮比無人領導的打獵更好，於是就公推一位能幹的人當首領，其餘的人聽他指揮。這就是最原始的組織。由此可以看出：當個人有所期望，但又無力實現這一期望時，往往需要與他人合作，聯合行動，創造群體合力。中國古代思想家荀子曾說：「人，力不若牛，走不若馬，而牛馬為用，何也？曰：人能群，彼不能群也。」這正體現了群體力量和組織活動的意義。

　　隨著時代的發展，人類社會的組織空前發展，其影響已深入到政治、經濟、文化和家庭生活等各種社會生活領域之中。一個人從出生到死亡，無不處於這種或那種組織之中，如各類學校、醫院、機關、團體、工廠、商店、企業等。可以說，沒有組織就沒有社會，沒有組織的發展就沒有社會的進步。因此，人們越來越關注對組織問題的研究。

　　那麼，究竟什麼是組織呢？不同學者從不同角度提出了不同的觀點。巴納德認為，組織是「一個有意識地協調兩人或兩人以上活動與力量的體系統」[1]。卡斯特認為，組

---

[1] 尼古拉斯·亨利．組織理論與公共事務［M］．8版．北京：中國人民大學出版社，2002：94．

織是：①有目標的，即懷有某種目的的人群；②心理系統，即群體中相互作用的人群；③技術系統，即運用知識和技能的人群；④有結構的整體，即在特定關係模式中一起工作的人群。① 斯蒂芬·P.羅賓斯和瑪麗·庫爾特認為：「組織這個術語是指一種實體，它具有明確的目的，包含人員和成員並且具有某種精細的結構。」②

綜合以上學者對組織的界定，我們把組織定義為：組織是人們為了實現某種共同目標而協同行動的集合體。準確理解該含義，需要把握以下幾點：

（1）組織是一個人為的系統。組織是由人構成的，是人們在相互交往中形成的一定關係的集合。

（2）組織必須有共同的目標。目標是組織存在的前提，是組織活動的出發點和落腳點。任何組織都要有一個共同的目標，它是組織成員協作的基礎。

（3）組織必須有分工與協作。適當的分工與協作是實現組織目標的必然要求，也是組織產生高效能的保證。

（4）組織有一定的權責結構。組織要賦予各個部門及每個人一定的權力和責任，才能完成組織的任務，實現組織的目標。

二、組織的類型

依據不同的標準，組織可分為不同的類型：

（一）按組織的人數多少，可分為小型組織、中型組織、大型組織和巨型組織

按照這種方式對組織進行分類是具有普遍性的，不論何種組織都可以作這種劃分，各種類型組織的人數沒有固定的界線。如家電企業就有小型企業、中型企業、大型企業和巨型企業之分；而聯合國可以看做一個巨型的社會組織。但以這種標準劃分組織類型，只停留在對組織的表面認識上。

（二）按組織的社會職能，可分為經濟組織、政治組織和文化組織

經濟組織是專門追求社會物質財富的社會組織，它存在於生產、交換、分配、消費等不同領域，工廠、工商企業、銀行、保險公司等都屬於這類組織。政治組織是為某個階級的政治利益服務的社會組織，國家的立法、司法、行政機關等都屬於政治組織。文化組織是人們之間相互溝通思想、聯絡感情，傳遞知識和文化的社會組織，如各類學校、研究機關、藝術團體、圖書館、報刊出版單位、廣播電臺等。

（三）按組織的目標，可分為互益組織、商業組織、服務組織和公益組織

（1）互益組織。互益組織的目標是使其成員受益。如工會、俱樂部、各種黨派團體等。

（2）商業組織。商業組織其受益者主要是商業組織的所有者。如工廠、商店、銀行等。

---

① 唐興霖. 公共行政組織原理：體系與範圍［M］. 廣州：中山大學出版社，2001：3.
② 斯蒂芬·P.羅賓斯，瑪麗·庫爾特. 管理學［M］. 7版. 北京：中國人民大學出版社，2004：16.

（3）服務組織。服務組織以服務為主，它的受益者是與該組織直接接觸的人。如公立醫院、公立學校、社會福利機構等。

（4）公益組織。公益組織的受益者是社會大眾，不局限於與該組織直接接觸的人。如政府機關、研究機構、消防隊等。

（四）按組織內部有無正式規範，可分為正式組織和非正式組織

1. 正式組織

正式組織是指人們按照一定的規則，為實現共同的目標而正式組織起來的人群集合體。政府機關、軍隊、學校、工商企業等都屬於正式組織。正式組織具有如下特徵：

（1）經過規劃而不是自發形成的；

（2）有明確的組織目標；

（3）權力具有強制性、正統性、合法性和穩定性；

（4）信息溝通渠道由組織規章提供；

（5）組織結構具有層級式的等級特點。

2. 非正式組織

非正式組織是與正式組織相對應的概念，是指人們在共同工作過程中自然形成的，以感情、喜好等情緒為基礎的、鬆散的、沒有正式規定的群體。如學術沙龍、俱樂部等。非正式組織具有如下特徵：

（1）組織是自發形成的，以人們的共同喜好和感情為基礎；

（2）組織最主要的作用是滿足個人不同的需要；

（3）組織一經形成，會產生各種行為規範，約束個人行為；

（4）組織的領導者不一定有較高的權力和地位，但一定具有較強的實際影響力。

三、組織的功能

（一）整合功能

整合功能指組織的規章制度對組織成員的約束。通過調整組織中不同構成要素的關係，使組織成員的活動互相配合、協調一致。通過整合，可以使組織成員的活動由無序變有序，也可以把分散的個體黏合在一起，變有限的個體力量為強大的集體合力。這種合力不是「1＋1＝2」，而是「1＋1＞2」。可見，有效發揮組織的整合功能有利於組織目標的實現。

（二）協調功能

組織內各個部門和組織成員都要服從組織的統一要求。但由於他們各自的目標、需要、利益等方面得以實現或滿足的程度和方式上存在一定的差異性，因此，組織部門之間或組織成員之間不可避免地存在一些矛盾和衝突。這時，組織就要充分發揮協調功能，調節和化解各種衝突和矛盾，以保持組織成員的密切合作，確保組織目標的實現。

（三）維護利益的功能

任何組織都是基於一定的利益需要而產生的。組織利益與個人利益息息相關，沒有個人利益，組織也就失去存在的意義和價值；沒有組織利益，也就無所謂個人利益的實現和滿足。維護利益功能的發揮能充分調動組織成員的積極性、主動性和創造性，提高組織的凝聚力和向心力，為順利實現組織目標提供條件。

（四）實現目標的功能

組織目標的實現要依靠組織成員的集體力量，而這種集體力量的形成，需要以組織整合和協調功能的有效發揮為基礎，以利益功能為動力，從而最終實現組織的總體目標。各種組織都是整個社會系統的一分子，因此，實現組織的目標既包括實現單個組織自身的目標，也包括實現社會的大目標。

組織的上述四種功能並不是相互割裂的，而是相輔相成、互相作用的。值得注意的是，組織功能的正常發揮要以健全的組織構成要素為基礎。

第二節　組織目標

一、組織目標及其作用

目標是組織存在的價值基礎，任何一個組織都是為了實現某種目標而建立起來的。組織目標是指一個組織未來一段時間內試圖達到和所期望的狀態。組織目標是組織的宗旨或綱領，它對於組織的重要作用具體表現為以下幾方面：

（1）組織目標是組織成員的行動指南。組織目標對組織的全部活動起著指導和制約作用。對管理者和員工來說，目標就好比路標，它指明了組織活動的方向。有了明確的組織目標，人們就能根據目標來自我控制、自我引導、自我調整。沒有目標，組織成員就如同大海中的一葉孤舟，容易迷失航向，行動起來也就有了困難。

（2）組織目標能增強組織的凝聚力。組織目標可以將組織成員聚集在一起，將個體與組織黏合在一起。組織中各單位、各部門往往存在本位主義，這種現象的發生主要是由於組織缺乏明確的目標。有了組織目標後，各部門之間可協調、配合，把分散的力量組成一個有機系統，形成一個統一的整體，增強組織成員的向心力。

（3）組織目標對組織成員具有激勵和鞭策作用。明確的組織目標增進了組織員工對組織願景的瞭解，把組織成員的力量擰成一股繩，激發員工的士氣和潛能，使大家團結一心，眾志成城，為實現組織的目標而努力奮鬥。

（4）組織目標是衡量組織活動成效的標準。目標不僅界定組織期望達到的狀態，也可用作對組織成員的考評依據，評價和考核部門及員工的活動成效。

二、組織目標的特點

(一) 差異性

不同的組織有不同的目標，組織目標是識別組織的性質、類別和職能的基本標誌。不同類型的組織往往有不同的組織目標。如企業的組織目標往往表現為各種具體的營利性指標，而政府的目標通常是更好地為公眾提供服務。同一類型的組織，由於所處的內外環境、管理者價值觀念等方面存在差異，也會有不同的目標。例如，同是家電企業，海爾集團和聯想集團也會有不同的目標。

(二) 層次性

為了更有效地實現目標，組織目標往往需要進一步分解和細化，使抽象籠統的組織目標變為具體明確的目標，形成一定的層次性，從而指導組織中各部門和成員的行為。如哈羅德‧孔茨將企業目標自上而下地劃分為七個層次：①社會經濟總目標；②使命；③一定時期的全部目標，包括長期目標和戰略目標；④更具專業性的全部目標；⑤分公司目標；⑥部門或單位目標；⑦組織成員的個人目標，包括成就、個人培養目標等。[①]

(三) 多元性

任何組織，其目標都不可能是單一的。在內外部環境變化和各種條件的制約下，組織目標往往具有多元性。以企業為例，過去人們普遍認為，企業的唯一目標就是追求利潤最大化。在今天，企業為了更好地生存與發展，除了營利性的目標之外，還要根據現實情況，如國家政策和社會發展的趨勢等，制定一些非營利性的目標，例如關注員工發展、進行慈善募捐、承擔其他社會責任等。正如管理大師彼得‧德魯克所說，凡是成功的企業都在市場、生產力、發明創造、物質和金融資源、人力資源、利潤、管理人員的行為表現及培養發展、工人的表現及社會責任等方面有自己一定的目標。

(四) 時間性

一個組織不僅有抽象的戰略目標，而且有各階段的具體實施目標。根據時間的長短，組織目標可分為長期目標、中期目標和短期目標。長期目標規定組織成員活動的方向，用來指導組織的戰略決策；中期目標通常用來指導組織的戰術決策；短期目標是中、長期目標的具體化，用來指導組織的業務決策。

組織目標的差異性、層次性、多元性和時間性，體現了組織目標體系的複雜性。管理者只有充分認識和把握組織目標的這些特點，才能制定出符合組織自身實際和未來社會發展趨勢的目標。

---

① 傅夏仙. 管理學 [M]. 杭州：浙江大學出版社，2005.

三、組織目標的制定

（一）組織目標的制定原則

在制定目標時必須遵循一定的原則：

首先，要把全面性和重點性結合起來。在制定組織的目標時，要用全面的觀點去看問題，制定的目標應體現組織的整體發展戰略。但同時又要分清主次，在整體目標之中確立一個重點性或關鍵性的目標。不分清組織目標的主次，就不能抓住管理的主要矛盾，就會造成管理資源的浪費。需要注意的是，在不同發展時期，因組織所處內外環境不同，組織目標的重點將隨之發生變化。

其次，要把穩定性與靈活性結合起來。組織的總目標在一定時期內應保持穩定，而各層級的子目標又要保持靈活，能根據內外部環境和條件的變化及時作出調整。

最後，要把目標的挑戰性與可行性結合起來。組織的總目標應具有一定的挑戰性和可行性。目標太小、太容易實現，會使員工喪失工作動力。目標太大、太高，不切合實際，會挫傷員工的工作積極性或直接導致行動的失敗。因此，在制定目標時應充分考慮組織內外環境的因素，以及實現組織目標所需要的資源和條件是否具備，制定出既具有挑戰性又切實可行的目標，充分激發組織成員的工作熱情和工作潛力。

（二）組織目標的制定過程

一般來說，組織目標的制定大致要經歷調查研究、擬定目標、評價論證和確定目標四個步驟。

1. 調查研究

沒有調查，就沒有發言權。在確立組織目標之前，首先必須進行大量的調查研究，全面收集情況，掌握內外信息。如認清組織的自身情況和特點，考察組織所處的內外環境，預測組織未來的發展方向和趨勢，以及把組織與其他同類別組織進行橫向比較和分析等。需要指出的是，所進行的調查研究既要全面，又要突出重點，側重於組織與外部環境的關係和對未來變化的研究和預測上。

2. 擬定目標

擬定目標一般要經歷擬定目標方向和擬定目標水準兩個環節。首先，在既定的組織活動範疇內，綜合考慮外部環境和資源，確定出目標方向。其次，通過對現有條件的全面估量，對沿著戰略方向展開的活動所要達到的水準作出初步規定，形成可供選擇的目標方案。一方面，要盡可能多地提出目標方案，另一方面，又要注意各方案之間的差異性，並按照一定的標準列出各個目標的綜合排列次序，以便對比甄選。

3. 評估論證

組織目標擬定出來以後，就要組織多方面的專家和相關人員對提出的目標方案進行篩選。評價論證要圍繞目標方向是否正確進行，要著重研究擬定的組織目標是否符合組織整體利益與發展的需要，是否具有可行性等。經過權衡比較，確定各目標方案的優劣。

目標的評估論證過程，也是完善目標的過程。通過評估論證，發現不足和缺憾，

從而使之完善。如果通過評估發現擬定的目標完全不正確或根本無法實現，就要回到上個步驟，重新擬定，再重新評估論證。

4. 確定目標

制定組織目標過程的第四步是確定所擬目標方案的價值或合理性，並確定最滿意的方案。選定目標要從以下三個方面權衡：①目標方向是否正確；②目標實現的可能性；③期望效益的大小。對這三個方面要做綜合考慮，多角度審視問題，仔細權衡利弊。另外，在選定目標時，還要掌握好決策時機，既要防止沒弄清問題就輕易做決斷，也要反對無休止的拖延和優柔寡斷。

四、組織目標的管理

組織目標確定之後，管理者下一步面臨的問題是如何實現目標，也就是組織目標的管理。對組織目標的管理包括對組織目標的實施和評估。組織目標的實施是執行和實現目標的過程。只制定目標而不去實施，目標就成了一個空架子，等於紙上談兵，沒有實際意義。為保證組織目標的有效實現，在目標實施過程中需要注意以下幾個問題：

首先，管理者要做好組織協調工作。目標實施可能會給組織各單位、各部門以及個人造成不同方面、不同程度的影響，甚至遭遇來自各方面的阻力。此時，管理者要從全局出發，在部門、個人之間做好協調工作，解決衝突和矛盾，努力使大家從思想上統一認識，從全局出發去考慮問題，維護組織的整體利益，盡量避免出現部門本位主義和個人「英雄主義」。

其次，組織目標的有效實施要以一定的資源作保障。組織中各層次、各部門的成員為達成目標，必須利用一定的資源。管理者要善於將組織內部的各種資源調動起來，合理配置人力、物力和財力，以保證目標的順利實施。如果組織內部缺乏相應的資源，還應考慮從外部獲取資源的可能性和經濟性。

再次，管理者要善於授權。為了保證組織活動的順利展開，必須授予組織成員一定的權力。只有賦予相關主體相應的權力，才能調動他們的工作積極性、主動性和創造性。在授權的同時，還要明確職責。只有權力，沒有責任，可能會導致濫用權力；只有責任，沒有職權，則無法保證完成組織的任務。

最後，要設置合理的獎勵制度。設置酬勞和獎勵，有利於維持和調動組織成員的工作熱情和積極性，激勵員工在目標實施過程中勇往直前、鍥而不舍。這種獎勵可以是精神上的，如授予組織成員一定的榮譽稱號或頒發榮譽獎章；也可以是物質上的，如增加員工的工資等。

組織目標實施之後，還有一個評估效果的過程。對組織目標實施效果的評估是將目標的實際執行效果與組織當初制定的目標進行比較，看是否出現偏差或失誤。如果出現偏差，就要找出原因，判斷是客觀原因還是主觀原因所致，並採取相應的補救或調整措施。具體來說，如果發現出現偏差是由於當初考慮問題不周全，或對未來預測有誤，管理者就要重新對當初制定的目標進行調整，使其更符合客觀實際。如果發現出現偏差是由於某種不可控的客觀因素造成的，如在實施目標過程中，出現一些不以

人的意志為轉移的自然災害等因素，影響了組織目標的實現，那麼管理者就應該採取一定的補救措施，避免偏差擴大化，盡量使目標取得預期的效果。

第三節　組織素質

在知識經濟時代，組織所面臨的外部環境的不確定性和複雜性給組織的生存與發展提出了新的挑戰。隨著競爭的加劇，越來越多的組織開始關注、重視和提升組織素質，以推動組織的持續發展和完善。

一、組織素質的定義與內涵

素質一詞通常用於個人，表示一個人的潛在品質和能力。組織素質是指一個組織所具有的潛在品質與能力。潛在品質主要包括組織所具有的價值觀、凝聚力與組織成員對於組織目標的認同感；潛在能力主要包括組織的智商、組織的學習能力和應變能力。[1] 具體來說，組織素質的內涵可概括為以下幾方面：

（一）組織價值觀

在組織的潛在品質中，組織價值觀是其最根本的內涵。組織價值觀指組織評判事物和指導行為的基本信念、總體觀點和選擇方針。它是一種以組織為主體的價值取向，由組織內部的絕大多數人共同認可的價值觀念。組織價值觀由其成員共享，並規範著組織內部人員的行為。已有研究表明，組織價值觀對組織的戰略規劃、競爭優勢、激勵方式以及組織變革與發展等產生直接的影響。美國 IBM 公司的董事長托馬斯·沃森認為：任何組織要生存和取得成功，都必須有一套健全的信念和價值觀，作為該企業一切政策和行動的出發點，公司成功的唯一最重要的因素是嚴守這一套信念；同時一個組織在其生命的過程中，為了適應不斷改變的世界，必須準備改變自己的一切，但不能改變自己的信念。

（二）組織凝聚力

組織凝聚力是一種向心力、吸引力，它體現了組織成員之間相互依存、相互協調、相互團結的程度和力量。組織凝聚力反應組織成員之間的關係，包括組織成員之間的相互吸引力和整個組織對單個成員的吸引力。它是一個組織是否具有戰鬥力、是否會成功的重要標誌，對組織行為和組織效能的發揮有著重要作用。隨著競爭的加劇，越來越多的組織引入 EAP 計劃（員工輔助計劃），通過建立員工俱樂部或組建員工球隊、定期外出旅遊等途徑來提高組織成員的凝聚力。如諾基亞公司為了給員工創造一個良好的工作環境，激勵員工更好地發展，特為員工設定了一系列活動，如保健、理財、學習及休閒，這些人性化的福利使員工能夠更好地工作，並且有了更強的歸屬感。[2]

---

[1] 姚向東. 組織素質——組織競爭勝利的關鍵 [J]. 管理方略, 1998 (8)：30.
[2] 芮明杰. 管理學：現代的觀點 [M]. 2 版. 上海：上海人民出版社, 2005：97.

（三）組織成員的忠誠度

組織成員的忠誠度是指組織成員對組織所表現出來的行為指向和心理歸屬，是組織成員行為忠誠與態度忠誠的有機統一。行為忠誠是態度忠誠的基礎和前提，態度忠誠是行為忠誠的深化和延伸。行為忠誠主要表現為忠於職守、離職率較低等；態度忠誠主要表現為組織成員對組織的目標、企業文化等的認同。在現代社會，企業之間的競爭日益加劇，要增強企業的核心競爭力，就要培養員工的創造性思維，充分挖掘企業的創新能力。而員工創造性思維的培養和企業創新能力的發揮又在很大程度上取決於員工的忠誠度。因此，今天越來越多的企業開始關注員工的忠誠度，針對員工不同階段的特點，採取不同的管理策略，取得了不錯的效果。如在招聘期，以忠誠度為導向聘用人才；在供職期，培養員工的忠誠度；在離職潛伏期，挽救員工的忠誠度；在辭職期，完善忠誠度的管理；在辭職後，延伸忠誠度。

（四）組織的智商

組織智商是一種綜合能力，主要表現在快速處理信息、有效決策和實施決策等方面。組織智商決定著組織的整體素質和學習能力。隨著信息網絡技術、知識經濟的迅速發展，組織進入了「信息爆炸」時代，如何迅速有效地處理大量信息和提高決策速度成為信息時代提高組織素質的關鍵。那些善於從組織運作中總結經驗、累積知識的組織，其組織智商相對就高，更能適應瞬息萬變的環境。組織智商建設圍繞著知識的累積和提高組織學習的能力展開，主要由知識管理、知識型員工開發、知識庫建設、衝突管理與差異敏感專案管理、決策與解決問題能力專案管理及大腦聯網六部分組成，其核心是如何有效地利用知識進行創新，促進組織內部的知識流通，提升成員獲取知識的效率。[1]

（五）組織的學習能力

當今社會科技發展日新月異，組織要在錯綜複雜、瞬息萬變的環境下生存和發展，就必須能夠從外部準確而及時地獲取信息，迅速調整自己以適應周圍環境的變化。這種適應過程就是組織的學習過程。今天，組織的學習能力已成為組織不斷創新的源泉與動力，也越來越成為組織素質的一個重要組成部分。蒂斯（Teece）在研究中注意到學習的一個基本性質，即它既是一個個體化的過程，又是一個組織化的過程。對於組織化過程的學習來說，它是一個社會或集體現象，它要求共同的交流基礎和協調的探索程序。因此，組織的學習能力既包括組織成員個體的學習能力，又包括在此基礎上組織成員共享學習成果的能力。其中，後者更為重要，因為只有共享學習成果，把組織成員的個體知識轉化為全體成員的共同知識，才能提高整個組織的工作效率，更好地適應環境的變化。

（六）組織的應變能力

組織的應變能力指組織能夠對外部環境的變化敏銳感應，並作出快速反應的能力。

---

[1] 付昌．組織智商：企業真正的核心競爭力［N］．世界經濟報導，2001－08－28．

組織的應變能力是組織潛在能力的核心。隨著知識經濟、信息時代的到來,越來越多的組織採用新技術或新理論,如有的組織通過對組織結構的變革,採取扁平型組織以減少信息在高聳型組織結構中傳遞所帶來的信息失真與低效率,同時加強組織成員之間的協作能力;有的組織採用柔性管理等方式來提高組織收集與處理信息的效率,提升對市場的反應能力;有的組織通過流程再造,或採用信息管理系統(如 ERP 系統)等來整合整個供應鏈,提高整個供應鏈組織之間的協作能力等,以達到提高組織應變能力的目的。[1]

二、提高組織素質的途徑

未來的競爭是組織的競爭,組織競爭力的關鍵是組織素質,而為了提高組織素質,就必須進行組織修煉。[2] 只有圍繞組織素質的內涵進行不斷探索和學習,才能提升組織素質、提高組織的核心競爭力。具體可以通過以下途徑達到目的:

(一)建立學習型組織

學習是提高組織素質最有效的方法。學習型組織的思想始於 20 世紀 70 年代,但其概念的正式提出則是在 20 世紀 90 年代。1990 年,彼得·聖吉(Peter M. Senge)在其所著的《第五項修煉》(The Fifth Discipline)一書中提出學習型組織的概念,並通過自我超越、改善心智模式、建立共同願景、團隊學習和系統思考五項修煉來達到組織修煉的目的。[3] 其中,自我超越的修煉對於組織中整體價值觀的形成,對於組織成員對組織目標的認同,對於提高組織的學習能力具有重要作用;改善心智模式修煉對於提高組織成員的學習能力和智力水準具有重大影響,因此可視為影響組織的學習能力和組織智商的重要因素;建立共同願景對於組織價值觀的形成,特別是對於組織凝聚力的強化具有重大影響,這一修煉是組織目標形成和組織成員目標認同的必要前提。[4]

(二)進行組織創新

任何組織都必須隨著外部環境和內部條件的變化而不斷調整和變革組織結構及管理方式,使其適應各種變化,提高組織活動效益,提升組織素質。一個組織要想在錯綜複雜、瞬息萬變的環境下生存和持續發展,就必須從外部準確而及時地獲取信息,迅速調整自己的內部結構以適應環境的變化。因此,在組織方式上提出了無固定邊界的非正式組織、層次很少的扁平型組織、成員之間能有效溝通的網絡狀組織、有利於激勵內部創新的半自治式組織等。[5]

---

[1] 芮明杰. 管理學:現代的觀點 [M]. 2 版. 上海:上海人民出版社,2005:99.
[2] 鬱義鴻. 組織修煉 [M]. 上海:上海譯文出版社,1997:13.
[3] 彼得·聖吉. 第五項修煉——學習型組織的藝術與實務 [M]. 郭進隆,譯. 上海:上海三聯書店,2002.
[4] 鬱義鴻. 組織修煉 [M]. 上海:上海譯文出版社,1997:16.
[5] 成思危. 管理科學的幾個重要發展趨向 [J]. 企業管理,1998(10):7.

第四節　組織設計與部門分工

一、組織設計的含義及目的

組織設計是以組織結構為核心的組織系統的整體設計工作，指管理者將組織內各要素進行合理組合、建立和實施一種特定組織結構的過程。組織設計的實質是對組織中各項活動進行橫向和縱向的分工，它是有效管理的重要手段之一。

組織設計的目的是：通過創構柔性靈活的組織，動態反應外在環境變化的要求，並且能夠在組織演化成長的過程中，合理配置組織的各類資源；協調好組織中部門與部門之間、人員與任務之間的關係，使員工明確自己在組織中應有的權利和應承擔的責任。[1]

二、組織設計的內容與原則

（一）組織設計的內容

1. 職能與職務設計

組織首先要將總的任務目標進行層層分解，分析並確定完成組織任務究竟需要哪些基本的職能與職務，然後設計和確定組織內從事具體管理工作所需的各類職能部門以及各項管理職務的類別和數量，分析每位職務人員應具備的資格條件、應享有的權利範圍和應負的責任。

2. 部門設計

根據每位職務人員所從事的工作性質以及職務間的區別和聯繫，按照組織職能相似、活動相似或關係緊密的原則，將各個職務人員聚集在「部門」這一基本管理單位內。

3. 層級設計

在職能與職務設計以及部門設計的基礎上，必須根據組織內部能夠獲取的現有人力資源情況，對初步設計的職能和職務進行調整和平衡，同時要根據每項工作的性質和內容確定管理層級並規定相應的職責、權限，通過規範化的制度安排使各個職能部門和各項職務形成一個嚴密有序的活動網絡。[2]

（二）組織設計的原則

進行組織設計離不開一定的原則。現代管理的組織設計應遵循以下原則：

1. 目標統一的原則

組織設計的根本目的是完成組織的戰略任務，實現組織的管理目標。目標統一原則是組織設計最基本的原則。它是指在進行組織設計時，要有明確的目標，並使各部

---

[1] 周三多. 管理學——原理與方法 [M]. 2 版. 上海：復旦大學出版社，2007：150.
[2] 周三多. 管理學——原理與方法 [M]. 2 版. 上海：復旦大學出版社，2007：152.

門、員工的目標與組織的總體目標保持一致。

2. 分工與協作的原則

分工與協作的原則是指在進行組織設計時，要根據不同專業和性質進行合理的分工，並規定各部門內部或部門之間的協調關係和配合方法。分工是提高組織工作效率的基本手段。在分工的基礎上，各部門只有加強協作與配合，才能保證各項管理活動的順利開展，最終有效實現組織的總體目標。

3. 有效控制幅度的原則

有效控制幅度的原則是指組織中的主管人員直接管轄的下屬人數應是適當的。也就是說，領導者的管理幅度應控制在一定水準，不能過寬也不能過窄，這樣才能保證組織的有效運行。

4. 精簡高效的原則

精簡高效的原則是指在保證組織業務活動正常開展的前提下，盡可能減少管理層次、簡化部門機構，配置少而精的管理者。堅持這個原則，能使組織精幹，提高工作效率，節省管理費用。

5. 權責對等的原則

為保證組織工作的有效進行，在進行組織設計時，要確保職位的職權和職責對等。權責對等原則是指在賦予每一個職務權限的同時，必須賦予其相應的職責。避免出現有權無責或有責無權的現象。

6. 集權與分權相結合的原則

組織的有效運行，既需要一定的集權，也需要一定的分權。集權，有利於保證組織的統一領導和指揮；分權，有利於調動下屬的工作積極性。在實際工作中，應根據組織的實際需要來決定集權和分權的程度。

7. 穩定性與適應性相結合的原則

在進行組織設計時，既要保證在外部環境發生變化時，組織能夠持續有序運轉；又要保證在運轉過程中，組織能根據變化了的情況作出相應的調整。這就是說，管理者必須在穩定與動態變化之間尋求一種平衡，既保證組織結構有一定的穩定性，又使組織有一定的發展彈性。

三、部門化

組織設計的實質是對管理活動進行橫向和縱向的分工，而分工又要求組織活動保持高度的協調一致性，協調的有效方法就是組織的部門化。組織部門化是勞動分工在組織內部的體現，主要解決組織的橫向結構問題。

(一) 組織部門化的原則

部門劃分應遵循的總原則是分工與協作原則。具體原則有：

(1) 最少部門原則：在有效實現組織目標的前提下，組織中的部門應力求少而精。

(2) 靈活性原則：指劃分部門應根據組織實際，隨業務的需要而增減。

(3) 目標明確原則：指組織應具備必要的職能，並將職能明確化，以確保目標的

實現。

（4）指標均衡原則：指各部門職務的指標分派應均衡，避免忙閒不均、工作量分攤不均。

（5）業務部門與監督部門分設原則：考核和檢查業務部門的人員，不應隸屬於受其監督評價的部門，這樣才能真正發揮監督評價的作用。

（二）組織部門化的基本形式

很難想像在一個有著5,000或50,000人的組織裡，所有員工都在同一個大部門裡工作。這就需要進行部門化（或部門分工）。部門化是指依據一定的標準，把工作細分給部門的過程。組織部門化可以依據多種不同的標準進行，常見的有職能部門化、產品服務部門化、區域部門化、流程部門化和顧客部門化。

1. 職能部門化

這是按照履行職能的不同來劃分部門的。例如，一個企業可以劃分為財務部、研發部、生產部、行銷部等。職能部門化是一種傳統而普遍的組織工作的方法。其優點是：符合專業化分工的要求，能充分有效地發揮員工的才能；易於監督和指導；有利於提高工作效率。缺點是：不利於高級管理人才的培養；容易出現部門本位主義，部門之間協調配合困難，從而影響組織總目標的實現。

2. 產品服務部門化

這是按組織所提供的產品或服務的不同來劃分部門。如某家電企業依據其產品類別劃分出彩電部、空調部、冰箱部、洗衣機部等部門。產品部門化的優點是：有利於培養「多面手」式的管理人才；能促進企業的內部競爭，提高企業的專業化經營水準。缺點是：容易出現部門本位主義傾向，影響企業總目標的實現；某些管理機構重複，導致管理費用增加等。

3. 區域部門化

這是按地理區域來劃分部門，又稱地域部門化、地區部門化。這種方法多用於一些地理位置比較分散、規模較大的組織。跨國公司的市場部經常採用區域部門化的方法，如設立中國市場部、美國市場部、韓國市場部等。區域部門化的優點是：權責下放到地方，鼓勵地方參與決策和經營；對本區域市場變化反應靈敏，有利於服務與溝通；有利於管理人員的培養。缺點是：與總部之間的管理職責劃分較困難，高層管理人員較難管理和控制各地區部門的業績。

4. 流程部門化

這是指組織按生產過程、工藝流程等劃分部門。如機械製造企業劃分出鑄工車間、鍛工車間、機加工車間、裝配車間等部門。流程部門化的優點是：能取得經濟優勢；可充分利用專業技術和技能；簡化了培訓。缺點是：部門間的協作較困難，易產生部門間的利益衝突，不利於培養綜合性的高級管理人才。

5. 顧客部門化

這是基於顧客的不同利益需求來劃分的。在激烈的市場競爭中，顧客的需求導向越來越明顯，企業應努力滿足顧客的需求。如銀行為了向不同的顧客提供服務，設立

了商業信貸部、農業信貸部和普通消費者信貸部等。顧客部門化的優點是：能滿足目標顧客各種特殊而廣泛的需求；可有針對性地按需生產、按需行銷。其缺點是：由於顧客需求偏好的轉移，企業可能無法及時作出調整；會增加與顧客需求不匹配而引發的矛盾和衝突。

在實際工作中，任何組織很少根據唯一的標準來劃分部門，而是經常同時採用兩個或兩個以上的部門化方式。如大學裡設置的教務處、科研處、財務處等是按職能來劃分的；而本科生部、碩士生部、博士生部等的設置又是按產品來劃分的。究竟採用一種部門化還是多種部門化的組合往往取決於對各種部門化方式優劣的權衡。

第五節　職務設定、職權設計與平衡

一、職務設定

（一）職務設定的含義

職務是指組織中承擔相同或相似職責或工作內容的若干職位的總和。職務設定是將任務組合起來構成一項完整職務的過程。它是對現有職務的認定、修改或產生新的職務。職務設定的目的就是依據職務的性質和條件，使每一個職位都有能夠勝任的人員來承擔工作，且使員工在這個崗位上發揮其才能和潛力。

（二）職務設定的方法

職務設定的方法通常有：職務專業化、職務輪換、職務擴大化、職務豐富化等。

1. 職務專業化

在20世紀50年代以前，受亞當・斯密和泰勒等人的理論的影響，職務設定基本上是按職務專業化的模式進行的，即把職務簡化為細小的、專業化的任務，每人承擔其中的一部分工作。職務專業化的基本方法就是「時間—動作」研究，即通過尋找工人的身體活動、工具和任務之間的最佳組合，實現工作的簡單化和標準化，以使所有工人都能夠達到預定的生產水準。亞當・斯密曾描述過一家大頭針製造廠的勞動分工情形：第一個人抽鋼絲，第二個人拉直，第三個人切割，第四個人削尖，第五個人磨頂；而釘頭的製作又需要兩三項單獨的操作；釘上釘頭又是另一項工作。將大頭針的製造劃分為各種細小的、專業化的操作，使這家企業的勞動生產率比不進行勞動分工的企業提高了200多倍。這就是職務專業化的巨大吸引力。

按職務專業化思路設計出來的職務細小、簡單，能提高工人工作的熟練程度，減少因工作變換而損失的時間，大幅度提高勞動生產率。但由於它很少考慮工人的社會需要和個人需求，產生了很大的負面影響。比如：工人對工作產生厭倦和不滿情緒，離職率和缺勤率增高；管理者和工人之間產生隔閡，影響工作的質量和總體效率等。

2. 職務輪換

一般所指的職務輪換是指通過橫向的交換，讓員工輪換擔任若干種不同工作的做

法。這是為避免職務專業化缺陷的一種早期努力。以倉庫內的工作為例，一個工人可以在週一卸貨，周二把貨物搬進倉庫，周三負責核對清單，周四將外運貨物搬出倉庫，週五負責裝車。職務輪換的優點是明顯的。首先，它拓寬了員工的工作領域，給予其更多的工作體會，使員工享受到了類似「跳槽」的新鮮和樂趣，減少了工作厭倦和單調感。其次，員工處於不斷變換的狀態中，可以使員工更多瞭解組織中的其他活動，為其承擔更大責任的職務做好準備。職務輪換現已成為企業培養人才的一種有效方式。目前在一些大型高科技企業和知名外企中得到了較多應用，如華為、西門子、愛立信、柯達、海爾、聯想等公司都在公司內部或跨國分公司之間進行了成功的職務輪換。職務輪換也有缺點：將員工從先前的職位上轉入一個新的職位，會增加培訓成本，還可能會導致生產效率的下降；職務輪換可能使那些偏愛在所選定的專業領域中尋求更大發展的員工的積極性受到打擊；非自願的職務輪換還可能導致曠工和事故的增加。

3. 職務擴大化

避免職務專業化缺陷的另一種努力是職務擴大化，即通過增加某職務所完成的不同任務的數量，實現工作多樣化。以裝配收音機為例，原先每個人只負責一兩項簡單的操作，如將某個電容器插在焊孔上，現在則改由每個員工裝配一個部件，甚至由單個員工裝配整臺收音機。職務擴大化把若干活動合併為一件工作，擴大了工作的範圍，一定程度上可以解決員工工作的單一化問題。但它只是工作內容水準方向的擴展，所增加的任務往往與員工以前承擔的任務具有類似性，不需要員工具備新的技能，因此它沒有給員工的活動提供太大的挑戰性和興趣，也不能從根本上改變員工工作的單調乏味感。

4. 職務豐富化

如果說職務擴大化是在同一級別上工作的橫向擴展，職務豐富化則是從縱向上充實和豐富工作內容。即允許員工以更大的自主權、獨立性和責任心去從事一項完整的活動。根據赫茲伯格的雙因素理論，保健因素，如公司政策和薪酬等，只能防止員工產生不滿，但產生不了激勵作用。而員工的責任感、成就感則可以起到激勵作用。因此，給工作中增添激勵因子，使工作更有趣、更有挑戰性，就成為職務豐富化的基本思想。美國電話電報公司曾成功地採用這種設計方法激勵了打字員；以前，公司將八個打字員放在一個沒有自主權的小組裡，負責打印顧客的訂貨單（這種工作小組效率很低，人員思想也不穩定），後來改建為工作團隊形式，小組長直接由打字員擔任，並授予該小組計劃和控制其工作質量與進度的權力，這樣大家的責任心大大增強了，工作效率和工作滿意度也隨之提高。[①]

二、職權設計與平衡

（一）職權設計的含義

職權是職務範圍內的管理權限。依靠職權，管理者可以指揮下屬、採取行動，實

[①] 池麗華，伊銘. 現代管理學 [M]. 上海：上海財經大學出版社，2006：188.

現組織的目標。每一個管理職位都具有某種特定的、內在的權力，任職者可以從該職位的等級或頭銜中獲得這種權力。

職權設計就是全面、正確地處理企業上下級之間、同級之間的職權關係，將不同類型的職權合理分配到各個層次和部門，明確規定各部門、各職務的具體職權，建立起集中統一、上下左右協調配合的職權結構。它是旨在保證各部門能夠真正履行職責的一項重要的組織設計工作。

（二）職權設計中的平衡

職權設計中所要考慮的最重要的問題，就是職權的平衡。而要保持職權的平衡，就不能不涉及集權和分權的問題。集權和分權反應組織的縱向職權關係。集權是指決策權在組織系統中較高層次的一定程度的集中。分權是指決策權在組織系統中較低管理層次的一定程度上的分散。衡量一個組織集權或分權的標誌主要有：

（1）決策的數量。較低層次的管理者作出決策的數量越多，分權程度越高。

（2）決策的範圍。較低層次的管理者作出的決策範圍越廣，分權程度越高。

（3）決策的重要性。較低層次的管理者作出的決策涉及的影響面越大，或費用越多，分權程度越高。

（4）決策的審核。組織中較低層次的管理者所作的決策審核越少，分權程度越高。

集權和分權是一個相對的概念。集權有利於統一領導和指揮，防止政出多門，能加強對組織的控制；可使組織的有限資源得到有效利用；便於從整體出發去處理問題，避免局部利益行為；保證組織總體政策的統一性和政策執行的高效率。但過度集權會抑制和挫傷下屬的主動性和創造性，增加高層管理者的負擔，降低決策的質量，降低組織的適應能力。一個組織的集權、分權化程度宜高還是宜低，應根據具體情況來定。如組織規模大、地域分佈廣、經營範圍寬的企業，宜實行分權化管理。反之，宜實行集權化管理。

（三）授權

授權是指上級把自己的某些職權授給下屬，使下屬擁有相當的自主權和行動權，在上級的指揮和監督之下完成任務。授權與分權有別。孔茨認為，分權是授權的一個基本方面。授權是上級把權力授予下級，分權是上級把決策權分配給下屬。授權的含義包括三個方面：

（1）委派任務，指向被托付人交代要完成的任務。

（2）委任權力，授予被托付人相應的權力，去處理其原本無權處理的事務。

（3）明確責任，要求被托付人對托付的事務負責，不僅包括完成指派的任務，也包括向上級匯報任務的執行情況和結果。

合理的授權需要遵循和掌握以下原則：

（1）授要原則，指授給下級的權力應該是下級在實現組織目標中最需要的、比較重要的權力，而不是一些無關緊要的權力，這樣才能解決實質性問題。

（2）逐級授權原則。組織授權應逐級自上而下地進行，不能越級授權。

（3）權責一致原則。授權要以責任為前提，授權的同時要讓下級明確自己的職責

範圍。有權無責會導致權力濫用；有責無權，則無法保證完成組織的任務。

（4）適度原則。授予的職權應是上級職權的一部分，而不是全部，更不可將不屬於自己權力範圍的職權授予下屬。授權過多會造成工作雜亂無序，甚至管理失控；授權過少會使上級工作量過大，加重領導的負擔。

（5）靈活性原則。靈活性原則要求授權時從實際出發，考慮不同的環境條件、不同的目標任務及不同的時間，授予不同的權力。

第六節　管理幅度與管理層次

管理幅度與管理層次是組織結構的基本範疇，也是影響組織結構的兩個決定性因素。幅度構成組織的橫向結構，層次構成組織的縱向結構，水準與垂直相結合構成了組織的整體結構。

一、管理幅度

管理幅度，也叫管理跨度，是指一個上級主管能夠直接有效地指揮下屬的數量。一個人受其精力的限制，能直接指揮和領導的下屬數量總是有限的。因此，主管人員要想有效地領導下屬，就必須認真考慮究竟能直接管轄多少下屬的問題。管理學家研究認為，對高層管理者來說，理想的下屬人數是 4 人，在組織的最低層次，下屬人員一般是 8～12 人。管理幅度的寬窄是影響組織效率的重要因素之一，也是管理層次設計的關鍵制約因素之一。管理幅度過寬或過窄都不利於組織的高效運作，常常會造成管理者疲於奔命或人浮於事的現象。

影響組織管理幅度的因素有很多，而且會因組織的具體情況不同而有別。其中，影響管理幅度的主要因素有以下幾方面：

（1）工作能力，包括領導者和下屬的工作能力。如果領導者精力充沛，工作能力強，管理幅度可以寬一些；同樣，如果下屬的素質比較高，能很好地領會領導的意圖，這樣的下屬，多幾個也比較容易管理。

（2）工作性質，包括工作的複雜程度、變化性及下屬人員工作的相似程度。如果工作的複雜性高，且多變和富有創造性，則上級就需要經常接觸、反覆磋商，投入較多的時間和精力，管理幅度應窄些。如果下屬的工作具有很大的相似性，即使比較複雜，管理起來也不會太困難，管理跨度則可以適當加寬。

（3）溝通的程度。管理離不開上下級的溝通。如果溝通的效果好，且效率高，就能為管理者節省不少時間和精力，則管理幅度可加大。如溝通不暢，就需要頻繁接觸和反覆溝通，管理者花費的時間和精力必然會增加，這時就需要適當減少管理幅度。

（4）授權的程度。如果組織在管理中更多地採用授權的方法，上級領導的工作負擔較輕，管理幅度就可以寬些；反之，授權較少，下屬人員遇到事情要向上級請示匯報，管理幅度應窄些。

（5）制度的完善程度。如果組織的協調控制體系比較完善，事先制定有明確的工

作目標和工作計劃，事中和事後有嚴格的檢查制度和考核評價手段，就可以有效地控制各項工作的運轉，減少管理者花費的時間和精力，那麼管理幅度就可以放寬。

（6）變革的速度。每個組織都會隨環境的變化而發生或大或小、或快或慢的變化。變革的速度慢，則組織的各方面都會比較穩定，員工就能按部就班地完成自己的任務，管理起來就容易得多；反之，組織經常變動，員工往往就無所適從，則管理幅度就要相應變窄。

二、管理層次

管理層次亦稱管理層級，指組織的縱向等級結構和層級數目。管理層次是以人類勞動的垂直分工和權力的等級屬性為基礎的。一個組織管理層次的多少，一般是根據組織的工作量的大小和組織規模的大小來確定的。一般把管理層分為三個層次，即高層管理者、中層管理者、基層管理者。（見第一章第三節）

管理層次受到組織規模和管理幅度的影響，它與組織規模成正比。組織規模越大，則包括的人員越多，組織工作也越複雜，管理層次也就越多。在組織規模確定的情況下，管理幅度與管理層次成反比關係，即管理幅度越寬，管理層次越少；管理幅度越窄，管理層次越多。以一家有4,096名作業人員的企業為例，如果按管理幅度分別為4和8對其進行組織設計（假設各層次的管理幅度相同），那麼其相應的管理層次分別為6和4，所需的管理人員為1,365和585名。如圖2-1所示：

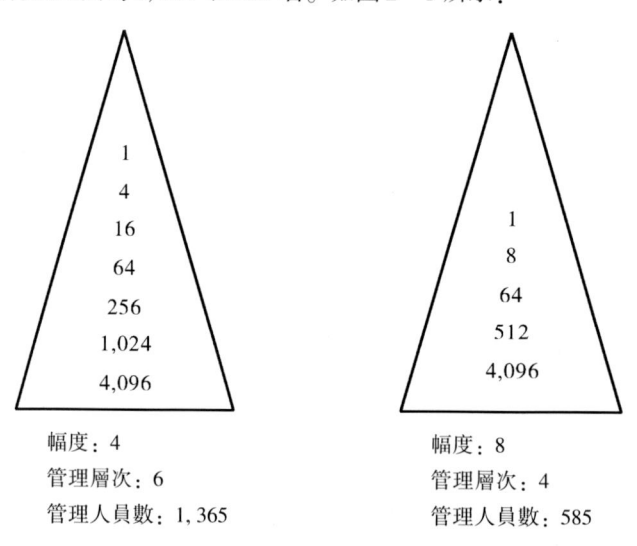

```
         1                          1
         4                          8
        16                         64
        64                        512
       256                      4,096
      1,024
      4,096
```

幅度：4   幅度：8
管理層次：6   管理層次：4
管理人員數：1,365   管理人員數：585

圖2-1　管理幅度與管理層級比較

管理幅度與管理層次的反比例關係決定了兩種基本的組織結構形態：扁平型組織結構和高聳型組織結構。關於這兩種組織結構的特點和各自的優缺點具體可參見本書第三章，這裡不再贅述。

【本章小結】

　　組織是人們為了實現某種共同目標而協同行動的集合體。按照不同的標準，可分為不同的類型。任何一個組織都有其特定的目標，組織目標對組織的全部活動起指導和制約作用。組織目標具有差異性、層次性、多元性、和時間性的特點，在制定組織目標的過程中，應遵循一定的原則。

　　未來的競爭是組織的競爭，組織競爭力的實質是組織素質。組織素質的提升有兩種基本途徑：建立學習型組織和進行組織創新。

　　組織設計的實質是對管理活動進行橫向和縱向的分工，這要求組織活動保持高度的協調一致，而協調的有效方法就是組織的部門化。組織部門化從橫向方面解決組織的結構問題，常見的有職能部門化、產品服務部門化、區域部門化、流程部門化和顧客部門化。職權設計從縱向方面解決組織的結構問題。職權設計中要注意集權和分權的問題，並把握授權的原則和尺度。

　　管理幅度和管理層次是組織結構的基本範疇，也是影響組織結構的兩個決定性因素。幅度構成組織的橫向結構，層次構成組織的縱向結構。在組織規模確定的情況下，管理幅度與管理層次成反比關係。

【思考題】

1. 試述組織的含義及其分類。
2. 組織目標有何特點？其制定可分為哪幾個步驟？
3. 如何全面理解組織素質的內涵？
4. 簡述部門化的幾種基本形式。
5. 組織設計應遵循哪些原則？
6. 影響管理幅度的主要因素有哪些？

【案例】

　　老張和老劉是同一公司內兩個不同部門的經理。一天早上，他們同車去上班。路上，他們各自討論著自己的管理工作。從交談中發現，老張特別為其下屬的兩個人傷腦筋。他抱怨說：「這兩個人在受聘到公司的頭幾個月裡，我一直耐心細緻地告訴他們，在開始工作的頭幾個月裡，凡是涉及付款和訂貨的事情都要先與我商量一下。並叮囑他們，在未瞭解情況以前，不要對下屬人員指手畫腳。但是，幾個月過去了，到現在已有一年多的時間，他們還是一點創造性也沒有——大小事情都來問我。例如一個叫李林的，上星期又拿著一張 1 萬元的付款支票來問我，這是他完全可以自行處理的嘛！而另一個助手小馬，前兩週我交給他一項較大的任務，叫他召集一些下屬人員一起幹，而他呢，卻一個人悶著頭幹，根本就不讓下級人員來幫忙。他們老是這樣，

大小事情都來找我，我總有一天要倒霉的！」

幾乎在同一時候，老張的兩個下屬——李林和小馬也在另一地方談論著自己的工作。李林說：「上星期我找老張要他簽發一張支票。他說不用找他了，我自己就有權決定。但是，在一個月之前我找不到他，只好自己簽發了一張支票，結果我簽發的支票被退了回來，原因是我的簽字沒有被授權認可。為此，我上個月專門寫了一個關於授權於我簽字的報告，但他一直沒有批下來。我敢說，老張辦事毫無章法，對工作總是拖延。他的工作往往要拖後一個多月。我可以肯定地說，我遞給他的要求授權的報告恐怕還鎖在抽屜裡沒有看過呢！」

小馬接著說：「你說他的工作毫無章法，我也很有同感。前兩個星期，他叫我到辦公室去，交給我一項任務，並要我立即做好。在進行這項工作時，我也想得到一些下級人員的幫助，找過一些人，但是卻無法得到這些人的幫助。他們說除非他們得到老張的允許，否則他們就沒有時間來幫助我。今天是完成這項工作的最後日期，然而我卻還沒有完成。他又要抓我的辮子，把責任推給我了。我認為老張擔心我們把工作搞得過於出色，他擔心我受到提升……」①

【思考題】
1. 本案例中，授權過程出現了什麼問題？
2. 如果你是老張，你會如何管理你的下屬？

---

① http：//blog.mzsky.cc/tzst/blog_208

第三章　組織結構與組織運行

【學習要點】
1. 各種典型的組織結構形式及其各自的優缺點和適用範圍；
2. 組織形態縱向劃分的類型；
3. 現代企業組織結構發展的新趨勢；
4. 扁平化組織結構；
5. 權變的組織結構的含義；
6. 影響組織結構的權變因素。

第一節　組織結構的典型形式

一、直線制

　　直線制是一種最早也是最簡單的組織形式。它的特點是企業各級行政單位都從上到下實行垂直領導，下屬部門只接受一個上級的指令，各級主管負責人對所屬單位的一切事務負責。企業最高層不另設職能機構（可設職能人員協助主管人工作），一切管理職能基本上都由行政主管自己執行。其結構形式如圖 3-1 所示：

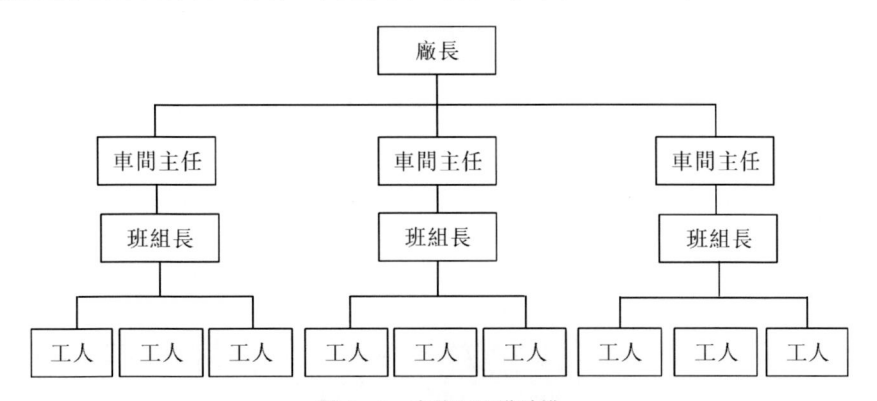

圖 3-1　直線制組織結構

　　直線制組織結構的優點是：結構比較簡單，責任明確，命令統一。其缺點是：要求行政負責人通曉多種知識和技能，親自處理各種業務。這在業務比較複雜、企業規

模比較大的情況下，把所有管理職能都集中到最高主管一人身上，顯然是不妥的。因此直線制只適用於規模較小、生產技術比較簡單的企業，對生產技術和經營管理比較複雜的企業並不適宜。

二、職能制

職能制組織結構，是各級行政單位除主管負責人外，還相應地設立一些職能機構。如在廠長下面設立職能機構和人員，協助廠長從事職能管理工作。這種結構要求行政主管把相應的管理職責和權力交給相關的職能機構，各職能機構就有權在自己業務範圍內向下級行政單位發號施令。因此，下級行政負責人除了接受上級行政主管人的指揮外，還必須接受上級各職能機構的領導。其結構形式如圖 3-2 所示：

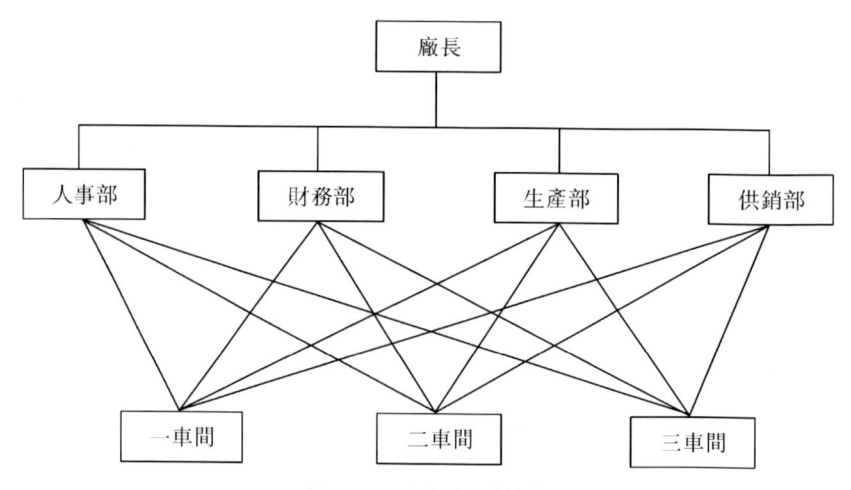

```
                        廠長
         ┌────────┬──────┴──────┬────────┐
       人事部    財務部        生產部    供銷部
         │        │              │        │
       一車間              二車間              三車間
```

圖 3-2　職能制組織結構

職能制組織結構的優點是：能適應現代化工業企業生產技術比較複雜、管理工作分工比較精細的特點；能充分發揮職能機構的專業管理作用，減輕直線領導的工作負擔。但其缺點也很明顯：它妨礙了必要的集中領導和統一指揮，形成多頭領導；不利於建立和健全各級行政負責人和職能科室的責任制，在中間管理層往往會出現有功大家搶、有過大家推的現象。另外，在上級行政領導和職能機構的指導或命令發生矛盾時，下級往往無所適從，影響工作的正常進行，容易造成紀律渙散、生產管理秩序混亂。由於這種組織結構形式的明顯缺陷，現代企業一般不採用。

三、直線—職能制

直線—職能制，也叫生產區域制，或直線參謀制。它是在直線制和職能制基礎上取長補短，吸取兩種形式的優點而建立起來的。目前，絕大多數企業都採用這種組織結構形式。這種組織結構形式是把企業管理機構和人員分為兩類：一類是直線領導機構和人員按命令統一原則在組織各級行使指揮權；另一類是職能機構和人員按專業化原則從事組織的各項職能管理工作。直線領導機構和人員在自己的職責範圍內有一定

的決策權和對所屬下級的指揮權，並對自己部門的工作負全部責任。而職能機構和人員，則是直線指揮人員的參謀，不能對工作部門直接發號施令，只能進行業務指導。直線—職能制的結構形式如圖3-3所示：

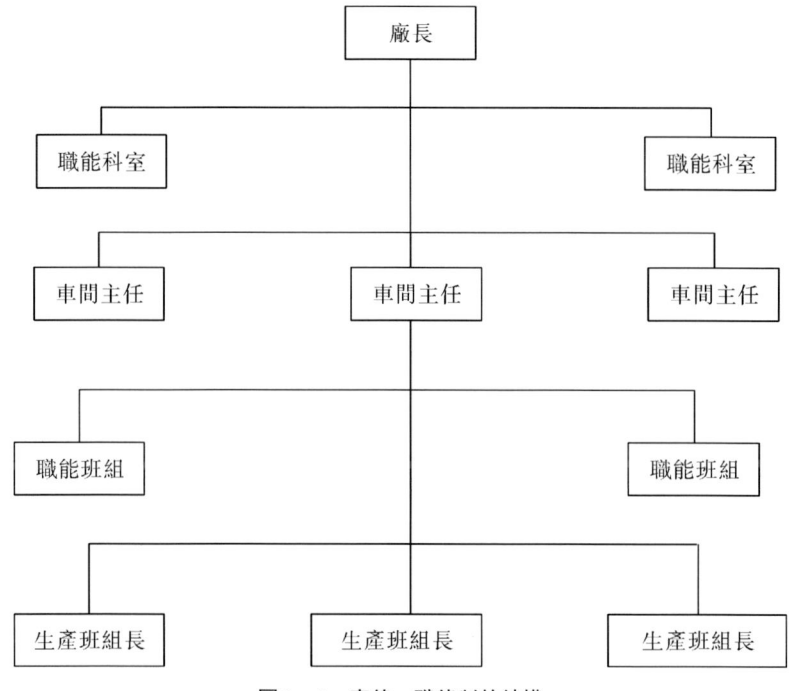

```
                    廠長
         ┌───────────┼───────────┐
      職能科室                 職能科室
         ├───────────┬───────────┤
      車間主任    車間主任    車間主任
         ├───────────┬───────────┤
      職能班組                 職能班組
         ├───────────┼───────────┤
     生產班組長  生產班組長  生產班組長
```

圖3-3 直線—職能制的結構

　　直線—職能制的優點是：既保證了企業管理體系的集中統一，又可以在各級行政負責人的領導下，充分發揮各專業管理機構的作用。其缺點是：職能部門之間的協作和配合難度較大，職能部門的許多工作要直接向上層領導報告請示才能處理，這一方面加重了上層領導的工作負擔，另一方面也造成辦事效率低。為了克服這些缺點，可以設立各種綜合委員會，或建立各種會議制度，以協調各方面的工作，起到溝通作用，幫助高層領導出謀劃策。

四、事業部制

　　事業部制最早於1924年由美國通用汽車公司總裁斯隆提出。它是一種高度集權下的分權管理體制。它適用於規模龐大、品種繁多、技術複雜的大型企業，是國外較大的聯合公司所採用的一種組織形式，近幾年中國一些大型集團或公司也引進了這種組織結構形式。

　　事業部制是分級管理、分級核算、自負盈虧的一種形式，即一個公司按地區或按產品類別分成若干個事業部，從產品的設計、原料採購、成本核算、產品製造到產品銷售，均由事業部及所屬企業負責，實行單獨核算、獨立經營，公司總部只保留人事決策、預算控制和監督大權，並通過利潤等指標對事業部進行控制；也有的事業部指

揮和組織生產，不負責採購和銷售，實現生產和供銷分立，但這種事業部正在被產品事業部所取代；還有的事業部則按區域來劃分。這裡按產品事業部和區域事業部進行介紹。

（一）產品事業部

產品事業部制又稱產品部門化。按照產品或產品系列組織業務活動，在經營多品種產品的大型企業中顯得日益重要。產品部門化主要以企業所生產的產品為基礎，將生產某一產品有關的活動，完全置於同一產品部門內，再在產品部門內細分職能部門，進行該產品的生產工作。這種結構形態在設計中往往將一些公用的職能集中，由上級委派以輔導各產品部門，做到資源共享。其結構形式如圖3-4所示：

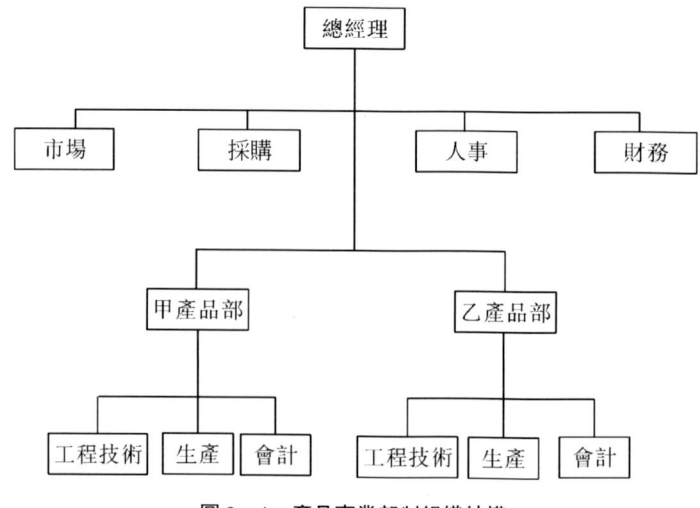

圖3-4　產品事業部制組織結構

產品部門化的優點是：①有利於採用專業化設備，並能使個人的技術和專業化知識得到最大程度的發揮；②每一個產品部都是一個利潤中心，部門經理承擔利潤責任，這有利於總經理評價各部門的業績；③在同一產品部門內有關的職能活動協調比較容易，比完全採用職能部門管理更有彈性；④容易適應企業的擴張和業務多元化要求。

產品部門化的缺點是：①需要更多的具有全面管理才能的人才，而這類人才往往不易得到；②每一個產品分部都有一定的獨立權力，高層管理人員有時會難以控制；③對總部的各職能部門，例如人事、財務等，產品分部往往不會善加利用，以至總部一些服務職能不能得到充分發揮。

（二）區域事業部

區域事業部制又稱區域部門化。對於在地理上分散的企業來說，按地區劃分部門是一種比較普遍的方法。其原則是把某個地區或區域內的業務工作集中起來，委派一位經理來主管。按地區劃分部門，特別適用於規模大的公司，尤其是跨國公司。這種組織結構往往設有中央服務部門，如採購、人事、財務、廣告等，向各區域提供專業

性的服務。這種組織結構形式如圖 3-5 所示：

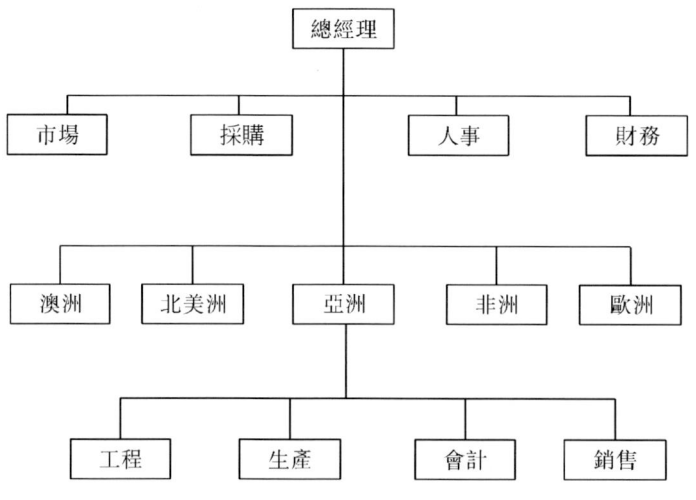

圖 3-5　區域事業部制組織結構

　　區域部門化的優點是：①責任到區域，每一個區域都是一個利潤中心，每一區域部門的主管都要負責該地區的業務盈虧；②放權到區域，每一個區域都有其特殊的市場需求和需要面對的問題，總部放手讓區域人員處理，會比較妥善務實；③有利於地區內部協調；④對區域內顧客比較瞭解，有利於溝通；⑤有利於培養通才型管理人才。

　　區域部門化的缺點是：①隨著地區的增加，需要更多具有全面管理能力的人員，而這類人員往往不易得到；②每一個區域都是一個相對獨立的單位，加上時間、空間上的限制，總部難以控制；③由於總部與各區域是各處一方，事關全局性的工作難以協調。

　　總體來說，事業部必須具有三個基本要素：相對獨立的市場、相對獨立的利益、相對獨立的自主權。事業部制的好處是：總公司領導可以擺脫日常事務，集中精力考慮全局問題；事業部實行獨立核算，更能發揮經營管理者的積極性，更便於組織專業化生產和實現企業的內部協作；各事業部之間有比較、有競爭，這種比較和競爭有利於企業的發展；事業部內部的供、產、銷之間容易協調，不像在直線職制下需要高層管理部門過問；事業部經理要從事業部整體來考慮問題，這有利於培養和訓練管理人才。

　　事業部制的缺點是：公司與事業部制的職能機構可能重疊，造成管理人員浪費；事業部實行獨立核算，各事業部只考慮自身的利益，影響事業部之間的協作，部門之間的業務聯繫與溝通往往被經濟關係替代，甚至連總部的職能機構為事業部提供決策諮詢服務時，也要事業部支付諮詢服務費。

第二節　組織形態的縱向層次劃分

組織形態是指由組織中縱向的等級關係及其溝通關係，橫向的分工協作關係及其溝通關係形成的一種無形的、相對穩定的企業構架。它反應組織成員之間分工協作的關係，體現了一種分工和協作框架。企業組織形態是指企業的組織形式、存在狀態和運行機制。

一、企業組織形態的演變和發展趨勢

（一）組織形態的演變

從傳統的小農經濟到工業經濟，再到現在的新經濟時代，企業的組織形態發生了重大變化。根據企業的產生和發展及領導體制的演變，企業組織形態的演變經歷了「直線制→直線—職能制→事業部制」的演變。

在企業所面臨的環境日益複雜且不確定性較高的情況下，一些新型的企業組織形態出現了，如超事業部制結構、模擬分權結構、多維結構等。但仔細分析可以看出，這些結構都是在直線制、直線—職能制和事業部制的基礎上發展而來的。換句話說，這些新的組織形態的基本形態仍是直線—職能制和事業部制，它們都是直線—職能制和事業部制的變形。

以上這些組織形態都有一個共同的特徵：企業管理在結構上是層層向上，人員逐漸減少，而權力則逐漸擴大，就像金字塔一樣，所以稱這樣的組織形態為「金字塔」式組織形態或層級制組織形態。

1. 層級制組織結構

優點：管理嚴密、分工明確、上下級易於協調。

缺點：層次增多帶來的問題也越多。這是因為層次增多，需要從事管理的人員迅速增加，彼此之間的協調工作也急遽增加，互相扯皮的事會層出不窮。管理層次增多之後，在管理上花費開支、精力、時間也隨之增加。管理層次的增加，會使上下級的意見溝通和交流受阻，最高層主管所要求實現的目標，所制定的政策和計劃，不是下層不完全瞭解，就是高層傳達到基層之後變了樣。管理層次增多後，上層管理者對下層的控制變得困難，易造成一個單位整體性的破裂；同時由於管理嚴密，將影響下級的主動性和創造性。

當企業規模擴大時，原來的有效辦法是增加管理層次，而現在的有效辦法是增加管理幅度。當管理層次減少而管理幅度增加時，金字塔狀的組織形式就被「壓縮」成扁平狀的組織形式。

2. 扁平狀組織結構

優點：有利於縮短上下級距離，密切上下級關係，信息縱向傳遞快，管理費用低，而且由於管理幅度較大，被管理者有較大的自主性、積極性、滿足感，同時也有利於

更好地選擇和培訓下層人員。

缺點：由於不能嚴密監督下級，上下級協調較困難；管理寬度的加大，也加大了同級間溝通的難度。

(二) 現代企業組織形態的發展趨勢

1. 組織結構的扁平化

在信息技術和網絡技術的推動下，企業信息可以在同一層次上傳遞和共享，而不必自上而下層層下達或是自下而上逐級匯報。傳統的企業員工之間的縱向關係在企業信息網絡平臺（數據平臺）上變成了縱橫交錯的平等關係。且企業管理人員的信息溝通能力和管理跨度已成倍甚至數十倍地增長，從而大大壓縮了企業組織結構的層級，向扁平化方向發展。

扁平化的組織結構是一種靜態架構下的動態組織結構，它改變了原來層級制組織結構中的企業上下級之間、部門與部門之間以及組織與外部之間的聯繫方式，具有敏捷、靈活、快速、高效的優點。其最大的特點就是等級型組織與機動的計劃小組並存，具有不同知識的人分散在結構複雜的組織形式中，通過凝縮未來時間與空間，加速組織全方位運轉，以提高組織績效。

2. 組織關係的網絡化

隨著企業對管理軟件、企業數據信息系統和網絡技術的運用和深化，傳統的職能管理部門的大部分重複性管理工作由企業管理軟件完成，職能部門的任務只是制定和修改控制程序、處理例外事件等，且他們的工作方式不再是傳統的等級命令型，而是共同協商、相互幫助型。在企業內部網絡平臺的幫助下，員工之間的縱向分工不斷減少，而橫向分工和協作不斷加強。企業組織過去以控制命令為核心的組織關係逐漸變成了一個相對平等和自主、富於創新的網絡關係。

組織關係的網絡化的最大益處就是減少了企業決策與行動之間的延遲，加快了對市場和競爭動態變化的反應，從而使組織的能力變得柔性化，反應更加靈敏。

3. 組織規模的小型化

自產業革命以來，很多企業多通過擴大企業規模、增加企業產量來追求規模經濟效益。這種觀念在很長一段時間內都有效。然而，在基於互聯網的電子商務面前，小公司可以通過使用較少的成本來建立全球的銷售系統，在開放的市場中平等地與其他的企業進行競爭。且小公司的靈活性和創新型明顯強於大企業，所以企業規模的小型化也是組織形態發展的趨勢之一。

組織規模的小型化並不是指其產值或市場的縮小，而是指人員和組織機構的縮小。面對激烈的市場競爭，許多大公司正通過分離或剝離、授權、企業流程再造、業務外包或建立戰略聯盟等方式來使自己的經營實體小型化，從而達到降低成本、提高應變能力、提升競爭能力的目的。

4. 組織邊界的柔性化

在新經濟條件下，信息技術尤其是電子商務的應用，使得企業的交易費用大大降低。同時，外包業務的發展也使得組織並不是等到所有的資源和能力完全具備才進行

生產，而是將非核心業務剝離而集中於核心業務。這些使得組織的另一個變化就是無論是內部邊界還是外部邊界都變得更加模糊、更加富有柔性和靈活性。

組織邊界的柔性化更易於企業的資源、信息等的傳遞和擴散，使信息、資源能夠快捷便利地穿越傳統組織的邊界，促進各項工作在組織中順利展開和完成，使組織作為一個整體的功能已遠遠超過各個組成部分的功能之和。

二、扁平化組織的內涵

組織扁平化的理論淵源最早可追溯到新制度經濟學。以1937年科斯《企業性質》為開端，之後，又由阿爾欽、德姆賽茲、威廉姆森等人加以拓展的新制度經濟學提出了企業乃「一系列合約的連結」的命題，指明了企業的合約連結性質決定了企業並非必然是等級分明的科層組織。1990年哈默和錢皮提出革命性企業再造概念，通過對公司的流程、組織結構、文化等進行徹底的重塑，達到績效的飛躍。哈默認為，企業再造就是從根本上打破傳統的、建立在縱向勞動分工和橫向職能分工基礎上的運作體系，提出以新設計和重建的作業程序（流程）作為企業組織結構基礎的組織形式。美國麻省理工學院教授維斯特尼和馬林等人總結了管理界對再造後的「新組織」的論述，認為「新組織」有網絡化、扁平化、靈活化、多元化、全球化等特點。1997年道赫德總結道：「20世紀90年代激烈的全球競爭導致了兩類不同性質的組織創新：一類以降低成本為目的，另一類則以提高企業核心能力為目的。後者突出地表現為使組織更加扁平化、更具柔性和創造性。」

扁平化組織，正是由於科層式組織模式難以適應激烈的市場競爭和快速變化環境的要求而出現的。

（一）組織扁平化的含義

所謂組織扁平化，就是通過破除公司自上而下的垂直、高聳的結構，減少管理層次，增加管理幅度，裁減冗員來建立一種緊湊的橫向組織，達到使組織靈活、敏捷、富有柔性和創造性的目的。它強調管理層次的簡化、管理幅度的增加與分權。

（二）扁平化組織的特點

扁平化組織與傳統的科層制組織有許多不同之處。科層制組織模式是建立在專業分工、規模經濟假設基礎之上的，各功能部門之間界限分明。這樣建立起來的組織必然難以適應環境的快速變化。而扁平化組織需要員工打破原有的部門界限，繞過原來的中間管理層次，直接面對顧客和向公司總體目標負責，從而以群體和協作的優勢贏得市場主導地位。扁平化組織的特點是：

（1）以工作流程為中心而不是部門職能來構建組織結構。公司的結構是圍繞有明確目標的幾項「核心流程」建立起來的，而不再是圍繞職能部門；職能部門的職責也隨之逐漸淡化。

（2）縱向管理層次簡化，削減中層管理者。組織扁平化要求企業的管理幅度增大，簡化繁瑣的管理層次，取消一些中層管理者的崗位，使企業指揮鏈條變短。

（3）企業資源和權力下放於基層。基層的員工與顧客直接接觸，使他們擁有部分

決策權能夠避免顧客反饋信息向上級傳達過程中的失真與滯後，大大改善服務質量，快速地回應市場變化，真正做到顧客滿意。

（4）借助現代網絡通信手段。企業內部與企業之間通過使用 E-mail、辦公自動化系統、管理信息系統等網絡信息化工具進行溝通，大大增加管理幅度與效率。

（5）實行目標管理。在下放決策權給員工的同時實行目標管理，以團隊作為基本工作單位，員工自主決策，並為之負責。這樣就把每一個員工都變成了企業的主人。

（三）扁平化組織在世界範圍內盛行之原因

一是分權管理成為一種普遍趨勢，金字塔狀的組織結構是與集權管理體制相適應的，而在分權的管理體制之下，各層級之間的聯繫相對減少，各基層組織之間相對獨立，扁平化的組織形式能夠有效運作。

二是企業快速適應市場變化的需要，傳統的組織形式難以適應快速變化的市場，為了不被淘汰，就必須實行扁平化。

三是現代信息技術的發展，特別是計算機管理信息系統的出現，使傳統的管理幅度理論在某種程度上不再有效。雖然管理幅度增加後指數化增長的信息量和複雜的人際關係大大增加了管理的難度，但這些問題在計算機強大的信息處理能力面前往往都能迎刃而解。

三、扁平化組織模式分類

扁平化組織形式主要有矩陣制、團隊型、網絡型（虛擬企業）等。

（一）矩陣制組織結構

矩陣制組織結構，是為了改進直線—職能制橫向聯繫差、缺乏彈性的缺點，在直線—職能制垂直形態組織系統的基礎上，再增加一種橫向的領導系統而形成的一種組織形式，又可稱為「非長期固定性組織」。

它的特點表現在圍繞某項專門任務成立跨職能部門的專門機構上，例如組成一個專門的產品（項目）小組去從事新產品開發工作，在研究、設計、試驗、製造各個不同階段，由有關部門派人參加。這種組織結構形式是固定的，人員卻是變動的，需要誰，誰就來，任務完成後就可以離開。項目小組和負責人也是臨時組織和委任的。任務完成後就解散，有關人員回原單位工作。因此，這種組織結構非常適用於需要橫向協作和攻關項目。企業可用來完成涉及面廣的、臨時性的、複雜的重大工程項目或管理改革任務，特別適用於以開發和實驗為主的單位，例如科學研究尤其是應用性研究單位等。

矩陣制組織結構的優點是：機動、靈活，可隨項目的開發與結束進行組織或解散；由於這種結構是根據項目組織的，任務清楚，目的明確，各方面有專長的人都是有備而來。因此在新的工作小組裡，溝通、融合較為容易，成員能把自己的工作同整體工作聯繫在一起，為攻克難關、解決問題而獻計獻策；抽調來的人員具有較強的信任感、榮譽感、責任感和工作熱情，有利於促進項目的實現；它還加強了不同部門之間的配合和信息交流，克服了直線—職能結構中各部門互相脫節的現象；加強了橫向聯繫，

專業設備和人員得到了充分利用。

矩陣制組織結構的缺點是：項目負責人的責任大於權力，因為參加項目的人員都來自不同部門，隸屬關係仍在原單位，只是為「會戰」而來，所以項目負責人對他們管理困難，沒有足夠的激勵手段與懲治手段，這種人員上的雙重管理是矩陣制組織結構的先天缺陷；由於項目組成人員來自各個職能部門，當任務完成以後，仍要回原單位，因而容易產生臨時觀念與短期行為，對工作有一定的影響。

（二）團隊型組織結構

團隊型組織中以自我管理團隊（SMT，Self-managed Team）作為基本的構成單位。所謂自我管理團隊，是以回應特定的顧客需求為目的，掌握必要的資源和能力，在組織平臺的支持下，實施自主管理的單元。一個個戰略單位經過自由組合，挑選自己的成員、領導，確定其操作系統和工具，並利用信息技術來制定他們認為最好的工作方法。惠普、施樂、通用汽車等國際知名的企業均採取了這種組織方式。SMT使組織內部的相互依賴性降到了最低程度。團隊型組織的基本特徵是：工作團隊做出大部分決策，選拔團隊領導人，團隊領導人是「負責人」而非「老板」；信息溝通是通過人與人之間直接進行的，沒有中間環節；團隊將自主確定並承擔相應的責任；由團隊來確定並貫徹其培訓計劃的大部分內容。

團隊型組織結構具有如下特點：

（1）自我管理團隊容納了組織的基本資源和能力。在柔性生產技術和信息技術的基礎上，團隊被授權可以獲得完成整個任務所需的資源，比如原材料、信息、設備、機器以及供應品。

（2）部門垂直邊界的淡化。在充分重視員工積極性、主動性和能力的前提下，團隊消除了部門之間、職能之間、科目之間、專業之間的障礙，其成員經過交叉培訓可以獲得綜合技能，相互協作完成組織任務。

（3）「一站式」服務與團隊的自主決策。在簡潔、高效的組織平臺（整體戰略、信息技術、資金等）的支援下，團隊被賦予極大的決策權。團隊成員可以自主進行計劃、解決問題、決定優先次序、支配資金、監督結果、協調與其他部門或團隊的有關活動。自我管理團隊具有動態和集成的特點，能針對變化的顧客需求進行「一站式」服務，從價值提供的角度看，自我管理團隊獨立承擔了價值增值中一個或多個環節的全部工作。

（4）高層管理者驅動轉向市場驅動，管理者角色轉換。在扁平化組織中，自我管理團隊對本單位的經營績效負責，其管理人員從傳統的執行者角色轉變為創新活動的主要發起人，為公司創造和尋求新的發展機會。中層管理者大為簡化並不再完全扮演控制角色，相反轉變為對基層管理人員提供顧客和供應商信息、人員培訓方案、績效與薪酬系統設計等關鍵的資源，協助團隊間知識、技能和資源的橫向整合。由於急遽的資源分散化和職責的下放，最高管理層的精力主要集中在制定整體戰略、驅動創新過程，扮演設計師和教練的角色。

（三）網絡型組織結構

網絡型企業是虛擬企業的一種。目前關於網絡型組織的普遍認可的定義是：網絡型組織是由多個獨立的個人、部門和企業為了共同的任務而組成的聯合體，它的運行不靠傳統的層級控制，而是在定義成員角色和各自任務的基礎上通過密集的多邊聯繫、互利和交互式的合作來完成共同追求的目標。

網絡型企業組織結構中，企業各部門都是網絡上的一個節點，每個部門都可以直接與其他部門進行信息和知識的交流與共享，各部門是平級對等的關係，而不是以往通過等級制度滲透的組織形式。密集的多邊聯繫和充分的合作是網絡型組織最主要的特點，而這正是其與傳統企業組織形式的最大區別所在。這種組織結構在形式上具有網絡型特點，即聯繫的平等性、多重性和多樣性。

企業的網絡化變革過程中，必須大力推廣信息技術，使許多管理部門和管理人員讓位於信息系統，取消中間管理層或使之大大精簡，從而使企業組織機構扁平化、企業管理水準不斷提高。

網絡型組織的適用前提是經濟全球化，環境高度不確定。

1. 網絡型組織的基本類型

根據組織成員的身分特徵以及相互關係的不同，網絡型組織可以分為四種基本類型，分別是內部網絡、垂直網絡、市場間網絡和機會網絡。下面對這四種類型的網絡進行具體說明：

（1）內部網絡

內部網絡包括兩方面的含義：一方面是指減少管理層級，使信息在企業高層管理人員和普通員工之間更加快捷地流動；另一方面是指打破部門間的界限（但這並不意味著部門分工的消失），使得信息和知識在水準方向上更快地傳播。這樣做的結果，就使企業成為一個扁平的、由多個部門界限不明顯的員工組成的網狀聯合體，信息流動更快，部門間摩擦更少。與此相適應，企業的組織結構也以生產為中心轉變為以顧客為中心。

（2）垂直網絡

垂直網絡是在特定行業中由位於價值鏈不同環節的企業共同組成的企業間網絡型組織。原材料供應商、零部件供應商、生產商、經銷商等上下游企業之間不僅進行產品和資金的交換，還進行技術、信息等其他要素的交換和共享。聯繫垂直網絡中各個企業的紐帶是實現整個價值鏈（包括顧客）的利益最大化，因為只有整個價值鏈利益最大時，位於價值鏈中各個環節的企業所創造的價值才能最終實現。垂直型網絡的組織職能往往是由價值鏈中創造核心附加價值的企業來履行的，例如通用汽車公司和豐田汽車公司就分別構建了一個由眾多供應商和分銷商組成的垂直型網絡，網絡內企業通過緊密合作達到及時供應和快速製造，大大提高了效率，降低了成本。

（3）市場間網絡

市場間網絡是指由來自不同行業的企業所組成的網絡。這些企業之間發生著業務往來，在一定程度上相互依存。市場間網絡最為典型的例子是日本的財團體制，大型

製造企業、金融企業和綜合商社之間在股權上相互關聯，管理上相互參與，資源共享，在重大戰略決策上採取集體行動，各方之間保持著長期和緊密的聯繫。金融企業（包括商業銀行、保險公司和其他金融機構）以股權和債權形式為其他成員企業提供長期、穩定的資金支持，綜合商社為成員企業提供各種國內外貿易服務，包括原材料採購與成品銷售、提供貿易信用、規避交易風險等。

(4) 機會網絡

機會網絡是圍繞顧客組織的企業群，這個群體的核心是一個專門從事市場信息搜集、整理與分類的企業，它在廣大消費者和生產企業之間架設了一座溝通的橋樑，使得消費者有更大的選擇餘地，生產者能夠面對更為廣泛的消費者，有利於兩個群體之間交易的充分展開。機會網絡在規範產品標準、保障網絡安全和改進交易方式方面起到了關鍵作用。典型的機會網絡核心企業包括早已存在的郵寄產品目錄公司和剛剛興起的電子商務平臺企業（如亞馬遜、eBay等），它們將眾多生產者和消費者聯繫起來，共同構成機會網絡。

2. 網絡型組織的基本特徵

企業內部的網絡型組織結構是不確定的，各個公司的網絡型組織也並不一樣。但它們都有一些基本特徵：

(1) 合作、民主、自由、寬容。知識化生產時代的產品特點是不斷創新，且以創造性勞動為主。但是，創新所需的知識和信息的集合從來就分佈不均。創造性勞動需要上級尊重下級，鼓勵創新，允許失敗，鼓勵不同意見相互交流。

網絡型組織的另一個重要特點是自由和寬容的組織文化。例如，IBM允許員工在工作時間做「私活」；有的公司實行自我管理、自我評價，如自行確定工作定額；實行分權和授權，更好地激發和利用人的興趣和愛好。

(2) 網絡型企業供給關係以企業間合作為基礎，企業邊界模糊。在企業網絡型供給關係下，合作具有更為重要的地位，核心企業可以幫助供應商解決技術問題，節約的成本則雙方共享；供給企業也可以修改核心企業的設計要求，減少的成本也可以雙方共享。企業由追求自身利益最大化轉向追求整個價值鏈（供應鏈）上的價值最大化。

這樣的合作關係使得企業與企業之間的傳統界限變得模糊，這些相互聯繫的上下游企業組成了一個更大的虛擬企業，也稱之為虛擬一體化供給鏈。

(3) 網絡型組織通過團隊（基層項目小組和高層管理專業小組）來適應創造性勞動對知識密集性的要求。創造性勞動需要具有不同知識背景的人相互組合，企業團隊由此而產生。團隊是加強合作、加強信息交流的一種方式，也是網絡型組織的一種形式。

(4) 網絡型組織通過權力和責任本地化來激發人的積極性、能動性與自我管理能力。在實行分權和授權的變革後，即使在非獨立核算的下級單位，決策也並非是由上級部門作出後下達執行，而是下級部門自行決策後上報，或上級與下級商議後決策；重要的不是權力而是業績。設立利潤中心和成本中心、建立獨立的核算單位（以自我管理團隊為核算單位）也是網絡型組織的特徵之一。

(5) 網絡型組織具有柔性化的特點。柔性化是指在組織結構中設置一定的非固定

和非正式或臨時性的組織機構，這些組織機構往往是以任務為導向的，可以根據需要設置或取消，與正式的組織機構有著網絡型而不是直線型的關係。

（6）網絡型組織具有多文化、個性化和差異化的特點。在網絡型組織中，每一個人都是網絡組織上的節點，他們之間的聯繫比在傳統直線型組織下更密切。企業內部多種文化和差異、個性則有利於知識和信息的整合。

（7）網絡型組織通過學習和培訓增加組織的知識密度。其具體形式有：職工培訓、教育投資、多崗位輪換等。

（四）扁平化組織模式新架構

扁平化組織結構本身的特徵以及嬗變過程，本質上要求其必須對傳統工業企業的組織模式進行變革。近年來，為適應內外部環境劇烈變化而出現的扁平化趨勢，不僅使金字塔形的傳統組織模式正在失去效力，而且使企業與企業之間的組織模式也在發生變化。貫穿於內、外組織變革過程的，是扁平化組織特有的知識共享和部門、組織間的協作。

1. 扁平化組織的內部組織模式

知識團隊構成了扁平化組織內部組織的基礎。美國著名管理學家德魯克指出：由於現代企業組織由知識化專家組成，因此企業應該是由平等的人、同事形成的組織。知識沒有高低之分，每一個人的業績都是由他對組織的貢獻而不是由其地位高低來決定的。因此現代企業不應該是由老板和下屬組成的，必須是由平等的團隊組成的。扁平化組織本質上可視為一知識體系，其競爭優勢的建立主要在於對組織所擁有的知識、信息進行整合、創造和管理，從而更直接地面向市場、面向用戶。為了支持這種知識、信息的整合、創造和管理，扁平化組織內部不是以職能為單位，而是形成一個個動態的知識團隊。這種團隊將個體和組織結合起來，促進用戶知識的顯性化和實體化，最終形成完整、統一的市場知識和轉化機制。從根本上講，扁平化組織的運作核心就是通過這種知識團隊的自我管理，不斷釋放整體知識能量，進而實現企業價值創造空間的拓展。

（1）知識團隊運作的基礎

團隊之所以能成為扁平化組織構造的基礎，其實是同扁平化組織基本特徵相關的。在扁平化組織中，人力資源成為組織的第一資源，而人力資源的本質就是凝聚在人身上的知識、信息、技能等。扁平化組織對人力資源的高要求，使得知識員工成為企業知識（特別是市場知識和用戶知識）的主要載體，決策中心下移導致的組織分權化和扁平化，共同促使團隊代替科層。

（2）團隊成員角色的專家化

知識團隊運作的目標是追求知識、信息的共享、轉化和創新。為了達到這種目標，真正依靠的是自我管理的知識專家。這種專家化要求知識團隊成員知識互補，因為團隊項目任務的完成需要不同的專門知識。例如一個戰略諮詢項目需要行銷、生產、人力資源等相關領域的知識，知識團隊成員都應該有自己的專長，團隊任務的完成需要這些不同領域的專家協作，協作過程同時也是互相學習的過程和知識的共享、轉化和

創新過程，通過不同領域的專家進行面對面的工作交流，交叉知識的產生其實就是知識的創新。因此，知識團隊成員角色的專家化是團隊知識鏈能力放大機制的前提和基礎。

（3）設定團隊目標

作為扁平化組織特定的知識鏈主體，知識團隊必須擁有自己的知識目標。同時，作為組織的基本單位，團隊的知識目標必須符合扁平化組織的總體知識發展要求，或者說團隊知識鏈的效率體現必須要符合組織整體的知識演化目標。因此，設定團隊目標，有利於團隊本身知識的鞏固和創新，更為重要的是，能夠實現與組織知識鏈的有效整合，獲得知識的協同效應。

（4）建立支持結構

在設定團隊目標時，要求團隊目標同企業目標保持一致，但在執行過程中，存在許多不可控因素。為了進行協調以最大程度發揮團隊的知識能量，完善團隊的外在組織支持結構將非常重要。扁平化組織的團隊模式是以知識鏈團隊為工作核心，同時有高層知識團隊進行協調、專家系統進行必要的支持。

2. 扁平化組織的外部組織模式

（1）企業的知識合作機制

扁平化組織具有知識鏈構造的特點，知識團隊就可視為一條知識鏈，團隊對內外部知識選擇、吸收、記憶、轉化、創新和產出，形成一條無限循環的知識流動鏈條。知識鏈不僅存在於企業內部團隊層次上，也存在於組織層次上，存在於組織和社會群體之間。扁平化組織同外部組織的知識鏈交流其實是通過知識聯盟實現的。知識聯盟還表示不同的扁平化組織之間的關係，企業是一條知識鏈，一個企業可以參與多條知識鏈，因而不同知識鏈之間存在交叉。當一個企業和其他的企業建立一種知識創新聯合體時，一個知識聯盟就形成了。

知識聯盟的中心目標就是學習和創造知識，特別強調通過聯盟從其他組織學習和吸收知識，或者同其他組織合作創造知識，從而對市場、用戶的需求滿足不僅僅局限在企業本身、企業知識範圍內。知識聯盟的建立主要基於組織資源、知識和能力的互補性，即聯盟一方具有另一方不具備的資源、知識和能力，以使聯盟夥伴共同受益，共同服務於同一市場、同一用戶，滿足他們的要求。因此，知識聯盟加深了其成員組織之間的關係，有助於組織之間相互學習，也有助於組織之間的知識結合，從而創造出新的交叉知識，更有益於市場目標的實現。此外，知識聯盟可以有效地實現聯盟夥伴之間隱性知識的轉移。如果聯盟夥伴之間只簡單地傳遞顯性知識，那就不需要知識聯盟，而只需買本書或參觀瞭解就可以了。所以知識聯盟的重點是學習和吸收對方的隱性知識。其關係就像師徒關係，允許聯盟夥伴之間的各層次人員進行面對面的交互式學習和交流，通過「干中學」和「教中學」，實現大量隱性知識的交流和滲透，達到所需知識的有效轉移。更為重要的是，知識聯盟中組織的「異質性」避免了組織與文化的內部一體化所造成的思維「路徑依賴性」，甚至組織間知識相互激活的可能性遠遠高於一體化組織內知識相互激活的可能性。聯盟成員擁有知識的多樣性和異質性更容易導致思維的碰撞，產生嶄新的交叉知識。

（2）知識聯盟的管理

第一，建立互動學習的模式，有效促進隱性知識的轉換。互動學習是指兩個企業或多個企業結對或聚群學習。在互動學習中，「學生」企業可充分接近「老師」企業，不僅可以學到「老師」企業中的顯性知識，更重要的，還可以學到「老師」企業的隱性知識，如「怎樣做」和「為什麼這樣做」方面的知識和技能。

第二，加強有關知識的學習和累積，不斷提高吸收能力。知識聯盟的核心是企業通過學習知識來培養自身的核心能力。因此，企業的吸收能力的大小，直接關係到企業能否形成核心能力。企業之間的學習效果取決於「學習」企業三方面的能力：認識和評價外部新知識的能力、消化吸收新知識的能力和利用新知識進行創新應用的能力。要提高認識和評價外部知識的能力，關鍵是要具備一定數量的、與外部新知識相關的基礎知識。因此，企業在尋找知識聯盟時，必須加強自身有關知識的學習和累積，不斷提高自身的知識存量和改善知識結構。提高消化吸收外部新知識的能力，實質上是提高企業內化外部知識的能力。企業要在這個內化過程中建立起相應的知識處理系統，以實現外部知識的高效轉化，將內化為企業的知識植根於已建立的知識系統中，形成企業特有的知識——企業核心能力的基礎，從而提高企業內化外部知識的能力。要提高知識的應用創新能力，必須依靠企業本身的整合能力，而整合能力來源於企業解決自身問題實踐中的不斷「試錯」。企業要鼓勵個人、團隊不斷實踐，敢於「試錯」，累積各種經驗。

第三，選擇合適的知識聯盟方式，保證聯盟的時效性。知識聯盟的目的是學習隱性知識，而隱性知識的學習需要一定的時間，才能產生潛移默化的效果。因此，如何選擇有效的方式來保證聯盟的時效性就成為問題的關鍵。企業應根據自己的現狀、企業與聯盟組織之間的關係和經歷等因素來綜合選擇。

第四，加強人力資源配置。由於核心能力實質是「組織中的累積性學識」，而學識的載體是人，核心能力只有通過組織中人的學習才能獲得，因此對知識聯盟的管理重點在於對聯盟的人力資源管理。

四、組織結構扁平化應用條件

並不是所有企業都能夠通過扁平化管理解決自身的管理問題。要想使扁平化管理在企業中發揮作用，應該滿足以下幾個條件：

（一）能突破傳統管理理念和文化束縛，形成系統的管理理念

經過五千年封建等級制度熏陶的中國人，形成了傳統管理文化和高度森嚴的等級制和塔式管理模式，眾多層次的中層管理者在這樣的體系中可以承擔相對較少的責任和風險，實施大幅削減中間管理層的扁平化管理必定會受到他們思想上和行動上的抵制；長期奉行的管理幅度理論也將影響扁平化管理的實施。而扁平化管理旨在打破原有的中間管理層次，直接以優化的系統結構快速適應市場變化，因此系統觀念必須養成。

學習型組織的創始人彼德·聖吉所提出的五項修煉準則中，最重要的一項就是「系統思考」。用系統論的觀點思考問題，企業組織就不會狹隘地形成各部門、各子公司之間信息、資源互不連接的孤島。系統論專家、創始人馮·伯塔郎菲認為，管理人

員用系統論的方法就可闡明組織系統的目標，確定評價系統工作成績的標準，並將企業與各種周邊環境更好地聯繫起來並系統地考慮問題，最優化地解決問題。因此，系統論在企業各管理層的接受程度將直接影響到扁平化管理的推行效果。

（二）管理流程能較好地實現扁平化設計

美國管理學家德魯克在較早時期就運用了一個交響樂團的例子來說明組織的扁平化特徵。他指出：幾百名音樂家能夠與他們的首席執行官一起演奏，是因為大家共同使用著一張總譜。這張總譜就是一個流程，所有的音樂家拿到它就知道該在何時干何事。企業扁平化管理也需要每一個崗位拿到一張管理流程的「總譜」，不管換了誰拿到流程圖就知道自己該幹什麼。

這裡以美國聖莫尼卡高速公路事件為例加以說明。1994年1月17日，聖莫尼卡高速公路的一座大橋在洛杉磯地震中倒塌了。這一事件迫使幾百萬駕車者改道上班，洛杉磯因此大規模塞車。加利福尼亞州交通部門官員起初預測修復高速公路得花12～18個月。考慮到交通受阻帶來的嚴重後果，加州交通部門表示將把合同交付給能夠在6個月內完成公路修復工程的承包商，並將集中力量不惜代價盡快完成此工程。修復工作最後僅花了短短的66天。這一奇跡通過改變以往的審核流程得到了實現：加州交通部門派工作人員攜帶施工計劃及說明書乘飛機去與承包商洽談，這樣五位承包商同時獲得了相同的信息；標價的審定及合同簽訂在同一天完成。設計組於6天內將施工圖送交承包商，通常這需要約9個月時間。按以往慣例，橋樑建設計劃一般由加州交通部門審核（此過程需要幾周甚至幾個月）；然後同級部門復審（花去更多時間）；最後復審的計劃送交承包商進行投標。而這一次，在交通部門批准的同時承包商已得到施工計劃，準備就緒；同級復審與工程開工同步進行；為了防止突發事件及不確定因素，加州交通部門的特派工程師和政府監督員隨後就被派駐公路建設現場，負責整個建設過程，這樣協作安排大大減少了工作審批時間。

在企業管理流程扁平化設計中也需要如此。一切都服務於流程簡化，根據企業目標進行管理業務流程的總體設計，使總體業務流程達到最優化，這是組織設計的出發點。按照優化管理流程設計盡可能少的管理崗位，這時職能部門就是高層管理和決策者進行經營管理的助手和基層業務部門的服務者，設計出每個崗位最簡潔的操作程序，一切工作均按最優工作流程來設計和執行，用工作規範將其固定下來，在流程中加強對業務的監督和風險的控制。

（三）分權與集權能較好地結合

20世紀後半葉，分權成為時尚。所謂分權，就是企業經營者將一部分經營決策權下放到職能部門，這樣可以免去不少決策延誤導致的市場機會喪失。如果不實行分權決策和管理，決策權和管理權集中在少數人身上，就會使決策和管理效率低下，難以應對市場競爭。扁平化管理就是以分權為主、以集權為輔的管理，有人稱之為「有控制的分權」。分權是為了讓簡化了的管理層次都能獲得相適應的面對市場的獨立決策權和管理權，鼓勵下屬為實現目標而分擔更多一些的責任。

集權則能夠有效地對各個得到分權的部門和崗位進行即時監控，發現沒有按照流程和決策執行的事情後及時糾正，時時觀察全局計劃的進展情況，對可能出現的偏離

目標的局部現象進行協調。這樣企業的組織機構精簡了，業務部門相應的權限也就增大了，高層領導有充分的時間和精力進行戰略性決策，基層主管也可以發揮主動性、積極性和創造性，人人負責，執行到位。

（四）學習型員工和管理團隊能夠在較好的企業文化背景中存在

如果按照管理幅度理論，要指揮數百人的樂隊，一個指揮家是根本不可能完成的。但是如前所述，一張總譜就能夠解決這個問題。扁平化管理不僅需要有作為企業願景的「總譜」，並在每位員工之間建立快捷的網絡連結，還要求每個人都是所從事領域內的能手，他們對企業願景有著共同的理解，在上級管理者的示意下以同一個節奏工作。

扁平化管理中，選人與用人特別重要。不論是管理者還是被管理者，當素質達不到要求時，扁平化管理的效果將大打折扣。扁平化管理要求有高素質、高能力的員工在各種變化著的團隊中高效工作，形成一個人才資源的有效聚合。選拔那些對企業忠誠、有工作責任心、有執行力和管理能力以及團隊協作精神的人進入有限的決策和管理崗位並對他們充分分權。這時，面對越來越高的崗位工作能力的要求，每位員工都不會認為「學習、學習、再學習」的要求過時和老套，而「終身學習」、「在工作中學習和在學習中工作」也會成為員工和企業的共同要求。另外，在制度和流程框架下對員工充分信任非常重要，平等、信任、互助的企業文化氛圍，也是扁平化管理的追求。在這樣的氛圍中組建跨部門團隊、特殊任務團隊時，隊員之間就會縮短磨合時間，迅速整合併具有很強的應變力和聚合力。

（五）計算機網絡技術能在企業得到較全面的應用

市場瞬息萬變，機遇轉瞬即逝。這迫使企業作出快速反應。而傳統的金字塔式的管理模式嚴重制約了企業的快速反應能力，傳統的管理手段決定了管理的幅度不可能太大。如果企業仍然維持傳統的上下溝通方式，不僅溝通的成本高，信息傳達的線路也長，也容易造成信息的漏傳、誤傳和失真。計算機和互聯網技術的發展，使傳統企業管理中所遇到的這些問題能夠迎刃而解。借助現代信息技術可以高效有序地整合企業內部資源並分析市場變化，正確地收集、存儲、整理、處理和傳遞來自各個方面的信息，企業工作指令幾乎可以同時傳遞到不同層級的員工，高層管理者直接、間接地管理下屬、監控工作也成為可能。這樣，管理幅度就能不斷加大，原有的大量中間管理層也就顯得冗長而沒有必要，管理扁平化也就成為一種趨勢和需要。由此可見，網絡技術和現代化管理手段在企業的普及程度也會對企業扁平化管理推進產生非常重要的影響。

第三節　權變的組織結構

一、理論淵源

權變理論是20世紀60年代末70年代初在經驗主義學派基礎上進一步發展起來的管理理論，是西方組織管理學中以具體情況及具體對策的應變思想為基礎而形成的一

種管理理論。進入 70 年代以來，權變理論在美國興起，受到廣泛的重視。權變理論的興起有其深刻的歷史背景，70 年代的美國，社會不安、經濟動盪、政治騷動達到空前的程度，石油危機對西方社會產生了深遠的影響，企業所處的環境很不確定。但以往的管理理論，如科學管理理論、行為科學理論等，主要側重於研究如何加強企業內部組織的管理，而且大多都在追求普遍適用的、最合理的模式與原則，而在解決企業面臨瞬息萬變的外部環境時又顯得無能為力。正是在這種情況下，人們不再相信管理會有一種最好的行事方式，其必須隨機制宜地處理管理問題，於是形成一種管理取決於所處環境狀況的理論，即權變理論，「權變」的意思就是權宜應變。

權變理論認為，每個組織的內在要素和外在環境條件都各不相同，因而在管理活動中不存在適用於任何情景的原則和方法，即：在管理實踐中要根據組織所處的環境和內部條件的發展變化隨機應變，沒有一成不變的、普遍適用的管理方法。成功管理的關鍵在於對組織內外狀況的充分瞭解和有效應對。權變理論以系統觀點為理論依據，從系統的觀點來考慮問題。權變理論的出現意味著管理理論向實用主義方向前進了一步。其核心就是通過組織的各子系統內部和各子系統之間的相互聯繫，以及組織和它所處的環境之間的聯繫，來確定各種變數的關係類型和結構類型。它強調在管理中要根據組織所處的內外部條件隨機應變，針對不同的具體條件尋求不同的最合適的管理模式、方案或方法。其代表人物有盧桑斯、菲德勒、豪斯等。

權變理論的核心概念是指世界上沒有一成不變的管理模式。管理與其說是一門理論，不如說是一門實操性非常強的技術；與其說它是一門科學，不如說它是一門藝術，權變管理能體現出藝術的成分。一個高明的領導者應是一個善變的人，即根據環境的不同及時變換自己的領導方式。權變理論告訴管理者應不斷地調整自己，使自己不失時機地適應外界的變化，或把自己放到一個適應自己的環境中。

作為一種行為理論，權變理論認為根本沒有所謂的最好的辦法去組織企業、領導團隊或者制定決策。組織形式（或領導風格、決策方式）在某種情況下效果顯著，但是換一種情況可能就不那麼成功。換句話說，這種組織形式（或領導風格、決策方式）依賴於組織內部的或外部的約束（因素）。

二、權變組織理論的影響因素

組織設計的任務是確定組織中需要設立哪些崗位和部門，並規定這些崗位和部門間的相互關係。組織的目標不同，為實現目標所需進行的活動就不同，活動的環境和條件也不同，企業中需要設立的崗位也會不同，這些崗位又在不同的部門，這些部門之間的相互關係也必然表現出不同的特徵，從而成為影響企業經營活動、影響企業組織設計的主要因素。

（一）經營環境對企業組織設計的影響

廣義地講，企業外部存在的一切都是企業的環境。當然，環境中的不同因素對企業活動內容及其組織方式的影響程度也是不同的。我們主要分析環境中對組織來說敏感的和必須作出反應的方面。

不確定性是企業外部經營環境的主要特點。這個特點使企業決策者很難掌握足夠

的關於環境因素的信息，從而難以預測外部環境的變化並據此採取相應措施。因此外部環境的不確定性提高了企業對外部環境反應失敗的風險。

環境的不確定性取決於環境的複雜性和環境的變動性。複雜性是指環境由多個不同質的要素構成。隨著複雜性程度的提高，組織就要設置更多的職位和部門來負責對外聯繫，並配備更多的綜合人員來協調各部門的工作，結構的複雜程度就隨之提高，組織的集權化程度也必然降低；環境的變動性取決於構成要素的變化及這種變化的可預見程度。

環境的特點及其變化對企業組織的影響主要表現在以下三個方面：

1. 對職務和部門設計的影響

組織是社會經濟大系統中的一個子系統。組織與外部存在的其他社會子系統之間也存在分工問題。社會分工方式的不同決定了組織內部工作內容，從而所需完成的任務、所需設立的職能和部門不一樣。在中國，隨著經濟體制的改革，國家逐步把企業推向市場，使企業內部增加了要素供應和市場行銷的工作內容，要求企業必須相應地增設或強化資源籌措和產品銷售的部門。

2. 對各部門關係的影響

環境不同，使組織中各項工作完成的難易程度以及對組織目標實現的影響程度亦不相同。同樣在市場經濟體制中，對產品的需求大於供給時，企業關心的是如何增加產量、擴大生產規模，增加新的生產設備或車間，企業的生產職能從而生產部門會顯得非常重要，而相對要冷落銷售部門和銷售人員；而一旦市場供過於求，從賣方市場轉變為買方市場，則行銷職能會得到強化，行銷部門會成為組織的中心。

3. 對組織結構總體特徵的影響

外部環境是否穩定，對組織結構的要求也是不一樣的。穩定環境中的經營，要求設計出被稱為「機械式管理系統」的穩固結構，管理部門與人員的職責界限分明，工作內容和程序經過仔細的規定，各部門的權責關係穩定，等級結構嚴密；而多變的環境則要求組織結構靈活——稱為「柔性的管理系統」，各部門的權責關係和工作內容需要經常作適應性的調整，強調的是部門間的橫向溝通而不是縱向的等級控制。

(二) 經營戰略對企業組織設計的影響

組織結構必須服從組織所選擇的戰略的需要。適應戰略要求的組織結構，為戰略的實施、組織目標的實現提供了必要的前提。

戰略是實現組織目標的各種行動方案、方針和方向選擇的總稱。為實現同一目標，組織可在多種戰略中進行挑選。戰略選擇的不同，在兩個層次上影響組織結構：不同的戰略要求不同的業務活動，從而影響管理職務的設計；戰略重點的改變，會引起組織的工作重點從而各部門與職務在組織中的重要程度的改變，因此要求對各管理職務以及部門之間的關係作相應的調整。戰略的類型不同，企業活動的重點不同，組織結構的選擇因而有異。

按企業對競爭的方式和態度分，其經營戰略可分為保守型戰略、風險型戰略以及分析型戰略。

持保守型戰略的企業領導可能認為，企業面臨的環境是比較穩定的，需求不再有

大的增長和變化，因此戰略目標應是保持該產品已取得的市場份額，集中精力改善企業內部生產條件，提高效率，降低成本。採取這種保守型戰略，保持生產經營的穩定和提高效率便成為企業的主要任務。在組織設計上強調提高生產和管理的規範化程度，以及用嚴密的控制來保證生產和工作的效率。因此，採用剛性結構應是這種組織結構的基本特徵。其具體表現在以下幾個方面：

（1）實行以嚴格分工為特徵的組織結構；
（2）高度的集權控制；
（3）規範化的規章和程序；
（4）以成本和效率為中心的嚴格的計劃體制；
（5）生產專家和成本控制專家在管理中特別是在高層管理中占重要地位；
（6）信息溝通以縱向為主。

選擇風險型戰略的領導則可能認為環境複雜多變，市場變化很快，機遇和挑戰並存。企業必須不斷開發新產品，開拓新市場，實行新的經營管理方法。為了滿足組織不斷開拓和創新的需要，在組織設計上就不能像保守型那樣以規範化和控制為目標，而應以保證企業的創新需要和部門間的協調為目標，因而，實行柔性結構便成為這類組織的基本特徵：

（1）規範化程度較低的組織結構；
（2）分權的控制；
（3）計劃較粗泛而靈活；
（4）高層管理主要由市場行銷專家和產品開發專家支配；
（5）信息溝通以橫向為主。

分析型戰略介於前兩者之間。它力求在兩者之間保持適當的平衡，所以其組織結構的設計兼具剛性和柔性的特徵：

（1）既強調縱向的職能控制，也重視橫向的項目協調；
（2）對生產部門和市場行銷部門實行詳細而嚴格的計劃管理，對產品的研究開發部門則實行較為粗泛的計劃管理；
（3）高級管理層由老產品的生產管理、技術管理等職能部門的領導及新產品的事業部領導聯合組成，前者代表企業的原有陣地，後者代表企業的進攻方向；
（4）信息在傳統部門間主要為縱向溝通，在新興部門間及其與傳統部門間主要為橫向溝通；
（5）權力的控制是集權與分權的適當結合。

（三）技術及其變化對企業組織設計的影響

1. 生產技術對企業組織的影響

英國工業社會學家伍德沃德最早對工業生產技術與組織結構的關係進行了有影響的研究。該研究又稱「南埃塞克斯郡研究」。研究的主要內容是英國南埃塞克斯郡的100家工業企業組織結構的特徵，如管理幅度、管理層次、管理人員與事務人員比重、工人的技術水準等，還涉及管理風格等內容（如書面溝通同口頭溝通的比例）以及生產的類型、企業經營成效等。

伍德沃德的研究表明，工業企業的生產技術同組織結構及管理特徵有密切的聯繫。伍德沃德指出，每一種有著類似目的和類似技術複雜程度的生產系統，都有其獨特的組織模型及管理特徵。其所指的企業的目的，是指它的產品和市場。這種目的決定著它會有怎樣的技術複雜程度。技術複雜程度包括產品製造過程的機械化程度以及製造過程的可預測性。技術複雜程度高，意味著大多數生產操作是由機器來完成的，因而製造過程的可預測性高。

伍德沃德把企業生產組織的形式分成單件小批生產、大批大量生產和連續生產三種類型。隨著生產過程中所採用的技術複雜程度的提高，企業生產組織逐漸從單件小批生產轉化為大批大量生產，進而發展到連續生產。伍德沃德在研究中還發現：

（1）經營成功的企業的組織結構，與其所屬的技術類型有著相互對應的關係。而經營不成功的企業，通常其組織結構特徵偏離了其相應的技術類型。

（2）成功的單件小批生產和連續生產的組織具有柔性結構，而成功的大批量生產的組織具有剛性結構。

具有不同生產技術特點的企業，要求不同的組織設計，採用不同的組織結構並有管理特徵，因而不存在一種絕對的最佳組織結構模式，由此產生了有關組織結構研究的權變理論。

2. 信息技術對企業組織的影響

信息技術對組織方面的影響如同計算機一體化技術對生產的影響，提高了企業的生產效率和管理效率，它也同樣需要新型的組織結構來配合它的發展。

（1）使組織結構呈現扁平化的趨勢；
（2）對集權化和分權化可能帶來雙重影響；
（3）加強或改善了企業內部各部門間以及各部門內工作人員間的協調；
（4）要求給下屬以較大的工作自主權；
（5）提高專業人員比例。

（四）企業發展階段對企業組織設計的影響

企業在初始階段，其組織層級比較簡單，如企業在初創時可能以個人業主制或手工作坊等簡單的形式出現。在早期發展階段，企業的管理層和執行層是合而為一的，其層級可能是包括管理層和執行層在內的兩個簡單層級。

在逐步向高級階段發展時，企業可能將一部分通過市場交易的資源通過內部化來進行交易，因為企業發現通過市場交易這一部分資源的交易費用遠高於內部化的費用，這樣企業就以其內部的行政協調取代市場作為資源的配置方式。這時企業要求有相應的層級組織來執行行政協調配置資源的功能，因而企業的組織層級很可能增加，即由簡單的兩層級躍升為三級或更多層級。此時原先企業的所有者若缺乏必要的知識、信息和管理技術與手段，則很可能放棄企業的經營權與管理權，將企業的管理權通過委託的方式交由專門從事經營管理的經理人管理，這樣企業就會相應增加其組織層級。

在企業逐步走向老化或是處於企業生命週期的衰退階段時，企業則可能出於開源節流的目的，進行組織層次的調整，如裁員等。

美國學者 J. Thomas Cannon 提出了組織發展五階段的理論，並指出在發展的不同

階段，要求有與之適應的組織結構形態。

(1) 創業階段。在這個階段，決策主要由高層管理者個人作出，組織結構相當不正規，對協調只有最低限度的要求，組織內部的信息溝通主要建立在非正式的基礎上。

(2) 職能發展階段。這時決策越來越多地由其他管理者作出，而最高管理者親自決策的數量越來越少，組織結構建立在職能專業化的基礎上，各職能間的協調需要增加，信息溝通變得更重要，也更困難。

(3) 分權階段。組織採用分權的方法來對付職能結構引起的種種問題，組織結構以產品或地區事業部為基礎來建立，目的是在企業內建立「小企業」，使後者按創業階段的特點來管理。但隨之而來出現了新的問題，各「小企業」成了內部的不同利益集團，總公司與「小企業」的許多重複性勞動使費用增加，高層管理者感到對各「小企業」失去了控制。

(4) 參謀激增階段。為了加強對小企業的控制，公司一級的行政主管增加了許多參謀助手。而參謀的增加又會導致他們與直線的矛盾，影響組織中的命令統一。

(5) 再集權階段。分權與參謀激增階段所產生的問題可能誘使公司高層主管再度高度集中決策權力。同時，信息處理的計算機化也使再集權成為可能。

(五) 規模對企業組織設計的影響

規模是影響組織結構設計的一個重要變量。隨著企業的發展，企業活動的規模日漸擴大，內容日趨複雜，組織管理的正規化要求逐漸提高，管理文件愈來愈多，對不同崗位以及部門間協調的要求愈來愈高，組織愈來愈複雜。

1. 規範化

規範化是指規章、程序和書面文件，如政策手冊和工作描述等，這些規定了雇員的權利和義務。大型組織具有更高的規範化程度，原因是大型組織更依靠規章、程序和書面工作去實現標準化和對大量的雇員與部門進行控制。與之相反，小型組織則可以通過管理者的個人觀察進行控制。

2. 分權化

集權化與分權化主要與組織中決策權力的集中或分散有關。在集權化的組織中，決策是由高層決定的，而在分權化的組織中，類似的決策在較低的層次上作出。在完全的官僚制中，所有的決策都是由那些具有完全控制權的高層管理者作出的。對組織規模的研究表明，組織規模越大就越需要分權化。

3. 複雜性

複雜性與組織中的層級數目（縱向複雜性）以及部門和工種的數量（橫向複雜性）有關。大型組織顯示了複雜性的明顯特徵。規模與複雜性之間的關係也是顯而易見的。

(1) 在大型組織中對傳統的專業化的需要更加普遍。大型組織需要經常建立新的管理部門來解決規模所帶來的問題，在大型組織中建立計劃部門是因為在組織達到一定的規模後產生了對計劃的巨大需要。

(2) 隨著組織中部門規模的增大，產生了細分的壓力，部門最終達到最大以致管理者不能有效地控制它們。在這一點上，子集團將被再細分為獨立的部門。

（3）傳統的縱向的複雜性需要保持對大量人員的控制。隨著雇員數量的增加，為保持管理跨度所增加的層級會更多。

4. 專職管理人員的數量

大型組織的另一個特點是管理人員、辦事人員和專業人員的數量激增。1957年，帕金森（C. Northcote Parkinson）發表了帕金森法則，認為工作可以延長到完成它所需要的時間。帕金森運用所謂的帕金森法則來諷刺英國的海軍總部在1914—1928年的14年間，儘管海軍總人數減少了32%，在用的軍艦也減少了大約68%，但是海軍總部的工作人員卻增加了78%。實際上，帕金森在英國海軍總部所觀察到的現象在現代大型企業中也普遍存在：隨著企業活動規模的擴大，必然增加對直接生產以及直接生產者的需要，進而必然產生對管理者以及管理者的管理勞動進行管理的必要。

【本章小結】

直線制是一種最早也是最簡單的組織形式。它的特點是企業各級行政單位都從上到下實行垂直領導，下屬部門只接受一個上級的指令，各級主管負責人對所屬單位的一切問題負責。

職能制組織結構，是各級行政單位除主管負責人外，還相應設立一些職能機構。

直線—職能制，也叫生產區域制，或直線參謀制。它是在直線制和職能制基礎上取長補短，吸取兩種形式的優點而建立起來的。目前，絕大多數企業都採用這種組織結構形式。這種組織結構形式是把企業管理機構和人員分為兩類：一類是直線領導機構和人員按命令統一原則在組織各級行政指揮權；另一類是職能機構和人員按專業化原則從事組織的各項職能管理工作。

事業部制是分級管理、分級核算、自負盈虧的一種形式。它適用於規模龐大、品種繁多、技術複雜的大型企業，是國外較大的聯合公司所採用的一種組織形式，近幾年中國一些大型集團或公司也引進了這種組織結構形式。

組織形態分為層級制組織結構和扁平型組織結構兩種。現代企業組織形態的發展趨勢表現為：組織結構扁平化、組織關係網絡化、組織規模小型化、組織邊界柔性化。

扁平化組織形式主要有矩陣制、團隊型組織、網絡型組織（虛擬企業）等。

根據權變組織理論，企業的組織結構與設計受到經營環境、經營戰略、技術及其變化、企業發展階段及規模等因素的影響。

【思考題】

1. 簡述直線—職能制組織結構的優點和缺點，並指出如何克服缺點。
2. 簡述矩陣制組織結構的優缺點。
3. 簡述扁平組織扁平化的應用條件。
4. 在現代企業管理中，影響組織結構設計的因素有哪些？

【案例】

通用公司的組織結構調整

王力是通用公司的總裁，但是隨著公司的發展，他發現除了他自己以外，實際上沒有任何人為公司的發展和盈利負責。因為他發現自己每天疲於奔命，公司的大小事情都需要他親自過問。而其他人似乎只滿足於向他請示，然後按照他的指示工作。這種方式原來他認為很好。但是現在他認為這是他們逃避責任和不負責任的表現。為此，他感到很生氣。

為了解決這個問題，也為了使自己有更多的時間考慮企業長遠發展問題，在諮詢了一些專家之後，他設置了財務、銷售、廣告、製造、採購和產品研究等幾個重要職位，並且為每個職位配備了管理人員，這些人也是公司的副總裁。在這種情況下，他覺得這個問題應該解決了。但是他發現問題並沒有得到解決。王總甚至覺得，即使只讓他們負責在各自不同領域對全公司利潤作出貢獻也很難。例如，銷售副總裁曾抱怨說，由於產品廣告無效，生產部門不能及時提供用戶所需的產品，而且他也沒有可以與同行競爭的新產品，因此，他不能對銷售負全責。與此相似，製造副總裁認為他做不到既要降低成本，又要為緊急訂單生產產品，而且財務管理又不允許擁有較多的庫存。所以銷售把責任歸於他的部門是完全沒有道理的。應該說，他也有一定的道理。

王力曾想把公司分成六七個部門，設立產品分公司，由分公司經理負責各自的利潤。但他又發現這個方法既不可行又不經濟，因為公司生產的許多產品都用同樣的工廠設備，用同樣的原材料；另外，一個推銷員去一家商店或超級市場同時洽談多種相關產品，比只洽談一兩種產品要經濟得多。

結果王力得出結論，最好的方法是建立這樣的機制，就是委派六位產品經理，他們都對銷售副總裁負責。每一個產品經理都各自負責一種或幾種產品，並對每一產品的研究、製造、廣告和銷售等方面進行監督，從而也就成了對該產品的效益和利潤的負責人。

王力認為不能賦予這些產品經理對公司各經營部門的直線職權，因為這樣做將會導致每個副總裁不僅要對總裁負責，而且還要對銷售副總裁和六位產品經理負責。他也考慮到這個問題會導致管理的複雜，甚至混亂。但是他知道世界上一些成就最大的大公司都採用了產品經理體制。此外，一位在大學任教的朋友告訴他，應該看到任何組織都會有些不明確和混亂無序的情況，但這不一定是壞事，因為這會迫使人們像是一個隊伍一樣一起工作。

王力決定採用上述的產品經理制，希望會做得更好。但他不知道該怎樣避免上下級關係混亂的問題。

【思考題】

1. 通用公司的組織結構存在什麼問題？
2. 假如你是王力，你將如何設計通用公司的組織結構？

第四章　組織變革與組織文化

【學習要點】
1. 理解組織生命週期理論；
2. 分析組織變革的動因；
3. 掌握組織變革的程序與內容；
4. 理解組織文化的特徵、結構、功能；
5. 掌握組織文化建設的內容、途徑；
6. 瞭解文化管理的概念及前景。

第一節　組織生命週期理論

　　組織就像一個生物有機體一樣，隨著時間的流逝，在社會系統內誕生、成長、成熟、衰落。1972 年，格林納（Greiner）提出了組織成長與發展的五階段模型（後又補充了一個階段）。他認為，一個組織的成長大致可以分為創業、聚合、規範化、成熟、再發展或衰退五個階段。每一階段的組織結構、領導方式、管理體制、員工心態都有其特點。每一階段最後都面臨某種危機和管理問題，都要採用一定的管理策略解決這些危機以達到組織成長的目的。觀察中外許多組織，它們成長的各階段都表現出以下特點：

　　（1）創業階段：組織創業初期一般規模較小，創業者（往往也是管理者）更關注產品的製造、銷售、服務和組織的生存問題。這時，組織結構簡單靈活，決策權力集中，營運效率較高。由於創業者一般是業務型人員，因此這個階段的後期將面臨領導力危機。

　　（2）集合階段：此乃擴張的階段。組織迅速實現社會資源的集聚與自我發展，組織結構仍然欠規範，偏重於集權制。

　　（3）規範化階段：組織加強控制，推行部門制、層級化，管理制度化、規範化、程式化。組織呈現官僚制特徵。官僚制發揮其優點，對克服個人感情或裙帶關係、濫用權力等提供了有效的管理方式，但是後期會阻礙創新。

　　（4）成熟（精細）階段：在此階段，組織有成熟的經營機制和較強的實力，在社會中有自己的穩定地位。但是，隨著全球性競爭和不確定環境的形成，組織面臨更加複雜的問題和新的選擇。

(5) 再發展或衰退階段：如果不能超越官僚制的束縛，組織可能出現機構臃腫、人浮於事等問題，可能失去柔性與活力，走向僵化和衰退。組織只有創新突破，實現再生，方能進入再發展的新循環。分權化、扁平結構、團隊運作正為一些組織帶來新的生命力。管理者應當激勵組織不斷變革更新，保持活力，延續生命，實現二次創業。

組織生命的延續是一個持續改變的過程，從規模、結構、功能甚至目標的各方面都在不斷發展變化。在這個進程中，組織克服內在危機、實現從一個階段到下一個階段的跨越便是組織變革。

第二節　組織變革

我們生活在一個日新月異的時代，「唯一不變的就是變化」。在經濟全球化、競爭白熱化、市場個性化的壓力之下，組織為了保持活力與地位，實現自身的生存與發展，必須不斷作出自我調整。組織變革就是組織為了適應內外環境及條件的變化，對組織的目標、結構及組成要素等適時而有效地進行各種調整和修正。

一、組織變革的動因

（一）組織外部環境

一個組織是其所屬系統的子系統，系統就是這個組織的環境。組織生存與發展的速度和狀態取決於它調整自我、適應環境的能力與狀況。

1. 宏觀環境

組織宏觀環境包括組織所處的政治法律環境、經濟環境、社會文化環境、技術環境、資源環境等。特別是經濟全球化的進程、世界經濟景氣狀況、國民經濟增長及其速度的改變、政府經濟政策調整、產業結構調整等因素會促使組織變革，科學技術的發展特別是計算機技術、網絡技術、信息技術的發展為改良監控手段、提高監控能力提供了平臺，也成為組織變革的促進因素。

2. 微觀環境

組織微觀環境包括那些直接對組織產生壓力、促使組織進行應變的各種因素，包括競爭對手、新進入者、替代者、供應商、客戶等競爭環境，也包括組織在所處的生產經營產業鏈中的地位的變動。

（二）組織內部環境

系統具有層次性的特點，組織包括若干個子系統。組織內部環境包括：

（1）組織戰略、政策的調整。如隨著組織規模的擴大、經營產品或業務的多元化、經營重心由城鎮到鄉村的轉變，甚至全球化經營戰略的實施，成為組織變革的主要原因。

（2）組織運行機制的改變。如某些企業在所有制方面的轉換，或從初始的家族式管理機制向規範的公司制轉變，可以帶來組織根本性的變革。

（3）組織經營理念的轉變。如組織從技術中心向產品中心、客戶中心轉變，由利潤中心向市場中心轉變等，會成為組織變革的導引。

（4）組織領導的變更或組織成員的變化。組織領導的變更可能帶來新的經營理念、戰略等，因此成為組織變革因素之一。組織人員結構的改進與人員素質的提高，如新一代員工希望工作的內容豐富、有成就感，個人有更多晉升的空間以實現自身價值，希望有比較寬鬆、民主的工作環境等，會促使組織進行改革。

（5）組織管理技術與水準的提高。現代通信、辦公手段的電子化、網絡化、系統化，組織管理的軟件化，也是組織人員與組織結構調整的原因之一。

（三）組織自身的因素

1. 組織成長的需要

從組織的成長看，一個組織都有一個從小到大、從簡單到複雜的發展過程。在這個發展過程中，企業所處的發展階段直接影響到其管理模式，進而影響到具體的組織形式。初期的組織結構多是直線—職能制，因為企業高層管理者能將企業的發展目標和監控有效地貫徹到企業基層。因此，企業運作效率較高。但是，隨著企業發展壯大，組織的組織、領導、控制等各項職能都要相應轉變，由此帶來變革的需要。如樂百氏在2000年左右將原來的直線—職能制轉變為以後的區域事業部制便是一例。另外，企業由單一產品經營到多元化經營，由單廠企業發展成多廠企業乃至企業集團，都會造成組織變革。

2. 組織運行過程中暴露出嚴重問題甚至出現危機

企業利潤或經營業績嚴重下滑，市場佔有率持續下降，企業在市場競爭中處於不利地位；組織表現出機構臃腫、效率低下、運轉不靈等。組織為了扭轉以上各種不利局面，爭取良好的經營業績，開始進行變革嘗試。這成為組織變革的直接動因。雖然直到出現問題甚至危機才考慮應變在時機上顯得略晚，行動上可能陷入被動，但確有一些企業是這樣迫不得已而進行變革的。

二、組織變革的程序

組織變革是一項複雜、牽涉面廣、敏感度高的系統工程，需要精心思考設計、穩步推行，才能達到目的。一般來講，組織變革的程序可以簡單歸納為以下三個步驟：

（一）確定問題，組織診斷

組織應當經常審視自己的組織效率，敏銳洞察環境的變化，以客觀、長遠的眼光分析各種市場機會，探查組織隱藏的問題或潛在的危險。也可邀請管理專家進行專門的診斷，對變革的時機、內容、策略作出判斷。

（二）制訂並執行組織變革方案

確定決策原則，科學地制訂、篩選方案。執行中一方面需要排除干擾，堅定地推行變革；另一方面需周密思考，全面動員，深入進行思想工作，謹慎地組織實施，減小負面影響。同時，在執行中根據情況調整和優化方案。

（三）評估及鞏固組織變革的效果

及時總結、評估變革的綜合效果。以組織機構的建立和運作、制度規範、模式標準的訂立，鞏固變革成果，直至建立新的變革文化。

三、組織變革的內容

組織變革的內容因組織環境、組織狀況等的不同而不同，一般包括如下幾類：

（一）結構的變革

組織結構的變革是組織變革的主要內容。其主要包括組織股權結構的變化（如TCL集團換股併購、整體上市的組織再造），組織職權結構的變化（如權力重心下移，集權與分權程度的變化）以及組織工作流程系統、協作系統、信息反饋系統、人力資源管理系統等方面的變革。

（二）技術的變革

組織系統中的技術因素包括設備、建築物、工作方法、新技術、新材料、新的質量標準和新的管理技術控制手段等。

（三）人員的變革

這主要是指改變組織成員的態度、動機、行為、技術、文化素養、職業道德水準、成員之間的合作精神、受激勵的程度、組織文化與成員的價值觀念等。人的因素的變化，是組織變革中最複雜、最深刻、最難把握的因素之一。結構與技術的變革經常需要與人員的變革同步進行。

第三節　組織文化及其發展

今天，現代競爭已經超越產品、技術、品牌，逐漸深入到文化的層面。加強組織文化建設已經逐步被眾多有遠見的企業家視為組織發展戰略和現代管理的重要內容。通過建設特有的組織文化，使組織成員對組織的哲學信仰、價值觀念達成共識，在組織內營造一致的文化氛圍，從而規範員工行為，激勵員工士氣，成為實現組織目標的「文化力」。

一、組織文化的概念

組織文化是指組織在長期的實踐活動中所形成的並且為組織成員普遍認可和遵循的價值觀念、思維模式、行為規範及具有相應特色的行為方式和物質表現的總和。

二、組織文化的特徵

（一）客觀性與可塑性

組織文化是組織長期社會實踐的積澱，它的產生和存在是不以人的意志為轉移的。

只要是一個組織，其必然會形成自己的組織文化，不管人們意識到與否，不管它發揮或正或負、或大或小的作用。成功的組織有優秀的組織文化，不重視文化建設的組織有其消極漠然的組織文化，「雄心勃勃、唯利是圖」是一種功利性文化，只把文化當做口號宣傳或「作秀」的風氣其實也是他們的組織文化。

當然，在組織文化形成的過程中，組織創始人往往起著關鍵的作用。當一個領導者創造了一個組織或群體的同時就創造了文化。老托馬斯・沃森在 1914 年創辦 IBM 公司時設立了「必須尊重個人，必須盡可能給予顧客最好的服務，必須追求優異的工作表現」的行為準則。這些理念在小托馬斯・沃森 1956 年任 IBM 公司總裁以後更加發揚光大。「沃森哲學」對公司成功所貢獻的力量，比技術革新、市場銷售技巧及龐大財力的貢獻更大。

組織文化是客觀存在的，也是可以通過創始人的影響以及組織的努力塑造的。

（二）民族性與相異性

從空間上講，每個組織都處在一定的民族背景下，因此它的文化必然打上區域和民族的烙印。譬如美國的企業是契約式的利益共同體，強調個人能力、個人奮鬥、不斷進取。美國通用電氣公司的價值觀是「堅持誠信，注重業績，渴望變革」，帶有明顯的西方特徵。又如日本企業倡導家庭式的命運共同體，強調團隊合作、家族精神。

由於每個組織的歷史不同，使命不同，所擁有的資源和所處的環境不同，甚至領導者的信仰風格不同，所以其組織文化也會不同，即任何組織的組織文化都有其鮮明的個性。

（三）穩定性與時代性

從時間上看，組織文化是經過長時間逐漸形成的，具有穩定性，不會因為個別領導人的更替或個別事件的出現發生即刻的變化。這就像人的個性較難隨時間改變一樣。美國英特爾公司的領導人歷經數次變動，但其經過多年培育出來的開拓創新精神仍然存在，成為公司不斷進取的精神支柱和追求卓越的公司信條。

另一方面，組織總是存續於一定的時代環境中，組織成員是該時代的人群，組織文化也必然有時代的烙印。當時代和社會環境發生變革的時候，組織文化也會適時調整、充實甚至更新，反應該時代的精神風貌特點。這樣的文化才是有生命力的。2003 年，聯想集團將其品牌英文標示由 Legend 改為 Lenovo（其中，novo 為拉丁詞根，含義是「新意、創新」），則體現了公司文化的進步。

三、組織文化的結構

一般認為，組織文化結構有三個層次，即潛層次、仲介層和顯現層，可直觀地看成是一個三個層次的同心圓（如圖 4-1）。最外層是組織的顯現層物質文化，中間層是組織的仲介層制度文化，最內層是組織的核心層精神文化。

```
        物質層
       制度層
      精神層
```

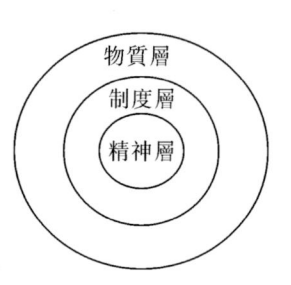

圖 4-1　組織文化結構

（一）顯現層的物質文化

顯現層是組織文化結構的表層部分，是組織文化有形的物質載體，包括組織進行活動所需的和創造的基本物質基礎。如公司商號標示、企業面貌、機器設備、員工服裝、產品品牌、外觀包裝、質量服務等，這些是組織精神文化的物質體現和外在表現。

（二）仲介層的制度文化

仲介層是介於組織潛在精神文化和表層物質文化之間的中間層次，是體現組織價值理念的各種規章制度、道德規範、行為準則的總和。它包括成文的規定，也包括那些不成文但為組織成員普遍遵行的行為習慣、領導風格，還包括形成組織分工協作關係的組織結構等。

（三）潛層次的精神文化

潛層次是組織文化結構的核心層。它是指組織在長期活動中逐步形成的並為全體員工所認同的意識和觀念，包括：組織的價值觀念，即組織所推崇的基本信念和奉行的行為準則；組織精神，即以組織價值觀為思想基礎的組織群體意識；組織道德，即組織所形成的道德風氣和習俗。精神文化層是組織文化的最深層結構，是組織文化的核心和靈魂。

物質文化層、制度文化層、精神文化層由外到內形成了組織文化的有序結構。其中，精神文化起核心作用，決定了組織制度文化和物質文化；組織制度文化是組織精神文化與物質文化的仲介；制度文化、物質文化是精神文化的載體和表現。三者密不可分、相互影響、相互作用，共同構成組織文化的完整體系。

四、組織文化的功能

（一）導向功能

這是指組織文化能對組織整體和每個成員的價值取向及行為取向起引導作用，使之符合組織所確定的目標。

組織文化是組織共同的價值取向，本身包含著一定的願景、方向和目標。組織文化的建設過程有助於把組織成員的思想、行為引導到組織所確定的目標上來。傳統管理方式在促使組織成員完成組織目標時，或是靠帶有強制特點的行政權力的作用，或是靠物質利益的刺激，二者都使員工在完成任務時處於與管理者相對的被動地位。而

組織文化則不同，它通過對組織價值觀的塑造和向員工思想的不斷滲透、內化，從精神上引導員工的心理和行為，使員工在潛移默化中接受組織文化。將這種群體共有的價值觀念引導到組織的目標上，則實現組織目標就會成為員工的自覺行動。

（二）整合功能

組織文化通過其獨特的作用方式，培育組織成員的認同感和歸屬感。通過將共有價值觀逐漸習俗化，約束和規範成員的行為習慣，使不同個體的觀念、感情、習慣、溝通方式逐漸趨向一致，凝聚成為一種無形的合力。

一些成功企業的優秀文化已經成為企業的核心競爭力，並在企業的併購、重組、組織的擴張、變革中發揮重要作用。海爾集團總裁張瑞敏說：海爾集團的核心競爭力就是海爾文化。大家都知道海爾文化「激活休克魚」的故事：海爾在兼併面臨破產的紅星公司時，首先帶領企業文化中心等人員到該公司，貫徹實施文化先行路線，向紅星植入海爾精神，用海爾的無形資產盤活了紅星的有形資產，獲得了國內外的高度評價。

（三）適應功能

組織文化能從根本上改變員工的舊有價值觀念，使之建立起新的價值觀念，從而適應組織內外部環境和組織的變革要求。並且，只有那些能夠使組織適應環境變化，並在這一適應過程中領先於其他組織的文化才是優秀的文化，即可以把對外界環境的適應度作為檢驗文化優劣的標誌。

五、組織文化建設

（一）組織文化建設的內容

根據組織文化的結構及其構成要素，組織文化建設的主要內容包括三個方面：

1. 物質文化建設

物質文化建設是組織文化的表層建設，目的在於樹立良好的組織形象，發揚組織精神。以企業為例，企業文化建設的內容主要包括：產品文化價值的創造、廠容廠貌的美化和優化、企業物質技術基礎的優化等。

2. 制度文化建設

制度文化介於精神文化和物質文化之間並起著仲介作用。許多卓越的組織家都非常重視制度文化的建設，使它成為本組織的重要特色，成為組織文化建設的保障。其內容主要包括：確立合理的領導體制，建立和健全組織結構，建立和健全開展組織活動所必需的規章制度，認可、鼓勵、支持員工中那些符合組織文化但不成文的行為規範、傳統習慣等。

3. 精神文化建設

精神文化的建設是組織文化建設的核心。其內容有：明確組織的價值體系，塑造組織精神，促進組織倫理道德的形成和優化等。

（二）組織文化的塑造途徑

組織文化的塑造可以通過選擇價值標準、強化員工的認同感、實踐與宣傳同步、豐富發展等幾個環節實現。

六、文化管理

（一）作為管理新形態的文化管理

本書的文化管理不是指對文化藝術、娛樂事業的管理，而是一種新的管理思想、管理理論或管理模式。與憑藉經驗進行管理、依靠科學手段進行管理不同，文化管理是借助組織文化建設進行管理，是管理的新興形態，是繼經驗管理、科學管理之後的第三個階段，亦即第三種管理模式。

所謂文化管理，是組織有意識地通過以價值觀為核心的組織文化建設來引領、推動、實施組織的經營管理活動。

在組織發展更趨成熟的過程中，對組織哲學、價值觀、精神等方面的思考，使企業具有更多的使命感、社會責任感。組織在生存和發展的同時，將更多地兼顧到員工個人的成長與前途。同時，在員工對組織價值觀的認同、對管理的主動參與以及自我管理的過程中，滿足他們「快樂和有意義」的追求，使員工在工作付出的同時，得以享受工作，實現企業與員工、社會的和諧相融。這種管理模式應是更高層次的管理。

（二）文化管理的特徵

文化管理作為一種新興的管理理論和模式，具有以下特徵：

(1) 從管理的中心看：與以往的資源經濟時代管理的中心是資本、物質等物的要素不同，文化管理把管理對象視為以人為中心的資源。

(2) 從管理的性質看：與科學管理完全理性管理不同，考慮到人的複雜性，文化管理是科學性與藝術性的適度統一。

(3) 從管理的手段看：與科學管理通過建立科學結構、規章制度等科學手段來規範人的行為的「硬管理」、「剛性管理」不同，文化管理主要通過建立共同價值觀，通過影響人的思想、精神、理念來進行管理，是精神的「標準化」，因而被認為是「軟管理」、「柔性管理」、「彈性管理」與硬管理的巧妙結合。

(4) 從管理的職能看：管理的職能有計劃、組織、領導、控制。而文化管理的職能要求：戰略管理必須以企業哲學為指導，要求組織是學習型組織，保持不斷學習、變革的態勢；領導模式是「育才型」的，是以自我控制為主的；對人的激勵多是發自員工對共有價值觀的認可和贊同。

(5) 從管理的效果看：文化管理模式是高士氣與高效率的高度統一。

（三）文化管理的趨勢展望

我們所處的 21 世紀是知識經濟的時代，是網絡經濟的時代，也是文化經濟的時代。這個時代的社會結構、勞動結構已經並且正在發生著深刻的變化。正如經濟學研究各種有形資源的利用、配置以提高經濟效益一樣，文化作為一種資源，作為組織的

無形資產，也必然引起充分重視。文化管理作為一種新興的管理理論與管理模式，正在為越來越多的企業所接受和認同，並有廣闊的發展空間。借用中國著名管理學家成思危的話：如果說 20 世紀是由經驗管理進化為科學管理的世紀，則 21 世紀是由科學管理進化為文化管理的世紀。

【思考題】

1. 組織生命週期分為哪幾個階段？各階段有什麼特點？
2. 有哪些因素會引起組織變革？
3. 組織變革的過程包括哪幾個階段？組織變革包括哪些內容？
4. 什麼是組織文化？組織文化有什麼作用？
5. 如何建設一個組織文化？什麼是文化管理？

【案例】

華為技術有限公司（以下簡稱華為）1988 年創立於中國，總部位於廣東省，是電信網絡解決方案供應商。產品和解決方案涵蓋移動、核心網、網絡、電信增值業務、終端等領域。

2010 年，華為年營業收入 1,492 億元，在中國企業聯合會、中國企業家協會聯合發布的年度中國企業 500 強排名中名列第 37 位，並躋身世界 500 強行列（第 397 位）。終端發貨量與全球銷售收入比上年增加 30% 以上。

華為並非上市公司，是一家百分之百由員工持股的企業，通過工會實行員工持股計劃，股權結構不為外界所知。

一、華為的發展歷程

1988 年，任正非和幾個人合夥每人出資 2 萬元，在深圳某村成立了華為技術有限公司。他們開始是做貿易生意，什麼賺錢做什麼。一次偶然機會，經人介紹，開始代理香港一家公司的用戶交換機產品，從此走上銷售電信設備的道路。

經過幾年的時間，華為建立了一定的銷售網絡。這時任正非開始考慮做自己的產品，於是他和清華大學的一位教授簽訂了合作開發用戶交換機的協議。那位教授派了他的一個博士生鄭寶用來華為開發。鄭成為華為開發的領軍人物。

在鄭總的帶領下，華為開發出了自己的用戶交換機，並取得了一定的銷售業績。1992 年任總作出開發局用交換機的決策。這意味著華為正式進入電信設備供應商行列。當時數字交換機的技術已經成熟，模擬交換技術已處於淘汰的邊緣。華為生產線的一名工人曹某（沒有文憑）多次向任總進言，力主開發數字交換機。任總被他打動，在模擬交換機開發的同時開始了數字交換機的開發。曹某也因此從一名工人升為開發部副總工、數字交換機部的負責人。這是華為不拘一格使用人才的一個例子。

1992 年，深圳投資房地產、股票過熱，幾近泡沫經濟，華為「不為所動，始終認認真真搞技術」，該年銷售額首次突破億元大關，利潤上千萬。任正非作出了一個出人

意料的決定：投資億元研製 C & C08 機。後來，每年「收入中至少拿出 10% 投入到技術研發」，被寫進了華為公司章程。2006 年華為公司 6 萬員工有 48% 參與了研發工作。在信息產業部發布的 2007 年專利報告中，華為已申請的專利總量為 12,728 件，發明專利為 11,503 件，在電子信息企業中均排名榜首。

2010 年，華為進入中國企業 500 強和世界企業 500 強。

二、華為的全球化經營

1996 年，華為與香港和記黃埔簽下合同，為其提供固定網絡的解決方案。

1997 年，華為在俄羅斯與當地企業建立合資公司。同年，在巴西投入 3,000 多萬美元建立合資企業，隨後，在多個拉美國家設立了代表處。

2000 年，華為在美國硅谷和達拉斯設立研發中心，開始與摩托羅拉建立廣泛的合作。

2003 年，華為成功進入非洲市場。同時，在東南亞的擴張也收穫頗豐。

2004 年，華為獲得（提供有關新興高科技和產業市場的信息和情報）全球市場研究機構 Frost & Sullivan 頒發的「亞太區 2004 年度最有前途企業」和「亞太區 2004 年度寬帶設備供應商」兩個獎項。

2005 年，華為與英國 M 公司簽署互助商品代銷協議，成為澳大利亞營運商 Optus 的 DSL 合作商，成為英國電信首選的 21CN 網絡供應商，贏得了為泰國 CAT 建設全國性 CDMA2000 的 3G 網絡，價值 1.87 億美元；為海嘯受災國提供了 500 萬美元現金和設備的捐贈。

2008 年，華為高達 183.29 億美元的營業收入已經逼近世界 500 強的最低門檻。

2009 年，華為贏得全世界首個商用的 LTE 網絡——挪威和瑞典 4G 移動網絡的合約，震驚業界——成功擊敗對手愛立信，而且是在對方的地盤上。

華為的國際市場拓展經歷了嘗試、跑馬圈地、地區部管理三個階段，現華為已在境外設立了 22 個地區部、100 多個分支機構，在美國、印度、瑞典、俄羅斯及中國等地設立了 17 個研究所，還在全球設立了 36 個培訓中心。

華為的國際化經營絕非一帆風順，而是一直受到多方的圍追堵截。

三、華為的流程重整與組織變革

從 1997 年起，華為開始夯實內部管理，同 IBM、Hay Group、PwC 和 FhG 等世界一流管理諮詢公司合作，引進了集成產品開發（IPD）、集成供應鏈（ISC）等流程，啟動業務流程大變革，並在人力資源管理、員工股權計劃、財務管理和質量控制等方面進行了深刻變革，建立了基於 IT 的管理體系。

從產品線變革開始，以公司經營管理團隊及戰略與客戶常務委員會為實現市場驅動的龍頭組織，強化 Marketing 體系對客戶需求理解、戰略方向把握和業務規劃的決策支撐能力。同時，華為通過投資評審委員會（IRB）、行銷管理團隊、產品體系管理團隊、運作與交付管理團隊及其支持性團隊的有效運作，確保以客戶需求驅動華為整體的戰略及其實施。

華為持續建設柔性的供應鏈能力，贏得快速、高質量、低成本供貨保障的比較競爭優勢。華為建設了扁平化的製造組織，高效率、柔性地保障市場要貨需求並認真推

行集成供應鏈變革,保證新流程和系統的落實。華為實施了質量工程技術,供應鏈能力和客戶服務水準得到持續改善,發展與主要供應商的合作夥伴關係,加強採購績效管理,推行基於業界最佳實踐的供應商認證流程。

華為所在的通信行業變化迅速,3個月就會發生一次大的技術創新。為適應這種速度,華為迅速地進行有利於該創新技術的組織架構創新,具體方向是隨著業務的需要而確定的。

比如在 GSM 領域,華為推出了面向 3G 的解決方案,其亮點之一在於可全面支持 3G 並支持專業集群功能,配合專業的集群手機,可以滿足高端用戶的調度、會議廣播以及緊急呼叫等需求。這項技術創新有著廣闊的市場空間,華為迅速組織一部分市場行銷和推廣人員以及技術創新人員,組建起一個事業部,從事這項創新的營運工作。等到 3G 能順利地投入營運並產生收益的時候,該項技術創新的突出問題就從研發、推廣轉移到服務等市場跟進工作上。

因此,華為實際上是建立起包含一個常態結構、一個動態結構和一個逆向求助系統的複合型組織結構。一旦出現市場機遇,相應的部門迅速出擊、抓住機遇。在該部門的牽引下,公司的組織結構必定產生一定的變化,圍繞著市場機遇而相應調整。而且,這種組織結構變化只是暫時性的,當階段性的任務完成後,公司就會恢復常態。這項進退自如的組織結構創新機制,保證與支持著華為持續的創新能力。

四、華為的企業文化

華為人深知,資源是會枯竭的,唯有文化才能生生不息。每當新員工入職,都要接受半個月的培訓。其中,重要的內容是企業文化的培訓。

華為有很強的危機意識,強調「生於憂患,死於安樂」。總裁任正非關於企業「危機管理」的理論與實踐曾在業內外產生過廣泛影響。華為從幾個人、幾萬元起家,「沒有背景,不擁有任何稀缺的資源,更沒有什麼可依賴的,除了勵精圖治、開放心胸、自力更生,我們還有什麼呢?」任總在其作品《華為的冬天》中警示華為人:「華為的危機,以及萎縮、破產是一定會到來的。」「如果你不能正確對待變革,抵制變革,公司就會死亡。」「高科技企業以往的成功,往往是失敗之母,在這瞬息萬變的信息社會,唯有惶者才能生存。」只有破釜沉舟,把危機意識和壓力傳遞到每一個員工,通過無依賴的市場壓力傳遞,使內部機制永遠處於激活狀態。即使現在,華為人也認為華為沒有成功,只是在成長。

沙特阿拉伯商務大臣來華為參觀時,發現華為辦公室櫃子上都是床墊,然後把他的所有隨員都帶進去聽他們解釋這些床墊是幹什麼用的。原來,華為人常常是夜以繼日地鑽研技術方案、開發、驗證、測試產品設備……沒有假日和週末,更沒有白天和夜晚,累了就在墊子上睡一覺,醒來接著干,這就是華為「墊子文化」的起源。

這種精神加上團隊協同作戰精神,被喻為「狼的文化」。狼有三大特性:一是敏銳的嗅覺;二是不屈不撓、奮不顧身的進攻精神;三是群體奮鬥。1995 年,中國電信設備市場結構發生變化,電信部門的設備採購轉向招投標方式,相應地要求設備商的市場行銷也必須由「打游擊」轉向「正規軍作戰」。1996 年 2 月,時任華為市場部主管的孫亞芳帶領市場部所有正職幹部遞交了辭職報告。經過重新競爭上崗,整個市場體

系30%的員工下崗。這由此開啓了華為內部崗位流動的制度化，而且以「自我批判」的方式，強行推動華為的市場策略完成從「公關型」向「管理型」的過渡。

華為是務實的。公司實行小改進、大獎勵，大建議、只鼓勵的制度。就是提倡大家務實，緊緊抓住產品的商品化，一切評價體系都要圍繞商品化來導向，以促使科技隊伍成熟化。一切技術創新以客戶需求為導向，賣得出去的東西，或稍微領先市場的產品，才是客戶真正的技術需求。華為在3G上大有斬獲，一個主要原因就是始終聚焦客戶的需求和挑戰來進行技術創新。華為已經實現遠程售後服務。國外使用的華為的任何產品，只要與終端相連，信息中心都會立即連通，並檢查問題所在，工作人員在深圳就可以對華為產品進行維修。

「不創新才是華為最大的風險。」任正非的這句話濃縮了華為骨子裡的創新精神。「回顧華為的發展歷程，我們體會到，沒有創新，要在高科技行業中生存下去幾乎是不可能。在這個領域，沒有喘氣的機會，哪怕只落後一點點，就意味著逐漸死亡。」正是這種強烈的緊迫感驅使著華為持續創新。

華為走到現在，是和他們的超強學習力分不開的。任正非曾經在一次董事會上說自己58歲還在學外語。在向國際先進企業學習，大力推行IBM的矩陣式管理體系的過程中，華為堅持「先僵化後優化再固化」，排除一切障礙，向顧問學，穿上那雙「美國鞋」，實現了自己的組織變革。

華為倡導「決不讓雷鋒吃虧」，採用「高收入、高壓力、高效率」機制，且實行「集體獎金制度，大家一起努力，大家都努力，團隊中的個人不努力都不好意思」。公司創業者和高層領導幹部不斷地主動稀釋自己的股票，以激勵更多的人才加入到華為事業中來。

2006年5月8日，華為推出了新企業標示。新標示體現了華為聚焦、創新、穩健、和諧的核心價值觀。

【思考題】
1. 你如何理解華為的組織變革？
2. 試分析華為組織文化的內容、特點及其在組織成長過程中的作用。

第五章　人員配備

【學習要點】

1. 人員配備的含義、任務、內容及工作原則；
2. 招聘的主要程序與步驟；
3. 各種招聘渠道的分析與選擇；
4. 員工培訓的過程及方法；
5. 績效考核的目的和方法。

第一節　人員配備概述

一、人員配備的含義

人員配備是指根據組織結構規定的職位數量與要求，對所需各類人員進行恰當有效的選擇、使用、考評和培養，以合適的人員去充實組織中的各個職位，保證組織活動正常進行並實現組織的既定目標的活動。人員配備是對組織中全體人員的配備，既包括主管人員的配備，也包括非主管人員的配備。二者所採用的基本方法和遵循的基本原理是相似的。

管理學中的人員配備，是指對主管人員進行恰當而有效的選拔、培訓和考評，其目的是為了配備合適的人員去充實組織機構中所規定的各項職務，以保證組織活動的正常進行，進而實現組織的既定目標。

傳統的觀點一般把人員配備作為人事部門的工作，而現代的觀點則認為，人員配備不但要包括選人、評人、育人，而且還包括如何使用人員，以及如何增強組織凝聚力以留住人員，這又同指導與領導工作緊密聯繫起來。

二、人員配備的任務

人員配備是為每個崗位配備適當的人選，也就是說，首先要滿足組織的需要；同時，人員配備也是為每個人安排適當的工作，因此，要考慮滿足組織成員的個人的特點、愛好和需要。人員配備的任務可以從組織和個人這兩個不同的角度去考察。

（一）人員配備應能滿足組織的需要

（1）要通過人員配備使組織系統正常運轉。設計合理的組織系統要能有效地運轉，

必須使機構中每個工作崗位都有適當的人去從事，使實現組織目標所必須進行的每項活動都有合適的人去完成，這是人員配備的基本任務。

（2）適應組織發展的需要。組織是一個動態系統，處在一個不斷變化發展的社會經濟環境中，組織的目標、戰略需要經常根據環境的變化和組織的發展作出適當的調整。由目標和戰略決定的組織結構不僅會發生質的變化，而且在崗位的設置數量上也會出現相應的增減。因此，在根據當前的組織結構配備相應人員時，要考慮到組織結構和崗位設置將來可能發生的變化，建立客觀的考核體系和制度化的培養體系，以適應組織未來發展的需要。

（3）維持成員對組織的忠誠。人們總是力圖獲得最能發揮自己才能並能給自己帶來最大利益的工作，而常用的方式就是通過流動和嘗試不同的工作。流動對個人來說可能是重要的，它可以使人才自己通過不斷的嘗試，找到最適合自己的工作崗位。但是對組織來說，人才流動雖然能給組織帶來新鮮的血液，但過高的流動率尤其是優秀人才的外流，往往會導致組織出現知識真空，從而影響組織的正常運轉和持續發展。因此，在人員配備過程中，要注意通過輪崗、轉崗或崗位的重新設計，為員工充分發揮才能和實現個人的發展目標創造良好的條件，從而維持員工對組織的忠誠，穩定人心，留住人才。

（二）人員配備應考慮組織成員的需要

要做到人與事的最佳組合，人員配備必須能夠充分發揮員工的才能，並使其自覺地履行好崗位職責，為實現組織目標而努力工作。為此，在人員配備過程中，要考慮到組織成員個人的才能特點、興趣愛好和需要，做好以下兩方面的工作：

（1）使每個人的知識和才能得到公正評價和運用。工作的要求與自身的能力是否相符，工作目標是否具有挑戰性，工作內容是否符合興趣愛好，是否「大材小用」從而使員工「懷才不遇」，或「小材大用」使員工「不堪重負」，這些都會在很大程度上影響人員在工作中的積極性、主動性，進而影響工作績效。

（2）使每個人的知識和能力得以不斷發展和提高。知識與技能的提高，不僅可以滿足人們較高層次的心理需要，而且往往是通向職業生涯中職務晉升的階梯。因此，在人員配備過程中，應使每個組織成員都能看到這種機會和希望，從而穩定人心、提高工作績效和適應組織發展需要。

三、人員配備的內容

為了達到上述目標，在人員配備過程中，一般要進行以下幾項工作：

（一）人力資源規劃：確定人員需要的種類和數量

由於組織是發展著的，所要設置的崗位和各崗位編製數也會隨之發生變化。人力資源規劃就是管理者為了確保在適當的時候，組織能夠為所要的崗位配備所要的人員並使其能夠有效地完成相應的崗位職責，而在事先所做的工作。人力資源規劃主要包括三項任務：評價現有的人力資源配備情況；根據組織發展戰略預估將來所要的人力資源；制訂滿足未來人力資源需要的行動方案。通過人力資源規劃，可以明確為了實

現組織發展目標，在什麼時候需要哪些人員、各需要多少，從而為人員的選配和培養奠定基礎。

（二）招聘與甄選：選配合適人員

崗位設計和分析指出組織中需要具備哪些素質的人，而為了獲得符合崗位要求的人員，就必須對組織內外的候選人進行篩選，以作出合適的選擇。為此就要進行招聘和甄選。

招聘是指組織按照一定的程序和方法招募具備上崗素質要求的求職者擔任相應崗位工作的系列活動。求職者可能來自組織內部，也可能來自組織外部，不管求職者來自哪裡，為了招聘到合適的人員，都需要依據相應的崗位要求對求職者進行素質評價和選擇。甄選是指依據既定的用人標準和崗位要求，對應聘者進行評價和選擇，從而獲得合格的上崗人員的活動。通過招聘與甄選，組織為相應的崗位配備合適人員。

（三）培訓與考核：使人員適應組織發展需要

培訓是指組織為了實現組織自身和員工個人的發展目標，有計劃地對員工進行輔導和訓練，使之認同組織理念、獲得相應知識和技能以適應崗位要求的活動。組織處於不斷的發展過程中，對於組織在發展中所產生的人力資源需求，除了以招聘方式從外部吸引合適人員加以補充外，更主要的是通過開發組織現有的人力資源予以滿足。人的思想的統一、技能的提高需要一定的時間，組織未來發展所需的人員和技能需要在現在就加以培訓，培訓是組織開發現有人力資源、提高員工的素質和同化外來人員的基本途徑。同時，為員工提供學習機會，使其看到在組織中的發展前景，是組織維持組織成員對組織的忠誠的一個重要方面，因此培訓的最終目的既是為了適應組織發展的需要，也是為了實現員工個人的充分發展。

為了瞭解現有的員工是否仍然適應崗位要求，需要通過考核對組織現有的人力資源質量作出評估。所謂考核是指按照一定的方法及程序對現職人員的工作情況作出客觀評價，從而為員工改進工作提供指導，為培訓、獎懲和人事晉升提供客觀依據。

通過不斷的培訓和考核，不僅為組織獲得合適的人員提供了保障，而且促使員工隨著組織的發展不斷成長，從而始終保持人與事的動態最佳組合，最終達到組織發展和員工成長的雙重目的。

四、人員配備的基本原則

為求得人與事的優化組合，人員配備過程中必須遵循一定的原則：

（一）因事擇人、適應發展原則

事是指組織中各種各樣的任務。組織中配備一定人員的目的在於希望其能夠做好組織所分配的任務，從而為實現組織目標作出其應有的貢獻。為此就要求在人員配備過程中，根據工作需要配備具備相應知識和技能的人員。

同時，為了適應組織發展的需要，在崗位設置和人員配備過程中，要留有一定的餘地。不能僅根據組織目前的需要配備人員，以至於當組織發展需要員工履行更多的

職責或需要進一步提高技能時，現有的員工難以勝任或提高，從而延緩組織的發展。在人員配備過程中，要做好人力資源儲備，或在配備某些崗位的人員時給其留出一定的學習和培訓時間。

(二) 因材施用、客觀公正原則

在人員配備過程中，需要根據一個人的特長、興趣或愛好來分配不同的工作，以最大限度地發揮其才能和調動其積極性。不同的工作需要不同的人來完成，而不同的人因為具有不同的素質與能力，能夠從事不同的工作。所以，從人的角度來考慮，只有根據人的不同特點來為其安排工作，才能使人的潛能得到最充分的發揮，使人的工作熱情得到最大限度的激發。因此，要根據不同的人的興趣愛好和才能結構，分配其合適的工作內容，在條件允許的情況下，盡可能地把一個人所從事的工作與其興趣愛好、能力特長結合起來。

客觀公正原則要求在人員配備過程中，明確表明組織的用人理念，為員工提供平等的就業、上崗和培訓機會，對素質能力和工作績效進行客觀的評價，以最大限度地獲得社會和員工的理解和支持。

(三) 合理匹配、動態平衡的原則

合理匹配是指要根據各個崗位職責要求配備相應的符合崗位素質要求的人員，還要求合理配置同一部門中不同崗位和層次間的人員，以保證同一部門中的人員能協調一致地開展工作，充分發揮群體功能。

要合理配置同一部門的人員，一要考慮到能級問題，二要考慮互補問題。為了保證組織具有高效率和高可靠性，不僅要合理劃分組織中人員的能級，而且要使不同能級的人員合理地組合。一般來說，穩定的能級結構應是正立三角形，即較少的高級人員、較多的中級人員、更多的低級人員。一個組織中人員能級分佈如果不是這樣，就會出現不穩定。

能級問題是從縱向考慮人員配置，要求形成一個合理的等級。而互補問題是從橫向考慮人員的配置，認為同一層次的人員相互之間應是能力互補的。若成員相互之間能力互補，各有所長，又有共同語言，就能較好地進行分工協作；若各成員雖各有所長，但無共同語言，則不易合作；若各成員之間能力相似，則容易相互爭鬥，形成內耗。

處在動態環境中的組織是在不斷發展的。工作中人的能力和知識的適應性以及組織對其成員素質的認識也在不斷地發展變化，因此，人與事的配合也需要不斷地調整。動態平衡原則要求組織根據組織和員工的變化，對人與事的匹配進行動態調整。補充組織發展所需的人員，辭退多餘的或難以適應組織發展需要的人員；將能力提高並得到充分證實的員工提拔到更高層次、需要承擔更多責任的崗位上去；將能力平平、不符合現在崗位要求的人通過輪崗或培訓使其有機會從事力所能及的工作。通過人與工作的動態平衡，使絕大多數員工能夠得到合理使用，實現組織目標所需開展的工作都有合適的人來承擔。

第二節　人員的招聘

一、招聘目的和計劃

人員招聘的目的是為了及時滿足組織發展的需要，彌補崗位的空缺。最直接的目的是獲得組織所需的人才，並降低招聘成本，規範招聘行為，確保人員質量等。

制訂招聘計劃是人力資源部門在招聘中的一項核心任務，通過制訂計劃來分析組織所需的人才的數量和質量，以避免工作的盲目性。招聘計劃一般包括：

（1）人員需求清單；
（2）招聘信息發布的時間和渠道；
（3）招聘團人選；
（4）招聘者的選擇方案；
（5）招聘的截止日期；
（6）新員工的上崗時間；
（7）招聘費用預算；
（8）招聘工作時間表；
（9）招聘廣告樣稿。

二、招聘的主要程序與步驟

人員選拔和聘用工作是一個複雜、系統而又連續的程序化的操作過程，同時涉及組織內部各個用人部門以及相關環節。所以，招聘工作中各部門、各管理者的協調就顯得十分重要。為了使人員招聘工作固定化、規範化，有助於招聘工作的有序進行，應當嚴格按一定程序組織招聘工作。

從廣義上講，人員招聘包括招聘準備、招聘實施和招聘評估三個階段；狹義的招聘即指招聘的實施階段，主要包括招募、選擇、錄用三個步驟。

（一）準備階段

1. 招聘需求分析

在這一環節，主要進行人員需求分析與預測。產生招聘需求的情況主要有以下幾種：

（1）組織人力資源自然裁員，即因員工的調動、離職、退休、休假等產生的崗位空缺。
（2）組織業務量變化。組織成長、發展導致崗位空缺。
（3）現有的人力資源配置不合理，即人與崗位的不匹配導致崗位空缺。

2. 明確招聘工作特徵和要求

在這一環節，主要完成工作描述或工作說明書。這是組織錄用人員的主要參考依據，主要內容有工作標示、工作綜述、工作任務、工作程序、工作條件與物理環境、

社會環境、工作權限、工作績效標準、工作規範、聘用條件。

3. 制訂招聘計劃和招聘策略

在上述兩方面工作的基礎上，制訂具體的、可行的招聘計劃和招聘策略。同時，確定招聘工作的組織者和執行者，並明確各自的分工。

招聘策略主要包括：招聘地點策略、時間策略、渠道策略和方法的選擇、招聘宣傳戰略的選擇等。

(二) 實施階段

招聘工作的實施是整個招聘活動的核心，也是最關鍵的一環，其包括招募、選擇、錄用三個步驟。

1. 招募階段

根據招聘計劃確定的策略以及組織所確定的用人條件和標準，採用適當的招聘渠道和相應的招聘方法，吸引合格的應聘者。一般來說，每一類人員均有自己習慣的生活空間、喜歡的傳播媒介，組織欲吸引到符合標準的人員，就必須選擇該類人員喜歡的招聘途徑。

2. 選擇階段

在吸引到眾多符合標準的應聘者之後，還必須使用恰當的方法挑選出最合適的人員。在比較選擇的過程中，不能光搞定性比較，應盡量以工作業務為依據，以科學、具體、定量的客觀指標為準繩，把人的情感因素降到最低點，更不能以領導者的意志和權力來圈定。常用的人員選拔方法有：初步篩選、筆試、面試、情景模擬、心理測驗等，如表 5-1 所示。需要強調的是這些方法經常是相互結合使用的。

表 5-1　　　　　　　　　常用招聘人員選擇方法及其特點

類型	特點
筆試	讓應聘者在試卷上作答事先擬好的試題，然後根據應聘者解答的正確程度予以評定成績的一種選擇方法。通過測試應聘者基礎知識和能力，判斷其對崗位的適應性
面試	應聘者與考官直接交談，面試考官根據應聘者在面試中的回答情況和行為表現判斷應聘者是否符合應聘崗位的要求
情景模擬測試	將應聘者放在一個模擬環境中，讓應聘者解決某方面的一個「現實」問題或達到一個「現實」目標。通過考察應聘者的行為過程和行為效果鑑別其工作能力、人際交往能力、語言表達能力等綜合素質
心理測試	通過一系列手段，將人的某些心理特徵數量化，來衡量應聘者的智力水準和個性差異的一種測量方法，其結果是對應聘者能力特徵和發展潛力的一種評定。具有客觀性、確定性、可比較性

3. 錄用階段

做完評估之後，招聘工作便進入了錄用階段。在這個階段，招聘者和求職者都要做出自己的決策，以便達成個人和工作的最終匹配。一旦有求職者接受組織的聘用條件，勞動關係就正式建立起來了。

（三）評估階段

招聘錄用工作結束後，便進入評估階段。對招聘活動的評估主要包括兩個方面：一是對照招聘計劃對實際招聘錄用的結果（數量和質量兩方面）進行評價總結；二是對招聘工作的效率進行評估，主要是對時間效率和經濟效率（招聘費用）進行招聘評估，以便及時發現問題，分析原因，尋找解決的對策，及時調整有關計劃並為下次招聘打下基礎。

三、招聘渠道分析與選擇

（一）招聘來源分析與選擇

要進行有效的人員招聘，必須首先明確人員招聘來源。根據招聘對象的來源，可將招聘分為內部招聘與外部招聘兩種。人們通常認為招聘都是對外的，而事實上，組織內部人員也是空缺工作的後備人員，而且越來越多的組織注重從內部招聘人員。

內部招聘與外部招聘各有其優勢與不足。而且，內部招聘的優點，又常常是外部招聘的缺點，兩者在一定程度上是互補的（見表5－2）。因此，組織在選擇人員招聘渠道時，要進行綜合考慮，通常選用內外部結合的方式效果最佳，這樣既可以發揮內外招聘各自的優勢，又可以在一定程度上避免其不足。具體的結合力度，取決於組織的戰略計劃、招聘的崗位、上崗速度以及對組織經營環境的考慮等因素。唯一的原則是，人員招聘最終要有助於提高組織的競爭能力和適應能力。

表5－2　　　　　　　　內部招聘與外部招聘的利弊

	內部招聘	外部招聘
優點	對人員瞭解全面，選擇準確性高，瞭解本組織，適應更快，激勵性強，費用較低	來源廣，有利於招到高質量人員，帶來新思想、新方法，樹立組織形象
缺點	來源少，難以保證招聘質量，容易造成「近親繁殖」。可能會因操作不公等造成內部矛盾	篩選難度大、時間長，進入角色慢，瞭解少，決策風險大，招聘成本大，影響內部員工積極性

從表5－2中可以看出，儘管內部招聘有許多好處，但必須實現內部工作的合理化、管理的規劃化，並建立完整的員工培訓開發體系，才能取得明顯的成效。如果缺少這些必要條件，就會形成「近親繁殖」的不良局面。這就說明，要妥善處理好內部招聘和外部招聘的關係。很顯然，組織內部較重要的崗位全由內部招聘時，易因缺乏新觀念的輸入而逐漸孕育出一套趨於僵化的體系，對組織的長期發展也是不利的。

因此，對於本組織缺少而又需要的人才，還是應從外部招聘。問題的關鍵是如何使外部招聘和內部招聘之間達成某種程度的均衡，實踐中的做法可能各不相同。但應該明確的是，倘若在內部員工之中找不到足以勝任崗位所需的人選，則一定要借助外部招聘；倘若內部員工可以勝任空缺崗位的要求，也應至少保留一部分崗位供外部招聘。研究表明，至少應保留10%的中、上層崗位供外部招聘。這樣，既可以給內部員工更多的發展機會，也可以促使外部新鮮血液的輸入。一般情況下，下列需求需要從

外部招聘中滿足：補充初級崗位，獲取現有員工不具備的技術，獲得能夠提供新思想的並具有不同背景的員工。

(二) 各種招聘渠道的分析與選擇

招聘渠道是指吸引招聘對象所使用的方法。招聘崗位不同，人力需求數量與人員要求不同以及新員工到位時間和招聘費用的限制，決定了招聘對象的來源與範圍，決定了招聘信息發布的方式、時間與範圍，因而也決定了招聘渠道的不同。招聘渠道有很多，如發布廣告、上門招聘、熟人推薦、借助仲介機構（包括人才交流中心、職業介紹所、獵頭公司）等。在進行招聘渠道選擇時要綜合分析各種招聘渠道的優劣，確定適合不同招聘對象的招聘途徑。

1. 應選擇適合招聘人員的招聘渠道

不同的招聘渠道各有利弊，其適用招聘人員的特點也不一樣，如表5-3所示：

表5-3　　　　　　　　　　　常見的外部招聘途徑

招聘途徑	基本說明	優點	缺點	適用崗位
廣告	通過在媒體刊登招聘啟事的方式招聘人員	輻射面廣，可有目的地針對某一特定群體	信息不充分，有許多不合格的應聘者	適用於招聘各類人員
校園招聘	由組織派人到學校招聘畢業生中的求職者	可面對大量的不同層次和專業的人員	應聘者大多缺乏實際工作經驗	專業技術崗位、技術工人和初級行政管理崗位等
勞動力市場	一種由人力服務機構組織的有眾多用人單位參加的大型招聘活動	面廣，費用少	人雜，雙向選擇困難	適用於招聘操作人員和大眾化崗位人員
職業介紹所（包括人才網、獵頭公司）	以付費方式委託外部職業介紹機構物色組織所需人員	花費精力少，有可能獲得短期的擔保	費用相對較高，並需要花費時間篩選	招聘專業技術人員或中高級管理人員
員工推薦	由本企業員工推薦和介紹合適人選	可通過現有員工進行初步篩選，招聘成本低並可能獲得高素質的候選人	可能會導致今後員工之間複雜的人際關係	適合各類崗位的招聘
直接申請	外部求職者以發送求職信或登門求職的方式謀求工作	成本低，求職者對組織比較認同	被動，不一定適合要求，需專人處理	通常發生在形象好、知名度高、待遇較好的組織中
其他途徑	如通過參加各類培訓班、行業協會等結識和招聘人員，通過租賃機構招聘短期雇用人員等			

2. 應根據組織和崗位特點選擇招聘來源與渠道

每個組織都有其獨特的一面，對員工的要求也各不相同。因此，成功的招聘必須符合組織自身的要求。假如一家公司需要招聘10名初級機械操作工，並且這家公司願意對他們提供培訓。那麼，最好的招聘來源是職業學校。採用的招聘方法有派招聘者去職業學校上門招聘、內部員工推薦、職業介紹所、發布廣告等。

此外，由於崗位類型的不同，招聘的來源與方法也不同。根據國外資料的統計分

析，組織在招聘辦公室員工時，大都採用內部提升的方法，其次是採用員工推薦介紹、報紙廣告、職業介紹所等招聘途徑。由此可以看出，與辦公室工作性質相似的崗位普遍採用內部招聘的方法；組織中的經理或主管等崗位的首選途徑也是從內部提升，因為從內部招聘的員工相對於從外部招聘來的員工而言，更加瞭解本組織的情況，有利於新工作的開展。而對於生產服務類、專業技術類、銷售類的崗位，首先是採用外部招聘的方法，其次是從組織內部進行選拔。需要特別說明的是，以上的方法適合於最普遍的情況，每個組織應根據自身的實際，決定採用什麼樣的方式、方法，招聘不同崗位的人員，為組織及時提供優秀的人才。

3. 使用獵頭公司招聘的技巧

對於高級人才和尖端人才，用傳統的渠道往往是很難獲取的，但這類人才對組織的作用卻非常大。因此，在招聘高級人才時，一些組織已經逐漸習慣於聘請獵頭公司進行操作。但是，不同的組織選用獵頭公司的效果卻大相徑庭。實際上，獵取人才的成敗，在很大程度上取決於組織自身，特別是組織獵取人才的前期工作。

組織在獵取高級人才時首先要做的是，盡可能在標準流程的基礎上準確地描述崗位職責和任職資格。一般來講，獵頭公司會協助組織完成這項工作。為了切實理解委託客戶的需要，有的獵頭公司甚至派人去客戶公司工作一段時間，親自瞭解和體會其文化、員工關係、組織結構等因素，盡可能在標準流程的基礎上準確地描述崗位職責和任職資格，掌握組織的需求和特殊之處。

獵頭公司的收費比較高，通常達到所推薦人才年薪的 25%～35%。但是，如果把組織自己招聘人才的時間成本、人才素質差異等隱性成本計算進去，獵頭服務或許不失為一種經濟、高效的方式。此外，獵頭公司往往對組織及其人力資源需求有較詳細的瞭解，對求職者的信息掌握較為全面，成功率比較高。

第三節 人員的培訓

一、人員培訓的含義及意義

人員培訓，就是指組織通過學習、訓導的手段，提高員工的工作能力、知識水準和潛能發揮，最大限度地使員工的個人素質與工作要求相匹配，進而促進員工現在和將來的工作績效提高。培訓的意義表現在：

（1）培訓是提高員工素質和技能的手段。通過培訓，可以使員工更好地勝任所承擔的工作，或者為今後的提升做準備。

（2）培訓是一種高收益的投資項目。培訓實際上是對人力資源的投資，人力資源具有高增值性的特點，因此，培訓是一種回報率極高的投資。

（3）培訓能增強組織或個人的應變能力和適應能力。為了適應不斷變化的世界，所有的人或組織都必須培養應變能力和創新能力，而學習培訓正是適應環境和不斷成長壯大的重要途徑。

(4) 培訓是一種重要的福利。為員工提供培訓學習的機會，已經成為組織吸引人才、留住人才的重要手段之一。

二、培訓的組織過程

（一）確定培訓的需求和目的

培訓需求分析是整個培訓開發工作流程的出發點，其準確與否直接決定了整個培訓工作有效性的大小。簡單地說，培訓需求分析，就是瞭解與掌握組織為什麼培訓（Why）、誰需要培訓（Whom）、培訓什麼（What）、培訓的目標是什麼等。

培訓需求分析的內容有三大塊：層次分析、對象分析以及階段分析。

1. 培訓需求的層次分析

這包括三方面的內容：一是組織層次分析，主要確定組織範圍內的培訓需求，保證培訓計劃符合組織的整體目標與戰略要求。二是工作崗位層次分析，主要確定各個工作崗位的員工達到理想的工作業績所必須掌握的技能和能力；工作分析、績效評價、質量控制報告和顧客反應等都為這種培訓提供了重要信息。三是員工個人層次分析。

2. 培訓需求的對象分析

這包括兩方面的內容：一是新員工培訓需求分析。新員工對組織文化、組織制度不瞭解而不能融入企業，或是不熟悉工作崗位而不能勝任新工作。通常使用任務分析法決定其在工作中需要的技能。二是在職員工培訓需求分析。由於新技術在生產過程中的應用，在職員工的技能不能滿足工作需要等方面的原因而產生培訓需求，通常採用績效分析法評估在職員工的培訓需求。

3. 培訓需求的階段分析

這包括兩方面的內容：一是目前培訓需求分析。針對企業當前存在的問題而提出的培訓要求，主要分析企業現階段的生產經營目標、生產經營目標實現狀況、未能實現的生產任務、企業運行中存在的問題等方面。二是未來培訓需求分析，以滿足企業未來發展的需要。採用前瞻性培訓需求分析方法，預測企業未來工作變化、職工調動情況、新工作職位對員工的要求及員工知識技能方面的缺陷部分。

（二）培訓需求分析的實施程序

1. 做好培訓前期的準備工作

培訓活動開始前，培訓者就要有意識地收集有關員工的各種資料。這樣不僅能方便地調用，而且能夠隨時監控組織員工培訓需求的變動情況，以在恰當的時候開展培訓。具體工作如下：

（1）建立員工背景檔案。培訓部門應建立起員工的背景檔案，培訓檔案應注重員工素質、員工工作變動情況以及培訓歷史等方面內容的記載。培訓者應密切關注員工的變化，隨時在檔案中增添新的內容，以保證檔案的監控作用。

（2）同各部門人員保持密切聯繫。培訓工作性質決定了培訓部門通過和其他部門之間保持更密切的合作聯繫，隨時瞭解組織的發展方向、人員配置等方面的變動情況，使培訓活動開展起來更能滿足組織發展需要。

（3）向主管領導反應情況。培訓部門應建立一種途徑，使員工可隨時反應個人培訓要求。培訓部門瞭解到員工需要培訓的要求後要立刻向上級匯報，並匯報下一步工作。

（4）準備培訓需求的調查。培訓者通過某種途徑意識到有培訓的需求時，在得到領導認可的情況下，就要開始做調查的準備工作。

2. 制訂培訓需求調查計劃

培訓需求調查計劃應包括以下幾項內容：

（1）制訂培訓需求調查工作的行動計劃。安排活動中各項工作的時間進度以及各項工作應注意的一些問題，這對調查工作的開展很有幫助。

（2）確定培訓需求調查工作的目標。培訓需求調查工作應達到什麼目標，一般來說，完全出於某種培訓的需要。

（3）選擇合適的培訓需求調查方法。根據組織的實際情況以及培訓中可利用的資源選擇一種合適的培訓方法。

（4）確定培訓需求調查的內容。從培訓時間和費用的角度考慮，培訓需求調查的內容不應過於寬泛。

3. 開展培訓需求調查工作

在制訂了培訓需求調查計劃以後，就要按計劃依次開展工作。開展培訓需求調查主要包括以下步驟：

（1）提供培訓需求動態情況。由培訓部門發出制訂計劃的通知，請各責任人針對相應崗位工作需要提供培訓動態情況。

（2）調查、申報、匯總。相關人員根據組織或部門的理想需求與現實需求、預測需求與現實需求的差距，調查、收集來源於不同部門和個人的各類需求信息，整理、匯總後報告組織培訓管理部門。

（3）分析培訓需求。由於培訓需求往往是一個崗位或一個部門提出的，存在著一定的片面性，所以對申報的培訓需求要進行分析。從整體考慮，需要組織的計劃部門、相關崗位、相關部門以及培訓組織管理部門共同協商確定。

（4）匯總培訓需求意見，確認培訓需求。培訓部門對匯總上來並加以確認的培訓需求列出清單，參考有關部門的意見，根據重要程度和迫切程度排列培訓需求，並依據所能收集到的培訓資源制訂初步的培訓計劃和預算方案。

4. 分析與輸出培訓需求結果

（1）對培訓需求調查信息進行歸類、整理。由於培訓需求調查的信息來源於不同的渠道，信息形式有所不同，因此，有必要對收集到的信息進行分類，並根據不同的培訓調查內容的需要進行信息的歸檔，同時要製作一套表格對信息進行統計，並利用圖表將信息表現的趨勢和分佈進行形象化處理。

（2）對培訓需求進行分析、總結。對收集上來的調查資料進行仔細分析，從中找出培訓需求，應注意個別需求和普遍需求、當前需求和未來需求之間的關係。要結合業務發展需要，根據任務的重要程度和緊迫程度進行排序。

（3）撰寫培訓需求分析報告。對所有的信息進行分類處理、分析總結以後，就要

根據處理結果撰寫培訓需求調查報告，主要包括調查背景、概述需求分析實施的主要方法和過程、闡明分析結果、主要建議與說明、附錄、報告提要。

（三）培訓需求信息收集的方法

1. 面談法

採用面談法時可以進行面對面的交流，充分瞭解相關方面的信息，相互瞭解，建立信任關係，但需要花費較長的時間，而且對面談技巧要求高，但它還是一種非常有效的需求分析方法。

2. 重點團隊分析法

這是指培訓者在培訓對象中選出一批熟悉問題的員工作為代表參加討論，以收集培訓需求信息。小組成員不宜太多，通常由 8～12 人組成一個小組，一人組織討論，一人負責記錄。要求成員能代表所培訓對象的培訓需求，成員要熟悉需求調查中討論的問題。

3. 工作任務分析法

以工作說明書、工作規範和工作任務分析記錄表作為確定員工任職的依據，通過對崗位資料分析和員工現狀進行對比，尋找員工的素質差距。這是一種非常正規的培訓需求調查方法，結論可信度高。

4. 觀察法

這是最原始、最基本的需求調查方法之一，比較適合生產作業和服務性工作人員，不太適合於技術人員和銷售人員，通常要設計一份觀察記錄表。

5. 調查法

調查結果間接取得，問卷設計、分析工作難度大。應注意的問題包括：①問題應清楚明了，不產生歧義；②語言簡潔；③問卷盡量採用匿名方式；④多採用客觀問題方式，易於填寫；⑤主觀問題要有足夠的空間填寫意見。

（四）確定培訓對象

培訓對組織來說是一件重要而又必須付出代價的事，因此，要判斷一個組織應如何選擇培訓對象、如何實施培訓計劃，必須以真正的需要作為標準，而不能出於其他的考慮。如何選擇培訓對象？將最需要培訓的人送去培訓，充分體現員工個人發展願望與組織需要的結合，一般來說，採用以下幾種方法：

1. 用績效分析方法確定培訓需求和培訓對象

績效評價本身就是需求分析與缺失檢查的一種類型，主要分析工作人員個體現有狀況與應有狀況之間的差距，在此基礎上確定誰需要和應該接受培訓以及培訓的內容。它為培訓決策的制定提供了機會和依據。

運用績效分析方法確定培訓對象，主要經過以下步驟：

（1）通過績效考評明確績效現狀。績效考評能夠提供員工現有績效水準的有關證據。績效考評的結果是對目標員工工作效率的種種表現（如技能、知識、能力）所做的描述。在操作上，可以運用從純粹的主觀判斷到客觀的定量分析的各種方法。

（2）根據工作說明書或任務說明書分析績效標準或理想績效。工作說明書明確工

作對任職者的績效要求。

（3）確認理想績效與實際績效的差距。

（4）分析績效差距的成因及績效差距的重要性。把績效差距分解為知識、技能、態度、環境等具體方面，分析造成績效差距的具體原因是什麼；瞭解在過去一段時間內，這種差距的變化趨勢如何，分析這種差距對個人、部門、組織所造成的後果。

（5）根據績效差距原因分析確認培訓需求和培訓對象。根據績效差距原因分析確認：是否需要培訓，需要在哪些方面培訓，哪些人員需要培訓以及哪些人員可以優先獲得培訓。

（6）針對培訓需求和培訓對象擬訂培訓計劃，包括選擇何種類型及內容的培訓規劃、培訓期限、培訓費用等方面的內容。

2. 運用任務與能力分析方法確定培訓需求和培訓對象

（1）根據任務分析獲取相關信息。對於每個特定工作的具體培訓需求來說，任務分析可以提供三方面的信息：一是每個工作所包含的任務；二是完成這些任務所需的技能；三是衡量完成該工作的最低績效標準。通過對這些問題的分析，可以設計出一套培訓權衡表。

（2）對工作任務進行分解和分析。將工作說明書、工作規範和工作任務分析記錄表作為確定員工任職的依據，通過將崗位資料分析和員工現狀進行對比，尋找員工的素質差距，是一種非常正規的培訓需求調查方法，結論可信度高。

（3）根據工作任務分析結果確定培訓需求和培訓對象。培訓者根據員工的素質差距，為他們提供必要的指導、培訓，使他們獲得必需的技術和能力。

3. 根據組織發展需要分析確定培訓需求和培訓對象

主要步驟如下：

（1）確認培訓標準。根據組織需要分析培訓需求，準確找出組織存在的問題，即現有狀況與應有狀況之間的差距，並確定培訓是否是解決這類問題的最有效的方法。

（2）確認培訓可以解決的問題。組織發展需要分析不是集中在個體、工作、部門現在有效運作所需要的知識、技能和能力上，而是集中在它們未來有效運作所需要的知識、技能和能力上。

（3）確認培訓資源。分析培訓需要哪些資源（包括人、財、物），及組織能否滿足這些要求，以此決定培訓實施的可行性及培訓方式。

（4）確定培訓對象。根據組織需要確定培訓對象時應考慮的因素有：一是反應組織未來要求的人事計劃；二是營造有利於培訓成果轉換的組織培訓氣氛；三是改善組織氣氛與個體滿意度。

三、培訓方法的選擇

培訓方法是指為了有效地實現培訓目標而確定的手段和技法。它必須與教育培訓需求、培訓課程、培訓目標相適應，它的選擇必須結合培訓對象的特點。

基本的培訓方法有五類：直接傳授法、實踐法、參與法、適宜行為調整和心理訓練的培訓方法、科技時代的培訓方式。下面分別介紹這幾種培訓方法的適用性及其

特點。

（一）適合知識類培訓的直接傳授培訓方式

直接傳授培訓方式是指培訓者通過一定途徑向培訓對象發送培訓中的信息。這種方法的主要特徵就是信息交流的單向性和培訓對象的被動性。其具體形式主要有：

1. 講授法

講授法又稱課堂演講法，即教師按照準備好的講稿系統地向受訓者傳授知識，它是最基本的培訓方法，主要有灌輸式講授、啓發式講授、畫龍點睛式講授三種方式。

優點：傳授內容多，知識比較系統、全面，有利於大面積培訓人才；對培訓環境要求不高；有利於教師專長的發揮；學員可利用教室環境相互溝通；可面對面向教師請教疑難問題；員工平均培訓費用比較低。

局限性：傳授內容多，學員難以吸收、消化；單向傳授不利於教學雙方互動；不能滿足學員的個性需求；教師水準直接影響培訓效果，容易導致理論與實踐脫節；傳授方式較為單一。

2. 專題講座法

專題講座是針對某一個專題知識進行講授，一般只安排一次培訓。比較適合管理人員或技術人員瞭解專業技術發展方向或當前熱點問題等。

優點：培訓不占用大量時間，形式較為靈活；可隨時滿足員工某一方面的培訓需求；講授內容集中於某一專題，培訓對象易於加深理解。

缺陷：講座中傳授的知識相對集中，內容可能不具有較好的系統性。

3. 研討法

研討法是指在教師引導下，學員圍繞某一個或幾個主題進行交流、相互啓發的培訓方法。這種方法適合各類學員圍繞特定的任務或過程獨立地思考、判斷評價問題的能力及表達能力的培訓。主要有集體討論、分組討論、對立式討論三種形式。

優點：強調學員的積極參與，有利於培養學員的綜合能力；多向式信息交流，加深對知識的理解，提高其運用的能力；研討法形式靈活，適應性強，可適應不同的培訓需求。

缺陷：對研討題目、內容的準備要求較高；對指導教師的要求較高。

（二）以掌握技能為目的的實踐性培訓方法

實踐法是通過讓學員在實際工作崗位或真實的工作環境中，親身操作、體驗，掌握工作所需的知識、技能的培訓方法，在員工培訓中應用最為普遍。這種方法將培訓內容和實際工作直接相結合，具有很強的實用性，是員工培訓的有效手段，適合作能力、技能和管理實務類培訓。

實踐法通常包括以下幾種：

1. 工作指導法

工作指導法也稱教練法、實習法，是指由一位有經驗的工人或直接主管人員在工作崗位上對受訓者進行培訓。負責指導的教練的任務是教給受訓者如何做，提出如何做好的建議，並對受訓者進行激勵。

這種方法的優點是應用廣泛，可用於基層生產工人，也可用於各級管理人員，讓受訓者與現任管理人員一起工作，後者負責對受訓者進行指導，一旦現任管理人員因退休、提升、調動等原因離開崗位時，便可由訓練有素的受訓者頂替。從其缺點看，主要是缺乏系統的培訓計劃。

2. 工作輪換法

這種方法是讓受訓者在預定時間內變換工作崗位，使其獲得不同崗位的工作經驗。

這種方法的優點是：能豐富受訓者的工作經驗，使受訓者增加對組織工作的瞭解；使受訓者明確自己的長處和弱點，找到自己適合的位置；改善部門間的合作，使管理者能更好地理解相互間的問題。

不足之處在於：鼓勵通才化，適用於一般直線管理人員的培訓，不適用於職能管理人員的培訓。

3. 特別任務法

企業通過為某些員工分派特別任務對其進行培訓，此法常用於管理培訓。一般採取兩種形式：一是委員會或初級董事會。這是為有發展前途的中層管理人員提供分析全公司範圍內經驗和問題的培訓方法。一般初級董事會由 10~12 名受訓者組成，受訓者來自各個部門，他們針對高層次的管理問題，如組織結構、經營管理人員的報酬以及部門間的衝突等提出建議，這些建議提交給正式的董事會。通過這種方法為這些管理人員提供分析高層次問題的機會以及決策的經驗。二是行動學習。這是讓受訓者將全部時間用於分析、解決其他部門而非本部門問題的一種課題研究方法。受訓者 4~5 人組成一個小組，定期開會，就研究進展和結果進行討論。這種方法為受訓者提供瞭解決實際問題的真實經驗，可提高他們分析問題、解決問題以及制訂計劃的能力。

4. 個別指導法

這是一種幫帶式的培訓方法，類似於中國以前的學徒工制度。通過資歷較深的員工的指導，使新員工能夠迅速掌握崗位技能。

優點：新員工在師傅的指導下開始工作，可以避免盲目行事；有利於新員工盡快融入團隊；可以消除剛從高校畢業的學生進入工作的緊張感；有利於組織優良工作作風的傳遞；新員工可從指導人處獲取經驗。

缺點：為防止新員工對自己構成威脅，指導者可能會有意保留自己的經驗、技術，從而使指導流於形式；指導者本身的水準對新員工的學習效果有極大影響；指導者不良的工作習慣會影響新員工；不利於新員工的工作創新。

（三）適合綜合性能力提高與開發的參與式培訓

參與式培訓法是調動培訓對象積極性，讓其在培訓者與培訓對象雙方互動中學習的方法。這類方法的主要特徵是：每個培訓對象都積極參與培訓活動，從親身參與中獲得知識、技能和正確的行為方式，開拓思維，轉變觀念。一般有六種方式：自學法、案例研究法、頭腦風暴法、模擬訓練法、敏感性訓練法、管理者訓練法。

1. 自學法

自學法適用於知識、技能、觀念、思維、心態等多方面的學習。這種方法既適用

於崗前培訓，又適用於在崗培訓，而且新員工和老員工都可以通過自學掌握必備的知識和技能。

優點：費用低，不影響工作；學習者自主性強，可體現學習的個別差異，培養員工的自學能力。

缺點：學習的內容受到限制，學習效果存在很大差異，學習中遇到疑難問題往往得不到解答，容易使自學者失去興趣。

2. 案例研究法

這是一種信息雙向性交流的培訓方式，它將知識傳授與能力提高融合在一起，是一種非常有特色的培訓方法，可分為案例分析法和事件處理法兩種。

案例分析法，又稱為個案分析法，它是圍繞一定的培訓目的，把實際中真實的場景加以典型化處理，形成供學員思考分析和決斷的案例，通過獨立研究和相互討論的方式，來提高學員分析問題及解決問題的能力的一種培訓方法。案例分析可分為兩種類型：一是描述評價法，即描述解決某種問題的全過程，包括實際後果，留給學員的分析任務是對案例中的做法進行事後分析；二是分析決策型，即只介紹某一待解決的問題，由學員去分析並提出對策，以此培養學員分析決策、解決問題的能力。這兩種方法不是截然分開的，中間存在著一系列過渡狀態。解決問題的過程有七個環節，如圖5-1所示：

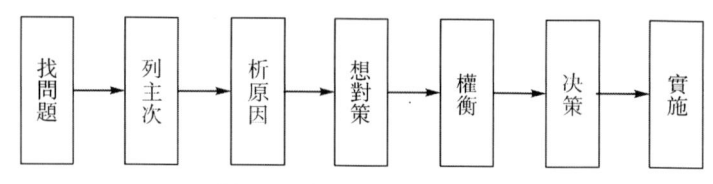

找問題 → 列主次 → 析原因 → 想對策 → 權衡 → 決策 → 實施

圖5-1　解決問題的七個環節

事件處理是讓學員自行收集親身經歷的案例（自編案例），將這些案例作為個案，利用案例研究法進行討論，並用討論結果來警示日常工作中可能出現的問題。學員通過對親身經歷的事件的相互交流和討論，使組織內部信息得到充分利用和共享，有利於形成一個和諧、合作的工作環境。

自編案例要求學員根據自身的工作經歷編寫，這一方面是對個人工作經驗的總結；另一方面有助於學員理解案例的背景，並使討論的內容與工作實際更緊密地結合。

記錄案例發生背景依據的原則是「5W2H」——Who（何人）、When（何時）、Where（何地）、What（何事）、Which（何物）、How（如何做）、How much（費用）。自編案例的內容包括：案例的內容簡介、案例方式的背景（依「5W2H」原則逐條列出）、實際解決的對策（若為已解決的事件，應記下從發生到解決的經過；若為未解決的事件，應記下自己準備採取的對策）、從這個案例中得到的經驗教訓。

案例研究法的適用範圍：適宜各類員工瞭解解決問題時收集各種情報及分析具體情況的重要性；瞭解工作中相互傾聽、相互商量、不斷思考的重要性；通過自編案例及案例的交流分析，提高學員理論聯繫實際的能力、分析解決問題的能力及溝通能力；培養員工間良好的人際關係。

優點：參與性強，變學員被動接受為主動參與；將學員解決問題的能力的提高融入知識傳授中；教學方法生動、具體、直觀；學員之間能通過案例分析達到交流的目的。

缺點：案例準備的時間較長且要求較高；需要較多的培訓時間，對學員的能力有一定要求；對培訓師的能力要求高；無效的案例會浪費培訓對象的時間和精力。

3. 頭腦風暴法

頭腦風暴法，又稱研討會法、討論培訓法、管理加值訓練法。它的特點是培訓對象在培訓活動中相互啓迪思想、激發創造性思維、最大限度地發揮創造能力、提供解決問題更多更佳的方案。

它只規定一個主題，即明確要解決的問題，保證討論內容不泛濫。把參加者組織在一起無拘無束地提出解決問題的建議或方案，組織者和參加者都不能評議他人的建議和方案。事後再收集各參加者的意見，交給全體參加者。然後排除重複的、明顯不合理的方案，重新表述內容含糊的方案。組織全體參加者對各可行方案逐一評價，選出最優方案。頭腦風暴法的關鍵是要排除思維障礙，消除心理壓力，讓參加者輕鬆自由、各抒己見。

優點：培訓過程中為組織解決了實際問題，大大提高了培訓的效果；可以幫助學員解決工作中遇到的實際困難；培訓中學員參與性強；小組討論有利於加深學員對問題理解的程度；集中了集體的智慧，達到了相互啓發的目的。

缺點：對培訓師要求高，如果不善於引導討論，可能會使討論漫無邊際；培訓師主要扮演引導的角色，講授的機會很少；研究的問題能否得到解決也受培訓對象水準的限制；主題的挑選難度大，不是所有主題都適合討論。

4. 模擬訓練法

模擬訓練法以工作中的實際情況為基礎，將實際工作中可利用的資源、約束條件和工作過程模型化，學員在假定的工作情景中參與活動，學習從事特定工作的技能，提高其處理問題的能力。

它所採取的基本形式是由人和機器共同參與模擬活動，側重於對操作技能和反應敏捷的培訓。它把參加者置於模擬的現實工作環境中，讓參加者反覆操作裝置，解決實際工作中可能出現的各種問題，為進入實際工作崗位打下基礎。比較適用於對操作技能要求較高的員工的培訓。

優點：學員在培訓中工作技能將會獲得提高；有利於加強員工的競爭意識；可以營造學習氣氛。

缺點：模擬情景準備時間長，而且要求質量高；對組織者要求高，要求熟悉培訓中的各種技能。

5. 敏感性訓練法

敏感性訓練法簡稱ST（Sensitivity Training）法，又稱T小組法。這種方法要求學員在小組中就參加者的個人情感、態度及行為進行坦率、公開的討論，相互交流對各自行為的看法，並說明其引起的情緒反應。其目的是提高學員對自己的行為和他人行為的洞察力，瞭解自己在他人心目中的形象，感受與周圍人群的相互關係和相互作用，

學習與他人的溝通方式，發展在各種情況下的應變能力，在群體活動中採取建設性行為。

該方法適用於組織發展訓練、晉升前的人際關係訓練、中青年管理人員的人格訓練以及新進人員的集體組織訓練等。

6. 管理者訓練

管理者訓練（Manager Training Plan，簡稱 MTP 法），是產業界普遍採用的對管理人員進行培訓的方法，旨在使學員系統地學習，深刻地理解管理的基本原理和知識，從而提高其管理能力。一般採用專家授課、學員間研討的培訓方式。

該方法適用於培訓中低層管理人員掌握管理的基本技能、知識，提高管理的能力。

（四）適宜行為調整和心理訓練的培訓方法

1. 角色扮演法

在一個模擬的真實工作情境中，讓參加者按照他在實際工作中應有的權責來擔當與實際類似的角色，模擬處理工作事務，從而提高處理各種問題的能力。這種方法的精髓在於以工作和行為作為練習的內容來進行設想。也就是說，它不針對某問題相互對話，而針對某問題實際行動，以提高個人及集體解決問題的能力。

該方法適合對各類員工開展以有效開發角色的行為能力為目標的訓練，如客戶關係處理、銷售技術等行為能力的學習和提高。

優點：學員參與性強，學員與教師之間交流充分，可以提高學員參加培訓的積極性；特定的模擬環境和主題有利於增強培訓效果；通過觀察其他學員的扮演行為，可以學習各種交流技能，通過模擬後的指導，可以及時認識到自身存在的問題並進行改正；在提高學員業務能力的同時，也提高了其反應能力和心理素質。

缺點：場景的人為性降低了培訓的實際效果；模擬環境並不代表現實際工作環境的多變性；模擬中的問題限於個人，不具有普遍性。

2. 行為模仿法

行為模仿法是通過向學員展示特定行為的範本，由學員在模擬的環境中進行角色扮演，並由指導者對其行為提供反饋的訓練方法。

該方法適合對中層管理人員、基層管理人員及一般員工的培訓。根據培訓的具體對象確定培訓內容，如基礎主管指導新員工，糾正下屬的不良工作習慣，使學員的行為符合其職業、崗位的行為要求，提高學員的行為能力，使學員能更好地處理工作環境中的人際關係。

這種方法的優點是能夠在模擬實踐中加深對管理原理的領會以及對管理技巧的掌握，對管理人員的演講能力和表達能力的提高也有一定價值；缺點是費時較多。

3. 拓展訓練

拓展訓練起源於第二次世界大戰中的海員學校，旨在訓練海員的意志和生存能力，後被應用於管理訓練和心理訓練等方面，用以提高人的自信心，培養把握機遇、抵禦風險的心理素質，培養團隊精神等。它以外化型體能訓練為主，學員被置於各種艱難的情境中，在面對挑戰、克服困難和解決問題的過程中，使人的心理素質得到改善。

拓展訓練包括拓展體驗、挑戰自我課程、迴歸自然活動等。

（五）科技時代的培訓方式

1. 網上培訓

網上培訓是將現代網絡技術應用於人力資源開發領域而創造出來的培訓方法。在網上培訓，老師將培訓課程儲存在培訓網站上，分佈在各地的學員利用網絡瀏覽器進入該網站接受培訓。根據培訓進程的不同，網上培訓有同步培訓與非同步培訓兩種類型。

網上培訓的優點：無須將學員從各地召集到一起，大大節省了培訓費用；可及時、低成本地更新培訓內容；可充分利用網絡上大量的聲音、圖片和影音文件等資源，增強課堂教學的趣味性，從而提高學員的學習效率；網上培訓的進程安排比較靈活，學員可以充分利用空閒時間進行學習，而不用中斷工作。

其缺點是：網上培訓要求組織建立良好的網絡培訓系統，需要大量的培訓資金；某些內容不適用於網上培訓方式。

2. 虛擬培訓

利用虛擬現實技術生成即時的、具有三維信息的人工虛擬環境，培訓學員通過運用某些設備接受和回應該環境的各種感官刺激而進入其中，並可根據需要通過多種交互設備來駕馭該環境以及用於操作的物體，從而達到提高培訓對象各種技能或學習知識的目標。

其優點在於它的仿真性、超時空性、自主性和安全性。在培訓中，學員能自主地選擇或組合虛擬培訓場地或設施，而且學員可以在重複中不斷增強自己的訓練效果；更重要的是這種虛擬環境使他們脫離了現實環境培訓中的風險，並能從這種培訓中獲得感性知識和實際經驗。

四、培訓效果評估的步驟與方法

培訓效果是指組織和受訓者從培訓當中獲得的收益。培訓效果評估是指收集培訓成果以衡量培訓是否有效的過程。一般說來，培訓效果評估包括以下幾個步驟：

（一）分析培訓需求，暫定評估目標

進行培訓需求分析是培訓項目設計的第一步，也是培訓評估的第一步。在培訓項目實施之前，必須把培訓評估的目的明確下來。多數情況下，培訓評估的實施有助於對培訓項目的前景作出預測，重要的是，培訓評估的目的將影響數據收集的方法和所要收集的數據的類型。

（二）建立培訓評估數據庫

進行培訓評估之前，組織必須將培訓前後發生的數據收集齊，因為培訓數據是培訓評估的對象。培訓的數據按照能否用數字衡量的標準可以分為兩類：硬數據和軟數據。硬數據是對改進情況進行衡量的主要標準，以比例的形式出現，是一些易於收集的無可爭辯的事實。這是最需要收集的理想數據。硬數據可以分為產出、質量、成本和時間四大類，幾乎在所有組織機構中這四類都是具有代表性的業績衡量標準。有時候

很難找到硬數據,這時,軟數據在評估人力資源開發培訓項目時就很有意義。常用的軟數據類型可以歸納為六個部分:工作習慣、氛圍、新技能、發展、滿意度和主動性。

(三)確定培訓評估的層次,選擇評估方法

評估方法的類型包括課程前後的測試、學員的反饋意見、對學員進行的培訓後跟蹤、採取的行動計劃以及績效的完成情況等。

(四)調整培訓項目

基於對收集到的信息進行的認真分析,人力資源開發部門就可以有針對性地調整培訓項目。如果培訓項目沒有什麼效果或是存在問題,人力資源開發人員就要對該項目進行調整或考慮取消該項目。如果評估結果表明,培訓項目的某些部分不夠有效,例如,內容不適當、授課方式不適當、對工作沒有足夠的影響或受訓人員本身缺乏積極性等,人力資源開發人員就可以有針對性地考慮對這些部分進行重新設計或調整。

(五)反饋培訓項目結果

一般來說,企業中有四種人是必須要得到培訓評估結果的。最重要的一種人是人力資源開發人員,他們需要這些信息來改進培訓項目。只有在得到反饋意見的基礎上精益求精,培訓項目才能得到提高。管理層是另一個重要的人群,因為他們當中有一些是決策人物,決定著培訓項目的未來。評估的基本目的之一就是為妥善地決策提供基礎。第三個群體是受訓人員,他們應該知道自己的培訓效果怎麼樣,並且將自己的業績表現與其他人的業績表現進行比較。這種意見反饋有助於他們繼續努力,也有助於將來參加該培訓項目學習的人員不斷努力。第四個群體是受訓人員的直接主管。

培訓評估的方法如表5-4所示:

表5-4 培訓評估層次與方法列表

層次	評估內容	評估方法	評估時間	評估單位
反應評估	衡量學員對具體培訓課程、講師與培訓組織的滿意度	問卷調查、面談觀察、綜合座談	課程結束時	培訓單位
學習評估	衡量學員對於培訓內容、技巧、概念的吸收與掌握程度	提問法、筆試法、口試法、模擬練習與演示、角色扮演演講、心得報告與文章發表	課程進行時 課程結束時	培訓單位
行為評估	衡量學員在培訓後的行為改變是否系培訓所致	問卷調查、行為觀察、訪談法、績效評估、管理能力評鑒、任務項目法、360度評估	三個月或半年以後	學員的直接主管上級
結果評估	衡量培訓給組織的業績帶來的影響	個人與組織績效指標、生產率、缺勤率、離職率、成本效益分析、客戶與市場調查、360度滿意度調查	半年、一年後組織績效評估	學員的單位主管

第四節　績效考核

一、績效考核的含義

績效考核是一種正式的員工評估制度，它是通過系統的方法、原理來評定和測量員工在職務上的工作行為和工作效果。績效考核是企業管理者與員工之間的一項管理溝通活動。績效考核的結果可以直接影響到薪酬調整、獎金發放及職務升降等諸多涉及員工切身利益的方面。

二、績效考核的作用

績效考核的最終目的是改善員工的工作表現，以達到企業的經營目標，並提高員工的滿意度和未來的成就感。因此，績效考核最顯而易見的作用是為員工的工作調整、職務變更提供依據。但它的作用不僅僅是這些，通過績效考核還可以讓員工明白企業對自己的評價，明白自己的優勢、不足和努力方向，這對員工改進自己的工作有很大好處。另外，績效考核還可以為管理者和員工之間建立起一個正式的溝通渠道，促進管理者和員工的相互理解和協作。

具體而言，其包括以下幾個方面：

（一）為員工的薪酬調整、獎金發放提供依據

績效考核會為每位員工得出一個評價結論。這個評價結論不論是描述性的，還是量化的，都可以作為員工薪酬調整、獎金發放的重要依據。這個評價結論對員工本人是公開的，並且要獲得員工的認可。

（二）為員工的職務調整提供依據

員工的職務調整包括員工的晉升、降職、換崗甚至辭職。績效考核的結果會對員工是否適合該崗位作出明確而客觀的評判。基於這種評判而進行的職務調整，往往會讓員工本人和其他員工接受和認同。

（三）為上級和員工之間提供一個正式溝通的機會

考核溝通是績效考核的一個重要環節，它是指管理者（考核者）和員工（被考核者）面對面地對考核結果進行討論，並指出其優點、缺點和需要改進的地方。考核溝通為管理者和員工之間創造了一個正式的溝通機會。利用這個溝通機會，管理者可以及時瞭解員工的實際工作狀況及深層次的原因，員工也可以及時瞭解到管理者的管理思路和計劃。考核溝通促進了管理者與員工的相互瞭解和信任，提高了管理的穿透力和工作效率。這種溝通使得管理者及其下屬人員有機會通過制訂計劃來克服工作績效評價所揭示出來的那些低效率行為，同時還可以幫助管理者強化下屬人員已有的正確行為。

（四）讓員工清楚組織對自己的真實評價

雖然管理者和員工可能經常會見面，並且可能經常談論一些工作上的計劃和任務，但是員工還是很難清楚地明白組織對自己的評價。績效考核是一種正規的、週期性對員工進行評價的系統，由於考核結果是向員工公開的，員工就有機會清楚組織對自己的評價。這樣可以防止員工不正確地估計自己在組織中的位置和作用，從而減少一些不必要的抱怨。

與此同時，績效考核還可以讓員工清楚組織對他的期望以及自己需要改進的地方，這就為員工的自我發展鋪平了道路。工作績效評價能夠而且應當用於員工的職業發展規劃制定過程，這是因為它為組織制定員工的個人職業發展規劃提供了一個絕好的機會。

（五）組織及時準確地獲得員工的工作信息，為改進組織政策提供依據

通過績效考核，管理者和人力資源部門可以及時準確地獲得員工的工作信息。通過這些信息的整理和分析，可以對組織的招聘制度、選擇方式、激勵政策及培訓制度等一系列管理政策的效果進行評估。及時發現政策中的不足和問題，從而為改進組織政策提供了有效的依據。

（六）績效考核是對員工進行激勵的手段

獎勵和懲罰是激勵的主要內容，獎罰分明是勞動人事管理的基本原則。要做到獎罰分明，就必須科學地、嚴格地進行考核，以考核結果為依據，決定獎懲的對象以及獎懲的等級。

考核本身也是一種激勵因素。通過考核，可以肯定成績、肯定進步、指出長處、鼓舞鬥志、堅定信心；通過考核，指出缺點和不足，批評過失和錯誤、指明努力的方向、鞭策後進，促其進取，如此可使員工保持旺盛的工作熱情，出色地完成組織目標。

三、績效考核的方法

（一）結果導向型主觀考評方法

1. 排列法

排列法，也稱排序法，是績效考評中比較簡單易行的一種綜合比較方法。通常由上級主管根據員工工作的整體表現按照優劣順序依次排列。有時為了提高其精度，也可以將工作內容作出適當分解，分項按照優良的順序排列。

這種方法的優點是簡單易行，花費時間少，能使考評者在預定的範圍內組織考評並將下屬進行排序，從而減少考評結果過寬和趨中的誤差。在確定的範圍內可以將排列法的考評結果作為薪資、獎金發放或一般性人事變動的依據。但是，由於排序法是相對對比的方法，考評是在員工間進行主觀比較，不是用員工工作的表現和結果與客觀標準相比較，因此具有一定的局限性，不能用以比較不同部門的員工，個人取得的業績相近時很難進行排列，也不能使員工得到關於自己優點和缺點的反饋。

2. 選擇排列法

選擇排列法，也稱交替排列法，是簡單排列法的進一步推廣。選擇排列法利用的

是人們容易發現極端、不容易發現中間的心理，在所有員工中挑出最好的和最差的，把他們作為第一名和最後一名，接著在剩下的員工中再挑選出最好和最差的，分別排列在第二名和倒數第二名，依次類推，最終將所有員工按照優劣順序全部排列。

選擇排列法是較為有效的一種排列方法。採用本法時，不僅上級可以直接完成排序工作，還可將其擴展到自我考評、同級考評和下級考評等其他考評方式之中。

3. 強制分佈法

強制分佈法，也稱硬性分佈法。假設員工的工作行為和工作績效整體呈正態分佈，那麼按照正態分佈的規律，員工的工作行為和工作績效好、中、差的分佈存在一定的比例關係，在中間的員工應該最多，好的、差的是少數。強制分佈法就是按照一定的百分比，將被考評的員工強制分配到各個類別中。類別一般是五類，從最優到最差的具體百分比可根據需要確定，既可以是10%、20%、40%、20%、10%，也可以是5%、20%、50%、20%、5%等。

採用這種方法，可以避免考評者過分嚴厲或過分寬容的情況發生，克服平均主義。但是，如果員工的分佈呈偏態，該方法就不合適。這種方法只能把員工分為有限的幾種類別，難以具體比較員工差別，也不能在診斷工作問題時提供準確可靠的信息。

4. 成對比較法

成對比較法，也叫配對比較法、兩兩比較法。基本順序是：首先根據某種考評要素如工作質量，將所有參加考評的人員逐一比較，按照從最好到最差的順序對被考評者進行排序；然後再根據下一個考評要素進行兩兩比較，得出被考評者的排列次序。依次類推，經過匯總整理，最後求出被考評者所有考評要素的平均排序數值，得到最終考評的排序結果。

採用成對比較法能夠發現每個員工在哪些方面比較出色，在哪些方面存在明顯的不足和差距。在涉及的人員範圍不大、數目不多的情況下宜採用本方法。如果員工的數目過多，不但費時費力，其考評質量也將受到制約和影響。如表5-5所示：

表5-5　　　　　　　成對比較法：工作質量要素考評表

	A	B	C	D	E	F	排序
A	0	+	+	+	+	+	6
B	-	0	+	+	-	+	4
C	-	-	0	-	-	+	2
D	-	-	+	0	-	+	3
E	-	+	+	+	0	+	5
F	-	-	-	-	-	0	1
匯總	-5	-1	+3	+1	-3	+5	

(二) 行為導向型客觀考評方法

1. 關鍵事件法

關鍵事件法也叫重要事件法。在某些工作領域，員工在完成工作任務過程中，有

效的工作行為導致了成功,無效的工作導致失敗。重要事件法的設計把這些有效或無效的工作行為稱為「關鍵事件」,考核者要記錄和觀察這些關鍵事件,因為它們通常描述員工的行為以及工作行為發生的具體背景條件。這樣,在評定一個員工的工作行為時,就可以將關鍵事件作為考評的指標和衡量的尺度。

關鍵事件法對事不對人,以事實為依據,考核者不僅要注重對行為本身的評價,還要考慮行為的情境,可以用來向員工提供明確的信息,使他們知道自己在哪些方面做得比較好,而在哪些方面做得不好。

採用本方法具有較大的時間跨度,可以貫穿考評期的始終,與年度、季度計劃密切地聯繫在一起。它可以有效彌補其他方法的不足,為其他考評方法提供依據和參考。它的優點是:為考評者提供了客觀的事實依據;考評的內容不是員工的短期表現,而是一年內的整體表現;以事實為依據,保存了動態的關鍵事件記錄,可以全面瞭解下屬是如何消除不良績效、如何改進和提高績效的。其缺點是:對關鍵事件的觀察和記錄費時費力;能作定性分析,不能作定量分析;不能具體區分工作行為的重要程度,很難使用該方法在員工之間進行比較。

2. 行為錨定等級評價法

行為錨定等級評價法也稱行為定位法、行為決定性等級量表法或行為定位等級法。它是關鍵事件法的進一步拓展和應用。它將關鍵事件和等級評價有效地結合在一起,通過一張行為等級評價表(如表5-6所示)可以發現,在同一個績效維度中存在一系列的行為,每種行為分別表示這一維度中的一種特定績效水準,將績效水準按等級量化,可以使考評的結果更有效、更公平。

表5-6　　　行為錨定等級評價法(BARS)實例:銷售代表處理客戶關係

行為	打分(1~6)
經常給客戶打電話,為其做額外查詢	6分
經常耐心地幫助客戶解決很複雜的問題	5分
當遇到情緒激動的客戶時會保持冷靜	4分
如果沒有查到客戶需要的相關信息則會告訴客戶,並說「對不起」	3分
忙於工作的時候,經常忽略等待中的客戶,長達數分鐘	2分
一遇到事兒,就說這件事兒跟自己沒有關係	1分

行為錨定等級評價法工作步驟:

(1)進行崗位分析,獲取本崗位的關鍵事件,由其主管人員作出明確簡潔的描述;

(2)建立績效管理評價的等級,一般分為5~9級,將關鍵事件歸並為若干績效指標,並給出確切定義;

(3)由另一組管理人員對關鍵事件作出重新分配,把它們歸入最合適的績效要素及指標中,確定關鍵事件的最終位置,並確定績效考評指標體系;

(4)審核績效考評指標登記劃分的正確性,由第二組人員將績效指標中包含的重要事件由優到差、從高到低進行排列;

（5）建立行為錨定法的考評體系。

這一方法的優點是對員工的績效考評更加準確。由於參與本方法設計的人員眾多，對本崗位熟悉，專業技術強，所以精確度更高。評定量表上的等級尺度是與行為表現的具體文字描述一一對應的，或者說通過行為表述錨定評定等級，使考評標準更加明確；具有良好的反饋功能，評定量表時的行為描述可以反饋更多必要的信息；具有良好的連貫性和較高的信度。使用本方法時，對被考評者使用同樣的量表，對同一個對象進行不同時間段的考評，能夠明顯提高考評的連貫性和可靠性；考核的維度清晰，各績效要素的相對獨立性強，有利於綜合評價判斷。

這一方法的缺點是設計複雜，實施費用高，費事費力。

3. 行為觀察法

行為觀察法，也叫觀察評價法、行為觀察量表法、行為觀察量表評價法。它是在關鍵事件法的基礎上發展起來的。與行為錨定等級評價法大體接近，只是在量表的結構上有所不同。它不是首先確定工作行為處在何種水準上，而是確認員工某種行為出現的概率，它要求評定者根據某一工作行為發生的頻率或次數多少來對被評定者打分。如：從不（1分），偶爾（2分），有時（3分），經常（4分），總是（5分）。即可以對不同工作行為的評定分數相加得到一個總分數，也可按照對工作績效的重要程度賦予工作行為不同權重，加權後再相加得到總分。總分可以作為不同員工之間進行比較的依據。發生頻率過高或過低的工作行為不能作為評定項目。

行為觀察量表法克服了關鍵事件法不能量化、不可比以及不能區分工作行為重要性的缺點，但是編制一份行為觀察量表較為費時費力；同時，完全從行為發生的頻率考核員工，可能會使考核者和員工雙方忽略行為過程的結果。如表5-7所示：

表5-7　　　　　　　　　　行為觀察量表實例

評定管理者的行為，用5~1和NA代表下列各種行為出現的頻率，評定後填在括號內：
　5表示95%~100%都能觀察到這一行為；
　4表示85%~94%都能觀察到這一行為；
　3表示75%~84%都能觀察到這一行為；
　2表示65%~74%都能觀察到這一行為；
　1表示0~64%都能觀察到這一行為；
　NA表示從來沒有這一行為。

克服對變革的阻力：
　（1）向下級詳細地介紹變革的內容（　　　）；
　（2）解釋為什麼變革是必需的（　　　）；
　（3）討論變革為什麼會影響員工（　　　）；
　（4）傾聽員工的意見（　　　）；
　（5）要求員工積極配合參與變革的工作（　　　）；
　（6）如果需要經常召開會議聽取員工的反應（　　　）。

　6~10分：未達到標準；11~15分：勉強達到標準；16~20分：完全達到標準；21~25分：出色達到標準；26~30分：最優秀。

資料來源：唐軍. 現代人事學［M］. 北京：北京經濟學院出版社，1997.

4. 加權選擇量表法

加權選擇量表法是行為量表法的另一種表現形式，指用一系列描述性語句，說明員工的各種具體工作行為和表現，並將這些語句分別列在量表中，作為考評者的評定依據。在打分時，如考評者認為被考評者的行為表現符合量表中所列出的項目，就做上記號，如「∨」或「×」。如表5-8所示：

表5-8　　　　　　　　　　　加權選擇量表法實例

如果該員工有下列行為描述的情況則打「∨」，否則打「×」	考評結果
1. 布置工作任務時，經常與下級進行詳細的討論	□
2. 識人能力差，不能用人所長	□
3. 在進行重要的決策時，盡可能地徵求下屬的意見	□
4. 不但對工作承擔責任，也能放手讓下屬獨立地進行工作	□
5. 經常深入員工，觀察他們，並適時地予以表揚	□
6. 對下級進行空頭許諾	□
7. 能耐心傾聽別人提出的批評，或下級的意見和建議	□
8. 在作出重大決策之前，不願意聽取其他人的意見	□
9. 為保住自己的面子，不考慮下級會有何感受	□
10. 明明是自己的失誤，錯怪了下屬，也不向下屬道歉	□

加權選擇量表法具有打分容易、核算簡單、便於反饋等優點；其主要缺陷是適用範圍較小。採用本方法，需要根據具體崗位的工作內容，設計不同內容的加權選擇量表。

（三）結果導向型客觀評價方法

1. 目標管理法

目標管理體現了現代管理的哲學思想，是領導者與下屬之間雙向互動的過程。目標管理法是由員工與主管共同協商制定個人目標，個人目標依據企業的戰略目標及相應的部門目標而確定，並與它們盡可能一致；以制定的目標作為對員工考核的依據，從而使員工個人努力目標與組織目標保持一致，減少管理者將精力放到與組織目標無關的工作上的可能性。

目標管理法的評價標準直接反應員工的工作內容，結果易於觀測，所以很少出現評價失誤，也適合對員工提出建議，進行反饋和指導。由於目標管理的過程是員工共同參與的過程，因此，員工的積極性大為提高，責任心和事業心大大增強。但是，目標管理法沒有在不同部門、不同員工之間設立統一目標，因此難以對各員工和不同部門間的工作績效做橫向比較，不能為以後的晉升決策提供依據。

2. 績效標準法

績效標準法與目標管理法基本接近，它採用更直接的工作績效衡量指標，通常適用於非管理崗位員工，衡量所採用的指標要具體、合理、明確，要有時間、空間、數量、質量的約束限制，要規定完成目標的先後順序，保證目標與組織目標的一致性。

績效標準法比目標管理法具有更多的考評標準，而且標準更加詳細具體。依照標準逐一評估，然後按照各標準的重要性所確定的權數，進行考評分數匯總。

由於被考評者的多樣性，個人品質存在明顯差異，有時某一方面的突出業績和另一方面的較差業績表現有共生性，採用這種方法可以克服此類問題，能對員工進行全面的評估。它為下屬提供了清晰準確的努力方向，對員工具有更加明確的導向和激勵作用。其局限性是人力、物力和財力占用較多，管理成本較高。

3. 直接指標法

直接指標法在員工的衡量方式上，採用可監測、可核算的指標構成若干考評要素，作為對下屬的工作表現進行評估的主要依據。如對於非管理人員，可以衡量其生產率、工作數量、工作質量等。工作數量的衡量指標有：工時利用率、月度營業額、銷售量等。工作質量的衡量指標有：顧客不滿意率、廢品率、產品包裝缺損率、顧客投訴率等。對管理人員的工作評估可以通過對其員工的缺勤率、流動率的統計來實現。

直接指標法簡單易行，能節省人力、物力和管理成本。運用時，需要加強企業基礎管理，建立健全各種原始記錄，特別是一線人員的統計工作。

4. 成績記錄法

成績記錄法是新開發出來的一種方法，適合於從事科研教學工作的人員，如教師、工程技術人員等。因為他們每天的工作內容不盡相同，無法用完全固化的衡量指標進行考核。

這種方法的步驟是：先由被考評者把自己與工作職責有關的成績寫在一張記錄表上，然後由其上級主管來驗證成績的真實性，最後由外部的專家評估這些資料，決定個人績效的大小。

因本方法需要從外部請來專家參與評估，因此，人力、物力耗費很高，耗時較長。

5. 360度考核法

此方法又稱為全方位考核法，最早被英特爾公司提出並加以實施運用。360度反饋評價則由與被評價者有密切關係的人，包括被評價者的上級、同事、下屬和客戶等，分別對被評價者進行匿名評價。被評價者自己也對自己進行評價。然後，由專業人員根據有關人員對被評價者的評價，對比被評價者的自我評價向被評價者提供反饋，以幫助被評價者提高其能力水準和業績。作為一種新的業績改進方法，360度反饋評價得到了廣泛的應用。

360度反饋評價的主要目的，應該是服務於員工的發展，而不是對員工進行行政管理，如提升、工資確定或績效考核等。實踐證明，當用於不同的目的時，同一評價者對同一被評價者的評價會不一樣；反過來，同樣的被評價者對於同樣的評價結果也會有不同的反應。當360度反饋評價的主要目的是服務於員工的發展時，評價者所作出的評價會更客觀和公正，被評價者也更願意接受評價的結果。當360度反饋評價的主要目的是進行行政管理，服務於員工的提升、工資確定等時，評價者就會考慮到個人利益得失，所做的評價相對來說難以客觀公正；而被評價者也就會懷疑評價者評價的準確性和公正性。因此，當公司把360度反饋評價用於對員工的行政管理時，一方面可能會使得評價結果不可靠，甚至不如僅僅由被評價者的上級進行評價；另一方面，

被評價者很有可能會質疑評價結果，造成公司人際關係緊張。

四、績效考核的程序

績效考核的程序一般可分為橫向程序和縱向程序兩種：

(一) 橫向程序

橫向程序是指按考核工作先後順序進行的程序，主要有以下環節：

（1）制定考核標準。這是考核的前提條件。考核標準必須以職務分析中制定的崗位職務職責要求與職務規範為依據，因為那是對員工應盡職責的正式要求。

（2）實施考核。即對員工的工作績效進行考核、測定和記錄。

（3）考核結果的分析與評定。考核的記錄需與既定標準進行對照分析與評判，從而獲得考核的結論。

（4）結果反饋與實施糾正。考核的結論通常應告知被考核者，使其瞭解組織對自己的看法與評價，從而發揚優點，克服缺點。另一方面，還需對考核中發現的問題進行糾正。

(二) 縱向程序

縱向程序是指按組織層級進行考核的程序。考核一般是先對基層考核，再對中層考核，最後對高層考核，形成由下而上的過程。

（1）以基層為起點，由基層部門的領導對其直屬下級進行考核。考核分析的單元包括員工個人的工作行為、工作效果，也包括影響其行為的個人特徵及品質。

（2）基層考核之後，則會上升到中層部門的層次進行考核，內容既包括中層部門的個人工作行為與特性，也包括該部門總體的工作績效。

（3）待逐級上升到公司領導層時，再由公司所隸屬的上級機構（或董事會），對公司這一經營最高層次進行考核，其內容主要是經營效果方面硬指標的完成情況，如利潤率、市場佔有率等。

【本章小結】

人員配備是為每個崗位配備適當的人，首先滿足組織的需要；同時，人員配備也是為每個人安排適當的工作，因此要考慮滿足組織成員個人的特點、愛好和需要。人員配備的工作內容有：人力資源規劃、人員招聘與甄選、人員培訓和考核。人員配備的原則有因事擇人原則、因材施用原則、人事動態平衡原則。

人員招聘是指組織採取一些科學的方法尋找、吸引具備資格的個人到本組織來任職，並從中選出合適人員予以聘用的過程。從廣義上講，人員招聘包括招聘準備、招聘實施和招聘評估三個階段；狹義的招聘即指招聘的實施階段，主要包括招募、選擇、錄用三個步驟。招聘渠道有內部招聘和外部招聘。從內外部招聘人員各有優缺點，所以要結合起來運用。

員工培訓就是組織通過學習、訓導的手段，提高員工的工作能力、知識水準和潛

能發揮，最大限度地使員工的個人素質與工作要求相匹配，進而促進員工現在和將來的工作績效提高的過程。培訓的過程包括確定培訓的需求和目的、選擇培訓方法、培訓的實施與效果評估。

人員的績效考評是指對員工現任職務職責的履行程度，以及擔任更高一級職務的潛力，進行有組織的並且盡可能客觀的考核和評價的過程，簡稱「考評」。員工的績效考評本身不是目的，而是一種手段。績效考核的方法有多種類型，包括結果導向的主觀考核方法、行為導向的客觀考核方法和結果導向的客觀考核方法三大類。

【思考題】

1. 人員配備的任務和原則是什麼？
2. 人員選拔有哪些方法？分析各自的利弊。
3. 人力資源培訓的方法有哪些？
4. 績效考評對企業管理有何作用？
5. 績效考核的方法有哪些？

【案例】

武松在景陽岡打虎出了名以後，某機關重視人才，特地把他調了過去。

武松在機關裡既沒有什麼打虎任務分配給他，又沒有什麼出力的工作要他去干。武松是條好使力氣的硬漢子，沒有坐辦公室的耐性兒，每天閒著無事，看著這兒蒼蠅不少，飛來飛去，著實令人討厭，便拿起蒼蠅拍子來打蒼蠅。

一天，魯智深來拜訪老朋友，一進門，看見武松在打蒼蠅。笑道：「我們的打虎英雄，怎麼在此打起蒼蠅來了？」

武松見是魯智深，忙施禮說：「老兄，請勿見笑！在這兒實在閒著無事，渾身肌肉都鬆弛得發酸。恐怕長此以往，我是過不得景陽岡了。」

魯智深問：「為什麼？」

武松說：「如果再過景陽岡，遇到老虎，我打不了老虎，恐怕只能給老虎當點心了。」

【思考題】

1. 武松是個人才嗎？對企業而言，什麼樣的人是人才？
2. 人員配備的目標是什麼？

第六章　計劃

【學習要點】
1. 瞭解計劃的概念、內容、功能及原則等；
2. 瞭解計劃按不同標準劃分的各種類型；
3. 瞭解掌握計劃的編製過程；
4. 瞭解與掌握計劃編製的基本方法。

第一節　計劃的概述

一、計劃的概念

在日常的工作學習和生活中，我們會經常看到或聽到「計劃」這個詞，大至國家的國民經濟計劃，小至我們一個假期的活動計劃、一個階段的學習計劃、一項工作的具體安排計劃等，計劃可謂無處不在。同時，我們也會有這樣的體會，如果在每次活動行動之前對整個事情或工作有一個周密的計劃，對要做什麼及如何去做都能了然於胸，那我們就能以更大的信心和把握投入到事情或工作中去，做到心中有數、有的放矢，成功率也會高得多。

計劃是任何一個組織成功的核心，它存在於組織的管理活動中。一個組織要有效地實現戰略目標，必須作出計劃。一個組織適應未來技術或競爭變化能力的大小也與計劃密切相關。

計劃在管理中佔有十分重要的地位，它既是社會化大生產的客觀要求，也是社會主義市場經濟發展的內在需要。國外把經營稱作帶有風險的事業，就在於許多事情很難預料，而計劃是減少風險的一個重要手段。在競爭日益激烈的現代社會裡，計劃工作已成為組織生存和發展的必備條件，對企業而言更是如此。要經營好組織的一切事業就必須有計劃，而且得嚴加計劃，把計劃作為組織集體行為的準繩。良好的計劃是增強競爭力的重要途徑和有力工具。計劃通過將組織在一定時期內的活動任務分解給組織的每個部門、環節和個人，從而不僅為這些部門、環節和個人在該時期的工作提供具體的依據，而且為決策目標的實現提供組織保證。

（一）計劃的定義

對於計劃的定義，許多學者、理論家從不同的角度進行了闡述：對所追求的目標

及實現該目標的有效途徑進行設計；或是預先制訂的行動方案；或是為了從事某些工作預先進行規劃好的詳細方案；或是對未來的各種行為作出抉擇的職能等。

那麼什麼是計劃？計劃有廣義、狹義和動態、靜態之分。以廣義上說，計劃是對未來所要從事的事業的謀劃、規劃和打算。其包含兩層意思：從動態角度看，它是準備在未來從事某項工作（目標），預先確定行動的時間、方案、步驟以及手段等過程，我們通常稱之為「計劃工作」；從靜態角度看，它指規劃好的行動方案或藍圖。從狹義上講，計劃則是指未來可望達到或實現的具體目標。

根據對計劃的理解，本書將計劃定義為：計劃是組織根據環境的需要和自身的特點，確定組織在一定時期內的目標，並通過計劃的編製、執行和監督等一系列計劃管理工作來協調、組織各類資源以順利實現預期目標的過程。

所謂計劃工作是組織為實現預期目標對各項活動所作的周密思考和準備工作。計劃工作是一項既廣泛又複雜的管理工作，它涉及組織的每一項活動，需要深入細緻的分析研究和非常高的技術技能。制訂計劃即在時間和空間兩個維度上進一步分解任務和目標；執行計劃包括實現任務的目標和實施的方式、進度等規定；檢查計劃是對計劃實施的結果進行檢查、監督與控制等。管理大師孔茨曾作了一形象比喻：「計劃工作是一座橋樑，它把我們所處的此岸和我們要去的彼岸連接起來，以克服這一天塹」。

（二）計劃的任務和內容

計劃工作的任務，就是根據社會的需要以及組織的自身能力，確定組織在一定時期內的奮鬥目標，通過計劃的編製執行和檢查，協調和合理安排組織中各方面的經營和管理活動，有效地利用組織的人力、物力和財力資源，取得最佳的經濟效益和社會效益。通常把計劃工作的任務和內容概括為六個方面，簡稱為「5W1H」。

（1）為什麼做（Why）：要明確計劃的宗旨、目標和戰略，並論證其可行性。實踐證明，計劃管理人員對組織的宗旨、目標和戰略瞭解得越清楚，認識得越深刻，就越有助於他們在計劃活動中發揮方向性、指導性和創新性作用。計劃實施人員對組織的宗旨、目標和戰略瞭解得越清楚，認識得越深刻，就越有助於他們在計劃工作的實施中發揮主觀能動性、創新性和實效性，即由「要我做」轉變為「我要做」。

（2）做什麼（What）：要明確計劃的具體任務和要求，明確每一個時期的工作中心任務及工作重點和難點。

（3）何地做（Where）：規定計劃的實施地點或場所，瞭解計劃實施的環境條件和限制程度，以合理安排計劃實施的空間和組織佈局。

（4）何時做（When）：規定計劃中各項工作的開始和完成時間以及各時期的進度安排，以便進行有效的時間控制和對企業資源利用的綜合平衡。

（5）誰去做（Who）：計劃不僅要明確規定目標、任務、地點和進度，還要明確由哪個主管部門負責、由哪個人去做，做到計劃目標、任務、地點和進度等指標層層分解、層層落實、指標到位、責任到人。

（6）怎麼做（How）：制訂實現計劃的具體措施以及相應的政策和文件，對企業資源進行合理分配和集中使用，並對企業人力、物力和財力及各種派生計劃進行綜合平

衡等。

二、計劃的功能

（一）為組織成員指明方向，協調組織活動

良好的計劃可以通過明確組織目標和開發組織各個層次的計劃體系，將組織內成員的力量凝聚成一股朝著同一目標方向的合力，從而減少內耗、降低成本、提高效率。計劃給管理者和非管理者指明了方向，使組織上下對準既定的目標開展行之有效的工作。計劃使得組織各單位（部門）的工作步調一致、團結合作，協同實現最終目標。這樣主管人員就可以從日常事務中解脫出來，將主要精力放在面對未來不確定因素的發展研究上。

（二）為組織的未來預測變化，減少衝擊

計劃是面向未來的，而對於組織未來的發展，無論是組織生存的環境還是組織自身都具有一定的不確定性。而計劃可以讓組織通過周密細緻的工作，預測變化，考慮變化的衝擊以及制訂適當的對策；計劃工作可以減小不確定性因素帶來的不利，以盡可能地使意料之外的變化轉為意料之內的變化，用對變化的深思熟慮代替草率的或臨時的判斷，從而面對變化也能變被動為主動，變不利為有利，減少變化帶來的負面衝擊。

（三）減少重複和浪費性的活動

組織在實現目標的過程中，各種活動會出現前後協調不一、聯繫脫節等現象，同樣在多項活動並行的過程中也往往會出現不協調的現象。良好的計劃能通過設計好的協調一致、有條不紊的工作流程來避免上述現象的發生，從而減少重複和浪費性的工作程序及活動。計劃工作可以使組織經營活動的費用降至最低，從而實現對各種生產要素的合理分配，使人力、物力、財力及組織其他資源實現最佳結合、緊密協調，取得更好的經濟效益。

（四）有利於組織進行控制

計劃和控制是一個事物的兩個方面。組織在實現目標的過程中離不開控制，而計劃則是控制的基礎或前提。控制即糾偏，只有在計劃中設立目標，才能將實際的績效與目標進行比較，發現可能發生的重大偏差，採取必要的矯正行為。沒有計劃，就沒有控制。控制中幾乎所有的標準都來自於計劃，它們互為依托，你中有我，我中有你。

此外，計劃還可通過對各種方案詳細的技術分析來選擇最佳的活動方案，從而大大地減少倉促決策造成的損失。計劃工作還有助於在最短的時間內完成工作，減少遲滯和等待，促使各項工作能夠均衡穩定地進行。

因此，計劃工作對組織的經營管理工作起著直接的極其重要的指導作用。

三、計劃的表現形式

按照不同的表現形式，可以將計劃分為宗旨、目標、戰略、政策、規則、程序、

規劃和預算等幾種類型。這幾類計劃的關係可以描述為一個等級層次，如圖 6-1 所示：

```
           宗旨
          目 標
         戰  略
        政   策
       規    則
      程     序
     規      劃
    預       算
```

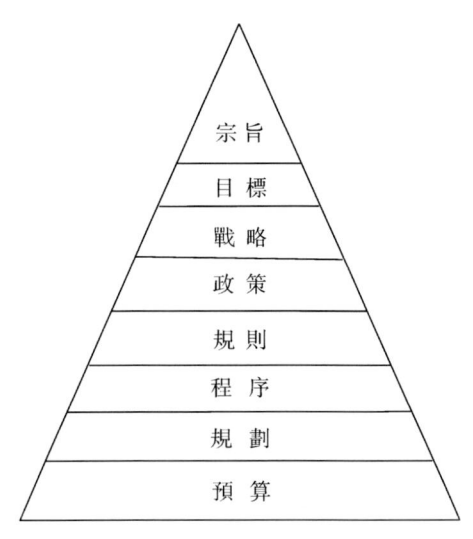

圖 6-1 計劃的等級層次

（1）使命或宗旨。使命或宗旨是指組織存在的意義和根本任務。使命或宗旨告訴人們組織是幹什麼的，組織應當幹什麼，說到底就是組織能為社會提供什麼樣的有價值的商品或勞務。組織的宗旨是一切計劃之本，任何一個組織只有真正搞清楚了自己的使命，其行動才能走上正確的軌道。

（2）目標。目標是在宗旨指導下確定的組織行動或方向，是組織活動預期所要達到的結果，是計劃工作的最終點。

（3）戰略。戰略是指為實現組織宗旨、組織重大目標而確定的具體發展方向、行動方針以及組織資源的總體配置方案。戰略涉及組織全局，是指為實現組織總目標而做的宏觀部署和整體安排。戰略設計必須充分考慮組織的優勢和劣勢、環境的支持和約束條件，通常稱企業戰略。

（4）政策。政策是包括在計劃之內的一系列規定性文字說明，這些文字說明告訴人們哪些行動和行為是提倡的、鼓勵的，哪些行動和行為是受到反對或制約的。它規定了行動方向和界限，使各級主管人員在決策時有一個明確的思考範圍。

（5）規則。如果把程序看作是對時間、步驟的規定，則規則就是針對某些具體情況所作的規定。俗稱「游戲規則」，也可以說是一種最簡單的計劃。如「先喝湯後吃飯」是程序，「喝湯吃飯時不得喧嘩」是規則。

（6）程序。程序是對所要進行的活動做出的時間或順序規定。有些程序是規範化的，具有一定的普遍適用意義；有些程序是專門化的，只適用於特定的內容、階段和地點。

（7）規劃。規劃是指為實施既定方針所確定的工作目標、配套政策、實施程序等內容的複合體。規劃是一種綜合性的計劃，它包括為實現既定方針所必需的目標、政

策、程度、規則、任務委派、資源安排以及其他要素。

（8）預算。預算是用數字表示預期結果的一種計劃，是對目標實施中各種資源運用的預先估計和設定。

四、計劃的性質

計劃工作的性質體現在五個方面，即首位性、目標性、普遍性、效率性和創新性。

（一）首位性

首位性是指計劃工作相對於其他管理職能而言處於首位。首位性表現在兩個方面：一方面是指計劃職能在時間順序上處於計劃、組織、領導、控制四大管理職能的始發位置；另一方面是指計劃職能對整個管理活動過程及其結果施加的影響具有重要意義，比如一項投資計劃報告書，當對其審核評估得出的結果不合算時，就沒有必要再行使組織的其他工作職能了。

（二）目標性

在組織中，每一個計劃及其派生計劃的制訂的最終目的都是為促使組織總體目標和各個階段目標的實現。計劃的有效制訂能對組織行為的執行產生積極的指導作用，從而確保組織的生存與發展沿著既定的方向和目標前進。計劃工作具有強烈的目的性，它以行動為載體，引導著組織經營運轉。

（三）普遍性

計劃工作具有普遍性，主要體現在兩個方面：一是不論日常生活事務還是組織中的工作，如果要達到預期目的和效果，首先就要制訂計劃並接受計劃的指導；二是在一個組織中，計劃涉及組織內所有管理人員，是管理人員的一項職能。在一個高效運轉的組織中，每個管理人員都需要從事計劃工作。高層管理人員制訂組織的總體計劃或宏觀計劃，把握組織的全局方向和目標；中層管理人員制訂部門計劃或專業計劃，諸如銷售計劃、生產計劃、物資供應計劃、財務計劃、人事計劃等，確定在整體組織目標的分解實施過程中各部門自身的具體目標，並能確保各部門計劃與組織整體目標協調一致；基層管理人員要制訂具體的作業計劃或實施計劃，以確保各自部門或專業計劃的具體實施和最終實現。

（四）效率性

可以用計劃對組織目標的貢獻來衡量一個計劃的效率。貢獻是指扣除在制訂和實施這個計劃時所需要的費用和其他因素後得到的剩餘。在計劃所要完成目標確定的情況下，同樣可以用制訂和實施計劃的成本及其他連帶成本（如計劃實施帶來的損失、計劃執行的風險等）來衡量效率。如果計劃能促使組織預期目標得到最有效的實施，給組織帶來最大的利益，則這樣的計劃是有效率的，甚至是高效率的。特別需要注意的是，在衡量代價時，不僅要用時間、金錢或生產效率等來衡量，而且還要用個人和集體的滿意度來衡量。要使計劃工作有效，不僅要確保實現組織目標，還要從眾多方案中選擇最優的資源配置方案，以求合理利用組織資源和切實提高工作效率。

（五）創新性

計劃工作是針對組織需要解決的新問題和可能發生的新變化、新機會作出決策，因而它是一項創造性的管理活動，正如新產品新技術的成功開發在於創新一樣，計劃工作的有效與成功在很大的程度上也完全依賴於創新，只有通過不斷地創新，才能使我們的計劃工作做到緊貼社會，對接市場，切實有效，尤其是進入市場經濟的今天，計劃的創新性顯得越來越重要。

四、計劃的原則

為確保計劃的規範性與科學性，在制訂計劃時，必須遵循以下基本原則：

（一）整體性原則

計劃的制訂要具有整體性，即計劃的體系性。計劃不僅要有組織的主幹計劃，而且還要有各層次各層級的分支計劃，不僅要有計劃目標，而且要有具體的執行措施，還要進行計劃與實際的考核評估。只有形成科學合理的計劃體系，才能確保計劃的完整和有效。

（二）可行性原則

計劃的制訂必須符合客觀實際，具有現實意義，切實可行。即指標的設計是要可以衡量或可以操作的，而且容易執行。因此，制訂計劃時一定要考慮對執行有影響的各種限制性因素，如市場需要、生產技術與成本、資金需要量等各種主客觀條件，要在充分進行可行性分析研究的基礎上，制訂出切實可行的計劃。否則，一個不可行的計劃不僅不能對工作起促進作用，還可能起反作用。

（三）挑戰性原則

計劃的制訂必須能夠激發人們的創造力和創新精神，通過努力才可完成的計劃，才能讓人感到興奮和滿足，感到有成就感。同時，只有不斷制訂出具有挑戰性的計劃，才能使組織各項工作不斷創新，不斷向上，不斷前進。

（四）可實現性原則

計劃指標的制訂不能一味強調其激勵性，同時還要考慮其可實現性。即計劃指標的設定必須是通過員工的努力可以實現的，目標過低會使人感到沒有成就感，但目標過高更會使人感到望塵莫及，還沒開始就有一種挫敗感，員工會抱著一種無所謂的態度。故一個根本就沒有可能實現的目標也同樣不能調動員工的勞動積極性，這種看起來似乎很理想的計劃目標其結果可能事與願違。

（五）適應性原則

計劃的制訂必須能夠適應未來客觀實際的變化，具有一定的彈性和靈活性。因為，計劃針對的是未來，而未來出現的事情很難保證百分之百如我們所料。如果計劃不能適應未來客觀實際的變化，不留下一些可變動的餘地，那麼計劃就有可能難以順利實施。因此，計劃中體現的靈活性越大，未來由於意外事件引起損失的危險性就越小。

（六）時效性原則

計劃的制訂必須在一定的時間內完成，一切沒有時效的計劃都是沒有意義的。

第二節　計劃的類型及編製流程

一、計劃的類型

由於計劃工作的普遍性，計劃的目標、內容及應用情況等千差萬別，使計劃的具體表現形式多種多樣。按照計劃的不同分類標準，可以將計劃分為不同的類型。

（一）按計劃的時間期限分類

按照計劃的時間期限劃分，計劃可以分為短期計劃、中期計劃和長期計劃。一般情況下，時間期限在1年及其以內（含1年）的計劃稱為短期計劃，1年以上5年以內的計劃稱為中期計劃，5年及以上（含5年）的計劃稱為長期計劃。這三種時間期限的劃分標準也並非絕對的，如對一些環境條件變化很快、本身節奏也很快的組織活動，在其計劃分類上也可能一年計劃就是長期計劃，季度計劃就是中期計劃，而月度計劃就是短期計劃。這要根據不同的行業標準來劃分。

這三種計劃中，長期計劃描述了組織在較長時期內的發展目標和方針，規定了組織各個部門在較長時間內從事某種活動應達到的目標和要求，繪製了組織長期發展的藍圖，是企業長期發展的綱領性文件。中期計劃是根據長期計劃制訂的，它比長期計劃要詳細具體，是考慮了組織內外部條件與環境變化情況後制訂的可執行計劃。短期計劃則比中期計劃更加詳細具體，它是指導組織具體活動的行動計劃，具體規定組織各部門在目前到未來一個短時期內，應該從事何種活動及相應的要求，從而為組織成員在近期內的行動提供依據。它一般是中期計劃的分解與落實。

在管理實踐中，長期計劃、中期計劃和短期計劃必須有機地銜接起來，長期計劃要對中、短期計劃具有指導作用，而中、短期計劃的實施要有助於長期計劃的實現。

（二）按計劃的職能分類

按照計劃所涉及的職能劃分，計劃可分為營運計劃、生產計劃、財務計劃、人力資源計劃、基本建設計劃和創新計劃等。從組織的橫向層面看，組織內有著不同的職能分工，每種職能都需要形成特定的計劃，這些計劃通常就是組織各職能部門編製的計劃，也叫部門計劃或職能計劃。如：

（1）行銷計劃。這是組織或企業的產品銷售計劃。它圍繞市場的需求狀況及組織的營運活動目標進行具體的銷售運作與計劃安排。

（2）生產計劃。這是組織或企業圍繞市場行銷狀況制訂的產品生產計劃，主要包括產品生產的種類、數量、質量以及完成期限等相應的計劃和規定。

（3）財務計劃。這是反應組織或企業財務資金運作和經濟效益的綜合性計劃。財務計劃主要是計算組織或企業計劃期內所需現金流量、確定借款數額和借款時間以及

編製預期損益表和資產負債表等。

（4）人力資源計劃。這是圍繞組織的經營總目標對人力資源需求的規劃與安排。其主要內容有人力資源配置、人員需求與供給、人員結構、人員培訓、員工薪酬總額以及人力資源開發等方面所作的計劃和安排。

（5）基本建設計劃。這是組織或企業的固定資產投資項目計劃，它包括為擴大經營規模或改善經營條件所需的投資項目，也包括為改善員工工作和生活條件而投資的項目。

（6）創新計劃。這是為提高組織或企業的經營和管理水準所開展的科學技術和管理技術等方面的研究開發活動計劃。

（三）按計劃的性質分類

按計劃的性質及其範圍的綜合程度標準劃分，計劃可分為戰略性計劃與戰術性計劃。戰略性計劃是指組織宏觀方面的計劃，應用於組織的整體部署，一般為組織未來較長時期（通常為5年以上）設立總體目標和尋求組織在社會環境中的地位的計劃，通常稱企業戰略計劃。戰術性計劃是企業戰略計劃（組織總體目標）的分解，其需要解決的是組織的具體部門或職能部門在未來各個較短時期內的行動方案。戰略性計劃的兩個顯著特點是：長期性與整體性。長期性是指戰略性計劃涉及未來較長時期，整體性是指戰略性計劃基於組織整體而制訂，強調組織整體的協調。戰略性計劃是戰術性計劃的依據，戰術性計劃是在戰略性計劃指導下制訂的，是戰略性計劃的具體落實。

（四）按計劃的明確程度分類

按計劃的明確程度劃分，計劃可分為指令性計劃和指導性計劃。

指令性計劃是由組織的上級下達的、目標明確、行動方法與程序確定、具有行政約束力、各級計劃執行機構必須認真完成的計劃。指令性計劃的內容明確，不存在模棱兩可的問題。指令性計劃的內容一般關係到組織發展的重大問題或必須完成的任務。

指導性計劃是由組織的上級下達的、對下級部門具有指導意義或參考作用的計劃。指導性計劃只規定一些一般的方針，而具體行動方法則多由執行機構根據實際情況確定。指導性計劃下達後，上級組織不帶強制性，下級機構不一定完全遵照執行。因此，制訂計劃時，要根據未來的不確定因素，在靈活性與明確性之間權衡。

指令性計劃明確，具有強制性作用，但對於不確定因素的應變能力較差，而且不利於發揮下級管理人員的積極性與創制性。指導性計劃不具強制性，上級可以在較充分地考慮了不確定性因素的影響後給予下級管理人員一定的應變權力，但操作起來不如指令性計劃簡單明了。組織要根據計劃的內容、外界環境因素及內部條件來確定使用哪種計劃形式，所以操作上有一定的靈活性。

二、計劃編製的基本流程

計劃管理是對計劃的編製、實施、控制、處理等一系列工作的總稱。即根據對現狀的認識進行資源的綜合平衡，確定未來一段時間內應達到的目標，然後通過組織系統，把人、財、物等各項資源有機地組織起來，發揮集體和分工的作用，在各級主管

職責範圍內，指揮下級，溝通思想，通力合作，為完成組織共同目標而使工作有效地按計劃進行，再把執行的結果和計劃對照，進行調查、分析和反饋，並根據各種信息反饋，對原計劃進行評審、調整、優化，使原計劃更加完善，從而確保整個計劃目標的順利實現。因此，計劃管理是從編製計劃開始，經過組織計劃的實施，並用計劃作為檢測標準進行控制，從實施與控制中得到信息反饋，據此進行生產經營管理活動。

計劃是計劃工作的結果，計劃工作則是計劃的制訂過程，雖然各類組織編製的計劃內容差別很大，但科學地編製計劃所遵循的步驟卻具有普遍性。計劃制訂過程通常要遵循這樣的基本步驟：分析組織問題和估量機會、確定目標和分析目標、確定計劃前提條件、擬訂備選方案、分析評估備選方案、選定方案、擬訂派生計劃、編製預算使計劃數字化。如圖6-2所示：

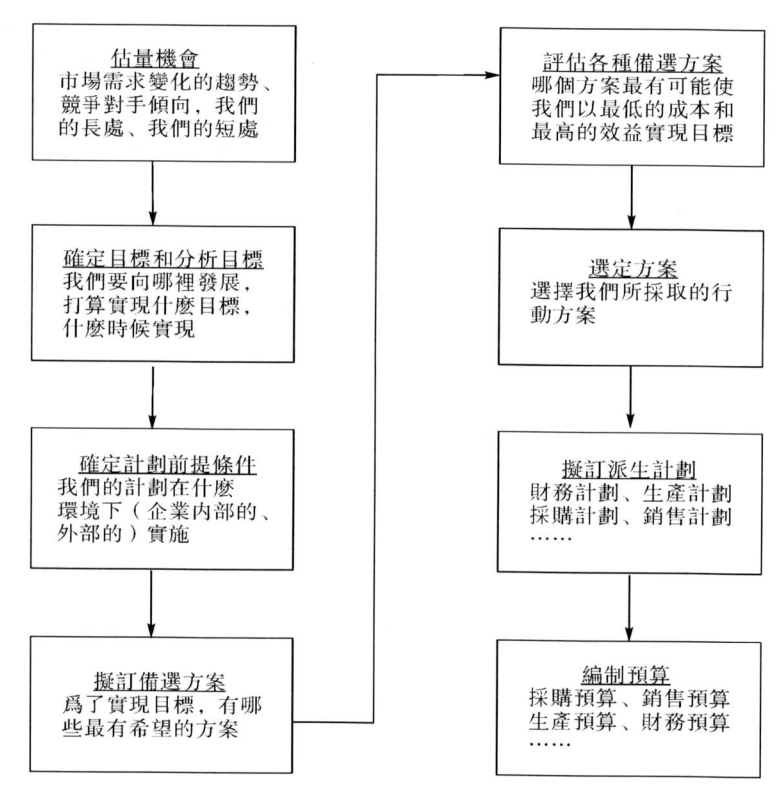

```
┌─────────────────┐                    ┌─────────────────┐
│    估量機會     │                    │ 評估各種備選方案│
│市場需求變化的趨勢、│                   │哪個方案最有可能使│
│競爭對手傾向，我們│ ─────────────→    │我們以最低的成本和│
│的長處、我們的短處│                    │最高的效益實現目標│
└────────┬────────┘                    └────────▲────────┘
         │                                       │
         ▼                                       │
┌─────────────────┐                    ┌─────────────────┐
│確定目標和分析目標│                    │    選定方案     │
│我們要向哪裡發展，│                    │選擇我們所採取的行│
│打算實現什麼目標，│                    │    動方案       │
│什麼時候實現     │                    │                 │
└────────┬────────┘                    └────────▲────────┘
         │                                       │
         ▼                                       │
┌─────────────────┐                    ┌─────────────────┐
│確定計劃前提條件 │                    │  擬訂派生計劃   │
│我們的計劃在什麼 │                    │財務計劃、生產計劃│
│環境下（企業內部的、│                  │採購計劃、銷售計劃│
│外部的）實施     │                    │……              │
└────────┬────────┘                    └────────▲────────┘
         │                                       │
         ▼                                       │
┌─────────────────┐                    ┌─────────────────┐
│  擬訂備選方案   │                    │    編製預算     │
│為了實現目標，有哪│ ─────────────→    │採購預算、銷售預算│
│些最有希望的方案 │                    │生產預算、財務預算│
│                 │                    │……              │
└─────────────────┘                    └─────────────────┘
```

圖6-2 計劃編製過程

（一）分析組織問題和估量機會

對於組織問題和機會的分析與估量是任何計劃工作開始前都要著手進行的工作，它是計劃工作的真正起點。因為只有存在問題需要去解決或者存在機會需要去把握，才需要制訂計劃。這一工作是對未來可能出現的問題和機會所進行的分析和判斷，以便使人們弄清自己面對的問題或瞭解自己面臨的機會，並在反覆斟酌的基礎上確定切實可行的計劃目標。

對問題和機會的分析與估量應該以組織或企業的使命和宗旨為依據或出發點。所以組織或企業需要有自己明確的使命和宗旨，以便用以指導計劃工作。人們只有在正確地理解了組織或企業的使命和宗旨之後，才能夠制訂出實現這些使命、宗旨的計劃。所以，正確理解組織的使命和宗旨是任何組織或企業制訂計劃的基礎，而科學地制訂計劃與實施計劃是組織或企業實現其使命和宗旨的手段與工作。

（二）確定目標和分析目標

目標是組織各項活動所要實現的最終目的。它決定了組織的發展方向並指導組織的行動。確定目標，就是在對機會進行估量後，明確各種環境因素的影響，分析組織的優勢和劣勢，確定組織發展的總體方針和達到的總目標。

分析和制訂計劃目標實際上比較困難：首先，有很多因素限制了人們科學地制訂出組織或企業的目標，這在很大程度上是因為人們對目標的認識和理解存在很大的差異，所以在計劃目標制訂過程中要鼓勵人們多參與、多溝通和多討論；其次，計劃的依據（主要是環境與條件）變化很快，使得計劃跟不上變化；再次，計劃制訂者的能力或成熟程度也會干擾或影響目標的確定，他們可能會存在短期行為傾向或缺乏把握機會的能力，從而造成組織上下之間溝通不暢、信息不靈等。

（三）確定計劃的前提條件

所謂計劃工作的前提條件就是計劃的假設條件，即計劃實施時的預期環境。對計劃工作的前提條件瞭解得越細越透徹，並能始終如一地運用它，則計劃工作就會做得越協調。按照組織的內外部環境，可以將計劃的前提條件分為外部前提條件和內部前提條件；按可控程度，可以將計劃工作的前提條件分為不可控前提條件、部分可控前提條件和可控前提條件三種。

制訂計劃方案的時候都必須充分考慮計劃的前提條件（包括確定的和不確定的約束條件）。由於計劃工作中有很多條件具有不確定性，所以需要使用預測去給出計劃的各種假設前提條件。分析和預測工作的具體內容包括對組織當前狀況的評估、組織優勢和劣勢分析、外部環境的發展變化預測等。

（四）擬訂備選方案

計劃工作的第四步是按照計劃目標和約束與假設的前提條件制訂多個可替代的備用計劃方案，以便進行計劃決策時有充分的可選擇餘地。

（五）分析評估備選方案

根據組織的內外部環境和戰略目標來權衡各種因素，以此對各個方案進行綜合分析與評價。備選方案可能有幾種情況：有的方案利潤大，但成本也大；有的方案利潤小，但風險也小；有的方案對長遠規劃有益；有的方案對當前工作有好處。種種情況都有可能出現，故這一步工作我們要做得越細越好，越細越具體就越有參考價值，針對性越強，計劃與實際的誤差就會越小。

（六）選定方案

在多個可供選擇的備選方案並存的條件下，就要根據組織的目標選擇一個比較合

適的方案。這是作出計劃決策的關鍵一步，即選出組織將來採取的行動方案。作出正確的方案選擇需要在前面幾步工作的基礎上進行，為了保證計劃的靈活性，選擇的結果往往可能是兩個或更多的方案，並且有第一、第二或第三、第四方案，首先採用第一方案，如情況有變就從其餘備用方案中選擇，所以，在實施第一方案的同時要將其餘備用方案作進一步細化和完善。

(七) 制訂派生計劃

在作出計劃方案決策之後，計劃還需要進一步細化，即要制訂派生計劃。派生計劃也可稱為引申計劃或細節計劃，其作用是支持整體計劃的貫徹落實，即計劃的層層分解、層層落實。在這一階段要注意這樣幾個問題：

第一，務必使相關人員瞭解企業總體計劃的目標和前提條件，掌握總體計劃的指導思想和內容；

第二，協調各派生計劃，使其方向一致，以支持總計劃為前提，防止僅從追求本單位目標利益出發而影響全局目標利益的實現；

第三，協調各派生計劃的工作時間順序。

(八) 編製預算使計劃數字化

在選定計劃方案和制訂出應急計劃措施之後，還需要根據計劃和應急措施的情況作出預算。計劃的預算實際上就是保障計劃能夠完成的資源安排和資金計劃，它是實施計劃的根本保障。「巧婦難為無米之炊」，計劃任務必須要有預算作為保障。反過來，在計劃工作中如果預先設定了預算安排，那麼就需要根據預算的制約條件去綜合平衡計劃目標和計劃方案。此時，人們不得不根據預算去分析和安排所要開展的活動，然後根據要開展的活動去分析和確定所能夠實現的計劃目標。這實際上是一種「看錢吃面」的計劃方法，也是經常使用的一種計劃方法。

第三節　計劃的基本方法

計劃工作的效率高低以及質量好壞在很大程度上取決於所採用的計劃方法和技術。現代計劃方法和技術為制訂切實可行的計劃提供了手段。在越來越變化莫測的市場經濟以及複雜和動盪的組織外部環境下，現代組織面對未來的各種不確定因素日漸增多，因此，現代計劃的方法和技術也顯得尤為重要，而且更加複雜多樣。本章僅介紹幾種主要的計劃方法。

一、滾動計劃法

(一) 滾動計劃法的概念

滾動計劃法是一種定期修訂未來計劃的方法。這種方法根據計劃的執行情況和環境變化情況及時、定期修訂未來的計劃，並逐步向前推移，能較好地使短期計劃和中、

長期計劃有機地結合起來。由於在計劃工作中很難準確地預測將來影響經濟發展的各種變化因素，而且隨著計劃期的延長，這種不確定性會越來越大，所以硬性地按幾年前編製的既定計劃實施，或機械地、靜止地執行戰略性計劃就可能導致計劃性失誤以致給組織造成巨大的經濟損失。滾動計劃可以避免這種不確定性帶來的不良後果。

滾動計劃最早起源於前蘇聯。其具體做法是按照「近細遠粗」的原則制訂一定時期內的計劃。例如，某公司在 2005 年底制訂了 2006—2010 年的五年計劃，採用滾動計劃法，到 2006 年年底，就要根據組織 2006 年計劃的實際完成情況以及內外部環境客觀條件的變化，對原定的五年計劃進行必要的調整和修改，在此基礎上編製 2007—2011 年新的五年計劃，其後依次類推，即每考核一個滾動期，就根據本滾動期實際完成情況及組織內外部環境的變化情況向後推進一個滾動期，調整修正後制訂出第二個計劃期計劃。詳情如圖 6-3 所示。

本期五年計劃(2006—2010)				
2006	2007	2008	2009	2010
很細	較細	一般	較粗	很粗

2006年實際完成情況

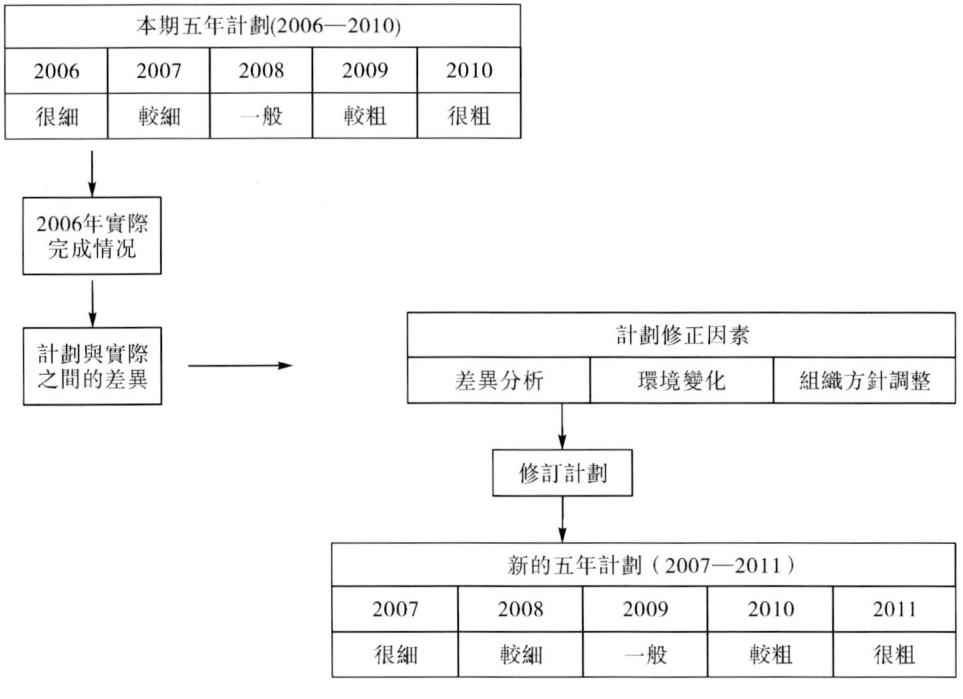

計劃與實際之間的差異

計劃修正因素		
差異分析	環境變化	組織方針調整

修訂計劃

新的五年計劃（2007—2011）				
2007	2008	2009	2010	2011
很細	較細	一般	較粗	很粗

圖 6-3　滾動計劃示意圖

（二）滾動計劃的編製程序

（1）通過調查和預測掌握有關情況，然後按照近細遠粗的原則，制訂一定時期的計劃；

（2）在一個滾動時期終了時，分析計劃的執行情況，找出差距，瞭解存在的問題和不足；

（3）根據企業內、外部環境及條件的變化以及上一個滾動期計劃的實施情況，對原計劃進行必要的修正與調整；

（4）根據修正與調整後的結果，再按近細遠粗的原則，將計劃期向後滾動一個時期，制訂出第二計劃期的計劃。

(三) 滾動計劃的優點

滾動計劃四方面的優點：①適合於任何類型的計劃；②縮短了計劃的預期時間，提高了計劃的準確性，編製這種計劃時對3年後的目標無須作出十分精確的規定，從而使編製計劃時有更多的時間對未來1~2年的目標作出更加細緻、準確的規定；③使短期計劃、中期計劃和長期計劃能機地結合在一起；④使計劃更富有彈性，實現了組織和環境的動態協調。

二、線性規劃法

1939年，蘇聯經濟數學家康諾維奇首先提出用線性規劃的方法進行經濟計劃工作。經過許多科學家、專家的不斷研究探索，目前它已經成為一種相當成熟的計劃方法。線性規劃法主要解決兩類問題：一類是最大化問題，即在有限資源條件下，如何使效果最好或完成的工作量最多；另一類是最小化問題，即在工作任務確定的情況下，怎樣使各種資源消耗減至最小。簡而言之，線性規劃解決某個問題的整體效益最優化問題。

如果供決策的條件滿足以下三點要求，就可以運用線性規劃來進行決策：①需要實現的目標能用數字表示；②存在著達到目標的多種方案；③實現目標所需的資源條件能用數學等式或不等式表示，稱為約束條件。

線性規劃法是運籌學的重要分支，也是典型的運籌學方法。它是將待決策的問題用數學模型進行描述，通過計算來優化方案的一種較為理想的規劃方法。特別是能利用電子計算機處理眾多的變量後，線性規劃在經營決策中得到了更為廣泛的應用。

線性規劃是通過建立起數學模型，將實際問題用線性方程來表示，從而作出規劃。線性規劃數學模型的基本結構是由一個目標函數和一組約束條件所組成。它的一般形式是：

目標函數：$z_{max} = c_1 x_1 + c_2 x_2 + \cdots + c_n x_n$

約束條件 $\begin{cases} a_{11} x_1 + a_{12} x_2 + \cdots + a_{1n} x_n \leqslant b_1 \\ a_{21} x_1 + a_{22} x_2 + \cdots + a_{2n} x_n \leqslant b_2 \\ \quad\quad\quad\vdots \\ a_{m1} x_1 + a_{m2} x_2 + \cdots + a_{mn} x_n \leqslant b_m \\ x_1, x_2, \cdots, x_n \geqslant 0 \end{cases}$

【例7.1】某廠生產A、B兩種產品，生產時都要使用甲、乙兩臺關鍵設備，已知A產品每件獲利40元，B產品每件獲利30元，設備用於生產這兩種產品的有效臺時數及產品的臺時定額如表6-1所示，試運用線性規劃法進行A、B兩種產品的產量優化組合決策。

表 6-1

臺時定額 設備	產品	A	B	有效臺時
甲		5	6	440
乙		3	2	240

解：設 A、B 兩種產品的產量分別為 x_1、x_2，總利潤為 z，則：

$z_{max} = 40x_1 + 30x_2$

$$\begin{cases} 5x_1 + 6x_2 \leqslant 440 \\ 3x_1 + 2x_2 \leqslant 240 \\ x_1, x_2 \geqslant 0 \end{cases}$$

解線性方程組

$$\begin{cases} 5x_1 + 6x_2 \leqslant 440 \\ 3x_1 + 2x_2 \leqslant 240 \end{cases}$$

可得：$x_1 = 70$，$x_2 = 15$，此即為最優解。

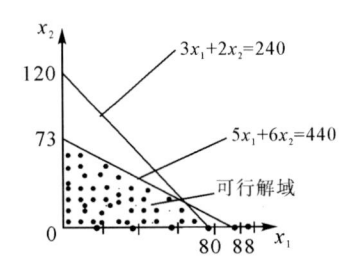

圖 6-4　線性規劃圖解法

在圖 6-4 中，由 $5x_1 + 6x_2 \leqslant 440$，$3x_1 + 2x_2 \leqslant 240$ 共同組成的滿足 x_1，$x_2 \geqslant 0$ 的區域即為約束條件，陰影部分為 x_1，x_2 的可行解域，其最優解出現在可行解域的頂點。由圖 6-4 可見：可行解域的四個頂點坐標分別為 (0，0)、(0，73)、(70，15)、(80，0)，將它們分別代入目標函數，可求得利潤的最大值：

當 $x_1 = 70$，$x_2 = 15$ 時，

$z_{max} = 70 \times 40 + 15 \times 30 = 3,250$（元）

這是最簡單的線性規劃決策問題，旨在告訴我們如何對具體的決策問題建立起線性規劃的數學模型。

三、網絡計劃技術

網絡計劃技術是國外 20 世紀 50 年代出現的一種計劃方法，它包括各種以網絡為基礎制訂計劃的方法，如關鍵路徑法（Critical Path Method，CPM）、計劃評審技術（Program Evaluation and Review Techniquc，PERT）、組合網絡法（Combination Network Technique，CNT）等。1956年美國的一些工程師和數學家組成了一個專門小組率先開始了這方面的研究。1958年美國海軍武器計劃處採用了計劃評審技術，使北極星導彈工程的工期由原來的10年縮為8年。1961年，美國國防部和國家航空太空總署規定，凡承製軍用品必須用計劃評審技術制訂計劃上報，從此時起，網絡計劃技術就開始被廣泛應用。

中國對網絡技術的推廣與應用也較早。20世紀60年代初期，著名科學家華羅庚、錢學森相繼將網絡計劃方法引入中國。華羅庚教授在綜合研究各類網絡方法的基礎上，結合中國實際情況加以簡化，於1965年發表了《統籌方法評估》，為推廣應用網絡計劃方法奠定了基礎。近年來，隨著科技的發展和進步，網絡計劃技術的應用也日趨得到工程管理人員的重視，且已取得可觀的經濟效益。如廣州白天鵝賓館建設中，運用網絡計劃技術工期比外商簽訂的合同提前四個半月，僅投資利息就節約了1,000萬港元。

網絡計劃技術的基本原理是利用網絡顯示計劃任務的進度安排，反應其中各項作業（工序）之間的相互關係。在此基礎上進行網絡分析，計算網絡時間，確定關鍵線路和關鍵工序。並利用時間差，不斷改進網絡計劃，以求得工期資源和成本的優勢方案，即把一項工作或項目分成各種作業，然後根據作業順序進行排列，通過網絡圖對整個工作或項目進行統籌規劃與控制，以便用最少的人力、物力、財力資源，以最快的速度完成工作任務。

網絡計劃技術主要適用於大型工程項目，其主要工具是網絡圖（見圖6-5）。利用網絡圖將整個工程分解成若干步驟的工作，根據這些工作在時間上的銜接關係，用箭頭連線表示它們的先後順序，畫出一個反應各項工作相互關係的網絡圖，並標出完成任務的關鍵環節和路線。這樣，管理者在制訂計劃時既可以統籌安排，全面考慮，又不失重點。

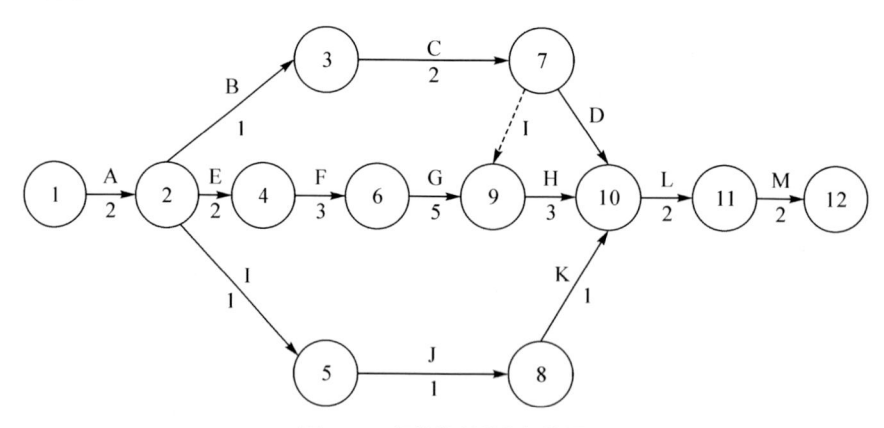

圖6-5 網絡計劃技術網絡圖

網絡圖是網絡計劃技術的基礎，它一般由作業、事項和線路三部分組成。

（1）作業。作業也稱為活動或工序，它是指在工程項目中需要消耗資源並在一定時間內完成的獨立作業項目。如「產品設計」這項作業既要有一定的時間來完成，又

要有設計人員、設計圖紙、設計資料和繪圖工具等資源。在網絡圖中用一條實箭頭線「→」表示作業。箭尾表示作業的開始，箭頭表示作業的結束。箭頭線上面標上作業名稱或作業符號，下面標明作業完成所需的時間。作業的內容可多可少，範圍可大可小。

（2）事項。事項也稱節點和時點，是箭頭之間的交接點，用圓圈「○」表示，並編上號碼。它是指一項作業開始或結束的瞬間。網絡圖中，第一事項稱作始點事項，它表示一項任務的開始，最後一個事項稱作終點事項，表示一項任務的結束。一個網絡系統圖只有一個始點事項和一個終點事項，介於網絡始點事項與終點事項之間的事項都稱作中間事項，中間事項連接著前面作業的箭頭和後面作業的箭尾。因此，中間事項的時間狀態既代表前面作業的結束，又代表後面作業的開始。

（3）線路。線路是指從網絡始點事項到達網絡終點事項的任一條連接不斷的線路。在一條線路上，把整個活動的作業時間加起來，就是該線路的總作業時間。每條線路所需要的時間長短不一，其中持續時間最長的線路稱為關鍵線路。關鍵線路上的工序稱為關鍵工序。整個計劃任務所需要的時間就取決於關鍵線路所需要的時間。需要說明的是，一個大型網絡圖，有時關鍵線路可能有多條。例如，圖6-5中從始點①開始，連續不斷地走到終點⑫的路線就有4條，即：

 a. ①→②→③→⑦→⑩→⑪→⑫
 b. ①→②→③→⑦→⑨→⑩→⑪→⑫
 c. ①→②→④→⑥→⑨→⑩→⑪→⑫
 d. ①→②→⑤→⑧→⑩→⑪→⑫

關鍵線路上各工序完工時間提前或推遲都直接影響著整個活動能否按時完工。確定關鍵線路，據此合理地安排各種資源，對各個工序活動進行進度控制，是利用網絡計劃技術的主要目的。

網絡計劃技術雖然需要大量而繁瑣的計算，但在在計算機廣泛運用的時代，這些計算大都已程序化了。這種技術之所以被廣泛地運用是因為它有一系列的優點：

（1）該技術能清晰地表明整個工程的各個項目的時間順序、相互關係、關鍵環節和線路，管理者可據此對實施過程進行重點管理。

（2）可對工程的時間進度與資源利用實施優化管理。在計劃實施過程中，管理者可以調動非關鍵路線上的人力、物力和財力，對關鍵作業進行綜合平衡。這樣既可以節省資源，又可以加快工程進度。

（3）可事先評價達到目標的可能性。該技術指出了計劃實施過程中可能發生的困難點以及這些困難點對整個任務所產生的影響，這樣可以準備好應急措施，從而減少完不成任務的風險。

（4）便於實施與控制。管理者可以將工程特別是複雜的大項目分成許多支持系統來分別組織實施與控制。這種化整為零、聚零為整的管理方法，可以達到局部和整體的協調一致。

四、計量經濟學方法

計量經濟學方法是運用現代數學和各種統計方法來描述和分析各種經濟關係的方

法，它對於管理者調節經濟活動，加強市場預測以及合理安排生產計劃和改善經營管理等都具有很大的實用價值。嚴格地說，所謂計量經濟學，就是把經濟學中關於各種經濟關係的學說作為假設，運用數理統計的方法，根據實際統計資料，對經濟關係進行計量，然後把計量的結果和實際情況進行對照。數理統計的方法一般有趨勢預測法、迴歸預測法、比例預測法。這種運用統計法進行計劃工作的方法比較常用。

用計量經濟學方法解決實際問題的程序分為四步：

(1) 因素分析。按照問題的實際情況分析影響它的因素的種類、因素之間的相互關係以及各因素對問題的影響程度。

(2) 建立模型。由於模型有許多的結果，把影響問題的主要因素列為自變量，把所有次要因素都用一個隨機誤差表示，而把問題作為因變量，然後建立起含有一些未知參數的數學模型。

(3) 參數估計。由於模型有許多參數需要確定，這就要用計量經濟學方法，利用統計資料加以確定。參數估計出來之後就要計算相關係數，以檢查自變量對因素的影響程度。此外，還要對參數進行理論檢驗和統計檢驗，如果這兩項結果都不好，就要分析原因，修改模型，重新進行第三個步驟，直至模型滿意為止。

(4) 實際應用。計量經濟模型主要有三個用途：①經濟預測，即預測因變量在將來的數值；②評價方案，即對計劃工作或決策工作中的各種方案進行評估，以選出最優方案；③結果分析，即利用模型對經濟系統進行更深入的分析，深化認識。計量經濟模型的這三種用途都可以應用於計劃工作，它能夠使計劃更加完善、更加科學。

五、投入產出法

投入產出分析法是20世紀40年代由美國著名經濟學家瓦西里·列昂捷夫首先提出的。它的主要根據是各部門經濟活動的投入與產出之間的數量之比。所謂投入就是將人力、物力及財力投入生產過程中，在其中被消耗，這是生產性消費；所謂產出就是生產出一定數量或種類的產品。

投入產出分析作為一種綜合防治計劃方法，首先要根據某一年份的實際統計資料編製投入產出表，然後計算各部門之間的直接消耗係數和間接消耗係數（合計便是完全消耗係數），進一步根據某些部門對最終產品的需求，得出各部門應達到的投入產出狀況。據此編製綜合計劃。這種方法的特點是：

(1) 反應了各部門的技術經濟結構，可合理安排各種比例關係，是進行綜合平衡的一種有效工具。

(2) 在編製過程中不僅能充分利用現有統計資料，而且能建立各種統計指標之間的內在聯繫，使統計資料系統化，編製投入產出表則是一個全面反應經濟過程的數據庫，可以用來進行多種經濟分析和經濟預測。

(3) 由於是通過表格形式反應經濟現象，涉及的數學知識不深，因而易於理解，並易於為計劃工作者所接受。

(4) 適用範圍較廣，不僅可用於國家、部門或地區等宏觀層次的計劃制訂，而且可用於企業的計劃安排。

【本章小結】

　　計劃有廣義、狹義和動態、靜態之分。以廣義上說，計劃是對未來所要從事的事業的謀劃、規劃和打算。這裡包含兩層意思：從動態角度看，它是準備在未來從事某項工作（目標），預先確定行動的時間、方案、步驟以及手段等過程，我們通常稱之為「計劃工作」；從靜態角度看，它是指規劃好的行動方案或藍圖。而從狹義上講，計劃則是指未來可望達到或實現的具體目標。通常人們說的謀定而後動、深謀遠慮、多謀善斷等，都是指講計劃。

　　根據對計劃的理解，本書將計劃定義為：計劃是組織根據環境的需要和自身的特點，確定組織在一定時期內的目標，並通過計劃的編製、執行和監督等一系列計劃管理工作來協調、組織各類資源以順利達到預期目標的過程。

　　計劃工作的任務：就是根據社會的需要以及組織的自身能力，確定組織在一定時期內的奮鬥目標，通過計劃的編製執行和檢查，協調和合理安排組織中各方面的經營和管理活動，有效地利用組織的人力、物力和財力資源，取得最佳的經濟效益和社會效益。

　　計劃的功能：為組織成員指明方向，協調組織活動；為組織的未來預測變化，減少衝擊；減少重複和浪費性的活動；有利於組織進行控制。

　　計劃的表現形式：按照不同的表現形式，可以將計劃分為宗旨、目標、戰略、政策、規則、程序、規劃和預算等幾種類型。

　　計劃的性質：計劃工作的性質體現在五個方面，即首位性、目標性、普遍性、效率性和創新性。

　　計劃的原則：整體性原則、可行性原則、挑戰性原則、可實現性原則、適應性原則。

　　計劃編製的基本流程。計劃管理是對計劃的編製、實施、控制、處理等一系列工作的總稱。計劃是計劃工作的結果，計劃工作則是計劃的制訂過程，雖然各類組織編製的計劃內容差別很大，但科學地編製計劃所遵循的步驟與流程卻具有普遍性。計劃制訂過程通常要遵循這樣的基本步驟：分析組織問題和估量機會、確定目標和分析目標、確定計劃前提條件、擬訂備選方案、評估各種備選方案、選定方案、擬定派生計劃、編製預算使計劃數字化。

　　計劃工作的效率高低和質量好壞在很大程度上取決於所採用的計劃方法和技術。現代計劃方法和技術為制訂切實可行的計劃提供了手段。現代計劃方法和技術通常包括：滾動計劃法、線性規劃法、網絡計劃技術、計量經濟學法、投入產出法等。

【思考題】

1. 什麼是計劃？
2. 計劃的任務和內容是什麼？
3. 計劃有哪些功能？
4. 計劃的表現形式有哪些？分別包含什麼內容？

5. 計劃具備哪些性質？
6. 制訂計劃一般應遵循哪些基本原則？
7. 計劃工作是怎樣分類的？
8. 計劃編製的一般流程有哪些？
9. 一般計劃方法有哪些？何謂滾動計劃法？它有什麼優點？

【案例】

北京松下的事業計劃

北京松下彩色顯像管有限公司（以下簡稱北京松下）是中外合資企業。自建成投產以來，北京松下以良好的經營業績確立了在中國工業界的地位。曾經連續多次被評為全國「三資」企業中高營業額、高出口額的十大「雙優」企業。

北京松下高度重視計劃工作。他們常說：「制訂一份好的計劃就意味著工作完成了一半」；「什麼是管理，執行計劃就是管理。」公司對職員考核的五個標準中，其中之一就是制訂計劃的能力。

每年年初，公司總經理都要召開一年一次的經營方針發表會——制訂計劃，設定公司該年度的努力目標。根據公司的經營方針，各部門都要有該年度的經營方針，都要制訂該年度的活動計劃，設定目標。制訂計劃的目的在於推動以目標管理為中心的事前管理，克服無計劃的隨機管理。公司總經理曾經形象地說：「等著了火再去潑水傻瓜都會，管理的責任在於防止火災的發生。」

北京松下最具代表性的就是推行「事業計劃」。它的編製往往始於該財政年度的前幾個月，其內容包括生產、銷售、庫存、設備投資、材料採購、材料消耗、人員聘用、工資基準數等一系列詳細計劃，並以此為前提的資金計劃、利潤計劃和資產負債計劃。「事業計劃」的一個特點就是以資金形態來表現計劃的嚴謹性，計劃的詳細程度大於決算的詳細程度。「事業計劃」來自於全體職工的集體智慧，其中的「標準成本」、「部門費用預算」等，使職工們看到各自的崗位與經濟責任。總之，「事業計劃制」的實施大大地加強了企業從投入到產出的經營活動的可控性，指明了全體職工為實現經營目標而協調努力的方向。

北京松下不僅注重計劃的制訂，更注重計劃的實施情況並予以檢查確認，提出改善措施。在北京松下它被稱為「把握異常」與「防止問題再發生」。公司經常強調要有問題意識，就是說在制訂計劃的時候能否事前預計到種種問題的發生，問題發生時能否及時正確地處理。北京松下的口號是：問題要預防在先，一旦發生了，要努力使同樣的問題不發生第二次；工作今天要比昨天好，明天要比今天強。

【思考題】
1. 你對「制訂一份好的計劃就意味著工作完成了一半」、「執行計劃就是管理」這兩句話如何評價？
2. 說明北京松下事業計劃的類型和內容。
3. 北京松下如何保證事業計劃的實施？

第七章　決策

【學習要點】
1. 掌握決策的概念和特徵；
2. 理解決策的重要性；
3. 理解決策的假設、決策的原則；
4. 瞭解決策的各種分類；
5. 掌握決策的過程；
6. 理解決策的方法；掌握決策樹法、盈虧平衡法。

第一節　決策概述

一、決策的概念

（一）決策的含義

一般理解，決策就是作出決定的意思，即對需要解決的事情作出決定。「決策」一詞的英語表述為 Decision Making，意思就是作出決定或選擇。按漢語習慣，「決策」一詞被理解為「決定政策」，主要是對國家大政方針作出決定。但事實上，決策不僅指高層領導作出決定，也包括人們對日常問題作出決定。如某企業要開發一個新產品、引進一條生產線，某人選購一種商品或選擇一種職業，都帶有決策的性質。可見，決策活動與人類活動密切相關。

正確理解決策概念，應把握以下幾層意思：

1. 決策要有明確的目標

決策是為了解決某一問題，或是為了達到一定的目標。確定目標是決策過程的第一步。決策所要解決的問題必須十分明確，所要達到的目標必須十分具體。沒有明確的目標，決策將是盲目的。

2. 決策要有兩個以上的備選方案

決策實質上是選擇行動方案的過程。如果只有一個備選方案，就不存在決策的問題。因而，至少要有兩個或兩個以上的方案，人們才能從中進行比較、選擇，最後選擇一個滿意的方案作為行動方案。

3. 選擇後的行動方案必須付諸實施

如果選擇後的方案，束之高閣，不付諸實施，這樣，決策也等於沒有決策。決策不僅是一個認識過程，也是一個行動過程。

綜上所述，我們可以將決策定義為：決策就是為了解決問題或實現目標，從兩個或兩個以上的備選方案中進行比較、分析、判斷並付諸實施的管理過程。簡而言之，決策就是針對問題和目標，分析問題、解決問題的過程。

（二）決策的特徵

1. 超前性

任何決策都是針對未來行動的，是為了解決現在面臨的、待解決的新問題以及將來會出現的問題，決策是行動的基礎。

2. 目標性

決策目標就是決策所需要解決的問題，只有在存在問題必須解決的時候才會有決策。

3. 選擇性

決策必須具有兩個以上的備選方案，通過比較評定來進行選擇。

4. 可行性

為決策所制訂的若干個備選方案應是可行的，這樣才能保證決策方案切實可行。所謂「可行」，一是指能解決預定問題，實現預定目標；二是方案本身具有實行的條件，比如技術上、經濟上都是可行的；三是方案的影響因素及效果可進行定性和定量的分析。

5. 過程性

決策既非單純的「出謀劃策」，又非簡單的「拍板定案」，而是一個多階段、多步驟的分析判斷過程。決策的重要程度、過程的繁簡及所費時間長短固然有別，但都必然具有過程性。

6. 科學性

科學決策並非易事，它要求決策者能夠透過現象看到事物的本質，認識事物發展變化的規律性，作出符合事物發展規律的決策。

二、決策的重要性

對企業來說，每天都需要作決策。這些大大小小的決策，小則影響員工士氣，大則影響公司運作的效率，甚至會影響到整個企業的成敗。

（一）決策是管理的基礎

決策是從各個抉擇方案中選擇一個方案作為未來行動的指南。而在決策以前，只是對計劃工作進行了研究和分析，沒有決策就沒有合乎理性的行動，因而決策是計劃工作的核心。而計劃工作是進行組織、人員配備、指導與領導、控制工作等的基礎。因此，從這種意義上說，決策是管理的基礎。

（二）決策是各級、各類主管人員的首要工作

決策不僅僅是上層主管人員的事。上至國家的高層領導者，下至基層的班組長，均要作出決策，只是決策的重要程度和影響的範圍不同而已。

（三）決策是決定組織管理工作成敗的關鍵

一個組織管理工作成效大小，首先取決於決策的正確與否。決策正確，可以提高組織的管理效率和經濟效益，使組織興旺發達；決策失誤，則一切工作都會徒勞無功，甚至會給組織帶來災難性的損失。因此，對每個決策者來說，不是是否需要作出決策的問題，而是如何使決策做得更好、更合理、更有效率。

（四）決策是實施各項管理職能的保證

決策貫穿於組織各個管理職能之中，在組織管理過程中，每個管理職能要發揮作用都是離不開決策的，無論是計劃、組織職能，還是領導和控制等職能，其實現過程都需要決策。沒有正確的決策，管理的各項職能就難以充分發揮作用。

由此可見，一個組織的決策會影響其未來運作的效能，最終會影響到一個組織的競爭力。

第二節　決策的原則

一、決策的假設

不同的決策理論，對決策的假設都有不同的闡述。比較典型的兩種是完全理性假設和有限理性假設。

（一）完全理性假設

「經濟人」假設認為，人類從事經濟活動的目的是追求利潤最大化，它忽視了人所具有的情感態度及價值觀。在「經濟人」假設的基礎上，形成了完全理性假設。這一假設假定決策者具備完全的理性知識，追求效用最大，通過冷靜客觀的思考進行決策。一個完全理性的決策者，完全客觀，合乎邏輯。他認定一個問題並會有一個明確的、具體的目標。在理性決策中，問題清楚，決策者被假定為擁有與決策情境有關的完整信息，能確定所有相關的標準，並能列出所有可行的方案；而且，決策者還能意識到每一方案的所有可能的結果。決策者總是選擇那些能帶來最大經濟報酬的方案。為了取得最佳的組織經濟利益，決策者首先要取得最大化的經濟利益。

這種假設描述了一種理想狀態，對現代決策行為的描述不夠真實。管理既是科學，也是藝術。決策包含相當大的藝術成分，不可能像規範決策那樣，對全部已知的效用函數求解，用解析的辦法找到最大值，這樣的做法只是對紛繁複雜的現實的一種簡化，因而簡單地用它來進行實際決策往往會行不通。但是，由於該假設對「最優」的追求和採用定量方法，一些管理者仍用此假設進行推測，不過他們往往對假設本身進行一

定程度的修正。

(二) 有限理性假設

隨著社會的發展，管理學理論逐步完善。20世紀50年代之後，人們認識到建立在「經濟人」假設之上的完全理性假設只是一種理想模式，不一定能指導實際中的決策。諾貝爾經濟學獎得主西蒙提出了滿意標準和有限理性標準，用「社會人」取代「經濟人」，大大拓展了決策理論的研究領域，產生了新的理論——有限理性決策理論。有限理性決策模型又稱西蒙模型或西蒙「滿意」模型。它是一個比較現實的模型，它認為人的理性是出於完全理性和完全非理性之間的一種有限理性。有限理性假設的主要觀點如下：

(1) 在選擇備選方案時，決策者試圖使自己滿意，或者尋找令人滿意的結果。滿意的標準可以是足夠的利潤、市場份額、價格等。

(2) 決策者所認知的世界是真實世界的簡化模型。他們滿意於這樣的簡化，因為他們相信真實世界絕大部分都是空洞的。

(3) 由於採用的是滿意原則而非最大化原則，決策者在進行決策的時候不必知道所有的可能方案。

(4) 由於決策者認知的是簡化的世界，因此可以用相對簡單的經驗啟發式原則，或者商業竅門，以及一些習慣來進行決策。這些技術不要求非常高的思維和計算能力。

與完全理性假設相比，西蒙的假設同樣是理性和最大化的，但是這裡的理性受到了限制，決策者以滿意為決策的終點，因為他們沒有能力做到最大化。所以有限理性假設與完全理性假設的差異主要體現在程度上，而非質的差異上。

二、決策的原則

決策是管理的一個重要因素，管理者為了有效地解決問題、達成目標，在決策時應遵循以下幾個原則：

(一) 滿意原則

滿意原則來源於西蒙的有限理性假設，是針對最優化原則提出來的。在實際決策時，一方面，人們並不會為了得到一個最好的方案而一直苦苦追求下去，決策者在獲得一個符合某些最低或最起碼標準的方案之後，往往就會停下來而不再進一步去尋找更好的方案。另一方面，由於種種條件的約束，決策者本身也缺乏這方面的能力，在現實生活中，往往可以得到較滿意的方案，而非最優的方案。

(二) 分級原則

由於決策的重要程度的差異，組織在實際決策過程中，必然要對備選方案進行分級處理。決策在企業內部分級進行，是企業業務活動的客觀要求。只有明確了不同備選方案之間的差異，經過比較、評價和最終的判斷，才能找到最佳的決策方案。對於不同重要程度的決策方案，需要區別對待。

（三）集體和個人相結合的原則

在多種決策方式中，集體決策和個人決策各有利弊，在不同的條件下應選用不同的方式。無論是個人決策還是集體決策，都應依據集體共同的目標去選擇。在實施過程中，決策要做到民主化、科學化，關鍵時刻有人敢於負責，但決策要建立在民主的基礎上。只有將集體和個人決策結合在一起，才能保證決策的合理性和有效性。

（四）定性分析與定量分析相結合的原則

定性分析與定量分析是決策方法的兩種不同類型。定性分析傾向於通過發掘問題、理解事件現象、分析人類的行為與觀點以及回答提問來獲取敏銳的洞察力，主要取決於決策者的個人經驗因素；而定量分析是指確定事物某方面量的規定性的科學研究，就是將問題與現象用數量來表示進而去分析、解決問題的研究方法和過程。定量分析傾向於數學方法和技術。科學的決策應該要求把以經驗判斷為主的定性分析與以現代科學方法為主的定量論證結合起來。

（五）整體效用的原則

組織是一個系統，而決策是整個系統中貫穿始終的過程和方法。要正確處理組織內部各個單元之間、組織與社會、組織與其他組織之間的關係，應在充分考慮局部利益的基礎上，把提高整體效用放在首位，實現決策方案的整體滿意。

第三節　決策的分類

現代企業經營管理活動的複雜性、多樣性，決定了經營管理決策有多種不同的類型。

一、按決策的影響範圍和重要程度不同，分為戰略決策和戰術決策

（一）戰略決策

戰略決策是指對企業發展方向和發展遠景作出的決策，是關係到企業發展的全局性、長遠性、方向性的重大決策。如關係企業的經營方向、經營方針、新產品開發等的決策。戰略決策由企業最高層領導作出，它具有影響時間長、涉及範圍廣、作用程度深的特點，是戰術決策的依據和中心目標；它的正確與否，直接決定企業的興衰成敗，決定企業發展前景。

（二）戰術決策

戰術決策是指企業為保證戰略決策的實現而對局部的經營管理業務工作作出的決策。如企業原材料和機器設備的採購計劃、生產計劃、銷售計劃、商品的進貨來源、人員的調配等屬此類決策。戰術決策一般由企業中層管理人員作出。戰術決策要為戰略決策服務。

二、按決策的主體不同，分為個人決策和集體決策

（一）個人決策

個人決策是由企業領導者憑藉個人的智慧、經驗及所掌握的信息進行的決策。決策速度快、效率高是其特點，適用於常規事務及緊迫性問題的決策。個人決策的最大缺點是帶有主觀性和片面性，因此，對事關全局的重大決策則不宜採用。

（二）集體決策

集體決策是指由會議機構和上下相結合的決策。會議機構決策是通過董事會、經理擴大會、職工代表大會等權力機構集體成員共同作出的決策。上下相結合決策則是領導機構與下屬相關機構結合、領導與群眾相結合形成的決策。集體決策的優點是能充分發揮集團智慧，集思廣益，決策慎重，從而保證決策的正確性、有效性；缺點是決策過程較複雜，耗費時間較多。它適合於制定長遠規劃、全局性的決策。

三、按決策問題的重複程度，分為程序化決策和非程序化決策

（一）程序化決策

程序化決策是指決策的問題是經常出現的問題，已經有了處理的經驗、程序、規則，可以按常規辦法來解決。故程序化決策也稱為常規決策。

（二）非程序化決策

非程序化決策是指決策的問題是不常出現的，沒有固定的模式、經驗去解決，要靠決策者作出新的判斷來解決。非程序化決策也叫非常規決策。

四、按決策問題的確定程度不同，分為確定型決策、風險型決策和不確定型決策

（一）確定性決策

確定性決策是指決策過程中，在確知的客觀條件下，每個備選方案只有一種結果，比較其結果優劣作出最優選擇的決策。確定型決策是一種肯定狀態下的決策。決策者對被決策問題的條件、性質、後果都有充分瞭解，各個備選的方案只能有一種結果。這類決策的關鍵在於選擇肯定狀態下的最佳方案。

（二）風險型決策

風險型決策是指在決策過程中提出各個備選方案，每個方案都有幾種不同結果出現，其發生的概率也可測算，在這樣條件下的決策，就是風險型決策。例如某企業為了增加利潤，提出兩個備選方案：一個方案是擴大老產品的銷售；另一個方案是開發新產品。不論哪一種方案都會遇到市場需求高、市場需求一般和市場需求低幾種可能性，它們發生的概率都可測算，若遇到市場需求低，企業就要虧損。因而在上述條件下決策，帶有一定的風險性，故稱為風險型決策。風險型決策之所以存在，是因為影響預測目標的各種市場因素是複雜多變的，因而每個方案的執行結果都帶有很大的隨機性。

決策中，不論選擇哪種方案，都存在一定的風險性。

(三) 不確定型決策

不確定型決策是指在決策過程中提出各個備選方案，每個方案有幾種不同的結果可以出現，但每一結果發生的概率無法測算。在這樣條件下，決策就是不確定型的決策。它與風險型決策的區別在於：風險型決策中，每一方案產生的幾種可能結果及其發生概率都可預知，不確定型決策只知道每一方案產生的幾種可能結果，但發生的概率並不知道。這類決策是由於人們對市場需求的幾種可能客觀狀態出現的隨機性規律認識不足，因而增大了決策的不確定性程度。

第四節　決策的過程

從本質上講，決策就是針對問題和目標分析問題、解決問題的過程。管理者為了有效地解決問題、達成目標，必須遵循一定的過程。決策的過程應包括：識別決策問題；確定決策目標；擬訂決策方案；分析決策方案；確定決策方案；實施決策方案；評價決策效果；決策追蹤反饋。

一、識別決策問題

決策過程開始於現實管理中存在的問題，這裡所說的問題是指現狀與期望之間的差距。由於存在這種差距，管理者才有了決策的動因。組織決策的目的是為了實現內部活動及其目標與外部環境的動態平衡。因此，制定決策首先要分析不平衡是否已經存在，是何種性質的不平衡，它對企業的不利影響是否已使改變企業活動成為必要。

分析組織管理中的問題，確定不平衡的性質，把不平衡作為決策的起點，是組織高層管理人員的職責。這不僅因為他們負有管理的責任，而且還由於他們在組織中的地位使他們能通觀全局，易於找出不平衡的關鍵所在。必須指出，及時發現不平衡不容易，而確定不平衡的性質更是十分嚴肅和慎重的事情，需要決策者從實際出發，進行周密的、實事求是的分析。

二、確定決策目標

在明確了組織中存在的問題之後，還要進一步針對問題，研究將要採取的措施，分析這些措施應該符合哪些要求，必須達到哪些效果。也就是說，要確定決策的目標。明確組織目標，至少要完成以下幾項工作：

(一) 提出目標

明確組織改變經營活動的內容和方向至少應該達到的狀況和水準以及希望實現的理想目標。

(二) 明確多元目標之間的相互關係

任何組織在任何時候都不可能只有一個目標，而需要實現多重目標。但是，在不

同時期，隨著重點的轉移，這些目標的相對重要性也是不一樣的。在特定時期，只能選擇其中一項為主要目標。然而，多元目標之間的關係是既相互聯繫又相互排斥的。所以在選擇了主要目標以後，還要明確它與非主要目標之間的關係，以避免在決策的實施中將組織的主要資源和精力投放到非主要目標上去。

（三）分解目標

分解目標是指將確定的組織總體目標分解落實到各個職能部門、各個活動環節，將長期目標分解為各個時間段的目標。分解目標的目的是為了明確組織各個部分在各個時期的方向和任務，以保證目標的實現。

（四）限定目標

目標的執行既可能給組織帶來有利的貢獻，也可能帶來不利的影響。限定目標就是把目標執行的結果和不利結果加以權衡，規定不利結果在何種水準是允許的，而一旦超過這個水準組織就應當考慮停止原目標的執行、中止目標活動。

不論是何種形式的組織目標，都必須符合三個特徵：可以計量；可以規定其期限；可以確定其責任者。

三、擬訂決策方案

決策的本質就是選擇。管理者要作出正確的選擇，就必須提供多種備選方案。因此，在決策過程中，擬訂可替代的決策方案尤為重要。

決策方案主要是描述組織為實現既定目標擬採取的各種對策的具體措施和主要步驟。任何目標的實現都可以通過多種不同的活動來達到，因此，人們可以擬訂出不同的行動方案。為了使決策方案有意義，便於決策者作出選擇，這些不同的方案必須相互替代、相互排斥，而不能相互包容。如果某個方案的活動包容在另一個方案中，那麼它就失去了比較和選擇的資格。

決策方案是在環境分析、發現問題的基礎上，根據組織的目標，結合組織各項資源和實際情況而產生的。在此基礎上，對提出的各種改進設想進行集中、整理和分類，形成多種不同的初步方案。在對這些初步方案進行初步篩選、補充和修改以後，對餘下的方案進一步完善，並預計其執行結果，便形成了一系列不同的可行方案。

決策中可供選擇的方案數量越多，備選方案的相對滿意程度就越高，決策就越有可能完善。因此，在方案制訂階段，要廣泛發動全體員工，充分利用組織內外的專家，通過他們的共同努力，產生盡可能多的設想，制訂盡可能多的可行方案。

四、分析決策方案

根據擬訂的各種可行方案，決策者需要一個慎重思考和分析的過程，從而為選擇打下基礎。決策者必須認真對待每一個方案，仔細地加以分析和評價。根據決策所需的時間和其他限制性條件，層層篩選。

決策者可對各種備選方案進行重要性程度的評分加權；也可對某些關鍵點加以修改、補充；還可以對一些各有利弊的備選方案進行處理，做到優勢互補、取其精華、

去其不足，使最終的結果更加優化。

在分析過程中，可以依靠各種可行性分析和決策技術，如決策樹法、線性規劃等，盡量科學地顯示各種方案的利弊，並加以相互比較。

五、確定決策方案

決策者在分析各種備選方案的利弊之後，需要對其中的各種方案作出決斷，選擇最適合於組織運作的方案。在確定方案時，在各種備選方案中權衡利弊，然後選取其一，或綜合各種方案，是決策者的重要工作之一。

經過上述分析和評價過程，許多不符合要求的方案已經被淘汰。此時決策者必須從剩下的若干方案中，選擇一個最好或者說最滿意的方案。方案的選擇一般有三種，即根據經驗、試驗或研究和分析進行選擇。

管理人員的經驗在決策中起著極為重要的作用，經驗是最好的老師，實際的決策以及對以往成功和失敗的總結，有利於管理人員作出更好的決策。但是，完全依賴於過去的經驗往往也會帶來風險。因此，對於經驗也必須進行分析，不能一味盲從。

通過試驗選取方案也是一種常見的做法。對於有些方案，只有通過試驗才能把握方案的效果。但是這種方法有一定的局限性，如有時試驗費用過高，有時即使是經過試驗證實的方案也仍然存在問題，因為未來不可預知。

研究和分析方法也是最有效的方法之一。使用研究和分析方法解決問題，首先要求對問題本身有清楚的瞭解，要明確各個關鍵因素、限制條件以及前提條件之間的關係，要將問題按定性和定量因素加以分析。

綜上所述，確定決策方案是一個非常關鍵的步驟。如果採取的方法不合理，可能會導致好的備選方案被錯誤估計和評價，最終導致較差的方案得到實施，對於組織而言，後果將不堪設想。

六、實施決策方案

確定決策方案之後，管理者為了實現既定目標，必須將選擇的方案付諸實施。有些方案實施過程非常簡單，而有些方案則要困難得多。因此，對於所選定的方案還必須給予適當的輔助計劃加以支持。

為了保證決策方案的順利實施，管理者還必須對組織內部的各種問題預先有所準備，比如部分領導和員工的抵制等。這些抵制可能來自人們對變革的不安，也可能來自變革本身帶來的諸多不便，還有可能在實施過程中導致了利益的損失。

所以對於決策方案的實施，由上而下的貫徹、由下而上的層層理解和溝通顯得尤為重要。只有將滿意的決策方案真正付諸實施，才能有效地保證組織目標的實現，才能實現決策本身的有效性。

七、評價決策效果

決策方案在實施之後，各級管理層必須對決策效果進行評價。決策方案投入實施後，決策者要隨時關注整個實施過程，要隨時把握實施的內容是否與預期方案相符，

各項工作的要求是否在實施過程中得到落實,方案中的既定目標是否在實施過程中得到貫徹,等等。

如果評價結果表明所選方案不盡如人意,管理者就必須採取相應的措施,要麼更換,選擇其他替代方案,要麼對環境重新進行分析研究,進而確定新的決策方案或者對原有方案進行完善和修正。

決策方案如果沒有得到合理和有效的評價,那麼整個決策過程的有效性便難以體現。管理者在制訂和選擇方案的過程中所發揮的作用也無法衡量,各級員工的努力也不能得到很好的評估。這對組織目標的實現以及下一輪工作的開展都是不利的。

八、決策追蹤反饋

決策方案經過管理者和員工的努力,保證了其實施過程,選定的方案也在實施之後進行了合理的評估。對於評估之後的結果,管理者應當總結經驗,發現實施過程中存在的問題,找出實施效果與既定目標之間的差距,進而指導下一輪決策過程。

決策結果的反饋對於組織發展而言意義重大。沒有反饋的決策效果,那必然是靜態的,不能融入組織發展的連續性過程,加入反饋的環節也是為了逐步提高管理者的決策能力,逐步提高組織的管理水準。所以決策的追蹤反饋也是必不可少的步驟,有了最後階段的反饋,意味著新一輪的決策將會更加可信,將會更加接近組織實際情況,更加接近組織的長遠發展目標。

第五節 決策的方法

在決策的過程中,由於決策對象和決策內容的不同,相應地產生各種不同的決策方法,歸納起來可以分為兩大類:一類是定性決策方法;另一類是定量決策方法。把決策方法分為兩大類只是相對的,真正科學的決策方法應該把兩者結合在一起,綜合利用。

一、定性決策方法

定性決策方法,又稱軟方法,主要是指管理決策者運用社會科學的原理,並根據個人的經驗和判斷能力,充分發揮專家的集體智慧,從對決策對象的本質屬性的研究入手,掌握事物的內在聯繫及其運用規律。通過定性研究,為制訂方案找到依據,瞭解方案的性質、可行性和合理性,然後進行目標和方案的選擇,它較多地運用於抽象程度較大的問題、高層次戰略問題、多因素錯綜複雜的問題以及涉及社會心理因素較多的問題。定性決策的方法主要有以下幾種:

(一) 德爾菲法

德爾菲法又稱為專家決策術、專家調查法。德爾菲是 Delphi 的譯名,它是希臘歷史遺址。美國蘭德公司在 20 世紀 50 年代初與道格拉斯公司協作研究如何通過有控制的

反饋使得收集專家意志更為可靠，以德爾菲為代號，德爾菲法由此而得名。

1. 德爾菲法的要點

（1）不記名投寄徵詢意見函。就預測內容寫成若干條含義十分明確的問題，規定統一的評價方法。例如，要求專家從某項技術發明在未來可能出現的時間給予估計或區間估計中，選定一個估計。根據情況，可以選擇多方面有關專家，將上述問題郵寄給他們，「背靠背」地徵詢意見。

（2）統計歸納。收集各位專家的意見，然後對每個問題進行定量統計歸納。

（3）溝通反饋意見。將統計歸納後的結果再反饋給專家，每個專家根據這個統計歸納的結果，慎重地考慮其他專家的意見，然後提出自己的意見。由於全部過程保密，所以各專家提出的意見比較客觀。對於回答超出規定區間的專家，可以要求他們說明特殊理由，對於這類特殊意見也可反饋給其他專家，予以評價。然後，把收回的徵詢意見，再進行統計歸納，再反饋給專家。如此多次反覆，一般經過 3~4 輪，就可以取得比較一致的意見。

2. 採用德爾菲法預測時需注意的事項

（1）問題必須十分清楚，其含義只能有一種解釋；否則，專家回答就可能十分分散。

（2）問題的數量不要太多，一般以回答者可在兩小時內答完一輪為宜。要求專家們獨自回答，不要相互討論，也不要請人代勞。

（3）要忠實於專家們的回答，調查者在任何情況下不得顯露自己的傾向。

（4）對於不熟悉這一方法的專家，應事先講清楚意義與方法。參加這個活動畢竟要付出相當的精力，應給專家們以適當的精神與物質的獎勵。

3. 德爾菲法的優缺點

德爾菲法同常見的召集專家開會、通過集體討論從而得出一致預測意見的專家會議法既有聯繫又有區別。德爾菲法能發揮專家會議法的優點，即：

（1）能充分發揮各位專家的作用，集思廣益，準確性高。

（2）能把各位專家的意見的分歧點表達出來，取各家之長，避各家之短。

同時，德爾菲法又能避免專家會議法的如下缺點：

（1）權威人士的意見影響他人的意見；

（2）有些專家礙於情面，不願意發表與其他人不同的意見；

（3）出於自尊心而不願意修改自己原來不全面的意見；

（4）過程比較複雜，花費時間較長。

（二）頭腦風暴法

頭腦風暴法（Brain Storming）是 1993 年美國人 A. F. 奧斯本首創的一種決策方法，其思想是邀請有關專家在敞開思路、不受約束的情況下，針對某些問題暢所欲言。奧斯本為實施頭腦風暴法提出了四條原則：①對別人的意見不允許進行反駁，也不要做正確結論；②鼓勵每個人獨立思考，廣開思路，進行反駁，也不要重複別人的意見；③意見或建議越多越好，允許相互之間有矛盾；④可以補充和發表相同的意見，使某

種意見更具說服力。

頭腦風暴法的目的在於創造一種自由奔放的思考環境，誘發創造性思維的共振和連鎖反應。頭腦風暴法的參與者最佳為 5~6 人，多則 10 餘人為宜；時間 1~2 小時。頭腦風暴法適用於明確簡單的問題的決策，這種方法的鑑別與評價工作量比較大。

(三) 5W1H 強制聯想法

5W1H 強制聯想法由美國陸軍部首創，其指導思想是要求任何問題的決策都要分析六項因素：什麼人（Who），在什麼時間（When），什麼地方（Where），做什麼事情（What），做的原因是什麼（Why）以及如何去做（How）。

定性決策的優點是：方法靈活簡便，一般管理者易於採用；有利於調動專家的積極性，激發人們的創造能力，更適用於非常規性決策。定性決策方法也有明顯的缺點：①定性決策方法多建立在專家個人主觀意見的基礎上，未經嚴格的論證；②定性決策法中，所選專家的知識類型對意見傾向性的影響很大，而專家的選擇受決策組織者的影響可能很大；③採用定性決策法分析問題時，傳統觀念容易占優勢，這是因為新思想往往是少數人最先提出的，而大多數人的思維是趨於保守的。

二、定量決策方法

定量預測方法，又稱硬方法，主要是指在定性分析的基礎之上，運用數學模型和電子計算機技術，對決策對象進行計算和量化研究以解決決策問題的方法。定量決策方法常用於數量化決策，應用數學模型和公式來解決一些決策問題，即運用數學工具、建立反應各種因素及其關係的數學模型，並通過對這種數學模型的計算和求解，選出最佳的決策方案。對決策問題進行定量分析，可以提高常規決策的時效性和決策的準確性。運用定量決策方法進行決策也是決策方法科學化的重要標誌。

定量決策的方法主要包括風險型決策、確定型決策和不確定型決策三種。

(一) 風險型決策方法

風險型決策方法是指決策者在對未來可能發生的情況無法作出肯定判斷的情況下，通過預測各種情況發生，根據不同概率來進行決策的方法。風險型決策的方法很多，最常用的是決策樹法。

決策樹法是把每一決策方案各種狀態的相互關係用樹形圖表示出來，並且註明對應的概率及其報酬值，從而選出最優決策方案。由於根據這種方法的基本要素就可以描畫出一個樹狀的圖形，因而管理學把這一樹狀圖形稱作決策樹。

決策樹的構成一般有五個要素：一是決策點；二是方案枝；三是自然狀態點；四是概率枝；五是概率枝末端。決策樹法在決策的定量分析中應用相當廣泛，有許多優點：第一，可以明確地比較各種方案的優劣；第二，可以對某一方案有關的狀態一目了然；第三，可以表明每個方案實現目標的概率；第四，可以計算出每一方案預期的收益和損失；第五，可以用於某一個問題的多級決策分析。

第七章 決策

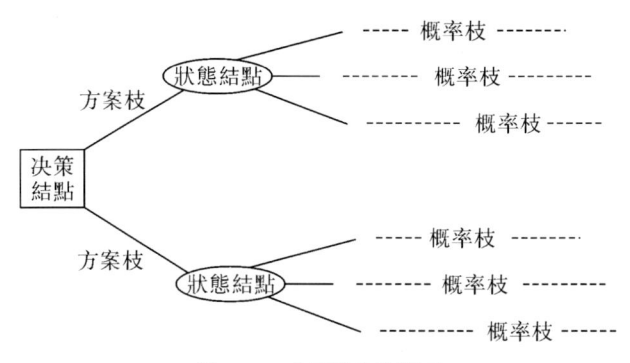

圖 7－1 決策樹法結構圖

決策樹法在企業決策中有著廣泛的應用。下面舉一實例說明其應用。

例：某工廠準備生產一種新產品，對未來三年市場的預測資料如下：現有三個方案可供選擇，即新建一車間，需要投資 140 萬元；擴建原有車間需要投資 60 萬元；協作生產，需要投資 40 萬元。三個方案在不同自然狀態下的年收益值見表 7－1：

表 7－1　　　　　　　　　　　　　　　　　　　　　　　　　　　　單位：萬元

自然狀態與概率 收益值方案	市 場 需 求		
	高需求	中需求	低需求
	0.3	0.5	0.2
新建車間	170	90	−6
擴建原有車間	100	50	20
協作生產	60	30	10

要求：(1) 繪製決策樹；(2) 計算收益值；(3) 方案優選（剪枝）。

根據條件繪製決策樹，如圖 7－2 所示。

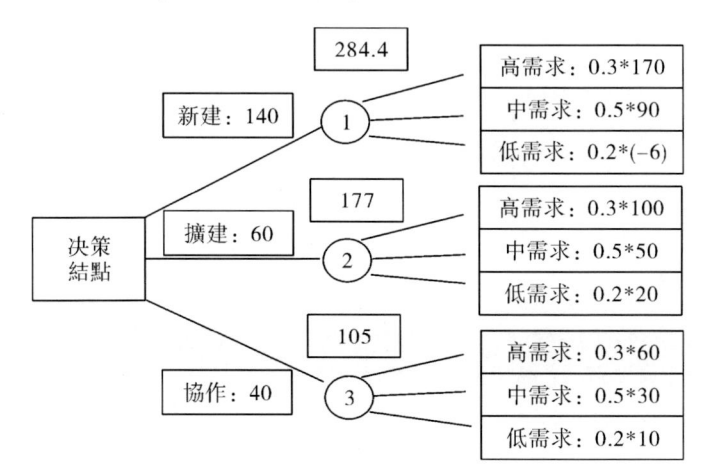

圖 7－2　三種方案的決策樹

133

按三年計算不同方案的綜合收益值：

新建車間　$[0.3×170+0.5×90+0.2×(-6)]×3=284.4$（萬元）

擴建車間　$[0.3×100+0.5×50+0.2×20]×3=177$（萬元）

協作生產　$[0.3×60+0.5×30+0.2×10]×3=105$（萬元）

新建方案淨收益 $=284.4-140=144.4$（萬元）

擴建方案淨收益 $=177-60=117$（萬元）

協作方案淨收益 $=105-40=65$（萬元）

方案優選：比較三個方案計算結果，新建方案的預期淨收益為144.4萬元，大於擴建方案和協作方案收益，所以新建方案是最優方案。

(二) 確定型決策方法

確定型決策問題，即只存在一種確定的自然狀態，決策者可依據科學的方法作出決策。確定型決策的方法有以下幾類：① 線性規劃、庫存論、排隊論、網絡技術等數學模型法；② 微分極值法；③ 盈虧平衡分析法。

本書主要介紹線性規劃法和盈虧平衡分析法。

1. 線性規劃法

在決策過程中，人們希望找到一種能達到理想目標的方案，而實際上，由於種種主客觀條件的限制，實現理想目標的方案在一般情況下是不存在的。不過，在現有的約束條件下，在實現目標的多種方案中，總存在一種能取得較好效果的方案，線性規劃法就是在一定約束條件下尋求最優方案的數學模型的方法。

利用線性規劃法建立數學模型的步驟是：先確定影響目標大小的變量；然後列出目標函數方程；最後找出實現目標的約束條件，列出約束條件方程組，並從中找到一組能使目標函數達到最大值或最小值的可行解，即最優可行解。

(1) 線性規劃方法的數學模型

目標函數：$\text{Max} Z = \sum_{i=1}^{n}(p_i - c_i)x_i$

約束條件：

$\sum_{i=1}^{n} a_{ik}x_i \leq b_k$　　　$(k=1,2,3,\cdots,K)$

$x_i \leq U_i$　　　　　$(i=1,2,3,\cdots,n)$

$x_i \geq L_i$　　　　　$i=(1,2,3,\cdots,n)$

$U_i > 0$　　　$L_i \geq 0$　　　$x_i \geq 0$

式中：

x_i——i 產品的計劃產量；

a_{ik}——每生產一個 i 產品所需 k 種資源的數量；

b_k——第 k 種資源的擁有量；

U_i——i 產品的最高需求量；

L_i——i 產品的最低需求量；

p_i——i 產品的單價；

c_i——i 產品的單位成本。

(2) 線性規劃模型的適用性

線性規劃模型用在原材料單一、生產過程穩定不變、分解型生產類型的企業是十分有效的，如石油化工廠等。對於產品結構簡單、工藝路線短或者零件加工企業，有較大的應用價值。

2. 盈虧平衡分析法

盈虧平衡分析法也叫保本分析或量本利分析法，是通過分析企業生產成本、銷售利潤和產品數量這三者的關係，掌握盈虧變化的規律，指導企業選擇能夠以最小的成本生產出最多產品並可使企業獲取最大利潤的經營方案。

我們知道，作為商品生產者的企業，為了自身的生存和發展，為了能繼續更好地滿足社會需要，必須在生產經營過程中取得利潤。企業利潤是銷售收入扣除銷售成本以後的剩餘。其中銷售收入是產品銷售量及其銷售價格的函數，銷售成本（包括工廠成本和銷售費用）可分為固定費用和變動費用。所謂變動費用是指隨著產量的增加或減少而提高或降低的費用，而固定費用則在一定時期、一定範圍內不隨產量的變化而變化。當然，「固定」與「變動」只是相對的概念：從長期來說，由於企業的經營能力和規模是在不斷變化的，因此一切費用都是變動的；從單位產品來說，「變動費用」是固定的，而「固定費用」則隨產品數量的增加而減少。

利潤、銷售收入（價格與銷售量的乘積）以及銷售成本（固定費用和變動費用之和）之間的關係可用圖 7-3 來表示。

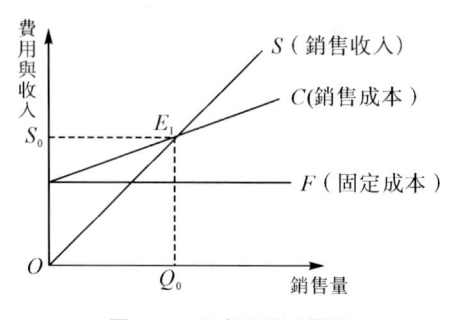

圖 7-3　盈虧平衡法圖解

企業獲得利潤的前提是生產過程中的各種消耗支出均能得到補償，即銷售收入至少等於銷售成本。為此，必須確定企業的保本產量和保本收入：當價格、固定費用和變動費用已定的條件下，企業至少應生產多少數量的產品才能使總收入與總成本平衡；或當價格、費用已定的情況下，企業至少應取得多少銷售收入才足以補償生產過程中的費用。

確定保本收入與保本產量可以利用圖上作業或公式計算兩種方法。

(1) 圖上作業法

圖上作業法是根據已知的成本、價格資料，作出如圖 7-3 的量本利關係圖。圖中

總收入曲線 S 與總成本曲線 C 的相交點 E_1，即表示企業經營的盈虧平衡點，與 E_1 相對應的產量 Q_0 即為保本產量，與 E_1 相對應的銷售收入 S_0 即為保本收入。

（2）公式計算法

公式計算法是利用公式來計算保本產量和保本銷售收入的方法。

根據上面分析的量本利之間的相互關係，我們知道：

銷售收入 = 產量 × 單價

銷售成本 = 固定費用 + 變動費用 = 固定費用 + 產量 × 單位變動費用

用相應的符號來表示，盈虧平衡時有下式成立：

$$Q_0 \times p = F + Q_0 \times c_v \tag{7.1}$$

對式（7.1）進行整理，可得到：$Q_0 = \dfrac{F}{p - c_v}$ (7.2)

此式即為計算保本產量的基本公式。由於保本收入等於保本產量與銷售價格的乘積，因此，式（7.2）的兩邊同乘以 p，即可得到計算保本收入的基本公式：

$$Q_0 \times p = \frac{F}{p - c_v} \times p \tag{7.3}$$

整理可得：$S_0 = \dfrac{F}{1 - \dfrac{c_v}{p}}$ (7.4)

式（7.2）中的 $p - c_v$ 表示銷售單位產品得到的收入在扣除變動費用後的剩餘，叫做邊際貢獻；式（7.4）中的 $1 - \dfrac{c_v}{p}$ 表示單位銷售收入可以幫助企業吸收固定費用或實現企業利潤的係數，叫做邊際貢獻率。如果邊際貢獻或邊際貢獻率大於零，則表示企業生產這種產品除可收回變動費用外，還有一部分收入可用以補償已經支付的固定費用。因此，產品單價即使低於成本，但只要大於變動費用，企業生產該產品還是有意義的。

盈虧平衡法不僅可用來幫助企業計算保本產量和保本銷售收入，還可用來指導企業比較和選擇不同的經營方案。

（三）不確定型決策方法

1. 不確定型決策方法的含義

不確定型決策方法是指決策者在對決策問題不能確定的情況下，通過對決策問題變化的各種因素分析，估計其中可能發生的自然狀態，並計算各個方案在各種自然狀態下的損益值，然後按照一定的原則進行選擇的方法。

2. 不確定型決策方法的準則

由於不確定性決策各種自然狀態出現的概率難以估計出來，因而現代決策理論根據不確定型決策問題的特點，總結出一套方便可行的方法，即先假定一些準則，根據這些準則求出方案的期望值，然後再確定每一決策問題的最優值。不確定型決策方案的準則主要有：樂觀準則、悲觀準則、等概率準則、決策系數準則、遺憾準則等。

【本章小結】

　　決策就是為了解決問題或實現目標，從兩個或兩個以上的備選方案中進行比較、分析、判斷並付諸實施的管理過程。簡而言之，決策就是針對問題和目標，分析問題、解決問題的過程。

　　決策的原則包括：滿意原則、分級原則、集體和個人相結合原則、定性分析和定量分析相結合原則、整體效用原則。

　　按決策的影響程度和重要程度不同，分為戰略決策和戰術決策；按決策的主體不同，分為個人決策和集體決策；按決策問題的重複程度，分為程序化決策和非程序化決策；按決策問題所處條件不同，分為確定型決策、風險型決策和不確定型決策。

　　決策的過程包括：識別決策問題；確定決策目標；擬訂決策方案；分析決策方案；確定決策方案；實施決策方案；評價決策效果；決策追蹤反饋。

　　決策方法包括定性決策方法和定量決策方法。

　　定性決策方法是指管理決策者運用社會科學的原理，並根據個人的經驗和判斷能力，充分發揮專家內行的集體智慧，從對決策對象的本質屬性的研究入手，掌握事物的內在聯繫及其運用規律，主要包括德爾菲法、頭腦風暴法、5W1H強制聯想法。

　　定量決策方法是指在定性分析的基礎之上，運用數學模型和電子計算機技術，對決策對象進行計算和量化研究以解決決策問題的方法。風險型決策的常用分析方法是決策樹法；確定型決策的分析方法主要有線性規劃法和盈虧平衡分析法。

【思考題】

1. 什麼是決策？
2. 決策的原則有哪些？
3. 比較戰略決策與戰術決策。
4. 風險型決策有哪些特點？
5. 簡述決策的過程。
6. 德爾菲法的特點有哪些？
7. 什麼是決策樹法？
8. 簡述盈虧平衡法的特點。

【案例】

史密斯先生的管理決策

史密斯先生是一名生產和經營蔬菜的企業家。經過幾年的努力，他現在已有50,000平方米的蔬菜溫室大棚和一座毗鄰的辦公大樓，並且聘請了一批農業專家顧問。公司的效益一直不錯，並且在市場上有很強的競爭力。

追溯公司的歷史，史密斯經營蔬菜業務其實是從一個偶然事件開始的。有一天，他在一家雜貨店看到一種硬花球花椰菜與花椰菜的雜交品種，他突發奇想，決定自己建立溫室培育雜交蔬菜。這種短暫卻強烈的靈感促使史密斯先生有了創業的激情。

首先，史密斯先生用從他祖父那裡繼承下來的一部分錢，雇用了一班專門搞蔬菜雜交品種的農藝專家。這個專家小組負責開發類似於他在雜貨店中看到的那些雜交品種蔬菜，並不斷向史密斯提出新建議。如建議他開發菠生菜（菠菜與生菜雜交品種）、橡子蘿蔔瓜、橡子南瓜以及蘿蔔的雜交品種。特別是一種檸橡辣椒，一種略帶甜味和檸橡味的辣椒，他們的開發很受顧客歡迎。農藝專家們的建議得到了史密斯先生的認可，同時也使公司得到了快速的發展和壯大。其次，史密斯用水栽法生產傳統的蔬菜，銷路很好。

隨著公司的擴展，生意發展得如此之快，以致他前一個時期，很少有更多的時間考慮公司的長遠規劃與發展。最近，史密斯先生覺得需要對一些問題著手進行決策，包括職工的職責範圍、生活質量、市場與定價策略、公司的形象等。這些問題困擾了他很久，經過多番考慮，最終史密斯先生想到瞭解決辦法。

史密斯先生熱衷於使他的員工感到自身工作的價值。他希望通過讓每個員工的參與管理來瞭解公司的現狀，調動職工的積極性。他相信：這是維持員工興趣和激勵他們的最好辦法。

他決定在本年度12月1日上午9：00召開一次由每一個農藝學家參加的會議，其議程是：

第一，史密斯先生決定在每個週末安排至少一個農藝師在蔬菜種植現場值班，做到能夠隨叫隨到，並為他們配備一臺步話機，目的是一旦蔬菜突然脫水或者枯萎，可以找到這些專家處理緊急情況。他要做的決策是：應該由誰來值班？他的責任是什麼？

第二，史密斯先生決定確定公司的裝潢色調。公司的主色調是綠色的，要做的決策是新地毯、牆紙以及工作服等應該採用什麼樣的色調。

第三，史密斯先生正在考慮這樣的問題：公司有一些獨特的產品，還沒有競爭對手，而另外一些產品，在市場上競爭十分激烈。要做的決策是對不同的蔬菜產品應當如何定價。

史密斯要求大家務必準時到會，積極參與發表意見，並期望得到最有效的決策結果。

【思考題】

1. 一個決策的有效性應取決於（　　）。
   A. 決策的質量高低
   B. 是否符合決策的程序
   C. 決策的質量與參與決策的人數
   D. 以上提法均不全面。

2. 12月1日所召開的會議是必要的嗎？（　　）。
   A. 很有必要，體現了民主決策
   B. 不必要，會議議題與參與者不相匹配
   C. 有必要，但開會的時間過晚
   D. 對一部分議題是必要的，對另一部分議題是不必要的

3. 公司的裝潢問題是否需要進行群體決策？（　　）。
   A. 完全需要，因為綠色是企業的標誌
   B. 需要，但參加決策的人應當更廣泛一些
   C. 不需要，此項決策可以由顏色與裝潢專家決定或者運用民意測驗方法徵詢意見
   D. 需要與不需要，只是形式問題，關鍵在於決策的質量

4. 定價問題是否需要列入史密斯先生12月1日的決策議事日程？（　　）。
   A. 需要，因為它是企業中重大的問題
   B. 不需要，因為該項決策的關鍵是質量問題，而不是讓所有的員工參與和接受
   C. 在穩定的市場環境下，不需要，在變化的市場環境下，則需要集思廣益，群體決策
   D. 定價應當由經濟學家來解決

5. 試根據本章內容，分析史密斯先生採取的措施是否合理。理由是什麼？有沒有什麼方面需要改進？

第八章　領導

【學習要點】
1. 掌握領導的含義；瞭解領導的屬性和功能；
2. 理解領導與管理的區別與聯繫；
3. 瞭解領導特質理論、領導—參與模型、領導—成員交換理論；
4. 掌握菲德勒的權變理論；
5. 瞭解幾種典型領導風格理論；瞭解領導者類型理論；
6. 瞭解關於領導藝術的不同觀點；
7. 理解溝通的含義、溝通的組成要素。

第一節　領導概述

一、領導的含義

　　領導是領導者及其領導活動的簡稱。領導者是組織中那些有影響力的人員，他們可以是組織中擁有合法職位的、對各類管理活動具有決定權的主管人員，也可能是一些沒有確定職位的權威人士。領導活動是領導者運用權力或權威對組織成員進行引導或施加影響，以使組織成員自覺地與領導者一道去實現組織目標的過程。領導是管理的基本職能，它貫穿於管理活動的整個過程。

　　美國前總統杜魯門曾說過，領導是一種敦促人們做他們最初不願意做而後來喜歡做某件事的能力。哈羅德·孔茨則認為，領導是一種影響力，即影響人們心甘情願和滿懷熱情地為實現群體的目標而努力的藝術或過程。理想的領導情況是，領導者應當鼓勵人們不僅要提高工作的自願程度，而且情願以滿腔熱忱和滿懷信心工作。熱忱是在工作中表現出來的旺盛的熱情、誠摯和投入；信心則反應了經驗和技術技能。關於領導的含義，管理學界眾說紛紜，本書認為領導可以定義為：領導即是對組織成員進行引導和施加影響的過程，其目的在於使組織成員自覺自願並充滿信心地為實現組織目標而努力。

二、領導的屬性

　　領導的屬性主要包括自然屬性與社會屬性兩個方面。

（1）領導的自然屬性產生於社會整體活動的自然需要，是由人們社會集體實踐活動中的客觀規律所決定的。其一般標誌，就是統一的意志和一定的權力，它是任何社會與時代的領導都必須具有的共同的標誌。權力是領導的重要標誌，權力和服從是領導關係的永恆屬性。

（2）領導不僅具有自然屬性，更具有社會屬性。人們之間的政治關係與經濟關係滲透於領導活動的全過程，並規定著它們的社會性質，即領導的社會屬性。

（3）領導的雙重屬性是指同一領導活動的兩個方面，世界上不存在只有單一屬性的領導。在領導的雙重屬性中，社會屬性占據著主導地位，決定甚至改變自然屬性，使其發生某種形式上的變化。

三、領導的功能

領導的功能是指領導者在領導過程中必須發揮的作用，即領導者在指揮、引導和激勵下屬為實現組織目標而努力的過程中，要發揮組織、激勵和控製作用。

（一）組織功能

組織功能指領導者為實現組織目標，合理地配置組織中的人、財、物，把組織的三要素構成一個有機整體的功能。組織功能是領導的首要功能，沒有領導者的組織過程，一個組織中的人、財、物只可能是獨立的、分散的要素，難以形成有效的生產力；通過領導者的組織活動，對人、財、物進行合理配置，構成一個有機整體，才能實現組織的目標。

（二）激勵功能

激勵功能指領導者在領導過程中，通過激勵方法調動下級和職工的積極性，使之能積極努力地實現組織目標的功能。實現組織的目標是領導者的根本任務，但完成這個任務不能僅靠領導者一個人去干。他應在組織的基礎上，通過激勵功能的作用，將全體職工的積極性調動起來，共同努力，「眾人拾柴火焰高」，領導的激勵功能，形象地說就是要使眾人都積極地去「拾柴」。

（三）控制功能

控制功能指在領導過程中，領導者對下級和職工，以及整個組織活動的駕馭和支配的功能。在實現組織的目標過程中，發生偏差是不可避免的。這種偏差的發生可能源自於不可預見的外部因素的影響，也可能源自於內部不合理的組織結構、規章制度、不合格的管理人員的影響。糾正偏差，消除導致偏差的各種因素是領導的基本功能。

四、領導與管理的區別與聯繫

領導不等於管理，它是管理的一個重要方面。

（一）領導與管理的聯繫

（1）領導是從管理中分化出來的。就領導活動自身發展的歷史而言，決策與執行的分離、領導權與管理權的分離，是領導科學發展進程中的重要變革，這一具有里程

碑意義的變革同樣證明了領導是從管理中分化而來的。

(2) 領導和管理具有相容性和交叉性。領導和管理無論是在社會活動的實踐方面，還是在社會科學的理論方面，都具有較強的相容性和交叉性。

(二) 領導與管理的區別

(1) 領導具有戰略性。領導側重於重大方針的決策和對人、事的統御，強調通過與下屬的溝通和激勵實現組織目標；管理則側重於政策的執行，強調下屬的服從和組織控制實現組織目標。領導追求組織乃至社會的整體效益；管理則著眼於某項具體效益。

(2) 領導具有超脫性。領導重在決策，管理重在執行。工作重點的不同，使領導不需要處理具體、瑣碎的具體事務，主要從根本上、宏觀上把握組織活動。管理則必須投身於人、事、財、物、信息、時間等具體問題的調控與配置，通過事無鉅細的工作實現管理目標。

第二節　領導理論

領導理論是研究怎樣實施有效領導，提高管理效能的理論。有效領導是企業取得成功的一個重要條件，因此關於領導理論的研究成為行為科學研究的另一個重要領域。

一、特質理論

特質理論認為有效的領導取決於領導者自身所具有的某些特質，因此這一類理論的研究便圍繞著有效的領導者所應具備的特質而展開。這一內容雖然在泰勒、法約爾等人的理論中都曾論及，但作為一門學說而進行專門的研究，是從行為科學開始的。

(一) 早期領導性格理論

早期領導性格理論研究者把個人的天賦當做決定領導效能的關鍵因素，試圖從林肯、羅斯福、馬丁·路德·金等傑出的領袖人物身上找出領導者的天賦要素，甚至將他們的容貌、身高、體重、體型等也作為決定領導效能的因素來加以考察，這種缺乏科學依據的研究當然不會取得什麼成果。

後來，學者們的研究注意力集中到成功的領導者應具備的個性特徵方面來，但其結論五花八門，莫衷一是。美國的吉普（Gibb）認為，天才的領導者應具備七種性格特徵：善言辭；外表英俊瀟灑；智力過人；具有自信心；心理健康；有支配他人的傾向；外向而敏感。美國的斯托格狄爾（R. Stogdill）認為有效的領導者應具有十六種性格特徵：有良心；可靠；勇敢；責任心強；有膽略；力求革新與進步；直率；自律；有理想；善處人際關係；風度優雅；樂觀；身體健康；智力過人；有組織力；有判斷力。

美國的愛德溫·E.吉賽利的研究稍微深入了一步，他研究了有效領導的八種性格特徵——才智、主動性、督察能力、自信、與下屬的關係、決斷能力、性別、成熟程

度，和五種激勵特徵——對工作穩定性的要求、對金錢獎勵的要求、權力欲、自我實現的慾望、責任感與成就感。同時指出了上述性格特徵對決定管理效能的重要程度不同。吉賽利認為，成功的領導者最重要的性格特徵是：督察能力、成就感、才智、自我實現慾望、自信心和決斷性，最不重要的特徵是性別，其餘的則是次重要的因素。

早期的性格理論雖然正確地指出某些領導者應具備的性格特質，但卻因其難以擺脫的局限性和不合理性而不可能對管理實踐產生積極的指導作用。首先，性格理論把成功的管理完全歸結於領導者個人所具備的性格因素，既忽略了被管理者的作用，又忽略了環境和客觀條件的影響，而後兩個因素在有效的管理過程中恰恰是不容忽視並起著重要作用。其次，傳統性格理論把成功的領導者所具有的性格特徵歸結為天賦，這不僅使其在理論上陷入唯心主義，而且使其在實踐中失去普遍指導意義。再次，性格理論所研究的性格特徵多達幾十種，甚至上百種，而且還有繼續增加的可能。而各種研究的結果往往互相矛盾，對這種個性特徵無止境的羅列和不可避免的自相矛盾，恰恰從結果上證明了性格理論研究出發點的錯誤。

（二）現代領導特質理論

與早期性格理論不同，現代領導特質理論把領導者所應具備的性格品質特徵作為有效領導的必要條件而不是決定因素，同時指出這些性格特徵不是先天賦予的，而是後天形成的，可以學習、訓練和培養，並在領導活動中不斷完善。

美國普林斯頓大學教授鮑莫爾（W. J. Banmal）提出的10條件論認為，企業家應具備的10項性格品質特徵是：合作精神；決策才能；組織能力；精於授權；善於應變；勇於負責；敢於求新；敢擔風險；尊重他人；品德超人。

日本企業界公認的領導者應具備的性格特質是10項品德——使命感、責任感、依賴感、積極性、忠誠老實、進取心、忍耐性、公平、熱情、勇氣和10項能力——思維決定能力、規劃能力、判斷能力、創造能力、洞察能力、勸說能力、對人的理解能力、解決問題能力、培養下級能力、調動積極性能力。

二、菲德勒的權變理論

弗雷德·E.菲德勒（Fred E. Fiedler）是第一個把領導方式與環境因素有機聯繫起來研究領導效率的心理學家。從1951年開始，經過15年的調查研究，菲德勒提出了他的有效領導權變模式理論。這一理論認為，領導行為的效果如何，不僅取決於領導者採用什麼樣的領導方式，而且取決於領導者所面臨的客觀情勢。

菲德勒指出，影響領導效果的情勢因素有三：一是領導者與被領導者的關係；二是任務結構是否明確；三是領導人所處地位的固有權力以及取得各方面支持的程度。將這三個變數都分好壞兩種情況，則可組合成八種領導情勢。

菲德勒通過對1,200個團體的調查分析得出結論，在上述三個條件都具備的最有利的情勢下和上述的三個條件都不具備的最不利的情勢下，採取以任務為中心的指令型領導方式效果較好，而在某些條件不具備的中間狀態的環境中，則採取以人為中心的寬容型領導方式效果最佳。

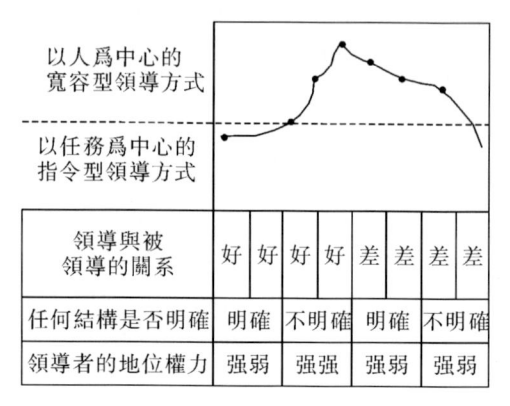

領導與被領導的關係	好	好	好	好	差	差	差	差
任何結構是否明確	明確	明確	不明確	不明確	明確	明確	不明確	不明確
領導者的地位權力	強	弱	強	強	強	弱	強	弱

圖 8-1 菲德勒有效領導權變模式

根據菲德勒模式，提高領導有效性的途徑有兩個：一是改變領導方式以適應情勢；二是改變情勢因素，以適應領導方式。菲德勒指出，有效的領導者應該是具有適應能力的人，能夠根據不同的情勢採取不同的領導方式。同時，他還提出了改變情勢的建議，如通過改組下屬人員組合來改善領導與下屬的關係；通過加強對工作任務限定使其定型化或減少這種限定使其非定型化來改變任務結構。

三、途徑─目標理論

途徑─目標理論是由加拿大多倫多大學教授伊凡斯（M. G. Evans）於 1986 年提出的，並由其同事豪斯（R. J. House）作了進一步的補充和發展。這一理論以期望理論和領導四分圖理論為基礎，指出有效的領導能夠幫助下屬在達成企業目標的同時，也達成個人目標，包括報酬目標和成就目標，即在完成工作任務的同時，得到滿足和激勵。

為此，領導者的責任是：為下屬指明實現目標的途徑，即說明工作的意義、方向、內容、任務等；幫助下屬排除實現目標途徑上的障礙，即解決工作中遇到的問題；支持下屬為實現目標所做的努力；在工作中給下屬以多種多樣滿足需要的機會，使他們感到滿意，從而順利地通過途徑實現目標。其中指明途徑和排除障礙需要的是以任務為中心的領導方式，即領導四分圖中的主動狀態；支持下屬和使職工獲得滿足感則要求以人為中心的領導方式，即四分圖的高體諒。但這並不等於說有效的領導方式就一定是高主動狀態和高體諒的組合。

豪斯通過實驗和研究認為，究竟採取什麼樣的領導方式最為有效，應該考慮環境因素──當工作任務模糊不清，職工無所適從的時候，他們希望有高主動狀態的領導，為他們作出明確的規定和安排；而對於例行性的工作或內容已經明確的工作，他們則希望高體諒的領導，使他們的需要得到滿足，此時若領導者還在喋喋不休地發布指示，不僅毫無意義，還會使人感到厭煩。

途徑─目標理論指出，領導者是使下屬獲得更好的激勵、更高的滿足程度和工作成效的關鍵人物，領導者的效率取決於他能激勵下屬達成組織目標的能力，和使職工在工作中得到滿足的能力。該理論列出了四種可供選擇使用的領導方式：指令式──

向下屬發布明確的指示；支持式——從各方面關心，支持下級的工作；參與式——決策時徵求並採納下級的意見；成就目標導向式——給下級提出挑戰性目標，並相信他們能夠達到目標。與費德勒理論不同，途徑—目標理論認為，上述領導方式是由同一個領導者在不同情況下採用的方式。

四、領導—成員交換理論

通常，我們一般假定領導者對同一團體內的成員會同樣對待，抱有公平的態度。但是實際情形卻並非如此。領導者對待同一團體內部的不同下屬往往根據其與自己關係的遠近親疏採取不同的態度和行為。有鑒於此，喬治・格雷恩及其同事提出領導—成員交換理論，簡稱 LMX 理論。

領導—成員交換理論認為，團體中領導者與下屬在確立關係和角色的早期，就把下屬分出「圈裡人」和「圈外人」。對於同一個領導者而言，屬於「圈裡人」的下屬與領導打交道時，比「圈外人」有更少的困難，能夠感覺到領導者對他們更負責。同樣，領導者更傾向於對「圈裡人」比「圈外人」投入更多的時間、感情以及更少的正式領導權威。同時，有研究報告指出，在工作中，「圈裡人」比「圈外人」承擔更大的工作責任，對於其所在的部門貢獻更多，績效評估也更高。

格雷恩及其同事強調 LMX 的推進分為四個階段：①區分領導—下屬的二元探索；②對 LMX 關係中的特徵及其組織含義/結果的調查；③對二元合作關係構建的描述；④在團體和社會網絡水準上區別二元關係的集合。其中第四步也包括了組織內部的網絡以及與客戶、供貨商、股東等外部的關係。

領導—成員交換理論認為，這種交換過程是一個互惠的過程。從社會認知的角度來說，領導者們為了達成績效目標和因應更持久的變化，應該著手改變下屬的自我觀念。同時，作為互惠的另一部分，下屬通過他們的反應也在改變領導者的自我形象。領導者和下屬兩者都作為個體，通過團體進行反饋。

五、領導—參與模型

領導—參與模型是由美國心理學家弗羅姆（V. H. Vroom）和耶頓（P. W. Yetton）於 1973 年提出的。這一理論的基本觀點是，有效的領導應該根據不同情勢，讓職工不同程度地參與決策。

領導—參與模式提出了五種可供選擇的領導方式：（Ⅰ）領導運用手中現有的情報進行決策；（Ⅱ）由下級提供情報，領導決策；（Ⅲ）個別徵求下屬意見後，領導作出決策；（Ⅳ）正式徵求全體下屬的意見和建議，然後作出決策；（Ⅴ）將問題正式通告下屬，並與下屬共同討論作出決策。

領導—參與模式還列出了決策過程中可能遇到的 7 個情勢因素：A. 是否存在能使某一解決辦法更合理的質量要求？B. 我有足夠資料作出高質量的決策嗎？C. 問題是否明確？D. 下屬對解決辦法接受與否對有效地貫徹執行有重大關係嗎？E. 如果你自己作決策，下屬肯定會接受嗎？F. 下屬知道這種解決辦法要達到的組織目標嗎？G 在選用方案中，下屬間可能發生衝突嗎？領導—參與模式認為，採取何種領導方式，取決於

這 7 種情勢因素的不同組合。模型中將 7 個因素組合成 17 種不同的情況，如表 8-1 所示：

表 8-1　　　　　　　　　弗羅姆和耶頓的領導—參與模型

情勢問題 \ 領導方式	I			II		III		IV			V		
G						否	否		是	是			
F						否	否		否	否	是	是	是
E		是		是		是	否	否	是	否	否	否	否
D	否	是	否	是	否	是	是	是	否	是	是	是	是
C				是	是		是	否	否			是	否
B			是	是	否	是	否	是	否	是	是	否	
A	否	否	是	是	是	是	是	是	是	是	否	是	是
對七個問題自 A 到 G 進行回答以獲得最合適的領導方式	1	2	3	4	5	6	7	8	9	10	11	12	13	14	15	16	17
	與是/否相應的情況是對七個關鍵問題的反應

這一理論與費德勒模式的不同之處在於：費德勒把領導人的品格特點看成是固定不變的，由此決定的領導行為也很難改變，因而主張通過調整情勢因素以適應領導方式的特點。而弗羅姆—耶頓模型則認為情勢因素是客觀存在的，領導行為應根據情勢的需要而隨時變化。

第三節　領導的風格與類型

一、領導風格

（一）勒溫的民主與專制模式

勒溫根據群體動力學的理念，從事群體領袖領導風格類型與群體作業績效關係的研究，提出了領導風格類型理論。他以類似童子軍群體作業的方式進行研究，將被試者分為條件大致相似的三組，各組作業活動相同，將各組領袖的領導風格分為三種類型：

1. 獨裁型領導（Authoritarian Leadership）

群體的一切活動完全由領袖個人決定，群體中所有成員只能依令行事，不容許有任何異議。

2. 民主型領導（Democratic Leadership）

群體的一切活動，由領袖和群體成員共同討論而後決定。在討論過程中，領袖以群體成員之一身分參與，鼓勵大家發表意見，力求達到集思廣益的目的。

3. 放任型領導（Laissez-faire Leadership）

對群體作業進行方式，領袖不聞不問，完全由群體成員憑其所好各行其是。

結果發現，在民主型領導之下，群體成員相處融洽，而且工作績效最高；在獨裁型領導之下，群體成員之間有攻擊性行為產生；在放任型領導之下，群體工作績效最差。

勒溫能夠注意到領導者的風格對組織氛圍和工作績效的影響，區分出領導者的不同風格和特性並以實驗的方式加以驗證，這對實際管理工作和有關研究非常有意義。許多後續的理論都是從勒溫的理論發展而來的。

勒溫的理論也存在一定的局限。這一理論僅僅注重了領導者本身的風格，沒有充分考慮到領導者實際所處的情境因素，因為領導者的行為是否有效不僅僅取決於其自身的領導風格，還受到被領導者和周邊的環境因素的影響。

(二) 俄亥俄模式

俄亥俄模式是美國俄亥俄州大學研究小組在大量調查研究的基礎上，於1954年提出的一種新的領導方式理論。他們在研究過程中，將一千多種描述領導行為的因素最終歸結為對人的關心——體諒和對組織效率的關心——主動狀態兩大類。領導的體諒行為主要表現為尊重下屬意見，重視下屬的感情和需要，強調建立互相信任的氣氛。領導的主動狀態行為主要表現為重視組織設計，明確職責關係，確定工作目標和任務。這兩類行為的不同組合，就構成了四種不同的領導方式，如圖8-2所示：

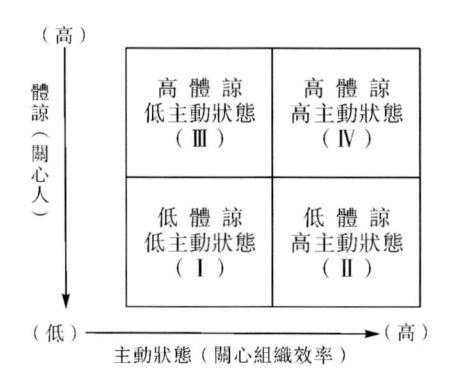

```
         (高)
          ↑
     ┌─────────┬─────────┐
     │ 高 體 諒 │ 高 體 諒 │
 體   │ 低主動狀態│ 高主動狀態│
 諒   │  (Ⅲ)   │  (Ⅳ)   │
(關   ├─────────┼─────────┤
 心   │ 低 體 諒 │ 低 體 諒 │
 人)  │ 低主動狀態│ 高主動狀態│
     │  (Ⅰ)   │  (Ⅱ)   │
     └─────────┴─────────┘
    (低)                  (高)
          主動狀態（關心組織效率）
```

圖8-2　俄亥俄州大學的領導四分圖

（Ⅰ）型領導既不關心人，又不重視組織效率，是最無能的領導方式。（Ⅱ）型領導對組織的效率、工作任務和目標的完成非常重視，但忽視人的情緒和需要，是以工作任務為中心的領導方式。（Ⅲ）型領導對人十分關切，對組織效率卻漠不關心，是以人為中心的領導方式。（Ⅳ）型領導把對人的關心和對組織效率的關心放在同等重要的地位，既能保證任務的完成，又能充分滿足人的需要，是最為理想的領導方式。

俄亥俄州大學研究小組的研究結果表明，不同的領導方式對工作效率和職工情緒有直接影響。在研究中，他們把不同管理者在體諒和主動狀態兩個項目中的得分與其管理效率進行對比，發現生產部門的效率與主動狀態成正比，與體諒成反比。在非生

產部門情況恰好相反，這與我們前面介紹的莫爾斯與洛希的試驗結果一致。同時，他們還發現，無論在生產部門還是非生產部門，高主動狀態低體諒的領導方式都會造成職工的不滿情緒和對立情緒，從而無故曠工、事故、職工轉廠的現象也較嚴重，因此從長遠的觀點來看，這並非是種有效的領導方式，這一結果再次證實行為科學對以泰勒制為代表的科學管理理論的責難。

(三) 密西根模式

美國密西根大學社會研究所的利克特（R. Likert）以數百個組織機構為對象，經過多年的研究，他們把領導者分為兩種基本類型，即以工作為中心的領導以及以員工為中心的領導。前者的特點是：認為分配結構化，依照詳盡的規定行事。而後者的特點是：重視人員行為，利用群體實現目標，給予組織成員較大的自由選擇的範圍。

利克特在 1961 年出版的《管理的新模式》一書中，提出了他的管理模式理論。利克特把領導方式歸納為四種基本模式。

表 8-2　　　　　　　　　　利克特的管理模式種類

模式一	模式二	模式三	模式四
專制式的集權領導	溫和式的集權領導	協商式的民主領導	參與式的民主領導

1. 模式一：專制式的集權領導

權力高度集中，下屬無任何發言權，上級只對下級發號施令，從無交流與溝通，相互間存在著互不信任的情緒。

2. 模式二：溫和式的集權領導

權力仍集中在企業最高領導層，但在有限的範圍內，允許下級發表意見並作出決定。上下級之間表面上關係融洽，實際上上級對下級雖然謙和，卻並不真正信任，下級對上級仍有畏懼心理，處處小心翼翼，缺乏主動性。

3. 模式三：協商式的民主領導

重要問題由企業高級管理層決定，一般問題授權中下層處理，上級對下級有信任感，上下級之間有較多的聯繫和溝通，彼此能互相支持。

4. 模式四：參與式的民主領導

採取分權式管理，由企業中下層人員直接參與決策，上下級之間有良好的雙向溝通，相互信任並保持友誼，齊心協力完成組織目標。

利克特對數百個組織機構的研究結果表明，高成就的領導大都是模式四的領導方式，模式三次之，而模式一的領導效果最差。

(四) 管理方格圖

美國得克薩斯州的布萊克（R. R. Blake）和穆頓（J. S. Mouton）在領導四分圖的基礎上做了進一步的研究，於 1964 年出版的《管理方格》一書中提出了管理方格理論，並在 1978 年再版的《新管理方格》一書中，對這一理論作了進一步的補充和完善。布萊克和穆頓把領導行為歸結為對人的關心和對生產的關心兩類，二者在不同程

度上互相結合便形成了多種不同的領導方式。他們以橫軸表示對生產的關心，以縱軸表示對人的關心，每根軸分成9格，這樣構成的81個方格便代表了對人和生產關心程度不同的81種領導方式，這就是管理方格圖。

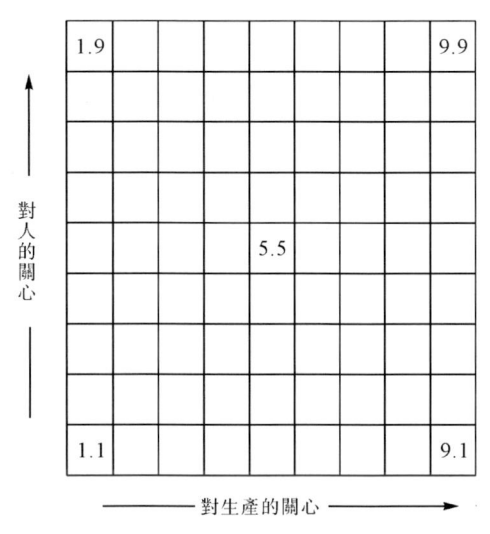

圖8-3 布萊克和穆頓的管理方格圖

布萊克和穆頓具體分析了其中五種最為典型的領導方式：

1. 「1.1」貧乏型

這類領導對生產和人都極不關心，只是為了保持現有地位，而以最小的努力去做必須做的事。顯然這是極不稱職的領導者。

2. 「9.1」任務型

這類領導對生產極為關心，對人卻極不關心，他們把全部精力集中在取得最高的產量上，極為排斥人的因素對工作效率的影響，用強制性的權力來控制其下屬。這種領導方式在短時期內可能取得較高的生產率，但是長此以往，它的副作用會使生產率下降。

3. 「1.9」鄉村俱樂部型

這類領導極為重視人的因素，卻完全忽視了生產因素，放在首位的是增進同事和下級對自己的良好感情，並不考慮這樣做是否有益於工作任務的完成和生產效率的提高。這種領導方式下的生產效率無論在長期還是短期都不可能高。

4. 「5.5」中間型

這類領導對生產和人都有中等程度的關心，既希望有說得過去的生產效率，又希望維持較好的人際關係，為此他們善於折中，迴避風險，不願創新，滿足於維持現狀。這種領導方式雖非上策，卻為相當數量的管理者所奉行。

5. 「9.9」協作型

這類領導對人和對生產都極為關注，重視目標，並力求通過大家參與、承擔義務和解決矛盾，在目標一致，相互依存，相互信任和尊敬的基礎上，取得高產量、高質

量的成果。這種領導方式無疑是最為有效的方式。

布萊克和穆頓不僅對以上五種典型的領導方式做了詳細的分析和評價，而且設計了一套能使企業管理者測試自己的領導方式屬於哪一種類型的問卷和培養其成為9.9型領導的「六階段管理發展計劃」，並親自主持了這方面的試驗，使得這一理論成為培養有效管理者的有用工具，在企業界和管理學界均產生了較大影響。

(五) 領導者的生命週期理論

生命週期理論由卡曼（A. K. Karman）於1966年首先提出，後來赫塞（Hersey）與布蘭查德（Blanchard）於1976年發展了這一理論。它以四分圖理論為基礎，同時吸取了阿吉里斯的不成熟—成熟理論。

阿吉里斯主張有效的領導人應當幫助人們從不成熟或依賴狀態轉變到成熟狀態。他認為，一個人由不成熟轉變為成熟的過程，會發生7個方面的變化，如圖8-4所示。他認為，這些變化是持續的，一般正常人都會從不成熟趨於成熟。每個人隨著年齡的增長，有日益成熟的傾向，但能達到完全成熟的人只是極少數。

不成熟—成熟的標誌

不成熟	成熟
1. 被動	主動
2. 依賴	獨立
3. 有限的行為	多樣的行為
4. 膚淺的工作興趣	濃厚的工作興趣
5. 目光短淺	目光長遠
6. 附屬地位	優越的地位
7. 缺乏自知之明	自我意識強

不成熟 ──────────→ 成熟

圖8-4 阿吉里斯的不成熟與成熟對比圖

同時，他還發現，領導方式不好會影響人的成熟。在傳統領導方式中，把成年人當成小孩對待，束縛了他們對環境的控制能力。工人被指定從事具體的、過分簡單的和重複的勞動，完全是被動的，依賴性很大，主動性不能發揮，這樣就阻礙了人們的成熟。以此為基礎，生命週期理論提出，領導類型應當適應組織成員的成熟度。在被領導者趨於成熟時，領導者的行為方式要作相應的調整，這樣才能取得較好的領導效果。

赫塞和布蘭查德將工作取向和關係取向兩個維度相結合，得出四種領導風格，見表8-3所示。

(1) 指導式（高工作—低關係）：領導規定工作任務、角色職責，指示員工做什麼、如何做。

(2) 推銷式（高工作—高關係）：領導不僅表現出指導行為，而且富於支持行為。

(3) 參與式（低工作—高關係）：領導與下屬共同決策，領導提供便利條件並進行溝通。

(4) 授權式（低工作—低關係）：領導提供較少的指導或支持，讓下級自主決定。

表 8-3　　　　　　　與被領導者的成熟度相適應的領導風格

成熟度	建議的風格
能力低；意願低	指導式
能力低；意願高	推銷式
能力高；意願低	參與式
能力高；意願高	授權式

生命週期理論與其他理論的不同之處在於：它強調被領導者的重要性，指出對於不同成熟度的員工，應採取不同形式的領導方式，以求得最佳績效。但生命週期理論並未得到理論界的重視，也缺乏足夠的研究證據的支持。

二、領導類型

（一）交易型領導理論

交易型領導（Transactional Leadership）是赫蘭德（Hollander）於 1978 年提出的領導理論。赫蘭德認為領導行為發生在特定情境之下時，領導者和被領導者相互滿足的交易過程，即領導者通過明確的任務及角色的需求引導與激勵部屬完成組織目標。

1. 交易型領導的特徵

交易型領導的特徵是強調交換，在領導者與部下之間存在著一種契約式的交易。在交換中，領導給部下提供報酬、實物獎勵、晉升機會、榮譽等，以滿足部下的需要與願望；而部下則以服從領導的命令、指揮，完成其所交的任務作為回報。

交易型領導的突出特點在於，它十分強調績效。通過明確地規定角色分工和任務分配，交易型領導可以帶領或動員下屬實現既定目標。此種領導方式的關鍵因素包括控制、評估、調度、結果等。對可預測的、可持續的結果的追求，是所有交易型領導的內生動力。

在一個交易型領導主持的企業組織中，我們將會看到如下的特徵：

（1）明確的界限。在角色和功能、技術流程、控制幅度、決策權以及影響力範圍等方面都有清晰劃分的界限，所有的因素及其相互作用都被置於管理和控制之下，以達到預期的商業結果。

（2）井然的秩序。對交易型領導來說，任何事情都有時間上的要求、地點上的規定以及流程上的實用意義。通過維繫一個高度有序的體制，交易型領導得以長時間、系統地獲得比較一致的結果。

（3）規則的信守。交易型領導十分注重規則，對業務經營的每一層面都設定了具體的操作標準與方式，任何背離程序、方法和流程的行為都被視為問題，要加以解決和清除。也就是說，工作結果必須是可預測的，不允許意外發生。

（4）執著的控制。交易型領導厭惡混亂的和不可控的環境，他們力圖使企業有序運轉。所以，他們的領導方式往往是強制型的，企業內部通常缺乏「濕潤感」。

2. 交易型領導的弊端

在企業的管理實踐中，大多數管理者都會不同程度地存在交易型的領導行為，因

為這樣能夠有效地提高工作績效。不過，就像諺語所說的：「如果你的工具箱裡只有錘子，就會把每一個問題都看成釘子。」一個企業領導不應該主要依靠或是只依靠交易型領導來影響他人。至少這會導致以下的一些弊端：

(1) 交易型領導可能成為謀取個人私利的操縱工具。

①它可能過度強調「底線」，因而成為一種短期行為，只顧追求效率和利潤的最大化而忽視一些更為長遠的東西；

②它還可能令下屬在強大的壓力和過分的獎懲之下，墮入不道德和非理性的誤區；

③最為致命的是，交易型領導看重「一物換一物」，欣賞「你為我干活，我為你辦事」。他們只懂得用有形、無形的條件與下屬交換而取得較好的領導效果，不能夠賦予員工工作上的意義，從而無法調動員工的積極性和開發員工的創造性。

(2) 如果交易型領導被領導者當做主要的路徑，那麼，可以肯定的是，企業的內部環境中將充斥企業政治、特殊待遇、邀功爭寵、爾虞我詐。

(二) 變革型領導理論

變革型領導作為一種重要的領導理論是從政治社會學家伯恩斯的經典著作 *Leadership* 開始的。在他的著作中，伯恩斯將領導者描述為能夠激發追隨者的積極性從而更好地實現領導者和追隨者目標的個體，進而將變革型領導定義為領導者通過讓員工意識到所承擔任務的重要意義和責任，激發下屬的高層次需要或擴展下屬的需要和願望，使下屬為團隊、組織和更大的政治利益超越個人利益。

1. 變革型領導理論的基本內容

巴斯等人最初將變革型領導劃分為六個維度，後來又歸納為三個關鍵性因素。阿維里奧（Avolio）在其基礎上將變革型領導行為的方式概括為四個方面：理想化影響力（Idealized Influence）、鼓舞性激勵（Inspirational Motivation）、智力激發（Intellectual Stimulation）、個性化關懷（Individualized Consideration）。具備這些因素的領導者通常具有強烈的價值觀和理想，他們能成功地激勵員工超越個人利益，為了團隊的偉大目標而相互合作、共同奮鬥。

(1) 理想化影響力：理想化影響力是指能使他人產生信任、崇拜和跟隨的一些行為。它包括領導者成為下屬行為的典範，得到下屬的認同、尊重和信任。這些領導者一般具有公認較高的倫理道德標準和很強的個人魅力，深受下屬的愛戴和信任。大家認同和支持他所倡導的願景規劃，並對其成就一番事業寄予厚望。

(2) 鼓舞性激勵：領導者向下屬表達對他們的高期望值，激勵他們加入團隊，並成為團隊中共享夢想的一分子。在實踐中，領導者往往運用團隊精神和情感訴求來凝聚下屬的努力以實現團隊目標。從而使所獲得的工作績效遠高於員工為自我利益奮鬥時所產生的績效。

(3) 智力激發：是指鼓勵下屬創新，挑戰自我，包括向下屬灌輸新觀念，啓發下屬發表新見解和鼓勵下屬用新手段、新方法解決工作中遇到的問題。通過智力激發領導者可以使下屬在意識、信念以及價值觀的形成上產生激發作用並使之發生變化。

(4) 個性化關懷：個性化關懷是指關心每一個下屬，重視個人需要、能力和願望，

耐心細緻地傾聽，並根據每一個下屬的不同情況和需要區別性地培養和指導每一個下屬。這時變革型領導者就像教練和顧問，幫助員工在應付挑戰的過程中成長。

2. 對變革型領導的評價

從變革型領導的定義可以看出，這種領導理論之所以成為目前領導學研究的熱點，在於它迎合了時代發展的需求。自從馬斯洛提出他的需要層次理論以後，該理論對整個社會的許多領域都產生了深遠的影響，大家更看重每個個體的高層次需要和自我實現，更能看到人作為社會人而存在，那種把人當做動物人或經濟人的看法已經很不合時宜。

變革型領導理論非常重視員工自身的價值實現，把他們當做能動的人看待，鼓勵他們自我實現，相信他們有無限的潛能。我們應該能夠看到，在目前的一些知識型的企業裡，員工的文化素質都比較高，如果領導者把他們當做機械的人看待，通常以命令的方式領導他們，效果一定不會好，所以說，變革型領導在這種經濟比較發達的社會環境下，在人口文化素質比較高的情形下，是很有它誕生的意義和應用價值的。

變革型領導還有一個很好的理念，在於它對領導者本身的內涵的理解。領導者的影響力包括職權影響力和個性影響力。我們都知道職權影響力不能產生持久的影響作用，也不能對人的心靈產生深遠影響，而個性影響力恰能彌補這個不足。變革型領導就是這樣一種把二者結合起來並對個性影響力更倚重的理論，它強調領導對下屬的模範作用。首先領導者應注意自身的操行，勇於承擔責任和風險，給下屬起好模範帶頭作用，在不確定的環境裡有效地指引下屬團結一心共渡難關。同時又以員工的需求為中心，充分瞭解下屬的個性化需求，向下屬提供富有挑戰性的工作和智力激勵，通過這些過程，領導者和下屬的需求統一到團隊的目標裡，領導者和下級的目標合二為一，團隊上下群策群力，為實現共同的目標而奮鬥。

變革型領導理論關注人的發展，這是個巨大的進步，在現代社會被廣泛地學習和應用，但同時它還不是一個非常成熟、系統的理論，這就需要我們在理論研究和實踐應用中去發展它。這個領導理論已經在招聘、甄選、晉升以及培訓與發展中發揮了一些作用，同時它也可適用於改善團隊發展、制定決策、質量創新和機構重組等，今後很長一段時間它都將在領導學領域起著舉足輕重的作用。

(三) 魅力型領導理論

羅伯特·豪斯在伯恩斯變革型領導理論的基礎上提出了魅力型領導理論。魅力型領導理論是指具有自信並且信任下屬，對下屬有高度的期望，有理想和願景。魅力型領導者的追隨者認同他們的領導者及其任務，表現出對領導者的高度忠誠和信心，效法其價值觀和行為，並且從自身與領導者的關係中獲得自尊。

由於魅力型領導者對其追隨者產生影響，因而魅力型領導者將促使追隨者產生高於期望的績效以及強烈的歸屬感。最新研究表明，當追隨者顯示出高水準的自我意識和自我管理時，魅力型領導的效果將會得到進一步的強化。

同其他領導理論一樣，魅力型領導理論也需要進一步的研究。提升魅力型領導的情境既包括面臨劇烈變革的組織環境，也包括對現狀非常不滿的追隨者。也就是說對

於魅力型領導的研究除了研究領導者自身的特質外，還必須考慮到領導者所處的情境，以及工作任務的性質。除此之外，魅力型領導者並不一定是一個正面的英雄，也有與其相聯繫的非道德特徵（見表8-4）。巴斯提出魅力型領導只是更廣泛的變革型領導的一個成分。

表8-4　　　　　　　　　　道德特徵與非道德特徵對比表

道德特徵	非道德特徵
使用權力為他人服務	為個人利益使用權力
使追隨者的需要和志向與願景相結合	提升自己的個人願景
從危機中思考和學習	指責或批評相反的觀點
激勵下屬獨立思考	要求無條件接受自己的決定
雙向溝通	單向溝通
培訓、發展並且支持下屬，與他人分享	對追隨者的需要感覺遲鈍
用內在的道德標準滿足組織和社會的興趣	用外部的道德標準滿足自我興趣

第四節　領導的藝術

一、領導藝術的含義

領導藝術是指在領導的方式方法上表現出的創造性和有效性。一方面是創造，是真善美在領導活動中的自由創造性。「真」是把握規律，在規律中創造昇華，昇華到藝術境界；「善」就是要符合政治理念；「美」是指領導使人愉悅、舒暢。另一方面是有效性，領導實踐活動是檢驗領導藝術的唯一標準。戈爾巴喬夫領導蘇聯解體不能說是成功的領導，霸王別姬也不能說是成功的領導藝術。

領導藝術是領導者個人素質的綜合反應，是因人而異的。黑格爾說過，世上沒有完全相同的兩片葉子，同樣也沒有完全相同的兩個人，沒有完全相同的領導者和領導模式。有多少個領導者就有多少種領導模式。

二、關於領導藝術的不同觀點

1. 毛澤東關於領導藝術的觀點

毛澤東是一名優秀的領導者，他有著豐富的有關領導的理論和實踐經驗，在《黨委會的工作方法》一文中，他總結了作為優秀領導的12條工作方法。這本身就是對領導藝術的高度概括。這12條工作方法是：①黨委書記要善於當「班長」；②要把問題擺到桌面上來；③「互通情報」，即黨委各委員之間要把彼此知道的情況互相通知，互相交流；④不懂的和不瞭解的東西要問下級，不要輕易表示贊成或反對；⑤學會「彈鋼琴」，即黨委的工作要有節奏，要互相配合；⑥要「抓緊」，黨委對主要工作不但要

「抓」，而且要「抓緊」；⑦要胸中有「數」，對情況和問題一定要進行基本的分析；⑧「安民告示」，即開會要事先通知，像出安民告示一樣，讓大家知道要討論什麼問題，解決什麼問題，並且早作準備；⑨「精兵簡政」，講話、演講、寫文章和寫決議案，都應當簡明扼要，會議也不要開得太長；⑩注意團結那些意見和自己不一致的人一道工作；⑪力戒驕躁，這對領導者是個原則問題，也是保持團結的一個重要條件；⑫劃清兩種界限，就是劃清革命與反革命、成績與缺點的界限。

2. 德魯克關於領導藝術的觀點

德魯克通過研究和觀察，提出了管理有效所需的條件，認為要成為有效的管理者必須養成五種習慣：

（1）正確地統籌時間。領導者應該知道把時間用在什麼地方。領導者應該清楚，隨自己支配的時間是很有限的，必須要利用這點有限時間進行系統的工作。

（2）把力量用在獲取成果上，而不是工作本身。有效的管理者要注重外部作用，把力量用在獲取成果上，而不是工作本身。開始一項工作的時候，首先想到的問題是人們要求我取得什麼成果，而不是像現實生活中的許多管理者那樣，從要做的工作開始著手。

（3）工作建立在優勢上。有效的管理者把工作建立在優勢上，包括自己的優勢，上級、同事和下級的優勢，以及形勢的優勢，也就是建立在能做什麼的基礎上，而不把工作建立在弱點上。

（4）把精力集中於少數主要領域。有效的管理者把精力集中於少數主要領域。這些領域裡，優異的工作將產生傑出的成果。給自己定出優先考慮的重點，並堅持重點優先的原則。

（5）做有效的決策。有效的管理者做有效的決策。領導者應該知道，有效的決策常常是根據「不一致的意見」作出的判斷，而不是建立在統一的看法基礎上的。

3. 科維關於領導藝術的觀點

1989年，史蒂芬·科維出版了《高效能人士的七個習慣》一書。雖然各種管理理論層出不窮，但這本書還是引起了很大的反響。史蒂芬·科維用簡單的語言講述了一些大家現在都已熟知的理論——這些理論是如此重要，以至於現在許多人都覺得這一切理所當然。

史蒂芬·科維認為，觀念是態度與行為的根本，觀念決定行為，行為形成習慣，而習慣左右著我們的成敗，成功其實是習慣使然。在《高效能人士的七個習慣》這本書裡，史蒂芬·科維倡導的七個習慣分別是：積極主動、以終為始、要事第一、雙贏思維、知己知彼、集思廣益和自我更新。

（1）積極主動。高效能的人士為自己的行為及一生所作的選擇負責，自主選擇應對外界環境的態度和方法；他們致力於實現有能力控制的事情，而不是被動地憂慮那些沒法控制或難以控制的事情；他們通過努力提升效能，從而擴展自身的關注範圍和影響範圍，積極的心態能讓你擁有「選擇的自由」。

（2）以終為始。高效能的人懂得設計自己的未來。他們認真地計劃自己要成為什麼人，想做些什麼，要擁有什麼，並且清晰明確地寫出，以此作為決策指導。因此，

「以終為始」是實現自我領導的原則，這將確保自己的行為與目標保持一致，並不受其他人或外界環境的影響。確立目標後全力以赴，就是我們所說的在正確的時間做正確的事，並把事情做對。

（3）要事第一。每個人的時間都是有限的，所以要做重要的事，即你覺得有價值並對你的生命價值、最高目標具有貢獻的事情；要少做緊急的事，也就是你或別人認為需要立刻解決的事。有效能的人只會有少量非常重要且需立即處理的緊急、危機事件，他們將工作焦點放在重要但不緊急的事情上，來保持效益與效率的平衡。

（4）雙贏思維。一個高效能的人，把生活看作一個合作的舞臺，而不是角鬥場，他們在人際交往中不斷尋求互利，以達成雙方都滿意並致力於合作的協議計劃。他們忠於自己的感受、價值觀和承諾；有勇氣表達自己的想法及感覺，能以豁達體諒的心態看待他人的想法及體驗；相信世界有足夠的發展資源和空間，人人都能共享。

（5）知己知彼。在人際溝通中，「瞭解他人」與「表達自我」都是不可缺少的要素。首先要瞭解對方，然後爭取讓對方瞭解自己，才是進行有效人際交往的關鍵，要改變匆匆忙忙去建議或解決問題的傾向。當我們的修養到了能把握自己、保持心態平和、能抵禦外界干擾和博採眾家之言時，我們的人際關係也就上了一個臺階。

（6）集思廣益。集思廣益的合作威力無比，許多自然現象顯示：全體大於部分的總和。不同植物生長在一起，根部會相互纏繞，土質會因此改善，植物比單獨生長更為茂盛。只有當人人都敞開胸懷，以接納的心態尊重差異時，才能眾志成城。

（7）不斷更新。過身心平衡的生活，有規律地鍛煉身心將使我們能接受更大的挑戰，靜思內省將使人的直覺變得越來越敏感。

2004年，斯蒂芬·科維又出版了《高效能人士的第八個習慣》一書。他認為，高效對個人及組織而言已不再是一種可有可無的選擇，它已成為我們在當今社會繼續生存下去的必要前提。在這個被科維稱為全新的知識時代裡，我們必須在取得高效能的基礎上進一步地提高自己，這樣才能夠不斷發展，持續創新並且做這個時代的領路人。「如何找到自己的心聲並且激勵他人找到屬於他們自己的心聲」，這就是史蒂芬·科維所謂的「第八個習慣」。

三、領導藝術的定位

領導藝術是管理者在管理過程中對各種存在的問題進行處理所必須總結的一種特殊方式。任何領導行為都是在一定的領導思想支配下產生的，而領導藝術作為一種創造性的領導行為，其實踐不是一種簡單的實踐，而是一種創造性實踐。所以，領導藝術的產生，不僅基於一定的領導思想和對領導理論的基本認識，更包含著對領導思想、領導理論、領導過程以及領導對象的再認識；在此基礎上的實踐，也不是以往領導經驗的簡單重複，而是一種創新行為。這一特徵使得領導藝術這種領導實踐的內涵更為豐富，行為更具魅力。同時，由於領導藝術的這種擴大再認識、再實踐的性質，又使領導藝術成為新思想、新經驗的豐富源泉。

認識領導藝術的重要性，必須分清以下兩種關係：

首先，分清領導藝術與領導理論的關係。我們所說的領導理論，是指對領導思想

與領導行為的系統的理性認識。領導理論是一種認識，領導藝術是一種實踐，所以，領導藝術與領導理論的最基本關係就是認識與實踐的辯證關係。領導理論是一種理性認識的歸納和概括，也是系統化、科學化的知識，所以我們又稱之為領導科學。然而，由於領導理論作為一種管理理論，包含著較多經驗的成分，並且這種理論的科學性也必須經過實踐的不斷檢驗，所以，把領導行為作為一種科學來研究，所得到的結果稱為領導理論比稱為領導科學更為科學。

領導藝術則體現了領導者的創造力，是在經驗基礎上的創造力的總結。但領導藝術的產生脫離不了領導理論，領導行為、領導藝術必須依據一定的領導思想、領導理論的指導。況且，領導理論作為領導者實踐經驗的結晶，它體系嚴謹、知識規範，具有一般的普遍性和相對的穩定性，是領導者學習和實踐的寶貴財富。

領導理論是領導藝術依據的一般原則，領導藝術是領導理論的靈活運用。沒有靈活性的領導理論，就會成成僵化的教條；沒有原則性的領導藝術，就會成為隨心所欲的行為。領導藝術應當是科學原則和藝術的完美結合。領導理論是造就領導藝術的必要前提。

其次，要分清領導藝術與領導經驗的關係。管理者經驗的總結，需要經過不斷的實踐、不斷的累積。一個人可以在沒有領導經驗的情況下實施領導行為，但不可能在沒有經驗的情況下達到領導行為的藝術境界。這是因為，必要的經驗的累積是產生領導藝術的基礎，只有具備經驗的累積，才能使經驗得到提煉，才能使認識得到昇華，才能產生領導的藝術。雖然領導經驗與領導藝術都是領導實踐的反應和結果。但是與經驗的一般性相比，領導藝術更具有它的特殊性，這種特殊性就是領導藝術的創造性。領導藝術並不是因為我們說它是藝術就成為領導藝術，而是因為客觀上實現了領導經驗的昇華，創造了領導的新經驗。這兩者的層次是迥然不同的。

綜上所述，領導理論是領導藝術的前提，領導經驗是領導藝術的基礎。領導藝術產生於領導實踐，超越於領導經驗，昇華為領導理論。

第五節　領導者的溝通

一、溝通的含義和類型

(一) 溝通的含義

1. 溝通的定義

溝通在管理中發揮著重要的作用。溝通就是信息的交流，是信息由發出者到達接收者並為接收者所理解的過程。溝通既是社會心理學、行為科學及管理心理學的研究課題，也是現代管理學研究的內容。美國主管人員訓練協會把溝通解釋為：它是人們進行的思想或情況交流，以此取得彼此的瞭解、信任及良好的人際關係。紐曼和薩默則把溝通定義為：在兩個或更多的人之間進行的在事實、思想、意見和情感等方面的交流。此外，溝通還被定義為用語言、書信、信號、電信進行的交往，是在組織成員

之間取得共同的理解和認識的一種方法。

本書認為，溝通是人與人之間、人與群體之間進行思想與感情的傳遞和反饋，以求思想一致和感情通暢的過程。

2. 溝通的組成要素

人與人的溝通過程包括輸出者、接受者、信息、渠道、噪聲五個主要因素。這些要素共同作用的溝通過程如圖8-5所示：

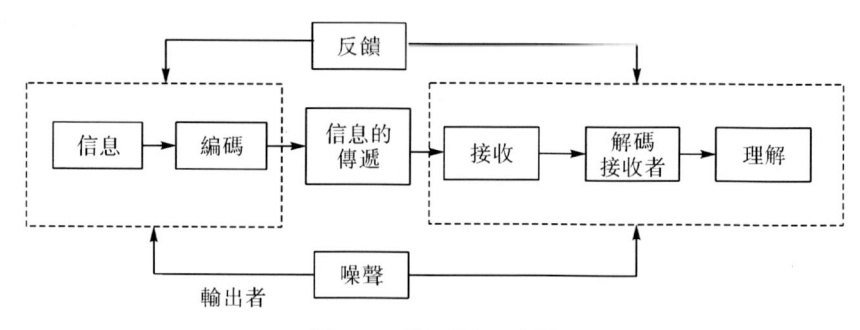

圖8-5 溝通過程示意圖

（1）輸出者。信息的輸出者就是信息的來源，他必須充分瞭解接收者的情況，以選擇合適的溝通渠道便於接收者的理解。要順利地完成信息的輸出，必須對編碼（Encoding）和解碼（Decoding）兩個概念有一個基本的瞭解。編碼是指將想法、認識及感覺轉化成信息的過程。解碼是指信息的接收者將信息轉換為自己的想法或感覺。

（2）接收者。接收者是指獲得信息的人。接收者必須從事信息解碼的工作，即將信息轉化為他所能瞭解的想法和感受。這一過程要受到接收者的經驗、知識、才能、個人素質以及對信息輸出者的期望等因素的影響。

（3）信息。信息是指在溝通過程中傳給接收者（包括口語和非口語）的消息，同樣的信息，輸出者和接收者可能有著不同的理解，這可能是輸出者和接收者的差異造成的，也可能是由於輸出者傳送了過多的不必要信息。

（4）溝通渠道。企業組織的溝通渠道是信息得以傳送的載體，可分為正式或非正式的溝通渠道、向下溝通渠道、向上溝通渠道、水準溝通渠道。

（5）噪聲。人們之間的信息溝通經常受到「噪聲」的干擾。無論是在輸出者方面，還是在接受者方面，噪聲就是指妨礙信息溝通的任何因素。例如：傳遞過程中的各種外界干擾；價值觀不同導致無法理解對方的真正意思等。

3. 溝通的意義

溝通是人類組織的基本特徵和活動之一。沒有溝通，就不可能形成組織和人類社會。家庭、企業、國家，都是十分典型的人類組織形態。溝通是維繫組織存在，保持和加強組織紐帶，創造和維護組織文化，提高組織效率、效益，支持、促進組織不斷進步發展的主要途徑。

有效的溝通讓我們高效率地把一件事情辦好，讓我們享受更美好的生活，善於溝通的人懂得如何維持和改善相互關係，更好地展示自我需要、發現他人需要，最終贏

得更好的人際關係和成功的事業。有效溝通的意義主要體現在：

（1）為科學決策奠定基礎。組織內外存在著大量模糊、不確定的信息，溝通可以澄清事實、交流思想、傾訴情感，從而降低信息的模糊性，為科學決策奠定基礎。如企業管理中問題的提出、各種解決方案的比較都需要組織內外大量的信息。

（2）為組織創造和諧的氛圍。一個組織是否吸引人，組織的員工在企業是否樂得其所、甘願為之奮鬥，並不僅僅在於有一個誘人的願景，還在於這個企業組織內部是否具有一種和諧的人際氛圍。所謂和諧的人際氛圍就是指人際關係和諧，即組織成員間友好相處，彼此和氣敬重，彼此相知，即便產生了一些矛盾，一定也是各方妥善地當面處理，而不是劍拔弩張，或者背後搞小動作。人際關係的和諧儘管首先與組織成員的素質修養有很大關係，但沒有良好的信息溝通渠道和溝通方式，組織內和諧的氛圍也難以維持。通過信息溝通使員工相互瞭解，進而調整自己的行為，就容易友好相處。

（3）促進組織員工行為協調。當組織的領導機構作出某一決策或制定出某一政策時，由於組織內部成員或部門之間所處的位置不同，利益不同，掌握的信息不同，因而對決策或政策的態度一般不一樣，產生的行為也存在一定的差異。這種差異性有的是好的，與組織的目標一致，工作效率高，有的則會給組織員工的工作造成障礙，使其完不成組織交代的任務。為使組織成員及部門明確目標和任務，就要時刻保持組織成員的行為協調一致，就必須進行充分而有效的溝通，以交換意見，統一思想，明確任務的一致性，以最有效的方式完成組織任務。

（二）溝通的類型

1. 語言溝通與非語言溝通

在溝通過程中，根據溝通符號的種類不同，可以把溝通分為語言溝通和非語言溝通，語言溝通又包括書面溝通與口頭溝通。

2. 正式溝通與非正式溝通

根據是否是結構性和系統性的，可將溝通分為正式溝通和非正式溝通。所謂正式溝通一般是指組織系統內，依據組織明文規定的原則和程序進行信息的傳遞與溝通；而非正式溝通是指不按照正式的、組織所規定的溝通渠道與溝通方式，或不以工作職務的身分所進行的對組織內、外部的人際溝通。

3. 自上而下溝通、自下而上溝通與平行溝通

根據在群體或組織中溝通傳遞的方向不同，可以將溝通分為自上而下溝通、自下而上溝通和平行溝通。

4. 單向溝通與雙向溝通

根據溝通中的互動性，可以把溝通分為單向溝通與雙向溝通。

5. 自我溝通、人際溝通與群體溝通

從發送者和接收者的角度而言，可以將溝通分為自我溝通、人際溝通與群體溝通。

二、有效溝通的原則

(一) 溝通是一種感知

禪宗曾提出過一個問題,「若林中樹倒時無人聽見,會有聲響嗎?」答曰:「沒有」。樹倒了,確實會產生聲波,但除非有人感知到了,否則,就是沒有聲響。溝通只在有接收者時才會發生。

與他人說話時必須依據對方的經驗。如果一個經理和一個半文盲員工交談,他必須用對方熟悉的語言,否則結果可想而知。談話時試圖向對方解釋自己常用的專門用語並無益處,因為這些用語已超出了他們的感知能力。接收者的認知取決於他的教育背景、過去的經歷以及他的情緒。如果溝通者沒有意識到這些問題,他的溝通將會是無效的。另外,晦澀的語句意味著雜亂的思路,所以,需要修正的不是語句,而是語句背後想要表達的看法。

有效的溝通取決於接收者如何去理解。例如經理告訴他的助手:「請盡快處理這件事,好嗎?」助手會根據老板的語氣、表達方式和身體語言來判斷,這究竟是命令還是請求。德魯克說:「人無法只靠一句話來溝通,總是得靠整個人來溝通。」

所以,無論使用什麼樣的渠道,溝通的第一個問題必須是:這一信息是否在接收者的接收範圍之內?他能否收得到?他如何理解?

(二) 溝通是一種期望

對管理者來說,在進行溝通之前,瞭解接收者的期待是什麼顯得尤為重要。只有這樣,我們才可以知道是否能利用他的期望來進行溝通,或者是否需要用「孤獨感的震撼」與「喚醒」來突破接收者的期望,並迫使他領悟到意料之外的事已經發生。因為我們所察覺到的,都是我們期望察覺到的東西;我們的心智模式會使我們強烈抗拒任何不符合「期望」的企圖,出乎意料的事通常是不會被接收的。

一位經理安排一名主管去管理一個生產車間,但是這位主管認為,管理該車間這樣混亂的部門是件費力不討好的事。經理於是開始瞭解主管的期望,如果這位主管是一位積極進取的年輕人,經理就應該告訴他,管理生產車間更能鍛煉和反映他的能力,今後還可能會得到進一步的提升;相反,如果這位主管只是得過且過,經理就應該告訴他,由於公司精簡人員,他必須去車間,否則只有離開公司。

(三) 溝通產生要求

一個人一般不會做不必要的溝通。溝通永遠都是一種「宣傳」,都是為了達到某種目的,例如發號施令、指導、斥責或款待。溝通總是會產生要求,它總是要求接收者要成為某人、完成某事、相信某種理念,它也經常訴諸激勵。換言之,如果溝通能夠符合接收者的渴望、價值與目的的話,它就具有說服力,這時溝通會改變一個人的性格、價值、信仰。假如溝通違背了接收者的價值與動機,可能一點也不會被接受,或者最壞的情況是受到抗拒。

宣傳的危險在於無人相信,這使得每次溝通的動機都變得可疑。最後,溝通的信

息無法為人接受。全心宣傳的結果，不是造就出狂熱者，而是譏諷者，這時溝通起到了適得其反的效果。一家公司員工因為工作壓力大，待遇低而產生不滿情緒，紛紛怠工或準備另謀高就，這時，公司管理層反而提出口號「今天工作不努力，明天努力找工作」，更加招致員工反感。

（四）信息不是溝通

公司年度報表中的數字是信息，但在每年一度的股東大會上董事會主席的講話則是溝通。當然這一溝通是建立在年度報表中的數字之上的。溝通以信息為基礎，但和信息不是一回事。

信息與人無關，不是人際間的關係。它越不涉及諸如情感、價值、期望與認知等人的成分，它就越有效力且越值得信賴。信息可以按邏輯關係排列，技術上也可以儲存和複製。信息過多或不相關都會使溝通達不到預期效果。而溝通是在人與人之間進行的。信息是中性的，而溝通的背後都隱藏著目的。溝通由於溝通者和接收者認知和意圖不同顯得多姿多彩。

儘管信息對於溝通來說必不可少，但信息過多也會阻礙溝通。「越戰」期間，美國國防部陷入到了鋪天蓋地的數據中。信息就像照明燈一樣，當燈光過於刺眼時，人眼會瞎。信息過多也會讓人無所適從。

【本章小結】

領導即是對組織成員進行引導和施加影響的過程，其目的在於使組織成員自覺自願並充滿信心地為實現組織目標而努力。

領導的屬性主要包括自然屬性與社會屬性兩個方面。

領導的功能包括組織功能、激勵功能和控制功能。

領導理論主要有領導特質理論、菲德勒的權變理論、路徑—目標理論、領導—參與模型和領導—成員交換理論五類。

領導風格理論主要有：勒溫的民主與專制模式；俄亥俄模式；密西根模式；管理方格圖；領導者的生命週期理論。

領導類型理論主要有交易型領導理論、變革型領導理論、魅力型領導理論。

領導藝術是指在領導的方式方法上表現出的創造性和有效性。關於領導藝術的不同觀點主要有：毛澤東關於領導藝術的觀點；德魯克關於領導藝術的觀點；科維關於領導藝術的觀點。

溝通是人與人之間、人與群體之間進行思想與感情的傳遞和反饋，以求思想一致和感情通暢的過程。

溝通的組成要素包括輸出者、接收者、信息、渠道、噪聲等主要因素。

有效溝通的原則包括：溝通是一種感知；溝通是一種期望；溝通產生要求；信息不是溝通。

【思考題】

1. 什麼是領導？
2. 領導的屬性包括哪些？
3. 簡述領導和管理的區別與聯繫。
4. 簡述菲德勒權變理論的主要內容。
5. 簡述管理方格圖的含義。
6. 簡述交易型領導理論的主要內容。
7. 德魯克關於領導藝術的觀點的主要內容是什麼？

【案例】

「小魚吃大魚」的背後

W 縣是 A 市下面的一個小縣，W 縣糧食局下屬企業 A 市藥用輔料廠（以下簡稱藥輔廠），兼併了 A 市第三製藥廠（以下簡稱三藥廠）。這件事不僅開創了 W 縣工業發展史上的先例，而且在全縣以至整個 A 市都引起了強烈反響。

A 市第三製藥廠 1980 年建成投產，佔地 46,000 平方米，職工 641 人，年產澱粉 10,000 噸，曾有過輝煌的歷史，產品在 1988 年前暢銷十多個省、市，遠銷日本、菲律賓、馬來西亞等國，年利潤 100 多萬元。但由於設備老化，工藝技術落後，管理混亂，澱粉出品率低，產量質量不穩定，客戶愈來愈少，企業效益下降，特別是投資 600 萬元新上的年產 5,000 噸的葡萄糖生產線半途而廢，使企業不堪重負而被迫停產。停產時，固定資產和債權總額只有 1,088 萬元，債務卻達 2,100 萬元，相抵後虧損 1,012 萬元。

A 市藥用輔料廠 1987 年 7 月正式投產，佔地 3,500 平方米，職工 180 人，固定資產 110 多萬元，年生產澱粉 5,000 噸。由於設備和工藝技術先進，管理科學規範，澱粉產量穩定，質量好，供不應求，年產值 1,500 萬元，利潤 140 多萬元，生產經營形勢蒸蒸日上。

W 縣糧食局局長高某對比兩家企業的現狀，產生了一個大膽的想法：何不借機讓藥輔廠將三藥廠兼併？藥輔廠雖暫時背個大包袱，但不久便可形成規模，成為抵禦市場風浪的強者。高局長思考再三，他決定召開會議討論，瞭解一下局內對於此事的各種看法。會上，高局長剛把這一想法說出，立刻遭到了多數糧食局各級成員的強烈反對。有的說自古以來都是大魚吃小魚，小魚吃蝦米，還沒聽說過小魚吃大魚；有的說藥輔廠效益再好，讓它背上這個大包袱，非把它壓趴下不可；還有的說風險太大了，萬萬使不得。結果會議不歡而散。

就在會議結束沒多久，此事傳到了社會上，A 市第三製藥廠職工的反應也傳入了高局長的耳朵，各方人士紛紛議論，各執一詞，莫衷一是，多數持否定態度。面對重重阻力，他反覆考慮：要想幹成一件事，哪有不冒風險的？在市場經濟條件下，企業

要生存和發展，必然要冒一定的風險，只要有 50% 以上的成功把握，這件事就值得干。改革開放以來，糧辦企業從無到有，從小到大，不斷上規模，跨臺階，走過的不正是這樣的路嗎？於是，他一方面組織有關人員對兩個廠進行綜合考察，一方面要求糧食局內領導班子成員對這件事也要進行調查研究，每人都必須拿出有說服力的意見來。

於是，專門研究兼併問題的局長辦公會議如期召開，主題就是「究竟敢不敢讓『小魚』吃『大魚』」。討論在平和而又認真的氣氛中進行，大體上有兩種意見：

一種意見是不敢。理由有四點：①藥輔廠規模小，小馬拉不動大車；②藥輔廠兼併三藥廠，不僅會拖垮藥輔廠，還會累及全局的利益；③澱粉市場飽和，競爭十分激烈，再去爭市場，困難可想而知；④三藥廠職工抵制兼併。

另一種意見是敢。其理由也有四點：①藥輔廠兼併三藥廠可以充分發揮糧辦企業借糧生產的優勢，不斷壯大實力；②三藥廠產品質量長期上不去，問題在於關鍵的工藝技術問題沒有解決好，藥輔廠有從上海高薪聘請的技術專家，可以從根本上解決澱粉生產工藝和質量問題；葡萄糖國內已有先進工藝，只要引進，便可解決質量問題；③從長遠看，藥輔廠的規模難以抗擊大風大浪，年產澱粉規模至少要在萬噸以上，才不至於在激烈的市場競爭中被淘汰，三藥廠的廠房設備稍加投資改造，不僅可使澱粉生產能力擴大 2 倍，還可以進一步擴大葡萄糖生產規模，形成新的經濟增長點；④三藥廠的幹部職工，絕大多數素質是好的，只要歸還他們集資的本息和補發他們的工資，就可以把他們的工作積極性調動起來。

通過擺事實，講道理，兩種意見終於趨向統一，一致決定讓藥輔廠這條「小魚」吃掉三藥廠那條「大魚」。於是出現了文章開頭的那一幕。

【思考題】

1. 高局長為何作出兼併 A 市第三製藥廠的決策？他的依據是什麼？
2. 高局長的做法體現了領導者的哪些藝術？
3. 作為領導者，在這種情況下，你覺得應該具備哪些基本素質？

第九章　激勵

【學習要點】
1. 理解激勵的概念和作用；
2. 熟悉激勵的基本過程；
3. 掌握內容型相關激勵理論的基本理論觀點；
4. 掌握過程型相關激勵理論的基本理論觀點；
5. 掌握行為改造型相關激勵理論的基本理論觀點；
6. 能夠靈活地將相關激勵理論與管理實際結合起來；
7. 運用需要、動機與行為理論提高認識自我、調整自我和激勵自我的能力；
8. 提高激勵他人的技巧。

第一節　激勵概述

一、激勵的概念和作用

（一）激勵的概念

在很多管理學著作中，激勵通常是與需要、動機連在一起的，一個人可能同時有許多需要和動機，但是人的行為卻是由最強烈的動機引發和決定的。因此，要使員工產生組織所期望的行為可以根據員工的需要設置某些目標，並通過目標導向使員工出現有利於組織目標的優勢動機並按組織所需的方式行動，這就是激勵的實質。

激勵的原意是指人在外部條件刺激下出現的心理緊張狀態。在組織管理中，不同管理學家基於不同層面對激勵提出了不同概念。在本書中激勵是指管理者運用各種管理手段，激發員工的主動性和創造性，調動員工的積極性，使員工朝向組織的目標做出持久的努力過程。

從這個定義看，理解激勵的含義還應把握以下內容：激勵的出發點是激發員工的主動性、創造性和積極性；激發人的主動性、創造性和積極性是一種內部心理過程，這種心理過程不能直接被觀察到，只能從行為上和工作績效上進行衡量；激勵必須貫穿於員工工作全過程；激勵過程是正面激勵和反面激勵的各種手段綜合運用的過程；信息溝通需要貫穿於激勵的全過程；激勵的最終目的是組織目標與個人目標的統一。

(二) 激勵在管理中的作用

隨著人本管理思想的發展和在實踐中的應用，人們越來越重視作為組織生命力和創造力源泉的「人」的作用，因此激勵成為現代企業管理者不可或缺的重要手段。激勵對於調動人們潛在的積極性、出色地去實現既定目標、不斷提高工作績效，均有十分重要的作用。

1. 提高人們工作的積極性、主動性和創造性

人的行為通常帶有個人利益的動機，而利益是調節人的行為的重要因素。承認和尊重個人利益，讓人們看到在實現組織大目標的過程當中，也包括個人利益和個人目標。一般來說個人目標和組織目標是一致的，二者統一的程度越高，職工的積極性、主動性和創造性就越得到充分發揮。反之，職工便會消極怠工，甚至產生抵觸心理。工作的主動性、創造性是工作取得突破性進展的重要保證，是工作積極性得到充分發揮的體現。

2. 有效激勵可以提高員工的工作效率和業績

通過激勵可以進一步激發員工的革新精神，從而大大提高工作績效。美國哈佛大學的心理學家威廉·詹姆斯在其《行為管理學》中提出：按時計酬的員工僅能發揮其能力的20%～30%，而受到充分激勵的員工可以發揮其能力的80%～90%，工作效率大大提高了。日本豐田汽車公司採用「合理化建議獎」來鼓勵員工提建議，不管建議是否被採納，均會受到獎勵和尊重。如果建議被採納並取得經濟效益，則得到的獎勵會更豐厚。管理學家們曾指出，員工的工作績效是員工能力和受激勵程度的函數，即績效＝F(能力，激勵)。如果在設計激勵制度時，把員工創造性和革新精神以及主動提高自身素質的意願作為考慮因素，那麼激勵對工作績效的影響就更大了。

3. 有效激勵可以吸引和留住優秀人才

伴隨知識經濟時代的到來，企業之間的競爭實際上成為人才的競爭。人才決定了企業的發展方向，一個企業要想吸引和留住優秀人才，尤其是知識型人才，就要具備豐厚的薪酬、豐富的福利待遇、良好的職業生涯規劃以及企業的發展願景等一套科學有效的員工激勵機制，只有這樣才能吸引優秀的人才，並留住人才，使他們全心全意為企業貢獻自己的才智。

二、激勵的要素

構成激勵的要素主要包括以下四個方面：

(一) 動機

動機是推動人從事某種行為的心理動力。激勵的核心要素就是動機，關鍵環節就是動機的激發。需要並不能直接產生動機，只有當需要被激發出來，有了強烈願望才會導致動機。

(二) 需要

需要是激勵的起點和基礎，人的需要是人們積極性的源泉和實質，而動機則是需

要的表現形式。

（三）外部刺激

這是激勵的條件。它是指在激勵的過程中，人們所處的外部環境中諸種影響需要的條件和因素，主要是管理者為實現組織目標而對被管理者所採取的各種管理手段及相應形成的管理環境。

（四）行為

這是激勵的目的，是指在激勵狀態下，人們為動機驅使所採取的實現目標的一系列動作。

以上四個方面相互組合與作用，構成了對人的激勵。

三、激勵的過程

心理學家認為，人的一切行為都是由動機支配的，動機是由需要引起的，行為的方向是尋求目標、滿足需要。當人們的需要未得到滿足時，會產生一種緊張不安的心理狀態；當有能夠滿足需要的目標時，這種緊張不安的心理會轉化為動機，並在動機的驅動下向目標努力。目標達到後，需要得到滿足，緊張不安的心理狀態就會消失。隨後又會產生新的需要，引起新的動機和行為。人們在滿足需要時，並非每次都能實現目標。在需要沒有得到滿足，目標沒有實現的情況下，人會產生挫折感，此時有人可能會積極進取，動機更強；有人可能動機變弱，消極防範。具體的激勵過程如圖 9-1 所示：

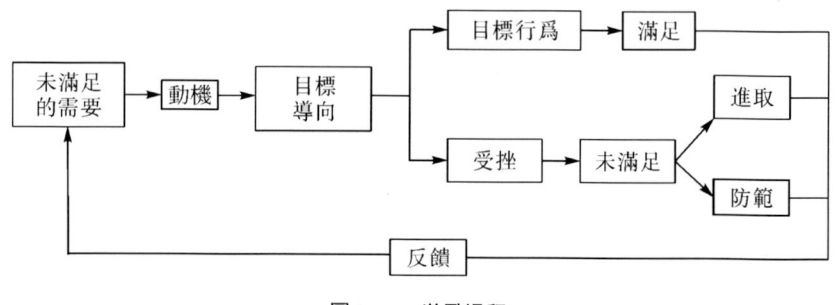

圖 9-1　激勵過程

第二節　激勵理論

關於激勵理論的研究，自 20 世紀二三十年代以來，西方的心理學家、行為學家和管理學家等領域的研究者們從不同的角度研究了應怎樣激勵人的問題，並提出了各種激勵理論。這些激勵理論基本上分為三大類：內容型激勵理論、過程型激勵理論和行為改造型激勵理論。

一、內容型激勵理論

該理論重點研究激發動機的誘因，主要包括：馬斯洛的「需要層次理論」、赫茲伯格的「雙因素理論」、麥克利蘭的「成就需要理論」等。

（一）需要層次理論

亞伯拉罕‧馬斯洛（Abraham Maslow）是一位人本主義心理學家，他於1943年在《人類動機理論》一文中初步提出需要層次理論，隨後在1954年出版的《動機與人格》一書中作了進一步的闡述，並經過不斷的補充和修正，使該理論成為西方最有名的理論。

1. 基本內容

馬斯洛需要層次理論重點研究了人的需要，他把人的需要分為生理需要、安全需要、社交需要、尊重需要和自我實現需要5個層次。

（1）生理需要：人類維持其生命最基本的需要，也是需求層次的基礎。這類需要主要包括人對衣食住行、空氣和水等的需要，這類需要得不到滿足，可能會威脅生命。從這個意義上來說，這些基本的物質條件是人們行為最強大的動力。馬斯洛認為，當這些需要還未達到足以維持人之生命時，其他需要將不能激勵他們。

（2）安全需要：基本的生活條件滿足之後，生理需要就不再是人們追求的重點了，取而代之的是人們對安全的需要。安全的需要是保護自己免受身體和情感傷害，同時保證生理需要得到持續滿足的需要。可以分為兩大類：一類是現在的安全需要，即希望自己目前生活的各個方面都可以得到滿足，要求自己在目前社會生活的各個方面均有所保障，如人身安全、職業安全、勞動安全、生活穩定等；另一類是對未來的安全的需要，希望未來的生活得到保障。具體表現在：物質方面，如操作安全、勞動保護等；經濟方面，如失業、意外事故、養老等；心理方面，如希望解除嚴密監督的威脅、希望免受不公正的待遇；等等。

（3）社交需要：包括友誼、愛情、歸屬、信任與接納的需要。馬斯洛認為，人是一種社會動物，人們的生活和工作不是獨立進行的，經常會與他人接觸，因此，人們需要有社會交往、良好的人際關係、人與人的感情和愛，在組織中能得到他人的接納與信任。

（4）尊重需要：分為內部尊重和外部尊重。內部尊重因素包括自尊、自主和成就感等；外部尊重包括地位、認可和關注，即受人尊重。自尊是指在自己取得成功時獲得的一種自豪感；受人尊重指當自己取得成功，做出成績時希望受到別人的認可和讚賞。馬斯洛認為，尊重需要的滿足，能使人對自己充滿信心，對社會滿腔熱情，體會到人生的社會價值。

（5）自我實現的需要：指的是實現個人的理想、抱負，最大限度發揮自己的能力，完成與自己能力相稱的一切工作的需要，這是一種成為自己要成為的人的內驅力（追求個人能力極限的內驅力）。其表現在兩個方面：一是勝任感方面，即主動控制事務和環境；二是成就感方面，即真正的樂趣在於成功，成功帶來的滿足遠遠超越其他的報

酬。以上五個層次如圖9-2所示。

```
          /\
         /自我\
        /實現需要\
       /----------\
      /  尊重需要  \
     /--------------\
    /   社交需要     \
   /------------------\
  /    安全需要         \
 /----------------------\
/      生理需要           \
----------------------------
```

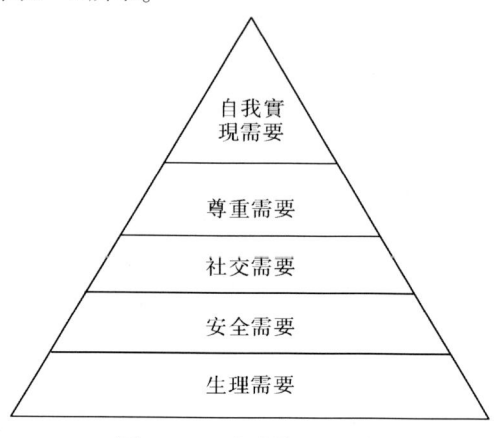

圖9-2　馬斯洛的需要層次

2. 主要觀點

馬斯洛需要層次論的主要觀點是：

（1）強調需要與激勵的關係。需要本身就是激發動機的原始驅動力，一個人如果沒有什麼需要，也就沒有什麼動力與活力。反之，一個人有所需要，也就存在著激勵的因素。

（2）生理需要和安全需要屬於低級需要，尊重需要和自我實現需要屬於高級需要，社交需要起著中間過渡作用。人的需要由低至高逐級發展，自我實現需要是人類需要發展的頂峰。馬斯洛認為，一個健全的人首先受「發揮和實現自我最大潛力和能量」這種需要所激勵，能自我實現的人是具有高度責任感的人，他們在較大程度上能自己鞭策自己。

（3）各級層次需要的產生與個體發育密切相關。兒童期生理需要、安全需要占優勢；青少年期社交需要和尊重需要占優勢；中年期自我實現的需要占優勢。但個人需要的結構演進不像間斷的階梯，低一級的需要不一定完全得到滿足才產生高一層次的需要，需要的演進是波浪式的。較低一級需要的高峰過去之後，較高一級的需要才能起到優勢作用。

（4）低級需要是有限度的，一旦得到滿足，便不再有激勵作用；高級需要的滿足卻是無限的，對行為具有持久的激勵作用。但越是高層次的需要，其滿足度越低。據馬斯洛估計：80%的基本生理需要和70%的安全需要一般會得到滿足；而只有50%的社交需要、40%的尊重需要和10%的自我實現需要能得到滿足。

3. 管理啟示

在管理上，要借鑑馬斯洛需要理論的積極方面，注意研究和掌握組織成員的需要情況，把握共性和個性，瞭解成員的需要差異，分析哪些是優勢需要，哪些是一般需要。將滿足成員需要所設置的目標與組織的目標密切結合起來，同時要堅持物質激勵與精神激勵相結合，注意引導培養員工高層次的需要。這樣才能把激勵做到實處，真正起到調動積極性的作用。

表 9－1 說明了需要層次同管理措施的關係。

表 9－1　　　　　　　　馬斯洛層次論管理措施相關表

需要層次	追求的目標（誘因）	管理制度與措施
生理需要	薪水、健康的工作環境、各種福利	身體保健（醫療設備）、工作時間（休息）、住宅設備、福利設備
安全需要	職位的保障、意外的防止	雇傭保證、退休金制度、健康保險制度、意外保險制度
社交需要	友誼（良好的人際關係）、團體的接納、與組織的一致	協談制度、利潤分配制度、團體活動制度、互助金制度、娛樂制度、教育訓練制度
尊重需要	地位、名分、權力、責任、與他人薪水相對高低	人事考核制度、晉升制度、表彰制度、獎金制度、選拔進修制度、委員會參與制度
自我實現需要	能發展個人特長的組織環境、挑戰性的工作	決策參與制度、提案制度、研究發展計劃、勞資會議

（二）雙因素理論

1. 主要內容

雙因素理論，又稱為激勵—保健理論，是美國心理學家赫茨伯格（Frederick Herzberg）於 20 世紀 50 年代所提出的理論。他通過對 200 名工程師和會計師的訪談，深入研究了「人們希望從工作中得到些什麼」。他要求受訪者詳細描述哪些因素使他們在工作中感到特別滿意及受到高度激勵，又有哪些使他們感到不滿和消沉。赫茨伯格對調查結果進行了分類歸納，如圖 9－3 所示：

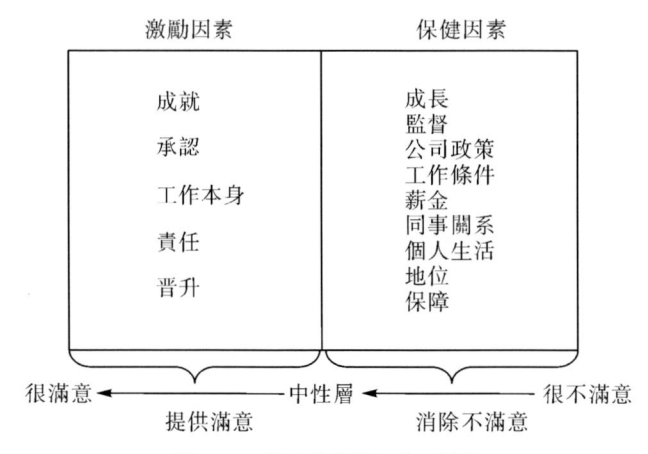

```
    激勵因素              保健因素
    成就                  成長
    承認                  監督
                         公司政策
    工作本身              工作條件
                         薪金
    責任                  同事關係
                         個人生活
    晉升                  地位
                         保障

很滿意 ←──中性層──→ 很不滿意
      提供滿意    消除不滿意
```

圖 9－3　赫茲伯格雙因素理論圖

赫茨伯格在分析調查結果時驚訝地發現，對工作滿意的員工和對工作感到不滿意的員工的回答極為不同，與滿意和不滿意相關的因素是兩類完全不同的因素。例如「低收入」通常被認為會導致不滿，但「高收入」卻不一定被歸結為滿意的原因。左側列出的因素是與工作滿意有關的特點；右側列出的因素是與工作不滿意有關的特點。

一些內在因素如成就、承認、責任與工作滿意相關。當對工作感到滿意時，員工傾向於將這些特點歸因於他們本身；而當他們感到不滿意時，則常抱怨外部因素，如公司的政策、管理和監督、人際關係、工作條件等。

這個發現使赫茨伯格對傳統的「滿意—不滿意」相對立的觀點提出了修正。傳統的看法認為滿意和不滿意是一個單獨連續體相對的兩端（見圖9-4）。但是，赫茨伯格認為，滿意的對立面並不是不滿意，消除了工作中的不滿意因素並不一定能使工作結果令人滿意。如圖9-4所示，赫茨伯格提出這之中存在雙重的連續體；滿意的對立面是沒有滿意，而不是不滿意；同時，不滿的對立面是沒有不滿，而不是滿意。

傳統觀點

滿意　　　　　　　　不滿意

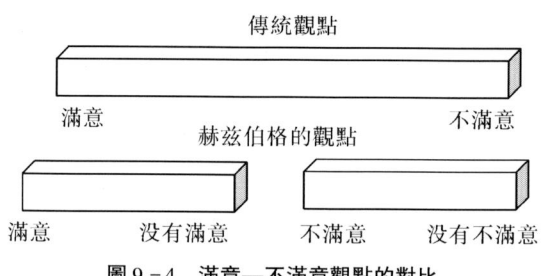

赫茲伯格的觀點

滿意　　沒有滿意　　不滿意　　沒有不滿意

圖9-4　滿意—不滿意觀點的對比

因此，赫茨伯格提出，影響人們行為的因素主要有兩類：保健因素和激勵因素。保健因素是那些與人們的不滿情緒有關的因素，如公司的政策、管理和監督、人際關係、工作條件等。保健因素處理不好，會引發對工作不滿意情緒的產生，處理得好，可以預防成消除這種不滿。但這類因素並不能對員工起激勵的作用，只能起到保持人的積極性、維持工作現狀的作用。所以保健因家又稱為「維持因素」。激勵因素是指那些與人們的滿意情緒有關的因素。與激勵因素有關的工作處理得好，能夠使人們產生滿意情緒，如果處理不當，其不利效果頂多只是沒有滿意情緒，而不會導致不滿。他認為，激勵因素主要包括這些內容：工作表現機會和工作帶來的愉快，工作上的成就感，由於良好的工作成績而得到的獎勵，對未來發展的期望，職務上的責任感等。

按照赫茨伯格的觀點，在企業管理的過程中，要調動和維持員工的積極性，首先要注意保健因素，以防止不滿情緒的產生。但更重要的是要利用激勵因素去激發員工的工作熱情，努力工作，創造奮發向上的局面，因為只有激勵因素才會增加員工的工作滿意感。

2. 管理啟示

赫茨伯格的雙因素理論和馬斯洛的需要層次論是相吻合的，但比需要層次論更進一步。這種理論對我們的啟示是：要調動和維持職工的積極性，一要注意保健因素，防止不滿情緒的產生，二要利用激勵因素去激發員工的工作熱情，努力工作。但重要的是應當區別對不同的人的激勵因素和保健因素。對管理者來說更重要的是要利用激勵因素去激發員工的工作熱情、努力工作。創造奮發向上的局面，從而取得一流的工作成績。

（1）要充分保證保健因素的作用，使員工的積極性維持在一個基本的水準，進而在激勵因素上下工夫。

（2）在客觀上確實存在某些不能激勵人的因素，對某些人來說，有些保健因素也可能是他們的激勵因素，管理者應當充分考慮到員工對保健因素和激勵因素的看法，對此要心中有數，針對不同的人採取不同的激勵措施。管理者也不應該忽視保健因素，以消除職工的不滿，保持職工的積極性。

（3）管理者要想持久而高效地激勵員工，必須改進員工的工作內容，雙因素理論可以促使人們更多地注意與工作本身有關的因素。同時，管理者要善於把某些保健因素（如薪金）轉化為激勵因素，即把員工的薪金與工作的好壞聯繫在一起。

（三）成就需要理論

成就需要理論是美國哈佛大學心理學家大衛·麥克利蘭（David C. Mccleland）於20世紀50年代在做了大量調研的基礎上提出的。麥克利蘭主要研究了在人的生理需要得到基本滿足的條件下，人還有哪些需要。麥克利蘭認為：人還有權力需要、友誼需要和成就需要。

1. 主要內容

（1）人的高層次需要是由權力需要、友誼需要和成就需要構成的。權力可分為個人權力和社會權力。具有較高權力慾望的人，往往對向他人施加影響和控制表現出極大興趣；具有友誼需要的人，喜歡有一種融洽的人際關係，那些負有全局責任的人往往把友誼看得比權力更為重要；而具有成就需要的人，把具有挑戰性的成就看作人生最大的樂趣，把做好工作達到自己所設置的目標視為最大的願望。

（2）決定一個人的成就需要的有兩個因素，即直接環境和個性這兩個變量，可用下式表示：

成就需要 = f（直接環境，個性）

具有高度成就需要的人，把個人的成就看得比金錢更重要。他們有強烈的事業心和獨立性，勇於克服困難和擔當一定的風險，並強烈希望獲得工作成績的反饋，從成就中得到的鼓勵超過物質鼓勵的作用。麥克利蘭還認為高成就需要可以通過教育加以培養訓練。

（3）成就需要和經濟發展密切相關。麥克利蘭認為，具有高度成就需要的人對於企業和國家都有重要的作用。一個公司擁有這種人越多，它的發展越快，獲利越多；一個國家擁有這種人越多，就會越興旺發達。

（4）成就的需要要受組織管理狀況和職位的影響。一般來說，有較高成就感的人總要比較低者工作得好，進步也較快。如果把有高成就需要的管理人員放在具有挑戰性的工作崗位上，便能引起成就的動機和相應的行為。如果把高成就需要的人放在例行的、沒有挑戰性的崗位上，則成就的動機便難以激發。麥克利蘭還發現，成就需要與經理人員的關係在小公司最為明顯，其總經理通常具有較高的成就激勵，但是大公司的總經理卻僅有一般的成就需要，他們往往更多地追求權力和社交的需要。

（5）努力宣傳高成就需要的人的形象，使他們成為大家學習的榜樣；努力培養和造就具有高成就需要的人才，這對一個組織的發展極為重要。

2. 管理啟示

有著強烈成就感需要的人，是那些傾向於成為企業家的人。他們喜歡把事情做得

比競爭者更好，並且敢冒商業風險。另一方面，有著強烈依附感需要的人，是成功的「整合者」，他們必須具有過人的人際關係技能，能夠與他人建立積極的工作關係。不過，麥克利蘭指出，這種需要一直未能引起研究人員的足夠重視。高歸屬需要者喜歡合作而不是競爭的環境，希望彼此間的溝通和理解。而有著強烈權力需要的人，則經常有較多的機會晉升到組織的高級管理層。相比之下，有強烈的成就需要，但沒有強烈的權力需要的人，容易登上他們職業生涯的頂峰，只不過職位的組織層次較低。原因在於，成就的需要可以通過任務本身得到滿足，而權力的需要只能通過上升到某種具有高於他人的權力層次才能得到滿足。

二、過程型激勵理論

過程型激勵理論研究「激勵是怎樣產生的」問題，解釋人的行為是怎樣被激發、引導、維持和阻止的，著重分析人們怎樣面對各種滿足需要的機會以及如何選擇正確的激勵方法，過程型激勵理論解釋的是「為什麼員工會努力工作」和「怎樣才會使員工努力工作」這兩個問題。如弗魯姆的「期望理論」、亞當斯的「公平理論」等。

（一）期望理論

期望理論是美國心理學家維克托・弗魯姆（Victor H. Vroom）於1964年在《工作與激勵》一書中提出來的。這是一種通過考察人們的努力行為與其所獲獎勵之間的因果關係來說明激勵過程的理論。

1. 主要內容

期望理論的基本內容主要包括弗魯姆的期望公式和期望模式。

弗魯姆認為，人總是渴求滿足一定的需要並設法達到一定的目標。這個目標在尚未實現時，表現為一種期望，這時目標反過來對個人的動機又是一種激發的力量。而這個激發力量的大小，取決於目標價值（效價）和期望概率（期望值）的乘積。用公式表示為：

激勵水準（M）＝目標效價（v）×期望值（E）

式中，M表示激勵力量，是指調動一個人的積極性、激發人內部潛力的強度。v表示目標價值（效價），這是一個心理學概念，是指達到目標對於滿足他個人需要的價值。同一目標，由於各個人所處的環境不同，需求不同，其需要的目標價值也就不同。同一個目標對每一個人可能有三種效價：正、零、負。效價越高，激勵力量就越大。E是期望值，是人們根據過去經驗判斷自己達到某種目標的可能性是大還是小，即能夠達到目標的概率。目標價值大小直接反應人的需要動機強弱，期望概率反應人實現需要和動機的信心的強弱。

這個公式說明：假如一個人把某種目標的價值看得很大，估計能實現的概率也很高，那麼這個目標激發動機的力量越強烈。

怎樣使激發力量達到最好值，弗魯姆提出了他的期望模式，如圖9-5所示：

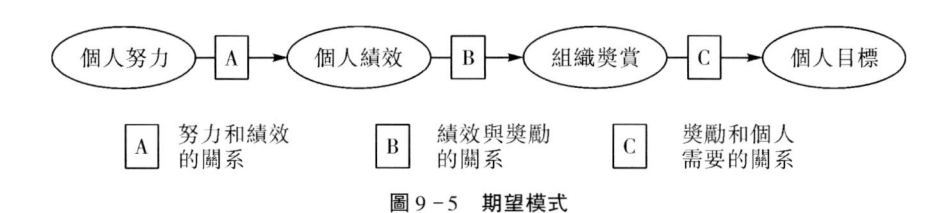

```
個人努力 ─A→ 個人績效 ─B→ 組織獎賞 ─C→ 個人目標

  A  努力和績效      B  績效與獎勵      C  獎勵和個人
     的關係             的關係             需要的關係
```

圖 9-5　期望模式

在這個期望模式的四個因素中包含了以下三個方面的關係：

（1）努力和績效的關係。個人感覺到通過一定程度的努力而達到工作績效的可能性。

（2）績效與獎勵的關係。個人對於達到一定工作績效後即可獲得理想的獎賞結果的信任程度。人們總是期望在達到預期成績後，能夠得到適當的合理獎勵，如獎金、晉升、提級、表揚等。組織的目標，如果沒有相應的有效的物質和精神獎勵來強化，時間一長，積極性就會消失。

（3）獎勵和個人需要的關係。獎勵什麼要適合各種人的不同需要，要考慮效價。要採取多種形式的獎勵，滿足各種需要，最大限度地挖掘人的潛力，最有效地提高工作效率。

2. 激勵產生過程

通過對弗魯姆的期望模式的分析，我們可以總結出期望理論中所包含的激勵產生過程的四個步驟：

第一，員工感到這份工作能提供什麼樣的結果？這些結果可以是積極的，如工資、人身安全、同事友誼、信任、額外福利、發揮自身潛能或才幹的機會等；也可以是消極的，如疲勞、厭倦、挫折、焦慮、嚴格的監督與約束、失業威脅等。當然，也許實際情況並非如此，但這裡我們強調的是員工知覺到的結果，無論他的知覺是否正確。

第二，這些結果對員工的吸引力有多大？他們的評價是積極的、消極的還是中性的？這顯然是一個內部的問題，與員工的態度、個性及需要有關。如果員工發現某一結果對他有特別的吸引力，也就是說，他的評價是積極的，那麼他將努力實現它，而不是放棄工作。對於相同的工作，有些人的評價可能是消極的，從而放棄這一工作，還有人的看法可能是中性的。

第三，為得到這一結果，員工需採取什麼樣的行動？只有員工清楚明確地知道為達到這一結果必須做些什麼時，這一結果才會對員工的工作績效產生影響。比如，員工需要明確瞭解績效評估中「干得出色」是什麼意思，明確使用什麼樣的標準評價他的工作績效。

第四，員工是怎樣看待這次工作機會的？在員工衡量了自己可以控制的決定成功的各項能力後，他認為工作成功的可能性有多大？

3. 管理啟示

期望理論對企業安全管理具有啓迪作用，它明確地提出員工的激勵水準與企業設置的目標效價和可實現的概率有關，這對企業採取措施調動員工的積極性具有現實的意義。首先，企業應重視安全生產目標的結果和薪酬對員工的激勵作用，既充分考慮

設置目標的合理性，增強大多數員工對實現目標的信心，又設立適當的獎金定額，使安全目標對員工有真正的吸引力。其次，要重視目標效價與個人需要的聯繫，將滿足低層次需要（如發獎金、提高福利待遇等）與滿足高層次需要（如加強工作的挑戰性、給予某些稱號等）結合運用。同時，要通過宣傳教育引導員工認識安全生產與其切身利益的一致性，提高員工對安全生產目標及其薪酬效價的認識水準。最後，企業應通過各種方式為員工提高個人能力創造條件，以增加員工對目標的期望值。

（二）公平理論

公平理論是美國心理學家斯達西·亞當斯（Stancy J. Adams）於20世紀60年代首先提出的，也稱為社會比較理論。這種理論的基礎在於，員工不是在真空中工作的，他們總是在進行比較，比較的結果對於他們在工作中的努力程度有影響。大量事實表明，員工經常將自己的付出與所得和他人進行比較，而由此產生的不公平感將影響到他以後付出的努力。

1. 主要內容

公平理論主要討論報酬的公平性對人們工作積極性的影響。這一理論認為員工首先考慮自己收入與付出的比率，然後將自己的收入—付出比與相關他人的收入—付出比進行比較。如果員工感覺到自己的比率與他人相同，則為公平狀態；如果感到二者的比率不相同，則產生不公平感，也就是說，他們會認為自己的收入過高或過低。這種不公平感出現後，員工就會試圖去糾正它。

人們通常通過兩個方面的比較來判斷其所獲報酬的公平性，即橫向比較和縱向比較。所謂橫向比較，就是將自我與他人相比較來判斷自己所獲報酬的公平性，從而對此作出相應的反應。縱向比較則是把自己的目前與過去進行比較。

亞當斯提出「貢獻率」的公式，描述了員工在橫向和縱向兩個方面對所獲報酬的比較以及對工作態度的影響：

$O_A/I_A = O_B/I_B$

式中：I 為個人投入（付出）的代價，如資歷、工齡、教育水準、技能、努力等；O 為個人所獲取的報酬，如獎金、晉升、榮譽、地位等。

該式簡明地表達了影響個體公平感各變量間的關係。從中可以看出，人們並非單純地將自己的投入或獲取與他人進行比較，而是以雙方的獲取與投入的比值來進行比較，從而衡量自己是否受到公平的對待。若 $O_A/I_A = O_B/I_B$，人們就會有公平感；若 $O_A/I_A < O_B/I_B$，人們就會感到不公平，產生委屈感；若 $O_A/I_A > O_B/I_B$，人們也會感到不公平，產生內疚感。一般來說，人的內疚感的臨界閾值較高，而委屈感的臨界閾值較低，因此主要是後者對人的影響大。

在公平理論中，員工所選擇的與自己進行比較的參照對象是一重要變量，我們可以劃分出三種參照類型：「他人」、「制度」和「自我」。「他人」包括同一組織中從事相似工作的其他個體，還包括朋友、鄰居及同行。員工通過口頭、報紙及雜誌等渠道獲得了有關工資標準、最近的勞工合同方面的信息，並在此基礎上將自己的收入與他人進行比較。「制度」指組織中的薪金政策與程序以及這種制度的運作。「自我」指的

是員工自己在工作中付出與所得的比率。它反應了員工個人的過去經歷及交往活動，受員工過去的工作標準及家庭負擔程度的影響。

當一個人發現自己受到不公平（利己或損己）待遇時，他往往採取以下幾種方式消除心理的不公平感：

（1）力求改變自己的報酬；

（2）要求改變他人的報酬；

（3）設法改變自己的投入；

（4）要求改變他人的投入；

（5）自我消除不公平感。

2. 對報酬分配的建議

具體而言，公平理論對報酬分配提出了四點建議：

（1）按時間付酬時，收入超過應得報酬的員工的生產率水準，將高於收入公平的員工。按時間付酬能夠使員工生產出高質量與高產量的產品，以增加自己收入—付出比率中的付出額，保持公平感。

（2）按產量付酬時，使員工為實現公平感而加倍努力，這將促使產品的質量或數量得到提高。然而，數量上的提高只能導致更高的不公平，因為每增加一個單位的產品導致了未來的付酬更多，因此，理想的努力方向是提高質量而不是數量。

（3）按時間付酬時，對於收入低於應得報酬的員工來說，將降低他們生產的數量或質量。他們的工作努力程度也將降低，而且相比收入公平的員工來說，他們將減少產出數量或降低產出質量。

（4）按產量付酬時，收入低於應得報酬的員工與收入公平的員工相比，他們的產量高而質量低。在計件付酬時，應對那些只講產品數量而不管質量好壞的員工，不實施任何獎勵，這種方式能夠產生公平性。

3. 管理啟示

由於公平是一種主觀感受，要得到真正的統一是有難度的，作為管理者應當認真仔細研究這個問題，並根據具體情況採取相宜的措施。

（1）管理者對付出的勞動要給予公平的報酬。因為如果人們認為他們沒有得到公平的報酬，就會影響員工的士氣和勞動生產率的提高，影響整個組織的生命力和活力。

（2）作為管理者在判斷公平與不公平時應該進行全面而系統的比較。不應只在企業的內部進行比較，應與組織內外其他員工進行比較，只有這樣才能產生公平的報酬，也才能消除員工的不公平感，才能給企業帶來生機和活力，也只有這樣才能留住人才。因為如果領導者認為自己所給的報酬已經很公平了（在企業內部進行比較後得到的結論），但在社會中進行比較時則是不公平的，那麼員工就會產生不滿的情緒，甚至於有的員工會產生跳槽的想法，使企業的優秀人才外流。

（3）個人對不公平的反應可以採取許多不同的形式。個人如果感受到不公平，他的反應將是多種多樣的，有的可能表現為工作懶散、無組織、無紀律，有的可能表現為消極怠工等各種形式。

總之，領導要時刻關心下屬的思想波動情況和下屬工作時的表現情況，據此評判

他們是否產生了不公平感，只有這樣，企業才能生存和發展。

三、行為改造型激勵理論

行為改造型激勵理論是重點研究人的行為怎樣轉化和改造，如何使人的心理和行為變消極為積極的理論。在這裡主要講一下強化理論。

1. 主要內容

強化理論，也叫有效的條件反射反應理論，是美國哈佛大學心理學家斯金納（B. F. Skinner）提出的。強化理論認為人們的行為在很大程度上取決於行為所產生的結果。換句話說，那些能產生積極的或令人滿意的結果的行為，以後會經常得到重複；相反，那些會導致消極的或令人不滿意的結果的行為，以後再得到重複的可能性很小。顯然，管理者應該基於這樣一種理念來設計獎勵和懲罰，即有效的工作行為所產生的結果是積極的，而無效的工作行為的結果是消極的或令人不滿意的。

2. 強化手段

在管理實踐中，常用的強化手段有：正強化、負強化。

（1）正強化，又稱積極強化，就是獎勵那些符合組織目標的行為，以便使這些行為得到進一步加強，從而有利於組織目標的實現。正強化的刺激物不僅包含獎金等物質獎勵，還包含表揚、提升、改善工作關係等精神獎勵。為了使強化達到預期的效果，還需要採取不同的強化方式。有的正強化是連續的、固定的，譬如對每一次符合組織目標的行為都給予強化，或每隔一個固定的時間都給予一定數量的強化。儘管這種強化有及時刺激、立竿見影的效果，但久而久之，人們就會對這種正強化有越來越高的期望，或者認為這種正強化是理所當然的。管理者只有加強這種正強化，否則其作用會減弱甚至不再起刺激行為的作用。另一種方式的正強化是間斷的、時間和數量都不固定的正強化，管理者根據組織的需要和個人行為在工作中的反應，不定期、不定量地實施強化，使每次強化都能起到較大的效果。實踐證明，後一種正強化更有利於組織目標的實現。

（2）負強化，就是懲罰那些不符合組織目標的行為，以使這些行為削弱甚至消失，從而保證組織目標的實現不受干擾。實際上，不進行正強化也是一種負強化，譬如，過去對某種行為進行正強化，現在組織不再需要這種行為，但這種行為並不妨礙組織目標的實現，這時就可以取消正強化，使行為減少或者不再重複出現。同樣，負強化也包含減少獎勵和報酬或進行罰款、批評、降級等。實施負強化的方式與正強化有所差異，應以連續負強化為主，即對每一次不符合組織的行為都應及時予以負強化，消除人們的僥幸心理，減小這種行為重複出現的可能性。

3. 強化理論的應用原則

強化理論在管理中應用得十分廣泛。上述這些強化方法，可以單獨使用，也可以結合起來使用，但是想達到預期的激勵效果，必須遵循以下原則：

（1）獎勵與懲罰相結合的原則，即對正確的行為，對有成績的個人或群體給予適當的獎勵，同時，對於不良行為，對於一切不利於組織工作的行為則要給予處罰。大量實踐證明，獎懲結合的方法優於只獎不罰或只罰不獎的方法。

（2）以獎為主，以罰為輔的原則。強調獎勵與懲罰並用，並不等於獎勵與懲罰並重，而應以獎為主，以罰為輔。因為過多運用懲罰的方法，會帶來許多消極的作用，在運用時必須慎重。

（3）及時而正確地強化的原則。所謂及時強化是指讓人們盡快知道其行為結果的好壞或進展情況，並盡量予以相應獎勵。而正確的強化就是獎罰分明，即當出現良好行為時就給予適當的獎勵，而出現不良行為時就給予適當的懲罰。及時強化能給人們以鼓勵，使其增強信心並迅速激發工作熱情。但這種積極性的效果是以正強化為前提的，相反，亂賞亂罰決不會產生激勵效果。

（4）獎人所需、形式多樣原則。要使獎勵成為真正的強化因素，就必須因人制宜地進行獎勵。每個人都有各自的特點和個性，其需要也各不相同，因而他們對具體獎勵的反應，也會大不一樣。所以獎勵應盡量不搞一刀切，應該獎人之所需，形式多樣化，只有這樣才能起到獎勵的效果。

第三節　激勵方法

一、激勵原則

人的心理、需求和行為的複雜性以及外部環境的多樣性，決定了在不同的情形下對不同的人進行激勵的複雜性和困難性。同時，激勵總是存在一定的風險性，所以在制定和實施激勵政策時，一定要謹慎。儘管如此，在管理中仍然有一些共同的激勵原則可以遵循和參考。

（一）堅持物質激勵與精神激勵相結合的原則

好的激勵應該是物質激勵與精神激勵的有機結合。物質激勵是激勵的一般模式，也是目前使用最為普遍的一種激勵模式。加薪、年終分紅、各種獎金、股權及福利獎勵等都是物質獎勵的常用方式。與物質激勵相比，精神激勵滿足的主要是員工的精神需求。精神激勵相對而言不僅成本較低，而且常常能取得物質激勵難以達到的效果。將精神激勵和物質激勵結合使用，可以大大激發員工的成就感、自豪感，使激勵效果倍增。

（二）堅持目標合理的原則

激勵往往和目標聯繫在一起，因此，應制定合理的目標及盡可能準確、明確的績效衡量標準。目標既不能過高，也不能過低；過高使員工的期望值降低，影響積極性，過低則會使目標的激勵效果下降。

（三）堅持獎懲結合的原則

有功則獎，有過則罰。對有貢獻者獎勵是必要的，而對有過失者實施適當的懲罰也是必要的。要堅持以正激勵為主，以負激勵為輔。在進行獎懲時要注意獎懲分明，以獎為主。同時，對於無功無過者也不能採取不聞不問的態度。一般來說，無功無過

者大都甘居「中遊」，多是思想消極、缺乏熱情、不求進取的平庸之人。因此，對無功無過者也必須給予適當的批評、教育，讓他們懂得「無功便是過」，激發他們的熱情，促使他們進取。

（四）堅持因人而異的原則

不同的人需求是不一樣的，同一個人在不同時期的需求也是不一樣的。所以相同的激勵措施對不同的人起到的效果是不同的。在制定和實施激勵措施時，首先要調查清楚每個員工的真正需求，將這些需求合理地整理歸納，然後再制定相應的激勵措施。對於處於不同需求層次的人，應該使用不同的激勵手段。而且，同樣經濟成本下不同的激勵方式對人的激勵程度也是有差別的。因此，管理者必須努力與員工共同去發現其最有效的激勵因素是物質獎勵、培訓、發展機會、良好的工作氛圍還是其他什麼回報。

（五）堅持公開、公平、公正的原則

激勵應堅持公開、公平、公正的原則，切忌平均。公開是公平、公正的基礎，公開的核心是信息的公開，包括制度、程序及結果的公開。公平性是員工管理中一個很重要的原則，員工感到的任何不公的待遇都會影響他的工作效率和工作情緒，並且影響激勵效果。公平、公正一方面意味著所有相關員工在激勵面前享有平等的權利和義務，另一方面也意味著獎勵的程度與價值貢獻度對等。公平、公正必然導致價值分配實際上的不平均，而這種不平均正好體現了制度和程序的公平、公正。追求成果分享的平均主義，是一種實質上的不公平，起不到很好的激勵效果，而且可能產生副作用，打擊優秀員工的積極性。

（六）堅持適度激勵的原則

激勵要適度，獎勵和懲罰不適度都會影響激勵效果，同時增加激勵成本。獎勵過重會使員工產生驕傲和滿足的情緒，失去進一步提高自己的慾望；獎勵過輕會起不到激勵效果，或者讓員工產生不被重視的感覺。懲罰過重會讓員工感到不公，或者失去對公司的認同，甚至產生怠工或破壞的情緒；懲罰過輕會讓員工輕視錯誤的嚴重性，從而可能還會犯同樣的錯誤。

二、激勵方法

激勵是對員工需求的滿足。員工的需求是多種多樣的，所以激勵的途徑也是多種多樣的。管理者在使用激勵方法時，要根據具體的情形選擇不同的激勵方法來調動員工的積極性。在管理中常見的有以下幾種激勵方法：

（一）事業激勵

工作本身就是一種非常有效的激勵方式。把一個人放在最能發揮潛力的工作崗位上，使工作具有挑戰性和富有意義，就能夠充分調動他的工作積極性。把個人目標同組織的發展緊密聯繫起來，把個人的事業心激發出來，就可以煥發出無窮的力量，員工會為實現一個實實在在的目標或理想而認真地考慮自己該如何做和怎樣才能做好。

（二）目標激勵

目標激勵就是通過設定適當的目標，誘發人的動機和行為，達到調動積極性的目的。每個人都有成就感的需求，因此管理者在管理的過程中，要不斷地為員工設立可以看得到、在短時間內可以達到的目標。通過幫助員工確立既定的目標，使之誘發行動的力量，並按照目標的要求自覺控制自身的行為方向，挖掘自身的心理和生理潛力，全力以赴實現目標。

（三）物質激勵

物質激勵的內容包括工資獎金和各種公共福利。它是一種最基本的激勵手段，因為獲得更多的物質利益是普通員工的共同願望，它決定著員工基本需要的滿足情況。同時，員工收入及居住條件的改善，也影響著其社會地位、社會交往，甚至學習、文化娛樂等精神需要的滿足情況。員工在工作中能否得到合理的報酬，在完成任務之後能否得到公正的業績評價，這是激發員工積極性的基本前提。

（四）榮譽激勵

榮譽是貢獻的象徵，反應了企業對團隊和個人貢獻的充分肯定和高度評價，是滿足員工自尊需要的重要激勵手段。每個人都有強烈的榮譽感，對作出突出貢獻的員工予以表彰和嘉獎，代表著公司對這些員工工作的認可，會增強他們對工作的熱情。設定榮譽是管理者的一個工作職責，而這種榮譽既對單位有效，對同行業其他部門也有作用。

（五）責任激勵

大部分人都希望能夠擔任一定的職務，管理者應該學會讓大部分的員工找到適合自己的事情並負起一部分責任。員工一旦感覺到自己在某個方面受到了重視，他自己會盡自己最大的努力來把這方面的事情做好。選定適合每個員工特點的工作，則是管理者應該在平時的觀察和瞭解中掌握的。

（六）晉升激勵

這是絕大多數單位都在使用的一種激勵方法。對於富有企業家精神、具有較強管理能力的職員，應當考慮提升他們在企業內的職位，使他們承擔更多的責任。這些人往往有極強的事業心，不會拘泥於一時的收入或評價。但是由於有的單位沒有更多的位置可以晉升，或者有的單位不能在晉升過程中按照擇優的標準來實施晉升，就可能造成這些單位在使用晉升激勵手段時出現偏差和錯誤。

（七）關懷激勵

公司領導者經常在生活上和思想上對員工給予幫助和鼓勵，會加深員工對公司的感情，從而喚起他們努力工作的熱情和高度的責任感。

（八）參與激勵

參與激勵，即讓員工參與管理，從而調動下級的積極性和創造性。員工參與管理，

有利於集中群眾意見，以防決策失誤；有利於滿足員工受尊重的心理需要，從而受到激勵；有利於員工對決策的認同，從而激勵他們積極、自覺地去推進決策的實施。一般而言，員工對於參與與自己的利益和行為有關的討論有較大的興趣。通過參與，可培養員工對企業的使命感、歸屬感和認同感，滿足其自尊和自我實現的需要。事實證明，參與管理會使多數人受到激勵。正確的參與管理既對個人產生激勵，又為組織目標的實現提供了保證。

(九) 尊重激勵

隨著人類文明的發展，人們越來越重視尊重的需要。管理者應利用各種機會信任、鼓勵、支持員工，努力滿足其尊重的需要，以激勵其工作積極性。要尊重下級的人格，上下級只是管理層次和職權的差別，彼此之間是平等的。管理者應尊重自己的下級，特別是尊重其人格，使下級始終獲得受到尊重的體驗。要盡力滿足下級的成就感。要尊重下級自我實現的需要，創造條件鼓勵和支持下級實現自己的工作目標，追求事業的成功，以滿足成就感。支持下級自我管理、自我控制。管理者要授權於下級，充分信任他們，放手讓下級實行自我管理、自我控制，以滿足其自主心理。

【本章小結】

所謂激勵，是指管理者運用各種管理手段，激發員工的主動性和創造性，調動員工的積極性，使員工朝向組織的目標做出持久的努力的過程。激勵的過程表現為：由需要引起動機，由動機導向行為，由行為達成目標。激勵在管理中發揮的作用表現為：提高人們工作的積極性、主動性和創造性；有效激勵可以提高員工的工作效率和業績；有效激勵可以吸引和留住優秀人才。本章介紹了國外許多管理學家、心理學家和社會學家根據現代管理的實踐提出的不同類型的各種激勵理論。這些理論按照所研究的側重點不同，主要分為內容型激勵理論、過程型激勵理論和行為改造型激勵理論。根據激勵理論管理者在實踐中應根據具體情況採取有效的激勵方法，依據激勵的原則，提出了事業激勵、目標激勵、物質激勵、榮譽激勵、責任激勵、晉升激勵、關懷激勵、參與激勵與尊重激勵九種有效激勵方法。

【思考題】

1. 激勵的概念是什麼？激勵有哪些作用？
2. 簡述激勵的過程。
3. 簡述激勵的三要素。
4. 比較內容型激勵理論和過程型激勵理論在實際運用中有何不同。
5. 簡述過程型激勵理論。
6. 簡述內容型激勵理論。
7. 馬斯洛需要層次理論的主要觀點是什麼？如何評價？

8. 成就需要理論的主要內容是什麼？為什麼說人的成就需要對組織、對社會都有較大影響？
9. 應用「雙因素理論」進行激勵時應注意哪些問題？
10. 強化理論的觀點是什麼？為什麼要提倡以獎為主、以罰為輔？

【案例】

施科長沒有解決的難題

施迪聞是富強油漆廠的供應科科長，廠裡同事乃至外廠的同行們都知道他心直口快，為人熱情，尤其對新主意、新發明、新理論感興趣，自己也常在工作上搞點新名堂。

前一階段，常聽見施科長對人嚷嚷說：「咱廠科室工作人員的那套獎金制度，是徹底的『大鍋飯』平均主義，我看到了非改不可的地步了。獎金總額不跟利潤掛鉤，每月按工資總額拿出5%當獎金，這5%是固定死了的，一共才那麼一點錢。說是具體每人分多少，由各單位領導按每人每月工作表現去確定，要體現『多勞多得』原則，還要求搞什麼『重賞重罰，承認差距』哩。可是談何容易，『巧婦難為無米之炊』呀！總共就那麼一點點，還玩得出什麼花樣？理論上是說要獎勤罰懶，干得好的多給，一般的少給，差的不給。可是你真的不給試試看！結果大伙基本上拉平，皆大歡喜；要說有那麼一點差距，這差距也只是象徵性的。照理說這獎金也不多，有啥好計較的？可要是一個錢不給，他就認為這簡直是侮辱，存心丟他的臉。唉，難辦！一個是咱廠窮，獎金撥得就少；二是咱中國人平均主義搞慣了，愛犯『紅眼病』。」

最近，施科長卻跟人們談起了他的一段有趣的新經歷。他說：「改革科室獎金制度，我琢磨好久了，可就是想不出啥好點子來。直到上個月，廠裡派我去市管理幹部學院參加一期中層管理幹部培訓班。有一天，他們不知打哪兒請來一位美國教授，聽說還挺有名，來給咱們作一次講演。

「那教授說，美國有位學者，叫什麼來著？⋯⋯對，叫什麼伯格，他提出一個新見解，說是企業對員工的管理，不能太依靠高工資和獎金。又說：錢並不能真正調動人的積極性。你說怪不？什麼都講金錢萬能的美國佬，這回倒說起錢不那麼靈來了。這倒要留心聽聽。

「那教授繼續說，能影響人積極性的因素很多，按其重要性，他列出了一長串單子。我記不太準了，好像是，最要緊的是『工作的挑戰性』這是個洋名詞，照他解釋，就是指工作不能太簡單、輕而易舉地就完成了；要艱鉅點，讓人得動點腦筋，花點力氣，那活才有干頭。再就是工作要有趣，要有些變化，多點花樣，別老一套，太單調。他說，還要給自主權，給責任；要讓人家感到自己有所成就，有所提高。還有什麼表揚啦，跟同事們關係友好、融洽啦，勞動條件要舒服安全啦什麼的，我也記不準、記不全了。可有一條我是記準了：工資和獎金是擺在最後一位的，也就是說，最無關緊要。

「你想想，錢是無關緊要的！聞所未聞，乍一聽都不敢相信。可是我細想想，覺得

181

這話是有道理的，所有那些因素對人說來，可不都還是蠻重要的嗎？我於是對那獎金制度不那麼擔心了，還有別的更有效的法寶呢。

「那教授還說，這理論也有人批評，說那位學者研究的對象全是工程師、會計師、醫生這類高級知識分子，對其他類型的人未見得合適。他還講了一大堆新鮮事。總之，我這回可是大開眼界啦。

「短訓班辦完，回到科裡，正趕上年末工作總結講評，要發年終獎金了。這回我有了新主意。我那科裡，論工作，就數小李子最突出：大學生，大小也算個知識分子，聰明能幹，工作積極又能吃苦，還能動腦筋。於是我把他找來談話。

「別忘了我如今學過點現代管理理論了。我於是先強調了他這一年的貢獻，特別表揚了他的成就，還細緻討論了明年怎麼能使他的工作更有趣、責任更重，也更有挑戰性……瞧，學來的新詞兒，馬上用上啦。我們甚至還確定了考核他明年成績的具體指標。最後才談到這最不要緊的事——獎金。我說，這回年終獎，你跟大伙兒一樣，都是那麼多。我心裡挺得意：學的新理論，我馬上就用到實際裡來了。

「可是，小李子竟發起火來了，真的火了。他蹦起來說：『什麼？就給我那麼一點？說了那一大堆好話，到頭來我就值那麼一點？得啦，您那套好聽的請收回去送給別人吧，我不稀罕。表揚又不能當飯吃！』

「這是怎麼一回事？美國教授和學者的理論聽起來那麼有道理，小李也是知識分子，怎麼就不管用了呢？都把我搞糊涂了。」

【思考題】

1. 案例中所提到的激勵理論，是指管理學中的哪個激勵理論？按照這個理論，工資和獎金屬於什麼因素？能夠起到什麼作用？

2. 施科長用美國教授介紹的理論去激勵小李，結果碰了釘子，問題可能出在什麼地方？根據案例提示的情況，說出你的理由。

3. 你認為富強油漆廠在獎金分配制度上存在的主要問題是什麼？可以用什麼辦法解決？

第十章　控制

【學習要點】
1. 理解控制的概念和控制與計劃的關係；
2. 掌握控制的基本原理及其特徵；
3. 掌握控制的基本類型和過程；
4. 熟悉主要控制方法；
5. 掌握全面質量管理的內涵及過程；
6. 理解價值工程的基本原理，掌握相關的基本概念；
7. 能應用控制原理和方法有效地調控所涉及的人、事、物；
8. 注意提高自我（情緒、語言、行為）控制能力；
9. 能正確使控制方法靈活地在實踐中應用。

第一節　控制概述

　　控制是管理的重要職能。在現代管理系統中，人、財、物等要素的組合關係是多種多樣的，時空變換和環境影響很大，內部運行和結構有時變化也很大，加上組織關係複雜，隨機因素很多，處在這樣一個複雜多變的系統中，組織如果缺少有效的控制，工作就容易產生錯亂，甚至偏離正常組織活動軌跡，組織目標從而不能實現。因此控制是對管理系統的計劃實施過程進行監督，將監督結果與計劃目標相比較，找出偏差，分析產生的原因並予以處理，以確保組織的計劃目標得以實現的過程。為了使控制有效，組織有必要設計一個良好的組織控制系統。控制系統越完善，組織目標就越容易實現。

一、控制的概念

　　對於「控制」一詞，不同的管理學家站在不同的層面有著不同的看法。亨利・法約爾認為，在一個企業中，控制就是核實所發生的每一件事是否符合所制訂的計劃、所發布的指示以及所確立的原則，其目的就是要指出計劃實施過程中的缺點和錯誤，以便加以糾正並防止重犯。控制在每件事、每個人、每個行動上都起作用。霍德蓋茨認為，控制就是管理者將計劃的完成情況和目標（標準）對照，然後採取措施糾正計劃執行中的偏差，以確保計劃目標的實現；孔茨認為：控制就是按照計劃標準衡量計

劃的完成情況和糾正計劃執行中的偏差，以確保計劃目標的實現。

在本書中對於控制的定義我們可以從兩方面進行把握：從職能（靜態）的角度來看，控制是為了保證企業計劃與實際作業動態相適應的管理職能；從過程（動態）的角度來看，控制是對各項活動的監視，從而保證各項活動按計劃進行，並糾正各種顯著偏差的過程。

（一）正確理解控制的含義需要掌握以下幾點

1. 控制是組織的一項重要管理活動

任何一個組織如果要生存和發展就離不開管理，管理主要是通過計劃、組織、領導和控制等職能實現，控制是對組織活動監督並實現既定目標的一項必不可少的管理活動。

2. 控制是一個檢驗計劃執行成效和計劃正確性的過程

由於管理環境的不斷變化，管理活動可能會偏離計劃和目標，出現各種偏差。對管理者來說，不僅要執行計劃，還要對計劃執行過程進行監控，以便及時發現問題，分析原因並採取有效措施加以控制。

3. 控制過程要有一套科學的程序

控制過程包含三個基本步驟，即制定標準、衡量成效、糾正偏差。沒有標準就無法衡量成效，無法衡量工作成效也就無法制定糾正偏差的措施，控制也就變得無任何意義。

4. 控制具有明確的目標

控制的目的是要保證組織目標的實現，防止偏差的產生和擴大，增強組織適應環境的能力。

在現代管理活動中，控制既是一次管理循環的終點，是保證計劃得以實現、組織按既定方針發展的管理職能，又是新一輪管理循環的起點。

（二）控制與計劃的關係

（1）計劃起著指導性作用，管理者在計劃的指導下領導各方面工作以便達成組織目標，而控制則是為了保證組織的產出與計劃一致而產生的一種管理職能。

（2）計劃預先指出了所期望的行為和結果，而控制則是按計劃指導實施的行為和結果。

（3）只有管理者獲取關於每個部門、每條生產線以及整個組織過去和現在狀況的信息才能制訂出有效的計劃，而這些信息中的絕大多數都是通過控制過程得到的。

如果沒有計劃表明控制的目標和依據，管理者就不可能進行有效的控制，計劃和控制都是為了實現組織的目標，兩者是相互依存的。

（三）控制的控能

對於管理者而言，重要的問題不是工作有無偏差，或者工作是否可能出現偏差，而是能否及時發現已經出現或者預見潛在的偏差，採取措施進行預防和糾正，以確保組織的各項活動能夠正常進行，從而能夠順利實現組織的預期目標，這就是控制的功能。

（1）及時瞭解組織環境的變化；
（2）組織協調各部門和各層次的活動；
（3）協調組織成員的活動；
（4）提供修改計劃的依據。

二、控制原理

任何一個有效的管理者，都希望有一個適宜、有效的管理系統來幫助他們確保各項活動都符合計劃要求。要使控制工作有效地進行，在建立控制系統時必須遵循下列基本原理：

（一）反應計劃要求原理

計劃是控制的依據，控制是實現計劃的保證，控制的目的是為了實現計劃，因此，計劃越明確、全面、完整，所設計的控制系統越能反應這樣的計劃，則控制工作越有效。

每一項計劃、每一種工作都有其特點。所以，為實現每一項計劃和完成每一種工作所設計的控制系統和所進行的控制工作，儘管基本過程相同，但是，在確定什麼標準、控制哪些關鍵點和重要參數、收集什麼信息、如何收集信息、採用何種方法評定成效，以及由誰來控制和採取糾正措施等方面，都必須按不同計劃的特殊要求和具體情況來設計。

（二）控制關鍵點原理

控制關鍵點原理是控制工作的一條重要原理。這條原理可表述為：為了進行有效的控制，需要特別注意在根據各種計劃來衡量工作成效時有關鍵意義的那些因素。對一個主管人員來說，隨時注意計劃執行情況的每一個細節，通常是浪費時間、精力和沒有必要的。他們應當也只能夠將注意力集中於計劃執行中的一些主要影響因素上。事實上，控制住了關鍵點，也就控制住了全局。關鍵點可以是組織目標本身不同時期的狀態，也可以是與組織目標實現有直接聯繫的其他因素的狀態。

（三）例外原理

例外原理可表述為：對於偏差，管理者不應平均看待，對於那些可能經常出現的偏差，要制定處理程序、政策和規則，交由下屬或當事人處理，而對於那些以前沒有或很少出現的問題才需要交上級主管處理。

質量控制中廣泛地運用例外原則來控制工序質量。工序質量控制的目的是檢查生產過程是否穩定。如果影響產品質量的主要因素，如原材料、工具、設備、操作工人等無顯著變化，那麼產品質量也就不會發生很大差異。這時，我們可以認為，生產過程是穩定的，或者說工序質量處於控制狀態中。反之，如果生產過程出現違反規律性的異常狀態，應立即查明原因，採取措施使之恢復穩定。

需要指出的是，只注意例外情況是不夠的。在偏離標準的各種情況中，有一些是無關緊要的，而另一些則不然，某些微小的偏差可能比某些較大的偏差影響更大。比如說，一個主管人員可能對利潤率下降了一個百分點感到非常嚴重，而對「合理化建

議」獎勵超出預算的20%不以為然。因此，在實際運用當中，例外原理必須與控制關鍵點原理相結合。僅僅立足於尋找例外情況是不夠的，我們應把注意力集中在關鍵點的例外情況的控制上。這兩條原則有某些共同之處。但是，我們應當注意到它們的區別在於：控制關鍵點原理強調選擇控制點，而例外原則強調觀察在這些點上所發生的異常偏差。

（四）控制效率原理

控制方法如果能夠以最低的費用或其他代價來探查和闡明實際偏差或可能偏離計劃的偏差及其原因，那麼它就是有效的。對控制效率的要求是控制系統的一個限定因素，控制的目的是為了增加效益或減少損失，但是控制的花費不應超過它能帶來的潛在效益。

（五）直接控制原理

直接控制，是相對於間接控制而言的。一個人無論他是主管人員還是非主管人員，在工作過程中常常會犯錯誤，或者往往不能覺察到即將出現的問題。這樣，在控制他們的工作時，就只能在出現了偏差後，通過分析偏差產生的原因，然後才去追究其個人責任，並使他們在今後的工作中加以改正。這種控制方式，我們稱為間接控制。顯而易見，這種控制的缺陷是在出現了偏差後才去進行糾正。針對這個缺陷，直接控制原理可表述為：主管人員及其下屬的工作質量越高；就越不需要進行間接控制。這是因為主管人員對他所負擔的職務越能勝任，也就越能在事先覺察出偏離計劃的誤差，並及時採取措施來預防它們發生。這意味著任何一種控制的最直接方式，就是採取措施來盡可能地保證主管人員的質量。

（六）控制趨勢原理

控制趨勢原理可以表述為：對控制全局的主管人員來說，重要的是現狀所預示的趨勢，而不是現狀本身，控制變化的趨勢比僅僅改善現狀重要得多，也困難得多。一般來說，趨勢是多種複雜因素綜合作用的結果，是在一段較長的時期內逐漸形成的，並對管理工作成效起著長期的制約作用。趨勢往往容易被現象所掩蓋，它不易覺察，也不易控制和扭轉。例如，一家生產高壓繼電器的大型企業，當年的統計數字表明銷售額較去年增長5%。但這種低速的增長卻預示著一種相反的趨勢：因為從國內新增的發電裝機容量來推測高壓繼電器的市場需求，較上年增長了10%，因而，該企業的相對市場地位實際上是在下降。同樣是這個企業，經歷了連續幾年的高速增長後，開始步入一個停滯和低速增長的時期。儘管銷售部門做出了較大努力，但局面卻仍未根本扭轉。這迫使企業的上層主管人員從現狀中擺脫出來，把主要精力從抓銷售轉向了抓新產品開發和技術改造，因而從根本上扭轉了被動的局面。

通常，當趨勢可以明顯地被描繪成一條曲線，或是可以描述為某種數學模型時，再進行控制就為時已晚了。控制趨勢的關鍵在於從現狀中揭示傾向，特別是在趨勢剛顯露苗頭時就敏銳地覺察到。這也是一種管理藝術。

第二節　控制過程

控制在不同的場合具有不同的內涵，如質量控制、宏觀經濟控制、時局控制、資金控制等。在這些控制場合中不管在什麼地方，也不管控制對象是什麼，控制本質是相同的，控制過程基本上都包括三個步驟：制定標準、衡量績效和糾正偏差。經過這三個步驟，管理控制實際上形成了一個完整的反饋系統，促進了組織目標的實現和管理活動的發展，如圖10-1所示：

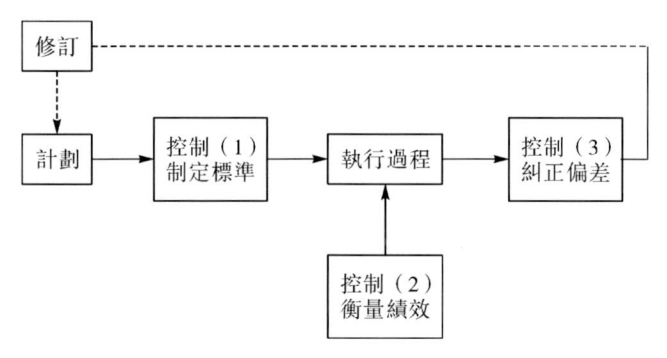

圖10-1　控制的過程

一、制定標準

要控制就要有標準，標準是指衡量績效的尺度，包括組織中的各種計劃及所規定的各項工作指標等，是人們檢查和衡量工作及其結果的規範。制定標準是進行控制的基礎，沒有標準或離開了標準就無法對活動進行評價，控制工作也就無從談起。由於計劃是控制的依據，控制的標準來源於計劃，所以從邏輯上講，實施控制的第一步是以計劃為基礎，制定出合理的控制標準。標準的設立應當是具有權威性，應當是可以考核的，可以是常數，也可以是變量；可以考核數量，也可以考核質量。

（一）標準的種類

（1）時間標準：主要反應工作時間進度的各種標準，如完工日期、交貨時間、時間定額等。

（2）成本標準：主要反應各種活動與工作所支出的費用標準，如產品成本、質量成本、人力資源成本等。

（3）數量標準：主要從量的方面規定活動和工作所完成的數量。

（4）質量標準：主要從定性或定量的角度規定工作水準和質量的要求。

（二）制定標準的方法

1. 統計法

相應的標準稱為統計性標準，是以企業的歷史數據記錄為基礎或對比同類型企業

的水準，運用統計學的方法進行分析並確定現在的控制標準。常常用於擬定與企業的經營活動和經濟效益相關的標準。

  2. 經驗估計法

  相應的標準稱為估價性標準，是在缺乏充分的統計數據和資料情況下，根據管理人員過去的經驗和判斷為基礎進行估計評價而確立的控制標準。

  3. 工程法

  相應的標準稱為工程性標準，是指根據對具體工作情況作出客觀的定量分析來制定標準的一種方法。他不是利用現成數據，也不是靠管理者的經驗判斷，而是對實際發生的活動進行測量從而制定出符合實際的可靠標準。

二、衡量績效

  衡量績效是指一方面要以標準為依據控制日常工作過程，另一方面要以標準為尺度，將實際工作的成績與標準進行比較，衡量成效，找出偏差及偏差產生的原因，以便制定糾正措施。

  衡量績效的關鍵就是要把握住反應有關工作情況的各種信息的及時性、可靠性和有效性。信息的及時性是保證適時地發現和解決問題的基礎，而可靠的信息有助於管理人員對實際工作作出正確的評價與判斷。信息的有效性是指信息必須能夠說明問題，並對解決這個問題是很有價值的信息。

  這一階段的具體內容包括：明確衡量的對象；確定衡量的方法；落實進行衡量和檢查的人員；通過衡量—對比過程獲得偏差信息。

  1. 明確衡量的對象

  明確衡量的對象就是要知道衡量什麼。這個要結合控制的對象而定，不同的對象有不同的控制指標，如財務控制要求衡量組織的資金週轉率、投資收益率等，而對於人員的控制要求我們衡量員工滿意度、出勤率等。

  2. 確定衡量的方法

  按照管理者獲取信息的方式我們可以把衡量的方法歸納如下：①現場觀察法（走動管理法）。這是指管理者親自去工作現場，通過直接與員工交流，觀察員工的工作現狀，瞭解工作進展的信息。這種方法可以使管理者直接獲得第一手的資料，減少信息的遺漏和傳遞過程的丟失，但是它容易受管理者個人主觀因素的影響，往往會產生個人偏見。對同一個問題，不同的管理者會有不同的看法。這種方法基層管理者較多採用。②報告法。通過下屬口頭的、書面的報告或者計算機統計報告獲得相關信息，這種方式在管理活動中較為普遍，而且管理者所處的層次越高，他們越依賴於這種方式獲取信息。它可以節約時間，但報告的質量高低決定了管理者所獲信息是否準確和全面。

  3. 落實進行衡量和檢查的人員

  控制工作最終要落實到人，人是控制活動的主體，離開了人，組織的控制活動將無法實施。在控制活動過程中，組織需要根據工作的性質和特點，確立衡量和檢查人員，他們利用相應的衡量方法來檢查工作的執行情況，這些人員可以是一線的員工，也可以是基層管理者或者高層管理者。

4. 通過衡量—對比過程獲得偏差信息

這是指確定實際業績是否滿足了預定或計劃的標準。通過對標準和實際工作的比較，找出偏差所在。因為在所有活動中，偏差是不可避免的，所以確定可以接受的偏差範圍是很必要的一項工作。按照標準來衡量實際成效的最好辦法應當建立在向前看的基礎上（即前饋控制），這樣可使差錯在其實際發生之前就被發現並採取適當的措施加以避免。富有經驗與遠見的主管人員常常能預見可能出現的偏差。

三、糾正偏差

控制的最後一個步驟就是根據衡量和分析的結果採取適當的措施。管理者對計劃工作進行檢查，採取的措施無非是維持原狀或糾正偏差。當衡量績效的結果比較令人滿意，可採取維持原狀；如果發現偏差，就要分析偏差產生的原因，對不同的情況要採取不同的措施，要麼糾正偏差，要麼對標準進行修正。

（一）措施分類

1. 糾正偏差

如果偏差是由績效不足所產生的，管理者就應該採取糾正措施。這種措施的具體方式可以是：調整管理策略、完善組織結構、及時進行補救、加強人員培訓以及進行人事調整等。作為一個有效的管理者，對偏差進行認真的分析，並花一些時間永久性地糾正這些偏差是非常有益的。

2. 修訂標準

工作中的偏差也可能來自不合理的標準，也就是說指標定得太高或太低，或者是原有的標準隨著時間的推移已難適應新的情況。這種情況下，需要調整的是標準而不是工作績效。

值得說明的是，在糾正偏差中，最難的就是找出偏差產生的主要原因。偏差產生的原因是極其複雜的，必須透過現象看本質，通過一定的分析法，找出偏差的主要原因，看是標準本身不完善、健全，還是執行過程中的其他管理問題。只有「理直」才能「氣壯」。

（二）在整個糾偏過程中管理者還需要注意的問題

（1）保持糾偏方案的雙重優化。既要提高控制措施的效用，同時也要降低糾偏成本。通過對各種可行的糾偏方案的分析比較，找出其中相對最優的方案，以實現追加投入最少、成本最小、解決偏差效果最好的目的。

（2）充分考慮原有計劃實施的影響。管理控制的實施將會使企業經營活動方向發生或大或小的調整，因此管理者在制訂和選擇控制方案的時候，就需要充分考慮組織由於原有計劃的實施已經造成的種種影響以及人員思想觀念的轉變等問題。

（3）長期目標與短期目標兼顧。短期目標治標，長期目標治本。管理者採取糾正偏差的措施，可以針對所出現的問題立即採取應急行動，也可以從「問題的症狀—問題的原因—問題的根源」層層深入分析著手，找到徹底解決問題的突破口。

（4）注意消除組織成員的疑慮。管理控制措施的實施會在不同程度上引起組織結構、人員關係和活動方式的調整，會觸及某些組織成員的利益。管理者在控制工作中

要充分考慮和處理組織成員對準備採取糾正措施的各種態度,特別是要注意消除執行者的疑慮,爭取理解、贊同和支持,以避免可能出現的人為障礙。

綜上所述,控制是一個連續的過程。在大多數情況下,即時控制既是一個管理過程的終結,又是另一新的管理過程的開始。控制活動從計劃開始,通過衡量計劃執行中出現的偏差,採取糾正措施,把那些不符合要求的管理活動引回到正常的軌道上來,以穩步地實現預定目標。

第三節　控制類型

在組織中,控制可以從不同角度劃分為多種類型。

一、根據控制點的不同時間分類

（一）預先控制

預先控制又稱事前控制、事先控制,是指針對不久的未來預測可能出現的偏差,預先採取各種防範措施,使未來的實際結果能夠達到預定標準。預先控制發生在實際工作開始之前,是以未來為導向的,對管理者來說,其控制的關鍵在於需要及時和準確的信息捕捉能力與敏銳的判斷力,並進行仔細和反覆預測,把預測和預期目標相比較,並促進計劃的修訂。預先控制是用來防止問題的發生而不是當出現問題時再補救。例如,市場調查、原材料的檢查驗收、組織招工考核、入學考試等都屬於預先控制。

預先控制的最大優點是克服了時滯現象,防患於未然,使企業盡量避免損失。其缺點是需要對計劃目標的變化趨勢進行預測,並要分析可能對計劃產生影響的因素,這一點往往會給管理工作帶來很大的困難。

（二）事中控制

事中控制,也稱現場控制,是指在某項活動或工作過程中進行的控制,管理者在現場對正在進行的活動給予指導和監督,以保證按規定政策、程序方法進行。最常見的事中控制就是直接觀察,及時發現偏差,及時瞭解,及時解決。例如,生產過程中的進度計劃、每日情況統計報表、學生的家庭作業和期中考試等,都屬於事中控制。

在進行事中控制時,要注意避免單憑主觀意志進行工作。管理人員必須加強自身的學習,親臨第一線進行認真仔細的觀察和監督,以計劃為依據,服從組織原則,遵循正式指揮系統的統一指揮,逐級實施控制。

（三）事後控制

事後控制是在工作結束之後進行的控制。事後控制把注意力集中於工作結果上,用預定的標準去衡量最終結果,指出偏差,分析原因,為改進下一期的行動提供依據。事後控制既可以用來控制系統的最終結果（如利潤、產量等）,也可以用來控制系統的中間結果（如生產計劃、工序質量、生產過程等）。事後控制是歷史最悠久的控制類型,傳統的控制方法幾乎都屬於此類。如企業對生產出來的成品進行質量檢驗、學校

對學生的違紀處理等，都屬於事後控制。

事後控制的優點是：為管理者提供了有關計劃執行的結果究竟如何的真實信息；它可以增強員工的積極性，因為人們希望自己的工作得到肯定，希望獲得評價他們的信息，而反饋正好提供了這樣的信息。其缺點是時滯問題，管理人員獲得信息時損失已經造成了，對已經形成的結果來說是無濟於事的，無法改變已經存在的事實。所以事後控制的目的在於總結過去的經驗教訓，為未來計劃的制訂和活動安排提供借鑑，也是面向未來的。

二、按控制信息的性質分類

（一）前饋控制

前饋控制又稱為指導將來的控制，他通過情況的觀察、規律的掌握、信息的分析、趨勢的預測、對未來可能發生問題的預計，在問題發生前即採取措施加以防止。前饋控制的著眼點是通過預測對被控對象的投入或過程進行控制，以保證所期望的產出，並可較好解決一些非正常現象所帶來的問題。如通過市場行銷預測來調整企業的行銷策略、通過流通資金的預算來控制資金的收支等，都屬於前饋控制。前饋控制的難點是敏銳地捕捉可能影響組織績效的信息。

（二）反饋控制

反饋控制是根據過去的情況來指導現在和將來，即從組織活動進行過程中的信息反饋中發現偏差，通過分析原因，採取相應措施糾正偏差；反饋控制是一個不斷提高的過程，他的工作重點是把注意力集中在歷史結果上，並將它作為未來行動的基礎。反饋控制不是最好的控制，但目前仍被廣泛地使用，這是因為有許多工作現在還沒有有效的預測方法，而且受主、客觀條件的限制，人們往往會在執行計劃過程中出現失誤。在組織中應用最廣泛的反饋控制方法是：財務報告分析、標準成本分析、質量控制分析與工作人員成績評定等。事後控制和事中控制都用反饋控制系統，只不過事中控制的反饋週期短，有即時控制效果。

三、按控制的主體分類

（一）直接控制

計劃的執行結果往往要受到人的影響，要清除未來的偏差，就應通過各種方法改進管理者的行為。而直接控制就是用來改進管理者未來行動的一種方法，它著眼於培養更好的管理者，使他們能夠熟練地應用管理的概念、技術和原理，能以系統的觀點來改進和完善他們的管理工作，從而防止因管理不善而造成的不良後果。此時的控制主體應由直接責任者負責。

直接控制的優點是：首先，直接控制重視人的素質，對管理者的優缺點有比較全面的瞭解。在對個人委派任務時，能有較大的準確性，同時，為了提高管理者的素質，對他們進行經常的專門培訓和評價，能消除他們在工作中暴露出的缺點和不足，提高控制效率。其次，能充分發揮管理者的主觀能動性，使他們主動確定他們自己應負的

責任，自覺地糾正錯誤，並有效地培養自我管理能力和主人翁精神。再次，由於提高了管理者的素質，減少了偏差的發生，並強調自我控制，因此能減少控制系統所需的人力和物力。最後，可以獲得較好的心理效果。

(二) 間接控制

人們常常會犯錯誤，或常常不能察覺到那些將要出現的問題，因而未能及時採取適當的糾正或預防措施。間接控制就是著眼於工作中出現的偏差，分析產生的原因，並追究其個人責任，使之改進未來工作的一種控制方法。

在實際工作中，管理人員往往是根據計劃和標準，對比或考核實際的結果，研究造成偏差的原因和責任，然後才去糾正。實際上，計劃執行中出現問題、產生偏差的原因是很多的：有時是制定的標準不正確，可對標準做合理的修訂；有時存在未知的不可控因素，如未來的經濟發展狀況、自然災害等，因此造成的失誤是難免的；還有一種原因就是管理人員缺乏知識、經驗和判斷力等，在這種情況下可以運用間接控制來糾正。同時，間接控制還可以幫助管理人員總結並吸取經驗教訓，豐富他們的知識、經驗，提高其判斷力和管理水準。

間接控制對比較規範和程序化的工作較為有效，但也存在著許多缺點：第一，對複雜環境反應較慢，所制定的標準實際執行時可能較為困難；第二，只考核工作業績，忽視了其他因素，如外部環境因素等；第三，在改正錯誤和糾正偏差之前可能已發生了時間和金錢的損失，因為間接控制是在出現了偏差、造成損失之後才採取措施，所以它的費用支出是比較大的；第四，可能導致管理者對控制的消極情緒，加上大家互相推卸責任或當事者固執己見，不願糾正錯誤等，情況可能更糟。

四、按控制力量的來源分類

(一) 正式組織控制

正式組織控制是指由管理人員設計和建立起來的一些機構或規定來進行控制。例如，組織通過規劃指導組織成員，通過預算來控制消費，通過審計來檢查各部門或各成員是否按照規定進行活動，對違反規定或操作規程者給予處理等，都屬於正式組織控制。在多數組織中，普遍實行的正式組織控制的內容包括：實施標準化，即制定統一的規章、制度，制定標準的工作程序以及生產作業計劃等；保護組織的財產不受侵犯，如防止偷盜、浪費等；質量標準化，包括產品的質量及服務的質量；防止濫用權力；對員工的工作進行指導和考核。

(二) 群體控制

群體控制是基於非正式組織成員之間的不成文的價值觀念和行為準則進行控制。非正式組織儘管沒有明文規定的行為規範，但組織中的成員都十分清楚這些規範的內容，都知道自己如果遵守這些規範，就會得到其他成員的認可，可能會由此強化自己在非正式組織中的地位；如果違反這些行為規範就會遭到懲罰，這種懲罰可能是遭受排擠、諷刺，甚至被驅逐出該組織。群體控制在某種程度上左右著員工的行為，處理得好有利於組織目標的實現，如果處理不好會給組織帶來很大危害。

（三）自我控制

自我控制是指個人有意識地按某一規範進行活動。自我控制能力取決於個人本身的素質。例如，一個員工不願把企業的東西據為己有，可能是因為他具有較強的自我控制能力。具有較高層次需求的人具有較強的自我控制能力。

劃分控制類型的目的，是為了根據管理者的不同情況，分別採取不同類型的控制，以便使管理的控制職能得到更有效的發揮。控制類型按照不同的標準還可以分成許多種。例如按照控制對象的全面性，可分為局部控制和全面控制；按照控制的程度不同，還可以分為集中控制和分散控制。

第四節　控制方法與技術

組織在管理活動中，控制是需要借助相應的方法與技術來實現的，因控制的對象、內容和條件不同，還應選擇不同的控制方法。既可以利用預算實施預算控制，還可以利用管理經濟學和管理會計學提供的一些專門方法，如比率分析和盈虧平衡分析等對實際系統進行經濟分析。此外還可以借用行政手段監測、控制受控系統，主要包括實地觀察、資料統計、報告、企業診斷、制度規範與培訓。另外，審計控制也是一種有效的控制方法。而近年來一些新的管理觀念（目標管理、全面質量管理、價值工程等）的興起、信息技術的迅猛發展都對管理控制活動的方式和方法產生著重大影響。

一、預算控制

組織管理中最基本、最廣泛運用的一種控制方法就是預算控制方法。無論是工商企業還是政府、文化組織，都需要借助預算對管理系統的運行進行控制。

（一）預算的概念

預算，也可以稱為預算編製，是一種計劃，是用數字編製來反應組織在未來某一個時期的綜合計劃，也可以簡單地理解為預算是計劃的數量體現，即用數字來表明預期的結果。它預估了組織在未來時期的經營收入或現金流量，同時也為組織中的各部門或各項活動規定了在資源（人、財、物及時間等）方面的支出不能超過的額度。

（二）預算控制

預算控制是指通過編製預算並根據預算規定的收入和支出標準為基礎，來檢查、監督和控制組織各個部門的生產經營活動，在活動過程中比較預算和實際的差距及原因，以保證各種活動或各個部門在充分達成既定目標、實現利潤的過程中對經營資源的利用，從而使費用支出受到嚴格有效的約束。

通過編製預算有助於改進計劃工作，更有效地確定目標和擬定標準。但是，預算的最大價值還在於它有助於改進協調和控制工作。當為組織的各個職能部門都編製了預算時，就為協調組織的活動奠定了基礎。同時，由於對預期結果的偏離將更容易查明和評定，預算也為控制工作中實施糾正措施奠定了基礎。所以預算可以導致更好的

計劃和協調，並為控制提供基礎。此外，要使預算對主管人員具有指導和約束作用，預算必須反應組織的機構狀況。只有充分按照各部門業務工作的需要來制訂、協調並完善計劃，才有可能編製一個足以作為控制手段的分部門預算。將各種計劃編製為一些確切的數字，有助於主管人員清楚地看到哪些資金將由誰來使用，將由哪些單位使用，並涉及哪些費用開支計劃、收入計劃和以實物表示的投入量和產出量計劃。主管人員明確了這些情況，就可以放手地授權下屬，以便使之在預算的限度內去實施計劃。

(三) 預算的種類

對於不同的組織而言，其預算會各不相同。即使同一組織內部的不同部門，由於其經營活動的不同，預算也會有所差異。一般來說預算可分為以下幾種基本類型：

1. 收支預算

收支預算又稱經營預算，是從財務的角度即從貨幣的收入與支出角度編製的企業經營管理收支計劃，也即企業日常發生的各項基本活動的預算。它主要包括銷售預算、生產預算、直接材料採購預算、直接人工預算、製造費用預算、單位生產成本預算、推銷及管理費用預算等。

(1) 銷售預算是銷售預測的詳細說明，即通過分析企業過去的銷售情況、目前和未來的市場需求，比較競爭對手和本企業的經營實力，確定企業未來時期內，為了實現目標和利潤必須達到的銷售水準。銷售預算應該和企業的具體業務活動相對應，不同的產品、不同的銷售區域、不同的時期的銷售狀況往往會有很大差別，所以銷售預算需分項、分期編製。由於銷售預測是計劃的基石，企業主要是靠銷售產品和提供服務的收入來維持經營費用的支出並獲利的，因此，銷售預算是預算控制的基礎。

(2) 生產預算是指組織在預算期內生產多少產品才能滿足銷售和期末存貨需要的預計，按產品品種、數量分別編製。生產預算取決於銷售預算、期初產成品存貨量以及期末產成品預計存貨量。確定預計生產量的公式如下：

預計產量 = 預算的銷售量 − 期初產成品存貨量 + 期末產成品存貨量

選擇期末產成品存貨量的大小時需要平衡兩個相衝突的目標：一是組織不願意因缺貨而喪失銷售機會；二是產成品存貨過多又會損失成本。在生產預算編製好後，還應根據分季度的預計銷售量，經過對生產能力的平衡，排出分季度的生產進度日程表，或稱生產計劃大綱。

(3) 在生產預算和生產進度日程表的基礎上，可以編製直接材料採購預算、直接人工預算（即直接工資及其他直接支出預算）和製造費用預算。這三項預算構成對企業生產成本的統計。而推銷及管理費用預算，包括製造業務範圍以外預計發生的各種費用明細項目，例如銷售費用、廣告費、運輸費等。對於實行標準成本控制的企業，還需要編製單位生產成本預算。

2. 時間、地點、原材料和產品預算

這種預算一般是以產品單位或直接工時為計量單位的預算，如直接工時效、臺時數、單位原材料、劃撥的平方米面積和生產數量等。這是一種以實物單位進行的預算。在預算控制中，有時用實物單位表示更好。例如，一個自行車裝配車間的管理人員，知道每週有 8,000 工時勞動力預算，要比知道每週 7 萬元工資的工人數更容易安排

工作。

3. 資產預算

這種預算是對企業固定資產的購置、擴建、改造、更新等，在可行性研究基礎上編製的預算。其基本內容包括：何時進行投資，投資多少，資金從何處取得，何時可獲得收益，每年的現金淨流量為多少，需要多少時間收回全部投資等。由於投資興建的固定資產所需資金量大，又往往需要很長時間才能回收，所以，投資預算應當反應企業的戰略以及長期計劃。

4. 現金預算

這實質上是一種現金收支預算，主要反應計劃期間預計的現金收支的詳細情況。完成初步的現金預算後，就可以知道企業在計劃期間內需要多少資金，財務主管人員就可以預先安排和籌措，以滿足資金需求。現金預算可用它來衡量實際的現金使用情況。從某種意義上講，這種預算是組織中最重要的一種控制。為了有計劃地安排和籌措資金，現金預算的編製期應越短越好。如按季度、按月編製現金預算，甚至逐周、逐天編製預算。

5. 資產負債預算

它可用來預測將來某一特定時期的資產、負債和資本等帳戶的情況，或用來反應企業在計劃期末那一天預計的財務狀況。其編製是以計劃期間開始的資產負債表為基礎，然後根據計劃期間各項預算的有關資料進行必要調整而形成的。由於其他各種預算都是資產負債表項目變化的資料依據，因而利用資產負債表可以驗證所有其他預算的準確性。

6. 總預算

它是把各部門各種預算綜合而成的。總預算包括預計的資產負債表和資產損益表。資產負債表預測資產、債務和權益，表明了組織財產的具體情況；資產損益表預計收入、支出及利潤，表明了組織的經營狀況和成果。總預算中還需附有編製預算所需的有關數據和資料，以及可能出現的情況分析。總預算的編製要以組織目標和計劃為依據。

（四）預算編製的程序

預算編製的程序一般包括以下六個步驟：

（1）組織下屬各職能部門制訂本部門的預算方案，呈交歸口負責人審批；

（2）各歸口負責人對所屬部門的預算草案進行綜合平衡，並制訂本系統的總預算草案；

（3）各系統將其預算草案呈交預算領導小組；

（4）預算領導小組審查各系統預算草案，並進行綜合平衡；

（5）預算領導小組與最高決策人磋商，擬訂整個組織的預算方案。

（6）預算領導小組將整個組織的預算方案提交最高領導層審批之後下發各部門執行。

（五）現代預算方法

1. 彈性預算

彈性預算是在固定預算模式的基礎上發展起來的一種預算模式。它是根據計劃或預算可預見的多種不同的業務量水準，分別計算其相應的預算額，以反應在不同業務

量水準下所發生的費用和收入水準的財務預算編製模式。由於彈性預算隨業務量的變動而作相應調整，考慮了計劃期內業務量可能發生的多種變化，故又稱變動預算。彈性預算有兩方面的特性：①彈性預算僅以某個「相關範圍」為編製基礎，而不是以某個單一業務水準為基礎；②彈性預算的性質是「動態」的。彈性預算的編製可適應任何業務要求，甚至在期間結束後也可使用。也就是說，企業可視該期間所達到的業務要求編製彈性預算，以確定在該業務要求下「應有」的成本是多少。彈性預算總是提出一個產量幅度——在這個幅度內，各種固定性的費用要素是不變的。如果產量低於該幅度的下限，就要考慮採用一個更適合於較低產量的固定費用，例如壓縮行政人員、處理閒置設備等。如果產量超過了該幅度的上限，那麼，為了按較大生產規模來考慮必需的固定費用，例如增加設備、擴大廠房面積等，則應另外編製一個不同的彈性預算。彈性預算的編製採用彈性預算方法，有效地彌補了固定預算方法的不足。彈性預算的出現，使不同的財務經濟指標水準或同一經濟指標的不同業務量水準有了相應的預算額。因此，在實際業務量發生後，可將實際發生量同與之相適應的預算數進行對比，以揭示生產經營過程中存在的問題。

2. 零基預算

增量預算是一種傳統的預算方法，是以上年度的實際發生數為基礎，再結合預算期的具體情況加以調整，很少考慮某項費用是否會發生，或預算的數額是否正確。在增量預算法下，預算編製單位的負責人常常竭力用完全年的預算指標。針對傳統預算編製方法存在的問題，在每個預算年度開始時，將所有還在進行的管理活動都看做是重新開始，即以零為基礎。根據組織目標，重新審查每項活動對實現組織目標的意義和效果，並在費用—效果分析的基礎上，重新排出各項管理活動的優先次序，並據此決定資金和其他資源的分配。

3. 程序性預算

傳統的預算方法是以各項開支為目標制訂的。它一般是根據以往開支情況，將資源分配在各個開支項目上，而忽略了開支只是完成計劃目標的手段。這樣的預算，必然會導致資源分配的不合理以及不能有效地保證組織或部門目標的特定需要。而程序性預算，完全是以計劃為基礎的，按照計劃目標的實際需要來分配資源，使資源最有效地保證目標的實現。

(六) 預算的作用及其局限性

1. 預算的作用

(1) 使企業在不同時期的活動效果和不同部門的經營績效具有可比性；
(2) 預算的編製為企業的各項活動確立了財務標準；
(3) 通過為不同職能部門和職能活動編製預算，也為協調企業活動提供了依據；
(4) 數量形式的預算標準大大方便了控制過程中的績效衡量工作。

2. 預算的局限性

(1) 只能幫助企業控制那些可以計量的，特別是可以用貨幣單位計量的業務活動，而不能促使企業對那些不能計量的企業文化、企業形象、企業活力的改善予以足夠的重視。

（2）企業的外部環境是在不斷變化的，這些變化會改變企業獲取資源的支出或銷售產品實現的收入，從而使預算變得不合時宜。除了銷售預算、生產預算適合彈性預算外，很多行政業務預算需要使用其他預算方法。

二、比率控制

企業通過對一些反應財務狀況與經營業績的比例進行分析，並控制在一定範圍，有利於企業長期保持健康的營運狀態。

（一）財務比率分析

這種方法主要用來分析財務結構，控制財務狀況，並通過這種資金形式來集中對整個系統進行控制，有助於直接控制企業的經營活動。

1. 流動比率

流動比率是企業流動資產和流動負債的比率，反應了企業流動負債的能力。其計算公式為：

流動比率 =（流動資產/流動負債）×100%

這一比率普遍被用來衡量企業短期償債能力。流動比率越高，表示短期償債能力越強。企業資產應有足夠的流動性來增強企業的償債能力和信譽，但也要防止追求高流動性而導致財務資源得不到充分利用而使收益受損。

2. 負債比率

負債比率是企業負債總額和資產總額的比率，反應了企業所有者提供的資金與外部債權人提供的資金的比率關係。其計算公式為：

負債比率 =（負債總額/資產總額）×100%

該比率用來衡量企業利用債權人提供的資金進行經營活動的能力，也反應了債權人借出資金的安全程度，負債比率低雖然表明了企業的長期償債能力強，但會影響企業利用外部資金發展並獲取額外利潤，因此確定合理的債務比率是企業成功舉債經營的關鍵。

3. 盈利比率

盈利比率是企業利潤與銷售額或全部資金等相關因素的比例關係，反應了企業在一定時期從事某種經營活動的盈利程度，主要包括：銷售淨利率、銷售毛利率和資產淨利率。

盈利比率反應了企業是否從全部投入資金的利用中實現了足夠的利潤，企業可以利用該比率來考慮如何調控資金的投入分配從而獲得最大的利潤。

（二）經營比率分析

經營比率（活力比率），是與資源利用有關的幾種比例關係，反應了企業經營效率的高低和各種資源是否得到了充分利用，為企業管理控制工作提供依據。

（1）庫存週轉率——銷售總額與庫存平均價值的比例關係，反應了與銷售收入相比庫存數量是否合理。

（2）固定資產週轉率——銷售總額與固定資產之比，反應了單位固定資產能夠提

供的銷售收入，表明了企業固定資產的利用程度。

（3）銷售費用率——銷售費用與銷售收入的比率，表明單位銷售費用能夠實現的銷售收入，反應了企業行銷活動的效率。

三、審計控制

審計是指對反應企業資金運動過程及其結果的會計記錄及財務報表進行審核、鑒定，以判斷其真實性和可靠性，從而為控制和決策提供依據。根據審計主體和內容的不同，可將審計分為二種類型：一是由外部審計機構的審計人員進行的外部審計；二是由內部專職人員對企業財務控制系統進行全面評估的內部審計；三是由外部或內部審計人員對管理政策及其績效進行評估的管理審計。

（一）外部審計

外部審計是由外部機構（如會計師事務所）選派的審計人員對財務報表及其反應的財務狀況進行獨立的評估。為了檢查財務報表及其反應的資產與負債的帳面情況與企業真實情況是否相符，外部審計人員需要抽查企業的基本帳務記錄，以驗證其真實性和準確性，並分析這些記錄是否符合公認的會計準則和記帳程序。

外部審計實際上是對企業內部虛假、欺騙行為的一個重要而系統的檢查，因此起著鼓勵誠實的作用。由於知道外部審計不可避免地要進行，企業就會努力避免做那些在審計時可能會被發現的不光彩的事情。

（二）內部審計

內部審計是由內部的機構或由財務的專職人員來獨立進行的審計。內部審計兼有許多外部審計的作用。它不僅要像外部審計那樣核實財務報表的真實性和準確性，還要分析企業的財務結構是否合理；不僅要評估財務資源的利用效率，還要檢查和分析企業控制系統的有效性；不僅要檢查目前的經營狀況，還要提供改進這種狀況的建議。

（三）管理審計

外部審計主要核對企業財務記錄的可靠性和真實性；內部審計在此基礎上對企業政策、工作程序與計劃的遵循程度進行測定，並提出必要的改進企業控制系統的對策建議；管理審計的對象和範圍更廣泛，它是一種對企業所有管理工作及其績效進行全面、系統的評價和鑒定的方法。管理審計雖然也可由組織內部的有關部門進行，但為了保證某些敏感領域得到客觀的評價，企業通常聘請外部專家來進行。

管理審計的方法是利用公開記錄的信息，從反應企業管理績效及其影響因素的若干方面，將企業與同行業其他企業或其他行業的著名企業進行比較，以判斷企業經營與管理的健康程度。

四、行政控制

行政控制泛指借用行政手段監測、控制受控系統的方法。其主要包括以下幾種：

（一）視察

視察，也稱親自觀察法，是一種最古老、最常見、最直接的行政領導控制方法。

它是指管理者通過對重要管理問題的實際調查研究，獲取控制所需的信息，或親自觀察員工的生產進度、傾聽員工的心聲來獲取信息，或者親自參加某些具體工作，通過實踐來加深對問題的瞭解，獲得第一手資料。視察不僅可以直接掌握第一手資料、能親自辨別情報真偽、及時把握變化情況，還有利於縮短管理者與被管理者的心理距離。因此，它是其他控制手段所不能替代的。

（二）報告

這是指管理者搜集與閱讀關於受控系統運行信息的各種報告，瞭解情況，以控制系統運行的方法。這些報告較為詳盡地提供有關信息並進行糾偏分析，為糾正偏差的行動提供依據和指南。

報告的形式多樣，可以通過口頭匯報的形式實現，如各種會議、一對一談話或電話交談，也可以通過書面的形式來實現。

對報告控制的基本要求是做到適時、突出重點，指出例外情況，盡量簡明扼要。通常，運用報告進行控制的效果，取決於管理者對報告的要求。管理實踐表明，大多數主管人員對下屬應當向他報告什麼缺乏明確的要求。隨著組織規模及其經營活動規模的日益擴大，管理也日益複雜，而主管人員的精力和時間是有限的，從而，定期的情況報告也就越發顯得重要。

（三）資料統計

這是指管理者借助各種數據資料，掌握受控系統運行情況，進而進行控制的方法。如果能夠有連續反應受控系統運行情況的原始記錄，其將便於實施有效的控制。同時，堅持對有關統計資料的分析與累積，就能為控制系統運行、監測偏差並及時採取糾正行動提供有力的依據。所以，加強管理的基礎工作，健全原始記錄，累積統計數據，是實施控制的有效手段。

五、全面質量管理

（一）全面質量管理的含義

質量管理一直是組織經營的一項重要內容，也是對相關組織活動實施控制的一種重要手段。隨著組織管理理論的演變，質量管理經過了從檢驗質量管理、統計質量管理、全過程質量管理到全面質量管理的演變。全面質量管理作為一種全新的質量管理觀點和方式，是企業為了保證和提高產品質量，綜合運用整體質量管理體系、手段和方法所進行的系統性管理活動。具體地說，就是組織企業全體員工和有關部門參加，綜合運用現代科學和管理技術成果，控制影響產品質量的全過程和各因素，指導經濟地研製、生產和提供用戶滿意的產品的系統管理活動。

全面質量管理於20世紀60年代產生於美國，後來在西歐與日本逐漸得到推廣與發展。它應用數理統計方法進行質量控制，使質量管理實現定量化，變產品質量的事後檢驗為生產過程中的質量控制。它通過「計劃—實施—檢查—處理」的質量管理循環，提高質量管理效果，保證和提高產品質量。因此，它比傳統的質量檢驗、統計質量控制等質量管理更加完善與全面。全面質量管理是一個系統化、綜合化的管理方法，是

一套能夠控制質量、提高質量的管理技術和科學技術。

(二) 全面質量管理的基本內容

(1) 對全面質量的管理。全面質量指所有質量，即不僅是產品質量，還包括工作質量、服務質量。在全面質量中產品質量是核心。

(2) 對全過程的管理。對產品的質量管理不限於製造過程，而是擴展到市場研究、產品開發、生產準備、採購、製造、檢驗、銷售、售後服務全過程。

(3) 由全體人員參與的管理。企業把「質量第一、人人有責」作為基本指導思想，將質量責任落實到全體員工，人人為保證和提高質量而努力。

(三) 全面質量管理的工作程序

通常採用 PDCA 循環工作法。PDCA 循環是全面質量管理最基本的工作程序，即計劃—執行—檢查—處理（Plan - Do - Check - Action）。這是美國統計學家戴明（W. E. Deming）發明的，因此也稱為戴明循環。用四個階段、八個步驟來展示反覆循環的工作程序。如圖 10 - 2 所示。

(1) 計劃階段：①找出存在的質量問題；②找出質量問題的原因；③找出主要原因；④根據主要原因，制定解決對策。

(2) 執行階段：按制定的解決對策認真付諸實施。

(3) 檢查階段：調查分析對策在執行中的效果。

(4) 處理階段：總結執行對策中成功的經驗，執行對策中不成功或遺留問題轉下一個 PDCA 循環解決。

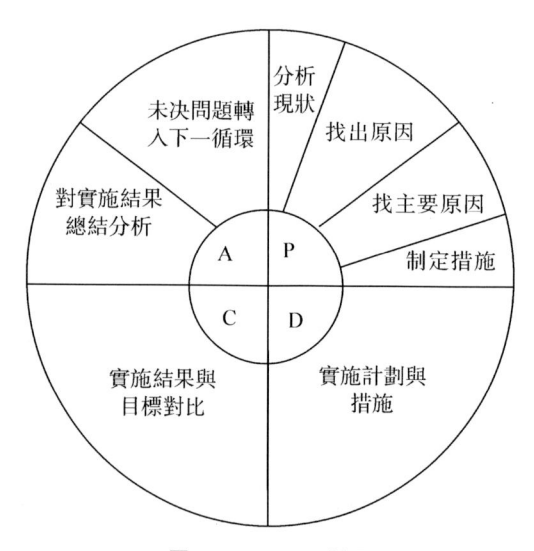

圖 10 - 2　PDCA 循環

PDCA 循環管理的特點：①PDCA 循環工作程序的四個階段，順序進行，組成一個大圈；②每個部門、小組都有自己的 PDCA 循環，並都成為企業大循環中的小循環，大循環套小循環，互相促進，整體提高；③階梯式上升，循環前進。企業的質量管理

循環是連續進行的，但每個 PDCA 循環都不是在原地的簡單重複，而是每次都有新的提高。

六、價值工程

（一）價值工程的由來

價值工程（Value Engineering, VE），又稱價值分析（Value Analysis, VA），是對產品或服務的功能與成本實施優化控制的一種工具。它是一項現代化管理技術，也是非常實用的控制技術，在第二次世界大戰期間產生於美國。當時為了解決戰爭時期軍工生產材料短缺的困難，從研究材料代用入手，創造了功能分析的方法。此後，該法在推廣應用中不斷發展和完善，成為一種有組織的創造活動，並形成一套先進、科學、有效的管理方法。

（二）價值工程的原理

1. 含義

價值工程是以提高產品、服務質量甚至行政工作的價值為目標，以最低的總成本完成必要的功能所實施的有組織的綜合活動。

2. 價值與產品功能和成本的關係

這裡所說的「價值」，不同於政治經濟學中所講的價值。它是指人們對產品或服務的一種綜合評價。在價值分析中，評價一種產品的價值大小，既要考慮產品勞動消耗，又要考慮產品使用效能，從而得出綜合性概念——價值。價值與產品功能和成本的關係可以用下式表示：

$$V = F/C$$

式中：V 為價值；F 為功能；C 為成本。

從上式可以看出，價值與功能成正比，與成本成反比。如果說某產品價值大，意味著或者是以原有的成本生產出較大的功能，或者是以較低的成本生產出同樣的功能。推廣到顧客購買商品上來，某件商品對於消費者來說價值大，意味著或者是價格相同而商品質量較好，或者是質量一般，但價格便宜，這些商品是值得購買的。

3. 提高價值的途徑

根據價值形成的規律，可以找到如下提高產品價值的途徑：

（1）保持功能不變，努力降低成本；

（2）以原有的成本，提高產品功能；

（3）大幅度地提高產品的功能，並適當提高產品成本也是必要的，只要功能的提高程度超過成本的提高程度，就能使產品的價值有所提高。

（三）價值工程的基本程序

1. 價值工程的提問程序

開展價值工程的過程就是發現問題、分析問題、解決問題的過程。國外習慣於逐步深入地提出一系列問題，通過回答問題尋找答案，導致問題的解決。所提問題有七個：

（1）價值工程的對象是什麼？

(2) 它是幹什麼用的？
(3) 其成本是多少？
(4) 其價值是多少？
(5) 有無其他方法實現同樣的功能？
(6) 新方案的成本是多少？
(7) 新方案能滿足要求嗎？

2. 價值工程的實施步驟

價值工程的開展是一項邏輯性較強的系統性工作，它把整個過程劃分為若干階段、基本步驟和具體步驟。這些階段和步驟要大致有個先後順序，但內容又有交叉。根據價值工程對象的複雜和重要程度，以及工作人員的經驗水準不同，步驟可以粗一些或細一些，但內容不應省略，否則會影響價值工程的質量和效果。

按一般決策過程來劃分，可將價值過程分為三個階段：分析問題、綜合研究、方案評價；按工作順序可分為三個基本步驟和十二個具體步驟，如表10－1所示：

表10－1　　　　　　　　　　價值工程的基本程序

決策階段	價值分析的實施步驟		價值分析的提問程序
	基本步驟	具體步驟	
一、分析	（一）功能定義	1. 選擇對象	(1) VA的對象是什麼？
		2. 收集情報	
		3. 功能定義	(2) 它是幹什麼用的？
	（二）功能評價	4. 功能評價	(3) 其成本是多少？ (4) 其價值是多少？
二、綜合	（三）改進方案的制定與評價	5. 方案制訂	(5) 有無其他方法實現同樣的功能？
		6. 概略評價	
		7. 方案具體化	(6) 新方案的成本是多少？
三、評價		8. 試驗研究	(7) 新方案能滿足要求嗎？
		9. 詳細評價	
		10. 提案審批	
		11. 方案實施	
		12. 成果總評	

【本章小結】

控制是監視各項活動的運作、及時糾正活動中出現的偏差，使活動按計劃進行的過程。控制運用在管理活動中就稱為管理控制，它是管理工作的一項基本職能。適時有效的控制有助於組織達到預期的目標。掌握管理控制的不同分類方式有利於我們更

好地瞭解各類控制的特徵，搞好控制工作。管理控制的主要對象是人員、財務、作業、信息和組織績效。控制活動由三個基本環節構成：制定標準、衡量績效、糾正偏差。為了達到對計劃的有效控制，在控制執行過程中我們應遵循反應計劃要求原理、控制關鍵點原理、例外原理、控制效率原理、直接控制原理、控制趨勢原理。在組織中，控制可以從不同角度劃分為各種類型，主要是根據控制點的不同時間分為預先控制、現場控制和事後控制，按控制信息的分類分為前饋控制和反饋控制，按控制的主體分為直接控制和間接控制，按控制力量的來源劃分為正式組織控制、群體控制和自我控制。此外還要運用恰當的技術和方法。既可以利用預算實施預算控制，還可以利用管理經濟學和管理會計所提供的一些專門方法，如比率分析等。此外還可以借用行政手段，另外，審計控制也是一種有效的控制方法。而近年來一些新的管理觀念（目標管理、全面質量管理等）的興起、信息技術的迅猛發展都對管理控制活動的方式和方法產生重大影響。

【思考題】

1. 簡述控制的前提條件。
2. 簡述控制與計劃的關係。
3. 如何正確對待工作中出現的偏差？
4. 控制工作的過程是怎樣的？
5. 管理者在衡量工作成績的過程中應注意哪幾個問題？
6. 管理控制工作職能對信息的要求有哪幾個方面？
7. 為了獲得控制信息，管理人員可以採用哪些方法？
8. 鑒定偏差與採取糾正措施應注意哪些問題？
9. 控制的方法有哪些？各有什麼特點？
10. 全面質量管理的概念及內涵是什麼？

【案例】

麥當勞公司的控制系統

麥當勞公司以經營快餐聞名遐邇。1955 年，克洛克在美國創辦第一家麥當勞餐廳，其菜單上的品種不多，但食品質量高、價格低廉、供應迅速、就餐環境優美，連鎖店迅速發展到每個州。至 1983 年，國內分店已超過 6,000 家。1967 年，麥當勞在加拿大開辦了首家國外分店，以後國外業務發展很快。到 1985 年，國外銷售額占它的銷售總額的約 1/5。在 40 多個國家裡，每天都有 1,800 多萬人光顧麥當勞。

麥當勞金色的拱門上都標明：每個餐廳的菜單基本相同，而且「質量超群，服務優良，清潔衛生，貨真價實」。它的產品、加工和烹制程序乃至廚房布置，都是標準化的、嚴格控制的。它撤銷了在法國的第一批特許經營權，因為他們儘管贏利可觀，但未能達到在快速服務和清潔方面的標準。

麥當勞的各分店都由當地人所有和經營管理。鑒於在快餐飲食業中維持產品質量和服務水準是其經營成功的關鍵，因此，麥當勞公司在採取特許連鎖經營這種戰略開闢分店和實現地域擴張的同時，就特別注意對各連鎖店的管理控制。如果管理控制不當，使顧客吃到不對味的漢堡包或受到不友善的接待，其後果就不僅是這家分店將失去這批顧客及其周圍人光顧的問題，還會影響其他分店的生意，乃至損害整個公司的信譽。為此，麥當勞公司制訂了一套全面、周密的控制辦法。

麥當勞公司主要是通過授予特許權的方式來開闢連鎖分店。其考慮之一，就是使購買特許經營權的人在成為分店經理人員同時也成為該分店的所有者，從而在直接分享利潤的激勵機制中把分店經營得更出色。特許經營使麥當勞公司在獨特的激勵機制中形成了對其擴展中的業務的強有力控制。麥當勞公司在出售其特許經營權時非常慎重，總是通過各方面調查瞭解後挑選那些具有卓越經營管理才能的人作為店主，而且事後如發現其能力不符合要求則撤回這一授權。

麥當勞公司還通過詳細的程序、規則和條例規定，使分佈在世界各地的所有麥當勞分店的經營者和員工們都遵循一種標準化、規範化的作業。麥當勞公司對製作漢堡包、炸土豆條、招待顧客和清理餐桌等工作都事先進行模擬真實環境的動作研究，確定各項工作開展的最好方式，然後再編成書面的規定，用以指導各分店管理人員和一般員工的行為。公司在芝加哥開辦了專門的培訓中心——漢堡包大學，要求所有的特許經營者在開業之前都接受為期1個月的強化培訓。回去之後，他們還被要求對所有的工作人員進行培訓，確保公司的規章條例得到準確的理解和貫徹執行。

為了確保所有特許經營分店都能按統一的要求開展活動，麥當勞公司總部的管理人員還經常走訪、巡視世界各地的經營店，進行直接的監督和控制。例如，有一次，管理人員巡視中發現某家分店自行主張，在店廳裡擺放電視機和其他物品以吸引顧客，這種做法因與麥當勞的風格不一致，立即得到了糾正。除了直接控制外，麥當勞公司還定期對各分店的經營業績進行考評。為此，各分店要及時提供有關營業額、經營成本和利潤等方面的信息，這樣總部管理人員就能把握各分店經營的動態和出現的問題，以便商討和採取改進的對策。

麥當勞公司的另一個控制手段，是在所有經營分店中塑造公司獨特的組織文化，這就是大家熟知的「質量超群，服務優良，清潔衛生，貨真價實」口號所體現的文化價值觀。麥當勞公司的共享價值觀建設，不僅在世界各地的分店、在上上下下的員工中進行，而且還將公司的一個主要利益團體——顧客也包括進這支建設隊伍中。麥當勞的顧客雖然被要求自我服務，但公司特別重視滿足顧客的要求，如為他們的孩子們開設游戲場所，提供快樂餐和組織生日聚會等，以形成家庭式的氛圍，這樣既吸引了孩子們，也增強了成年人對公司的忠誠感。

【思考題】
1. 麥當勞公司採用了哪些控制技術與方法？
2. 麥當勞公司是如何制定標準來約束管理人員和一般員工行為的？
3.「麥當勞公司總部的管理人員還經常走訪、巡視世界各地的經營店。」請問，這是哪一種控制方法？其優點是什麼？

第十一章　制度管理

【學習要點】
1. 掌握制度管理的概念、特徵和體系；
2. 認識制度管理的重要意義；
3. 掌握制度優化的要點；
4. 瞭解中國制度管理的現狀和完善對策。

第一節　制度管理概述

一、制度管理的含義

（一）制度的含義

經濟學家道格拉斯·諾斯在《經濟史上的結構和變革》一書中指出，制度是一系列被制定出來的規則服從程序和道德倫理的行為規範，其作用是提供人類在其相互影響中的框架，使協作和競爭的關係得以確定，從而構成一個社會特別是構成一種經濟秩序。這意味著對國家來說，制度旨在規範人類的行為，從而創造一種正常的經濟秩序；對企業來說，制度是通過一系列政策、法規、規章、條例等法律關係，同時結合人的心理因素，構建一種企業制度化管理氛圍，以此推動企業目標的落實和實現。良好的制度可以使組織的各項活動規範有序地進行，是組織健康運行的根本保證。

一套規範、健全的制度應該具有以下特點：

（1）合理性。合理性是制度有效發揮作用的前提條件。制度的合理性主要表現在：制度制定之時就要充分考慮企業內外部的各種環境因素，符合所在國家和地區的法律法規，適應企業經營管理活動的客觀規律，並進行了充分論證，從而在源頭上保證制度的高質量和高水準，避免在日後制度運行過程中不斷出現漏洞而影響企業的正常工作。

（2）至上性。制度一經制定實施，就要作為組織成員活動的準則，並對組織成員的活動具有最高的約束力，一旦違反了制度，就會受到相應的處罰。在組織管理中能否堅持制度的至上性和權威性，是區分組織人治和法治的分水嶺。

（3）整體性。組織制度是一個體系，是由各項相互補充、相互銜接的制度構成的有機整體，只有相互之間有機配合的制度體系才能發揮制度的整體效力。

(4) 穩定性。組織成員從認識制度到將制度內化為自覺行為需要一個過程，這就要求組織制度在一定的時間內保持相對穩定。制度的合理性、至上性和整體性是制度穩定性的重要保證，制度制定的穩定性是維持制度至上性的重要基礎。但是，制度並非任何時候都不能改變，為了保證制度的合理性，在外界環境發生較大變化時，可以在科學論證的基礎上對制度內容作相應的調整。

(二) 制度管理的含義

制度管理是指在組織管理中一切以制度為準繩，把制度看成是企業的法律法規，使工作流程規範化、標準化，以此協調組織成員行為的管理方式。制度管理要求員工進入企業後，先進行企業制度方面的培訓，充分瞭解企業的制度要求；當員工把制度學好之後，就必須嚴格執行。在日常工作中，企業管理者充當企業的執法人員的角色，隨時以制度來衡量員工的行為，如果員工行為違反了企業制度，企業將按照制度的約定對其進行處罰。制度管理是企業由成長向成熟階段過渡的必由階段，是企業管理杜絕主觀、隨意性，從人治走向法治的表現。其實質在於以科學確定的制度規範為組織協作行為的基本約束機制，以制度規範體系構建的具有客觀性的管理機制進行管理。

1. 制度管理的主要特徵

(1) 根據職位權力的大小，以制度形式建立組織結構框架和等級系列。

(2) 以崗位責任制為核心，明確各崗位的職責與權力。

(3) 組織成員的任用必須經過考核或教育訓練，經考核具備職位所需素質和能力後才能予以任用。上級若需免除其職務，必須符合相關制度和程序的規定，不可隨意任免。

(4) 制度管理要求企業的所有權與經營管理權相分離，管理者並非企業的所有者，只是被組織制度賦予了行政職權的人；在制度適用上，他們同普通員工一樣要嚴格遵守組織制度規定，一旦違反制度也要受到相應的懲罰。

(5) 組織成員之間的關係以理性為準則，不受個人感情因素的影響，這種非人格化的特徵不僅適用於組織內部成員之間的關係，也適用於組織與外部成員之間的關係。

2. 制度管理的內容

(1) 企業行政制度化管理的目標

企業行政制度化管理的目標是促進企業整體優化。企業整體優化的內涵包括企業內各種有形資源的優化、企業內各種無形資源的優化、有形資源與無形資源的配置優化。高效的企業行政管理的精髓在於科學、合理的制度機制的形成。它的形成規範了處於機制中的各類人員的行為模式。在這種制度體制下，行政管理者普遍會採取有益於企業和自身的行為，促進企業的良性運轉。企業整體優化是企業在競爭中保持優勢的根本條件。

(2) 企業行政制度化管理的對象

企業行政制度化管理的對象是企業和企業行政管理人員的行為。企業行為是企業確定目標及實現目標的各種行為方式的總和。為了實現企業的目標，制定規範作為企業行為的準則是非常必要的。從企業行政管理的組織結構、決策體系到具體的財務、

人事、機關行政都需要以制度規範作為行為的標準。企業行為需要以規範為準則，企業行政管理人員的個人行為也需要以規範作為準則。

(3) 企業行政制度化管理的手段

企業行政制度化管理的手段是由各種形式的制度規範組成的制度體系。要實施制度化管理，必須用有效的手段。為了約束和引導分散在企業行政各個崗位、各種職務上的管理者的行為，就需要制定各種崗位職務規範；為了協調與控制處於不同管理部門、不同崗位上的管理者之間的協作關係，就需要制定各個環節的規範；為了充分發揮各專業管理子系統的管理職能，建立健全管理網絡，就需要制定各種專業管理規範；為了從總體上控制企業的動態運行，強化企業的綜合管理，保證企業運行與企業目標一致，就需要制定包括由事前控制、過程控制、事後控制三種規範形式組成的總體控制規範。

二、制度管理的意義

制度管理是當今世界公認較為有效的一種管理模式。在當今日益激烈的市場競爭中，精良的管理已經成為企業的核心競爭優勢之一，而管理的優勢是通過制度體現出來的。促進企業持久發展的力量是制度，制度制定和執行水準的好壞直接決定了企業發展的速度，關係到企業的興衰存亡。

(一) 制度管理能使企業實現從人治向法治的轉變，提高企業管理的科學性、規範性

亞當斯的公平理論告訴我們，員工的公平感受會大大影響其勞動積極性。企業依靠管理者個人經驗和人格因素進行管理，雖然也有成功的例子，但由於管理者的水準參差不齊，主觀隨意性大，容易讓員工產生不公平感而挫傷其勞動積極性，很難把這樣一種模式普遍推廣；而在企業中推行一整套嚴格的制度，可以讓企業管理的各個環節有章可循，可以大大減少個人因素對員工行為的影響，讓員工感覺到公平，更有利於組織工作正常、有序運行。

(二) 制度管理可以減輕管理者的工作負擔，提高其工作的有效性

管理者區別於一般員工的一個重要特徵就在於，管理者是同別人一起，並通過別人來共同完成工作，並對這些人的行為結果負最終的責任。因此，管理者，特別是高層管理者，如果事必躬親，就很難有精力去考慮企業的發展戰略，所以管理者必須學會授權，而授權的基礎是規範的制度，只有通過制度授權，授權的責任才能得以落實，避免在授權過程中相互推諉導致管理糾紛。

(三) 有效的制度管理可以節約管理成本，提高管理效能

有效的制度體系能夠發揮企業的整體優勢，使企業內外能夠更好地配合，可以避免由於公司中的員工能力及特點的差異，使公司生產經營管理產生波動，讓企業內部做到因事設崗而非因人設崗，從而避免企業內部人浮於事的現象，做到人人有事干，事事有人干，從而節約人力開支，提高組織運作的效率和效能，提高企業的整體競爭力。

（四）完善的制度可以大大調動員工的積極性，有利於員工的自我發展

完善的制度體系給員工提供了公平的競爭環境，同時也為他們指引了努力的方向。員工在這樣的制度體系下可以更有效率地工作並獲得相應的獎勵，這就大大調動了他們的勞動積極性，同時也讓他們有更多的時間去考慮自我實現的需要，有利於公司員工的自我發展。公司員工由於有統一的標準可供參考，可以自己明了自己工作需要達到的標準，能夠對自己的工作有一個明確的度量，自己可以發現差距，有自我培訓發展的動力和標準。

（五）制度管理可在很大程度上減少決策失誤

制度管理要求企業的決策排斥「一言堂」，排斥沒有科學依據的決策，企業的決策過程必須程序化、透明化，決策必須有科學依據，決策的結果必須經得起實踐的檢驗，決策人必須對決策結果承擔責任，這在很大程度上減少了決策失誤。

（六）制度管理能強化企業的應變能力，增強企業的競爭力

制度管理使企業管理工作包括市場調研、供應商及客戶的管理和溝通等工作都得以規範化和程序化，在企業內部形成快速反應機制，使企業能及時掌握市場變化情況並及時調整對策，也使整個供應鏈的市場應變能力增強，從而提高供應鏈和企業本身的競爭力。

三、組織制度體系

以下是組織制度體系圖：

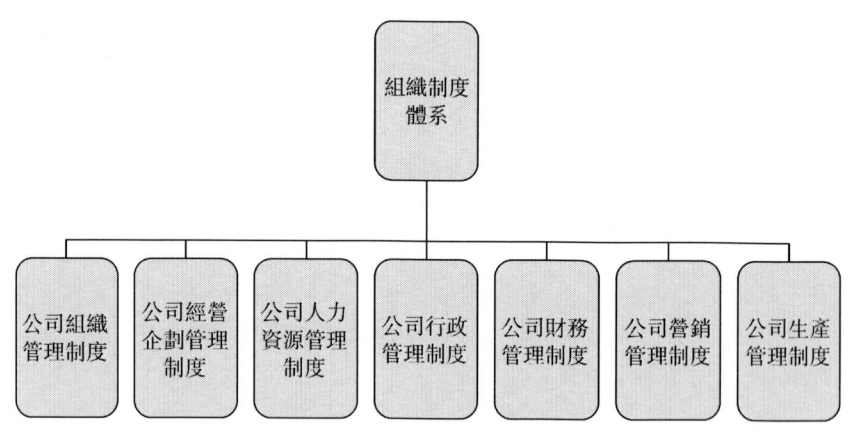

圖 11-1　組織制度體系

組織制度是相互配套和銜接的體系，一般應包括以下幾個方面的內容：

（一）公司組織管理制度

公司組織管理制度是指對公司組織機構、業務分工以及職務權限的責任進行明確規定，以謀求公司業務能夠有組織、有效率進行營運的公司管理制度。一套完整的公

司組織管理制度應該包括以下八大內容：
（1）原則、方針的設計規定；
（2）職能分析的設計規定；
（3）組織框架的設計規定；
（4）聯繫方式的設計規定；
（5）管理規範的設計規定；
（6）人員配備和培訓規定；
（7）運作規定的設計規定；
（8）反饋和修正制度。

（二）公司經營企劃管理制度

公司經營企劃管理制度是指根據公司所處的環境特點，通過對管理部門實現企業目標的方法和途徑進行管理，有效地為全體人員最大限度地利用環境所提供的機會，同時使環境對公司的威脅降到最低的公司管理制度。一套完整的公司經營企劃管理制度應該包括以下內容：
（1）公司戰略目標制度；
（2）公司戰略企劃管理綱要；
（3）公司戰略企劃操作流程管理制度；
（4）公司形象企劃綱要；
（5）企劃管理部門工作責任制度。

（三）公司人力資源管理制度

公司人力資源管理制度是公司對內部人員進行統一、規範化管理所實施的法則。一套完整的公司人力資源管理制度應該包含以下內容：
（1）人力資源管理部門職責規定；
（2）人員甄選與錄用制度；
（3）員工薪金制度；
（4）員工保險制度；
（5）員工培訓制度；
（6）員工考核制度；
（7）人事調整管理制度；
（8）勞動合同與人事糾紛管理制度；
（9）人事管理的日常工作制度。

（四）公司行政管理制度

公司行政管理制度是為了加強現代公司行政管理，規範員工的言談舉止，使行政管理工作能夠有章可循、有法可依，從而不斷提高工作效率，促進公司經濟效益增長的管理制度。公司行政管理制度主要包括以下兩方面：
（1）公司辦公室管理制度；

（2）公司資料管理制度。

(五) 公司財務管理制度

公司財務管理制度是根據公司經營過程中資金運動的規律、剩餘價值、貨幣形式，通過計劃、組織、指揮、協調與監督，對公司的資金、銷售收入和利潤的管理制定的制度。一套完整的公司財務管理制度主要包含以下幾個方面的內容：

（1）財務管理體制制度；
（2）資本金管理制度；
（3）資產管理制度；
（4）成本費用管理制度；
（5）收入利潤管理制度；
（6）財務報告與評價制度。

(六) 公司行銷管理制度

行銷管理制度是指公司根據市場情況，制定的有關市場調查、預測、產品決策、銷售、定價、廣告、服務等一系列活動的管理的制度。公司在制定行銷管理制度時會涉及以下幾個方面的內容：

（1）市場行銷計劃管理制度；
（2）行銷人員組織管理制度；
（3）市場行銷客戶管理制度；
（4）市場行銷內部結算制度。

(七) 公司生產管理制度

公司生產管理制度包括以產品的生產過程為對象的管理制度，也包括對企業生產活動全過程進行綜合、系統的管理的制度，是對企業生產活動的計劃、組織和控制的管理制度。公司在制定生產管理制度時會涉及以下幾個方面的內容：

（1）生產部門組織與工作職責；
（2）公司物料與產品管理制度；
（3）公司產品質量管理制度；
（4）公司生產設備管理制度；
（5）公司儀器儀表與工具管理制度；
（6）生產技術管理制度。

第二節　制度的優化

管理者制定制度的目的是在組織內部規範行為，使組織高效率地運轉。隨著各方面條件的變化，制度會有滯後問題。因此，它可能成為保護落後、束縛進步的枷鎖。不斷優化組織的制度體系，是管理者的重要職責。優化組織制度要遵守以下基本要求：

一、各種制度應從企業根本需求出發與企業最本質目標相聯繫

制度文化建設是企業文化的骨架部分，任何一個企業離開了制度就會成為一盤散沙。但制度又反應一個企業的基本觀念，反應企業對社會、對人的基本態度，因而制度又不是隨心所欲、不受任何制約的。制度必須從企業的根本需求出發，是對企業根本需求的維護。如事關企業生存的各種問題，包括產品質量、安全、相關方關係等，必須以制度加以明確規範。制度必須體現對人有高度的約束和規範，但又充分地信任人和尊重人，這就要求制度的產生必須是立足於需要之上的，立足於需要之上的制度即使再嚴格也是被人樂於接受的。

二、制度應使各直接參與者的利益得到平衡並產生互相制約的作用

制度作為公正的體現不但要求其形式是公正的，更要求其內容是公正的，要使制度約束下各直接參與者的利益得到平衡，體現權利與義務的對稱。制度在其形式上是對人的利益的制約。既然是制約，相對人來說就有一定的心理承受限度，決定這種承受限度的是制度的公正、公平性。同時，制度制約下的每一個成員既是受約束者，又是監督者，如果制度的內容是不公正的，就不能得到全員的認可。

三、制度出抬的程序應公正和規範

制度管理如果沒有一個公正的出抬程序就有可能陷入強權管理範疇。而強權發展到一定程度，往往會產生「指鹿為馬」的結果。在當代企業制度建設中滲入強權成分的情況屢見不鮮，朝令夕改、出口成規的情況在很多企業中都沒有徹底根除，而且管理越不規範，這種情況就越嚴重，就越是與企業文化建設背道而馳。

四、制度要系統配套

制度的全面性固然重要，但制度的系統配套性卻是制度得到有效執行的根本前提。各種章程、各種條例、規程、管理辦法等要構成內容一致、相互配套的體系。核心制度的各項條款要在其他配套制度中得到具體落實，要避免制度間口徑不一致甚至相互衝突的情況。

五、要定期和不定期地審視組織制度

定期和不定期地審視組織制度的目的是及時掌握外部條件的變化並進行相應的制度調整。如果不能及時跟蹤、掌握外部條件的量變信息，制度修訂就沒有必要的動力；如果等到環境條件發生了重大質變才考慮進行制度調整，將使企業陷入被動局面。

六、制度的執行要人人平等

制度執行的最好效果就是在無歧視原則下產生的普遍的認同心理，這也正是制度執行中的難點問題。因為每個人在企業中所處的地位不同，制度的監督執行部門在企業中所處的地位不同，在執行制度時很難做到完全公正和無歧視性，這就需要企業高

層領導的積極參與和強有力的支持推動，定期組織制度落實督導檢查，確保制度在不同層面上得到有效落實。

【案例連結】

聯想集團有個規矩，凡是開會遲到者都要罰站。在媒體的一次採訪中，聯想的總裁柳傳志表示，他也被罰過三次。

他描述說：「公司規定，如果不請假而遲到就一定要罰站。但是這三次，都是我在無法請假的情況下發生的。

「比如：有一次被關在電梯裡邊。罰站是挺嚴肅而且是很尷尬的一件事情，因為這並不是隨便站著就可以敷衍了事的。在20個人開會的時候，遲到的人進來以後會議要停一下，靜靜地看他站一分鐘，有點兒像默哀，真是非常難受的一件事情，尤其是在大的會場，會採用通報的方式。

「第一個罰站的人是我的一個老領導。他罰站的時候，站了一身汗，我坐了一身汗。後來我跟他說：『今天晚上我到你們家去，給你站一分鐘。』不好做，但是也就這麼硬做下來了。」

據說在聯想被罰站過的人不計其數，還能說明這個制度的有效性嗎？

柳傳志非常肯定地回答：「當然有效，而且非常有效。在不計其數以後，出了問題就要受罰的觀念就深入人心了。並且不管誰犯了錯誤都會受罰，公平感才會產生，你的團隊才會精神百倍。」

第三節　制度管理實施

一、中國企業制度管理現狀

改革開放後，中國很多企業逐漸認識到制度管理的重要作用，並把制度化建設納入到企業的議事日程中。但是由於中國市場經濟還處於初級階段，中國企業當前在制度管理方面還存在以下問題，主要體現在：

（一）管理制度不健全、不規範

相當部分企業部門設置比較單一，有的部門只一個人，甚至幾個部門只設一個人。部門的單一、人員的設置不合理以及一人多崗職務交叉重疊等現象在一定程度上影響了企業管理制度的健全和規範，無法可依和有法不依的現象普遍存在，經驗管理佔有較大比重。中國很多企業缺乏規範的管理制度，或者有了管理制度也形同虛設，朝令夕改，處理問題時人治化成分居多，企業管理完全依照管理者的意志來處理，處於一種隨意鬆散的狀態。經驗管理在一些企業裡甚至居於主導地位，想當然亂指揮現象普遍存在；經驗管理導致企業經營具有較大的主觀性和隨意性，缺乏對企業長遠發展的規劃，在一定程度上阻礙了企業制度化建設和管理。

（二）管理制度不合理，難以執行

相當部分企業為了體現其運作的正規化、程序化和透明化，盲目照搬照抄國外公司先進的管理制度，甚至有些企業為了急於做大做強，動用大量的人力、物力、財力，不惜重金請諮詢公司前來診斷，制定所謂完備的企業管理制度，但結果發現與公司的實際情況格格不入，很多方面難以跟進和配套實施，操作起來舉步維艱，最後制度只能作為一種裝飾企業門面的擺設。

（三）制度過於嚴格呆板和僵化

中國很多企業在發展到一定的規模，雖然認識到了制度建設的必要性和重要意義，也加大了制度化建設力度，但是制定的制度過於嚴格呆板和僵化，對員工創造性開展工作的積極性和熱情起到了抑製作用，久而久之，企業的整體運行逐漸陷入因循守舊、不思進取的惡性怪圈，危及制度建設的終極目標。

二、規範中國企業制度管理的具體對策

管理制度的規範化，目的在於為企業建立符合現代化生產的企業組織、治理結構的管理制度，以此為企業構建一種自我免疫、自我修復的機能，使企業獲得持續的發展動力。

（一）建立系統完善的規章制度，做到事事有章可循

規章制度的目標模式是建立一套以責任制為基礎、以標準和流程為內容、以專項制度為補充的內部管理制度體系。

（1）以責任制為基礎。責任制是將企業目標層層分解落實，明確各個部門和崗位的工作內容、職責和權限的制度。

（2）以標準化為內容。標準化是將生產經營活動中必須共同遵守的技術規範及例行的管理活動，制定出標準的程序和方法，實現各項工作的系統化、規範化。企業日常性工作大都可納入相應的技術標準和管理標準中，兩者相互配合，可以大大提高管理的綜合效果。

（3）以專項制度為補充。專項制度是指責任制和標準化以外的具有特殊用途的制度，如技術創新管理辦法、管理改進與創新管理辦法等。

（二）建立企業制度創新的規範

本著「動態穩定」的原則，不斷完善企業的管理制度體系，為企業構建一種自我免疫、自我修復的機能，使企業運作具備較強的抵禦風險的能力。

1. 「動態穩定」原則

「動態穩定」包含兩層意思：①制度的變化是有益的創新，使企業的制度在整體上保持穩定性、連續性；②企業員工可以經常流動，但是絕不能因人員的流動，導致該崗位的制度及操作規範出現反覆。

2. 企業管理制度「動態穩定」的影響因素及創新

（1）在現實的管理工作中，企業經營的環境、產品、全員素質等會經常發生變化，

引發組織結構及其員工隊伍的變化，繼而會導致使用原有的企業管理制度的主體發生變化，進而可能出現「管理回潮」現象，即：一個老員工的離職，可能使該崗位所有的經驗累積化為烏有；一個新進的員工，則需要從頭開始重新對該崗位的工作進行整理和規範。因此，企業要不斷完善自己的管理制度和管理體系，防止「管理回潮」現象的出現。

（2）產品結構、新技術的應用導致生產、操作流程的變化，相關的崗位及其員工的技能必然要隨之變化，必須對與之相關的企業管理制度進行更新。

（3）因發展戰略及競爭策略的原因，企業需要不斷提高工作效率、降低生產成本、增加市場份額，當原有的管理制度成為限制提高生產效率、降低生產成本的主要要素時，就有必要重塑企業機制，改進原有企業管理制度中不適應的規範、規則、程序。

3. 構建制度的自我修復機能

制度絕不能僅僅是事事有章可循的「法制化」管理，還應是具有生命機能的系統，它能夠適應環境的變化，在「動態穩定」中不斷得到更新和發展。

（三）制度的執行

實施規範的制度化管理，關鍵在於執行，而制度的執行也要規範。

（1）企業領導者應作為遵守制度的模範。制度一旦制定，就不能朝令夕改，且人人平等，最終在企業內形成人人遵守制度、自覺按照制度規範自身行為的良好氛圍。

（2）拒絕接收隨心所欲、無視制度的「人才」。「只要把事情做好，就可以不受制度的約束」的想法與制度管理的要求是格格不入，今天不遵守制度而獲得了成功，明天就可能會因違反制度而釀成大禍。因此，要構建良好的制度管理，就要招聘既有能力又守規矩的人才。

（3）在維護制度權威性和嚴肅性的同時，要保證制度能給予員工靈活創造的空間。要致力於發揮制度的真正作用，使制度成為激發員工積極性和創新性的有效手段，切忌把制度等同「鐵面判官」，導致看似維護制度的嚴肅性，實則影響企業發展生機和活力的現象出現。

【本章小結】

本章從制度的含義和特徵入手，詮釋了制度管理的含義、內容和體系，進而提出制度優化的要點，最後在此基礎上審視了我們企業制度管理的現狀和問題，並提出了相應的完善對策，以期讓國內管理者清楚認識到制度管理的重要意義，並採取相應措施將制度管理落到實處。

【思考題】

1. 什麼是制度？制度有哪些基本特徵？
2. 什麼是制度管理？實行制度管理有何重要意義？

3. 制度管理的體系構成是怎樣的？
4. 制度優化的原則有哪些？
5. 結合中國企業制度管理的現狀，談談應從哪些方面著手提高中國企業的制度化水準。

【案例】

認牌不認人

美國有一家房地產公司，它的規模很大，員工薪水也很高。但由於保安人員不太負責任，工地那裡不但每天都有一些非公司的人進入，而且每天都要丟失一些重要且值錢的物品。

保安經理知道後，十分地惱火，把大家召集起來開會，經理說：「你們當保安主要是做什麼？為什麼准許非我們公司的人進入到工地？」

其中有一個保安說：「因為工地裡的員工很多，我們也不是都認識，有的說是這裡的員工，我們不能不讓他們進去吧？」

經理說：「好，那我們從現在開始，是我們公司的人，必須有工牌才可以進入工地，就算你認識他，他如果忘記了帶工牌，也不可以進入；員工出來的時候手中有關於我們公司的財產，一律讓他們送回原處，大家聽明白了吧。」保安們同聲回答：「知道了。」

執行這樣的制度後，工地裡再也沒有丟過東西。有一天，總經理來工地視察，剛走到大門就被一個很精神的小伙子攔住了。第一句話就說：「請問你的工牌在哪裡？」

總經理發怒說：「我是總經理，還要用工牌嗎？再說了難道你們不知道我嗎？」

小伙子還是很冷靜地說：「對不起，我一進這個公司裡的時候就認識你，可是你沒有工牌是不能進入的，這是我的職責。」

旁邊那個保安小聲地說：「你都知道他是我們的總經理了怎麼還不讓他過去啊？你是不是不想吃這碗飯了？」

小伙子很嚴肅地說：「我身為保安人員，我就要為這份工作負責，不能因為你是總經理我就放你過去，我執行的是公司的制度。我現在是只認牌不認人，你有工牌我就放你進去，不然休想。」

總經理聽完這句話，不但不生氣而且很高興地說：「小伙子你叫什麼名字？我很欣賞你的執著和勇氣。」

小伙子還是很嚴肅地說：「我叫霍爾·丹尼斯。」

總經理笑笑拍了拍霍爾·丹尼斯的肩膀走了。沒有過多久，霍爾·丹尼斯成了公司中的高層領導。

【思考題】

從制度管理的角度看，這位保安的做法合適嗎？為什麼？

第十二章　目標管理

【學習要點】
1. 目標的概念、性質及功能；
2. 目標管理的含義；
3. 目標管理的特點及實施的先決條件；
4. 目標管理的實施。

第一節　目標概述

一、目標

目標是指一定時期內管理活動與其達到的成果或效果。按照計劃的時間性分為帶有戰略性的長期目標（10年以上），中期目標（3～5年），短期目標（1年）和執行目標（季度或月度）。

目標既是計劃工作的主要內容，也是制訂計劃的基本依據。科學地計劃工作主要是為了正確地預測未來的發展，選擇好目標方向，有效地利用現有的資源（人力、財力、物力），獲得更好的經濟、社會效益。

二、企業目標的組成及分類

目標一般由目標項目和目標項目要達到的標準（目標值）兩部分組成。目標項目指圍繞總體目標所確定的具體管理項目，目標值是衡量目標項目要達到什麼程度或水準的具體標準，是目標項目要達到的結果。

目標項目既然是圍繞總目標確定的具體項目，是為實現經營目的而確定的在目標週期內應該實現的具體成果。因此，它實際上就是目標管理的基本內容，它包含了生產經營活動中的全部管理工作。從中國的國情和現狀考慮，根據目標項目的不同將目標分為15種，見表12-1。

表12-1　　　　　　　　　依據目標項目的目標分類

序號	分類	舉例
1	生產目標	產品產量、工業總產值、商品產值

表12－1(續)

序號	分類	舉例
2	經營目標	利潤總額、成本、資金收支計劃、上繳利稅額、產值資金率、產品銷售總額、市場佔有率
3	質量目標	質量改進計劃、升級創優計劃、質量指標計劃
4	安全目標	安全改進計劃、事故降低率、千人負傷率
5	環保目標	環保裝置開車率、三廢治理、塵毒噪音合格率
6	設備目標	設備完好率、泄漏率
7	技術目標	工藝指標合格率、消耗定額指標完成率、能耗降低率
8	管理目標	創新獎、升級、創優活動
9	信息目標	市場調研計劃、信息系統建立計劃
10	人事目標	人才開發、幹部建設、獎懲事宜
11	勞資目標	勞動生產率、勞動增長率
12	教育目標	思想教育、培訓計劃
13	科研目標	試驗研究、技術儲備、技術改造計劃
14	新產品開發目標	新產品開發計劃、基建計劃
15	生活福利目標	住宅分配

根據目標值的性質不同，可以將目標分成定量目標和定性目標兩大類，具體內容如表12－2所示。

表12－2　　　　　　　　　依目標值性質的目標分類

分類			特點
定量目標值	按性質分	數量目標值	用來表明目標的廣度，即數量水準，如產量、含量、成本
		質量目標值	用來表明目標的深度，即質量水準，如合格率、優級品率
	按計量單位分	實物目標值	用實物單位計量，如消耗200萬噸、電100萬度
		價值目標值	用貨幣單位計量，如產值800萬元、利潤200萬元
	按目標值計算方法分	絕對數目標值	用絕對的總量表示，如年產化肥90萬噸、上繳利潤60萬元
		相對數目標值	用兩個相關的數值反應程度、速度，如資金利用率75%
		平均數目標值	用平均水準表示，如平均單位產量
定性目標值			不能用數字表示的目標值，如顧客滿意程度

從目標值的分類可見，對於數量目標，如產量、成本等比較易於定出具體的數量界限。但對於經濟管理中諸如質量問題、經營方向、專業化程度等定出數量標準就比較複雜，這就是目標值的數量化問題。為了使目標項目更加明確且便於用現代化科學方法手段進行外理，應該盡量使目標值數量化。

三、目標的性質

1. 目標是分層次、分等級的

組織要生存下去，必須有目標，但組織的目標有總目標和輔助目標之分。組織從其結構看是分層次、分等級的系統組織，隨之目標也應層層分解，構成一個系統。

2. 組織中各級、各類目標要構成一個網絡

組織的目標通常是通過各種活動的相互聯繫、相互促進來實現的，因而目標和具體的計劃通常構成為一個網絡。要使一個網絡具有效果，就必須使各個目標之間彼此協調、互相支援、互相連接。

各目標之間並不是孤立的，而是相互聯繫、相互支撐的，這樣一個公司的總目標和各個子目標相互結合、作用，形成一個嚴謹、直觀、可行而又實用的目標體系。目標體系應與組織結構相吻合，從而使每個部門都有明確的目標，每個目標都有專人明確負責。這種明確負責現象的出現，很有可能導致對組織結構的調整。從這個意義上說，目標管理還有搞清組織結構的作用。

3. 目標的多樣性

一般而言，企業目標可以分為長期目標、短期目標、戰略目標、戰術目標、總目標、子目標、階段目標等。組織的目標具有多樣性，即使是組織的主要目標一般也是多種多樣的。但目標的多樣性，並非指目標越多越好，有時太多的目標有時會導致管理工作成效不大。

(1) 主要目標與次要目標。這是按目標的重要程度來劃分的。確定目標的優先次序是極為重要的，任何一個組織都必須以合理的方法來分配其資源。

(2) 長期目標與短期目標。這是按目標的期限來劃分的。要使管理工作收到成效，就必須把長期目標和短期目標有機地結合在一起。為了使短期目標有助於長期目標的實現，必須制訂實現每個目標的計劃，並把這些計劃匯合成一個總計劃，以此來檢查它們是否合乎邏輯，是否一致和是否現實可行。

(3) 定量目標與定性目標。這是按考核目標的性質來劃分的。要使目標有意義就必須使目標是可考核的。使目標能夠考核的最方便的方法就是定量化。但是在組織的經營活動中，定性目標也是不可缺少的部分。人們在管理機構中所處的地位越高，其定性目標就可能越多。管理者應盡可能地使下屬，尤其是基層的工作人員充分理解並清晰地知道自己要做的工作及其評價標準。

4. 制定目標的 SMART 原則

在設置目標的過程中，人們往往需要考慮的一個問題就是什麼樣的目標是好的目標。判斷一個目標是否是好的目標，可以參照 SMART 原則：

Specific：目標應清晰明確；

Measurable：目標要可量化、可評估（如表 12-3 所示）；

Attainable：目標既具有挑戰性，也具有可達性；

Relevant：目標要組織與個人能結合；

Time-Table：目標要有時程。

表 12－3　　　　　　　　可評估的目標與不可評估的目標

不可評估的目標	可評估的目標
・獲得較高的利潤 ・提高生產部門的生產率 ・保證產品的質量 ・主管人員增加與下屬的溝通 ・維持電腦網絡系統的穩定性	・在本年末實現利潤增長 15% ・在不增加費用和保持現有質量水準的情況下，本季度的生產率比上季度增長 10% ・產品抽查的不合格率低於 3‰ ・主管人員每週花費在與每個下屬人員溝通的時間不少於 2 個小時 ・由於技術問題網絡中斷的次數每季度不超過 1 次，每次能夠在 1 小時之內恢復正常

四、目標的功能

（一）導向功能

任何管理活動都必然有一定的目標。正確、科學的目標，能促使管理活動取得預期的管理效果。一般來說，目標方向、工作效率與管理績效三者的關係可以用下列公式表示：

目標方向 × 工作效率 ＝ 管理績效

該公式表明，如果目標方向正確，則工作效率越高，管理績效越好，效率與績效成正比；反之，如果目標方向不正確，則工作效率越高，管理績效越壞，效率與績效成反比。由此可見，管理的首要問題是如何制定正確的目標。

（二）激勵功能

目標對人們的行為有激勵作用，科學的目標能激發人們努力去實現。激勵理論強調，目標是一種激勵因素。人們對目標的價值期望越大，期望實現的概率越高，目標激發出來的力量就越大。因此，在管理過程中，管理者應充分發揮目標的激勵作用。管理者一方面要及時提出明確、合理的奮鬥目標，使被管理者認識到目標的重要價值；另一方面要幫助被管理者認識實現目標的可能性，從而激發他們的行動動機，為實現目標努力工作。

小資料　　　　　　　　　　摸高試驗

管理學家們曾經專門做過一次摸高試驗。試驗內容是把 20 個學生分成兩組進行摸高比賽，看哪一組摸得更高。第一組 10 個學生，不規定任何目標，由他們自己隨意制定摸高的高度；第二組規定每個人首先定一個標準，比如要摸到 1.60 米或 1.80 米。試驗結束後，把兩組的成績全部統計出來進行評比，結果發現規定目標的第二組的平均成績要高於沒有制定目標的第一組。

摸高試驗證明了一個道理：目標對於激發人的潛力有很大作用。

(三) 調節功能

通過制定目標、實現目標和檢驗目標等一系列管理活動，使各管理部門、各成員端正方向、統一思想、自覺行動，協調好各方面的關係。對管理者自身來說，只有當他心目中有了明確的目標，才能取得工作的主動權，從而抓住主要矛盾，分清輕重緩急，自覺地、主動地去調動各方面的積極因素，控制不利因素，促進管理效率不斷提高。

就管理工作本身來說，如果沒有統一的目標或忽視目標的調節作用，整個管理工作就沒有中心點，從而失去向心力、內聚力，管理工作也就無法實施。管理者不僅要明確整體的工作目標，還要明確各個部門和上下層次的工作目標，從而保證它們相互補充、相互制約，並能協調一致地進行工作。

(四) 衡量功能

管理工作總是從制定目標開始，以目標的達成為終結。目標的達成度是測量管理工作成就的根本標準。要使目標成為有效的衡量標準，關鍵是把它化為有形的、可估量的、能評估的指標。

綜上說明，只有確立了正確的目標，才能有正確的、有效的管理。因此管理者要充分認識到目標的重大意義，努力制訂正確的目標，並用它去統率員工的思想，引導、激勵、調節員工的行為，這是進行有效管理的重要基礎。

第二節　目標管理概述

一、目標管理

自19世紀50年代，美國管理學家彼得・德魯克在《管理實踐》一書中首次提出「目標管理」，即「目標管理及自我控制」（Management by Objective and Self-control）的概念以來，目標管理（MBO）風行一時。

德魯克認為，並不是有了工作才有目標，相反地，有了目標才能確定每個人的工作。所以「企業的使命和任務，必須轉化為目標」，如果一個領域沒有目標，這個領域的工作必然會被忽視。因此管理者應該通過目標對下級進行管理，當組織最高層管理者確定了組織目標後，必須對其進行有效分解，轉變成各個部門以及各個人的分目標，管理者根據分目標的完成情況對下級進行考核和獎懲。

因此，目標管理是以目標的設置和分解、目標的實施及對完成情況的檢查、考核為手段，並通過員工的自我管理來實現企業經營目的一種管理方法。它以目標為導向，以人為中心，以成果為標準，企業在員工的積極參與下，自上而下地確定工作目標，並在工作中實行「自我控制」和「自我管理」，從而自下而上地保證目標實現。

關於目標管理的主張要點有三種：

(1) 必須明白確定企業的整體目標，包括市場定位、革新、生產力、人力與財力

資源、獲利能力、主管的績效與培養、員工的績效與態度、社會責等八項。

（2）每個主管必須根據整體目標，各自設定本身的目標，以實施自我控制的管理方式。因此，企業的經營活動，盡可能依靠最低管理層。

（3）在前述兩項基礎上，才能推行分權及業績考評。

綜合而言，目標管理是一種改進經營方法，以提高績效為目的的行為科學原理。它由組織內上下級人員共同協商該下級人員的責任範圍，以訂立該人員在一定時間內應完成的目標以及成果評價標準與優劣界限的尺度為手段，以達到激發各級人員的潛力為準繩的管理方法。

二、目標管理的特點

（一）目標管理是參與管理的一種形式

實現目標的執行者同時也是目標的制定者。在目標制定的過程中，上級和下級共同協商，下級以上級的目標為依據來制定自己的分目標，積極地參與到目標的制定及相應的行動方案的設定中，上一級管理者只是保留和下級協商其目標的權利。所以這是一種參與的、民主的管理制度，也是一種把個人需求與組織目標結合起來的管理制度，在這一制度下，上級與下級的關係是平等、尊重、依賴、支持，下級在承諾目標和被授權之後是自覺、自主和自治的。

全體組織成員，特別是基層成員通過參與目標的制定進一步加深了對目標的理解，消除上下級之間對目標產生的意見分歧。組織的總體目標被確定之後，就要對其進行層層分解，逐級展開，通過協商制定出組織各部門直至每個組織成員的目標，取得各級組織目標的統一；同時，也形成了「用總目標指導分目標、用分目標保證總目標」這樣「目標—手段」動態鏈，從而確保了組織總目標的實現（如圖 12-1）。

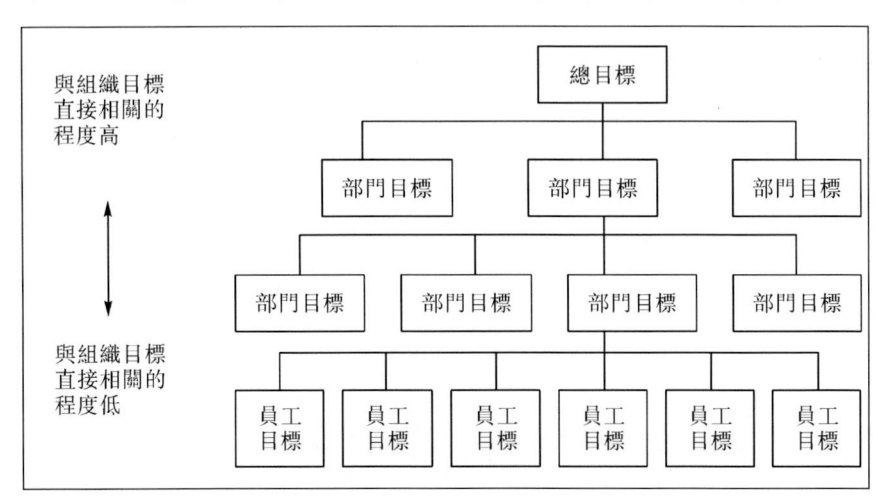

圖 12-1　目標體系圖

由於目標管理吸收了組織全體成員共同參與目標管理實施的全過程，一方面尊重每名組織成員的個人意志和願望，充分發揮組織成員的自主性，實行自我控制，改變了由上而下攤派工作任務的傳統做法，使組織成員充分瞭解自己的工作價值，激發了組織成員關心組織目標的熱情，調動了他們開展工作的積極性、主動性和創造性；另一方面，實現了組織成員個人目標和組織目標的高度一致性，通過由上而下或自下而上層層制定目標，在組織內部建立起縱橫聯結的完整的目標體系，把組織中各部門、各類人員都嚴密地組織在目標體系之中，明確職責、劃清關係，每個組織成員的工作都直接或間接地同組織總目標聯繫起來，使組織成員清楚地認識到個人工作目標和組織目標之間的關係，從而增強了組織成員共同的責任感和團結協作精神。這樣就可以更有效地把全體組織成員的力量和才能集中起來，提高組織工作效率，實現組織的總體目標。

　　(二) 強調自我管理和自我控制

　　目標管理是以 Y 理論為管理的指導思想，即認為員工是願意為實現目標而負責的，而且也願意在工作中發揮自己的想像力、聰明才智和創造性為實現目標而努力。因此，管理者要對組織實施有效管理就必須控制每個組織成員的意願，即要「控制」組織成員的行為動機，而不是行為本身，通過對組織成員動機的控制來實現對成員行為的控制。在目標管理法中實行自我控制，正是強調了對組織成員動機的控制，其主旨在於用「自我控制的管理」代替「壓制性的管理」。這種「自我控制的管理」可以產生強烈的動力，促使組織成員努力把工作做得最好。

　　目標管理的核心是：讓員工自己當老板，自己管理自己，變「要我干」為「我要干」。管理不再是上級領導的事，也不僅僅是管理部門的事，目標成果成為激勵大家的動力，每個人都會用目標來指導自己的行動，努力發揮創造性和積極性，用自己的努力來保證目標的實現。因此，目標管理是以相信組織成員的積極性和能力為基礎的，組織各級管理人員對下屬人員的管理，不像傳統管理那樣只是簡單地依靠行政命令強迫組織成員去執行，而是充分運用激勵理論，引導組織成員自己制定工作目標，自主地進行自我控制，自覺採取措施完成目標，自動進行自我評價，注重自我發展。在目標管理體系中，組織的每個成員都進行自我約束，可以按照自己的意願愉快地工作，並通過比較實際工作結果和既定目標來對自己的績效進行評估，以便採取進一步的改善措施，充分發揮個人潛力，這就是自我控制的原則。

　　(三) 促使下放權力

　　集權和分權的矛盾是企業的一個基本矛盾，目標管理的推行，有助於協調這一矛盾，促使權力下放，在保證有效控制的前提下，把企業的經營管理搞得更加生動活潑。目標管理強調自我管理和自我控制，即員工要承擔更多的責任，因為責任和權利是對等的，所以實施目標管理必然要求給予下屬更多的權力來保證目標的實現。合理地授權，在有助於保持對下屬有效控制的前提下，可以充分發揮下屬的積極性。下屬人員設置目標，並不意味著可以為所欲為，任意行事。上級領導必須認真聽取和對待他們的想法和意見，並視具體情況批准下屬人員的目標，同時也承擔相應的責任。目標一

旦確定，上級管理人員就要放手把一部分權力交給下級管理人員，自己去思考一些戰略性和綜合性的問題，著重抓整體的平衡和目標網絡的協調銜接，為目標實施人員提供情報、解決困難、創造良好的工作環境等，努力保障組織目標的如期實現。

（四）注重成果的管理

古人云：上有所好，下必甚之；楚王好細腰，宮中多餓死。當今社會的一些組織之所以無效率、無生氣，究其原因是成員考核體系、獎罰制度出了問題。目標管理非常強調成果，注重目標的實現，重視成果的評定，因此也叫成果管理。所謂成果管理，就是管理人員在目標實施過程結束後，將組織成員所取得的工作成果與先前確定的目標項目標準進行比較，對目標的完成情況和組織成員的工作狀況進行衡量，並總結目標管理活動的經驗教訓，然後以此為依據對組織成員進行適當的獎勵和懲罰，以便在更高的起點上開始新一輪的目標管理循環。

以制定目標為起點，以目標完成情況的考核為終結。工作成果是評定目標完成程度的標準，也是考核和獎懲的依據，成為評價管理工作績效的唯一標誌。但在實施過程中，並不是僅僅設定了目標，然後等待目標的實現，而是要建立和健全目標實施過程中的監測和反饋系統，有效控制計劃的執行，從而達成最終的目標實現。至於完成目標的具體過程、途徑和方法，上一級並不過多干預，最大限度地給予下級自主權。

三、目標管理實施的先決條件

目標管理要取得成功，必須滿足以下條件：

（一）高層管理人員的積極參與

戰略目標是由組織的高層管理者制定的。目標管理的實質是以實現個人、部門的分目標來最終實現組織的戰略目標。部門和個人的分目標必須以組織的戰略目標實現為目標。所以，高層管理人員的積極參與十分重要。

（二）下級人員的積極參與

下級人員特別是一線人員，他們不僅是各自分目標的制訂者，而且是為實現該目標的執行者。所以積極地吸引各級管理人員和下級人員參與到組織的管理當中，不僅可以起到激勵作用，而且還能夠改善組織的人際關係。

（三）有效的雙向溝通機制

一方面，上級在設定自己的目標時要有下級提供充分而精確的信息為參考；另一方面，下級在設定自己的分目標時要充分理解上級的目標，要以上級的目標實現為依據來設定自己的分目標。這樣才可以使各級的分目標最終和組織的整體目標相一致。這就要求上下級之間要建立有效的雙向溝通機制。

（四）對實現目標的手段有控制權

要賦予目標執行者相應的權力，否則，即便是目標制定得再好，如果沒有相應的權力，也很難實現實施的效果。

（五）對為實現目標而勇於承擔風險的組織成員予以保護和激勵

這樣才可以激勵更多的組織成員參與到目標管理當中來，達到自我管理和自我控制的目的，也更能激勵組織成員為實現目標而努力。

（六）對組織成員有信心

以人性假設 Y 理論的觀點來看待組織成員，即組織成員願意承擔實現目標的責任，能夠自我管理和自我控制，並且願意為實現目標而努力。

四、目標管理的優缺點

（一）目標管理的優點

目標管理法在管理上具備以下優勢：①目標管理使各級部門及員工知道他們需要完成的目標是什麼，從而可以把時間和精力投入到能最大限度地實現這些目標的行為中去。②目標管理對組織內易於度量和分解的目標會帶來良好的績效。對於那些在技術上具有可拆分性的工作，由於責任、任務明確，目標管理常常會起到立竿見影的效果。③目標管理調動了員工的主動性、積極性和創造性。由於強調自我控制，自我調節，將個人利益和組織利益緊密聯繫起來，因而提高了士氣。④目標管理促進了雇員及主管之間的意見交流和相互瞭解，改善了組織內部的人際關係。

（二）目標管理的缺點

儘管目標管理理論非常先進，但在實施過程中，由於各種主客觀因素的影響，多數時候很難達到預期的效果，目標管理主要存在如下缺陷：①目標難以制定。組織內的許多目標難以定量化、具體化；許多團隊工作在技術上不可分解；組織環境的可變因素越來越多，變化越來越快，組織的內部活動日益複雜，使組織活動的不確定性越來越大。這些都使得組織的許多活動制定數量化目標是很困難的。②目標商定可能會帶來管理成本的增加。目標商定需要上下溝通、統一思想，這是很費時間的；而且在具體目標確定的時候，每個單位、個人都關注自身目標的完成，很可能忽略了相互協作和組織目標的實現，滋長本位主義、臨時觀點和急功近利思想。③目標管理傾向於短期目標，即能在每年年底加以測量的目標。結果，員工可能會試圖達到短期目標而犧牲長期目標。④目標修正不靈活。由於實行目標管理的目標形成網絡式的目標體系，一環緊扣一環，因此，目標修正不靈活。

第三節　目標管理的實施

雖然目標管理的應用領域廣泛，各個領域目標管理工作的開展類型也有所不同，但是其基本內容還是一致的。從不同角度對目標管理實施的基本內容框架可概括為「一個中心、三個階段、四個環節和九項主要工作」（如圖 12-2 所示）：

一個中心：以目標為中心統籌安排工作。

三個階段：計劃、執行、檢查（含總結）三個階段。
四個環節：確定目標、目標展開（分解）、目標實施和目標考評。
九項工作：計劃階段有三項工作即決策論證、協商分解、定責授權；執行階段包括諮詢指導、反饋控制、調節平衡；檢查階段包括考評結果、實施獎懲、總結經驗。

這一個中心、三個階段、四個環節和九項工作從不同的角度比較準確地反應了目標管理的基本內容和實施流程。本書主要對目標管理的四個環節進行研究，下面對每個環節都作以簡要的概括。

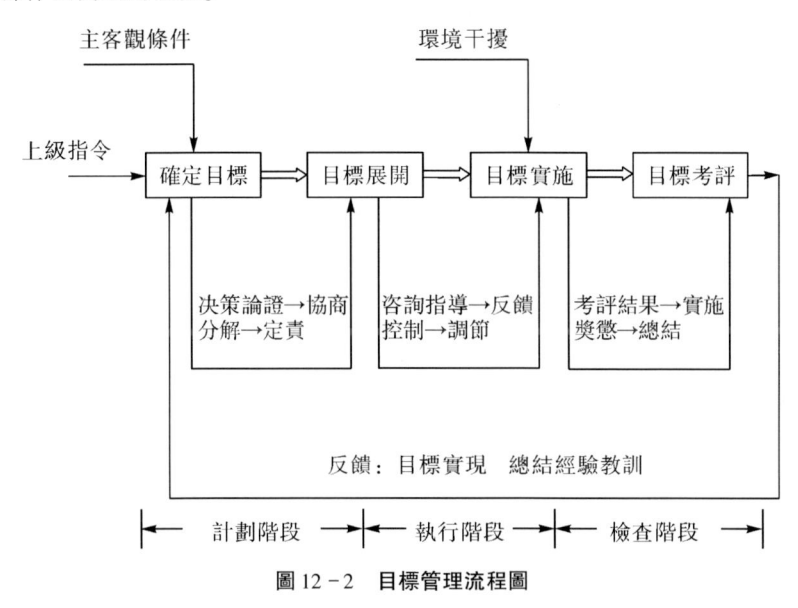

圖 12－2　目標管理流程圖

一、目標制定

實行目標管理方法，首先必須把制定科學的目標體系放在重要地位。這項工作總是從企業的最高管理部門開始，然後由上而下級逐級確立目標。某一級的目標，需要用一定的手段來實現，這些手段就成為下一級的次目標，按級順推下去，直到作業層的作業目標，從而構成一種鎖鏈式的目標體系。建立一整套的目標體系是目標管理的最重要階段，可以將其細分為四個步驟：

（1）高層管理預定目標。領導根據企業的使命和發展戰略，正確評價客觀環境的機會和挑戰。此時的目標是預定的、可改變的，可上級提出，再與下級討論，也可由下級提出，上級審批。無論是哪一種形式，都是上下級共同商量決定的；同時，管理者還應根據長遠目標，對組織有清楚的認識，做到心中有數。

（2）明確組織結構和職責分工。目標管理要求每一個分目標都有確定的任務承擔者，因此預定目標後，需要重新審查現有的組織結構，根據新的目標分解要求進行調整，引導目標承擔者明確任務和責任的關係、明確承擔者的利益和組織利益的關係，並協調好這些關係。

（3）明確下級的目標。首先下級明確組織的規劃和目標，然後商定下級的分目標。

在討論中上級要尊重下級，平等待人，耐心傾聽下級的意見，幫助下級發展一致性和支持性的目標。分目標要具體化，便於考核；分清輕重緩急，以免顧此失彼；既要有挑戰性，又要有實現的可能性。每個員工和部門的分目標協調一致，支持本單位和組織目標的實現。

（4）上級和下級就實現各項目標所需要的條件以及目標實現後的獎懲事宜達成一致意見。分目標制訂後，要授予下級相應的資源配置的權力，實現權責利的統一。由下級寫成書面協議，制成目標記錄卡片，整個組織匯總所有資料後，繪製出目標圖。上下級雙方還要經常利用相互溝通接觸的機會和信息反饋渠道進行不間斷的檢查；當出現嚴重影響組織目標實現的意外事件時，必須採取一定的方法修正原定的目標。

二、目標展開

目標體系的形成，只是初步明確了整個企業的目標，但目標的下達和分解則是實現整個目標的重要程序。目標展開（分解）就是將總目標在縱向、橫向或時序上分解到各層次、各部門以至具體人，形成目標體系的過程。目標分解是明確目標責任的前提，是使總體目標得以實現的基礎。

它是先由企業的最高層把企業的總目標告知下一層次，並將總目標分解成下一層次的執行目標；下一層次再將本層次的目標同樣進一步細化為再下一層次的執行目標，這樣逐層分解下去，直到最基層的部門甚至個人，形成可執行的更具體的目標體系。上一層次的目標是下一層次目標體系的總目標，下一層次的目標是上一層次目標的細化和實現的基礎。

（一）目標分解的原則

進行目標分解時要遵循以下原則：

（1）目標分解應按整分合原則進行。也就是將總體目標分解為不同層次、不同部門的分目標，各個分目標的綜合要體現總體目標，並保證總體目標的實現。

（2）分目標要保持與總體目標方向一致，內容上下貫通，保證總體目標的實現。

（3）目標分解中，要注意到各分目標所需要的條件及其限制因素，如人力、物力、財力和協作條件、技術保障等。

（4）各分目標之間在內容與時間上要協調、平衡，並同步地發展，不影響總體目標的實現。

（5）各分目標的表達也要簡明、扼要、明確，有具體的目標值和完成時限要求。

（二）目標分解的方法

總目標在企業的縱向行政管理層和橫向職能部門之間進行層層分解，便形成了企業的目標管理體系。在目標管理中，如何進行目標分解，進而形成覆蓋全企業各層次各部門的目標體系，是一個難點。

縱向分解即下級目標是上一級目標的細分化，見圖12-3。下級目標與上一級目標有著緊密的聯繫，而每一層次的措施卻不一定有必然的聯繫，這就是縱向分解不同於橫向分解的主要標誌。對目標的縱向分解來說，各級的目標項目可以是相同的，所不同的則是目標值。

图 12-3　目标的纵向分解

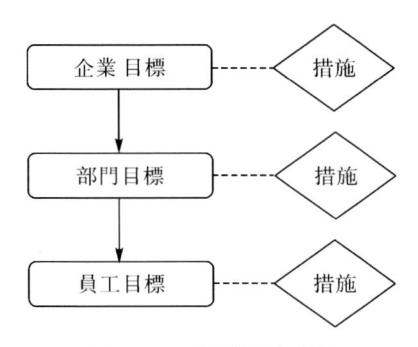

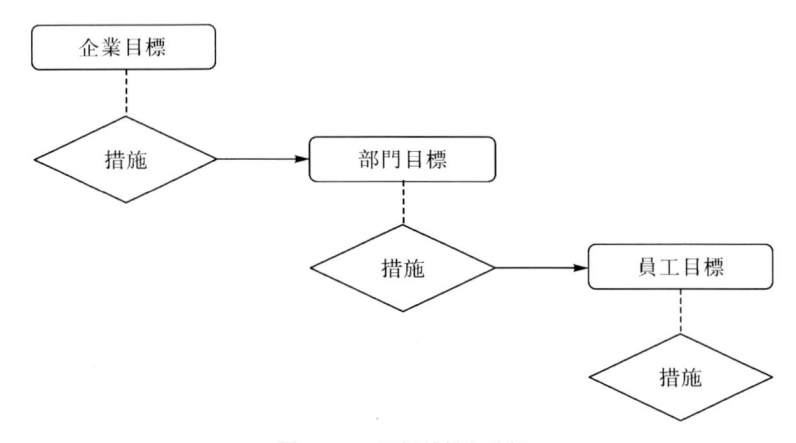

横向分解一般是指把决策层的目标、措施向管理层分解，见图 12-4。职能部门在分解时，根据本部门在经营活动中的权利与义务，落实各自的目标责任，成为业务部门职能管理的支持者与监督者。横向分解不像纵向分解那样侧重于目标的细分化，而是重点要把上级的措施具体化，转化为下一级的目标，通过对措施的管理、控制和实施，来保证上级目标的实现。

图 12-4　目标的横向分解

通过目标的纵向与横向分解，形成企业完整的目标体系。在目标体系的制定中，各部门各层次的目标应始终以企业的总目标为依据，上至总经理，下至基层的一线人员，都必须有明确的目标。

三、目标实施

目标展开以后，关键要看目标管理体制能否在企业管理的全过程中有效运转，所以必须在目标实施的过程中展开有效的控制。控制是管理的一项基本原则，与其说目标管理是一种管理模式，还不如说目标管理是一种管理控制的模式，所以控制对目标管理和整个目标管理体系的实现起着举足轻重的作用。目标管理主要有以下几种控制：

（一）事前控制

事前控制又称程序控制。程序控制中系统的输入，是将预先编制好的计划和事先

制定的制度輸入，使它們在受控系統中按指令運行，保證系統狀態不偏離計劃軌道。在推行目標管理的過程中，不論是目標責任者的自我控制，還是上級對下級的宏觀控制，都是以計劃和制度為依據的。計劃是在既定目標的前提下，結合各個部門的特點，科學地預計和制訂達到目標的未來的具體行動方案；制度是讓計劃得以實現的系統保證。計劃在目標實施之前，有利於決策目標的進一步開展和落實。制訂一個好的計劃，就如同在現實狀態和目標狀態之間架設了一座橋樑，可以使人在目標推行過程中方向明確、步驟有序、工作協調。特別是在完成目標的複雜過程中，在人們對目標還不甚瞭解的情況下，運用計劃和制度控制，就可以引導人們有序地達到目標、實現目標。

（二）事中控制

它是指管理人員為了保證實際工作與計劃相一致而採取的管理活動。一般通過對計劃執行情況的監督、檢查等方式，及時發現目標差異，找出原因，採取措施，以保證目標實現的過程。事中控制的一般過程應該包括以下三個基本步驟：

首先，確定實行控制的標準。標準在組織裡發揮著巨大作用：第一，有利於進一步明確組織的目的和目標。第二，標準是未來執行任務的依據。第三，標準是考核的依據。第四，有利於提高組織的運作效能。第五，可以降低損耗。

其次，衡量績效。依據標準衡量執行的情況，把實績情況與標準進行比較，對所完成的工作作出客觀評價。

再次，糾正偏差。糾正在實際執行中產生的偏差，既可以將之看成整個管理系統工作的一部分或者說是控制工作的一個步驟，也可以理解為控制工作與其他工作的結合點。因為管理系統只有不斷發現在執行過程中產生的偏差並分析產生的原因，在制度和計劃管理上不斷加以改進，才能及時糾正偏差，最終實現目標。

總而言之，上述控制過程的三個基本步驟，實際上形成了一個完整的控制系統，完成一個循環週期。通過每一次循環，使偏差不斷縮小從而保證管理活動向目標方向健康發展。

（三）反饋控制

反控制的基本思想是：用輸出的結果，反過來影響輸入，從而保證系統的穩定。反饋控制有以下幾個方面的作用：

第一，檢查目標決策。目標決策正確與否，可以用反饋控制方法進行檢查。控制論的創始人維納曾指出，任何一個管理人員，都應通過反饋控制參與組織內部的雙向通信，否則就難以發現政策是否是建立在完全理解下屬人員掌握的事實基礎上的。

第二，檢查計劃的制訂。計劃制訂得是否符合實際，可以用反饋控制的方法進行檢查。

第三，穩定目標管理系統。目標管理系統，是保證目標能夠層層得以落實的多級遞階控制系統。通常情況下這種多級反饋控制可以提高系統的有序度，從而使系統處於穩定狀態。採取多級反饋控制能較好地適應環境的變化，保持系統的穩定狀態，從而順利實現目標。

（四）自我控制

目標管理的最大優點就在於它能使管理人員控制自己的表現，即實現自我控制。

自我控制意味著更強大的動力：它追求卓越而不是僅僅要求過得去，它意味著更高的業績目標和更廣闊的視野。所以，為了能夠控制自己的表現，管理人員就不僅僅需要知道他的目標是什麼，而且還必須能夠根據目標衡量他的業績和成就。這種管理人員提供企業所有關鍵領域內明晰的共同的衡量標準的做法應是一種可以持之以恆的做法。這些衡量標準不必是嚴格量化的標準，也不必十分精確，但是必須明晰、簡單、合理。

四、目標考評

當目標管理的一個階段完成後，就要對目標實施後的績效進行考評。做好目標管理績效考評工作，對於推進目標管理、提高員工士氣、加強團隊、促進目標管理的循環與提高，具有十分重要的意義。

（一）目標考評的準備工作

首先，建立有效的績效考評指標體系。在建立績效考評體系時應該注意以下幾個問題：第一，確保考評指標的系統化。在建立績效考評體系時，要根據目標項目的要求，選擇和制定相關的考核指標，然後根據指標間的內在聯繫和指標在整個目標體系中的作用，合理安排，從而使其成為一個完整的、各指標間重要性各不相同的指標系統。第二，考評指標的標準化。在指標體系中，除去一些特殊的考評指標之外，一般考評指標應盡可能做到標準化，最好用數字將其內涵與外延表示出來，加以明確的限制與說明。第三，考評指標的具體化。在考評中，把評價指標分成不同的等級，制定相應的得分標準。第四，考評指標的制度化。績效考評指標在形成體系後，最好用制度確定下來，保持其相對的穩定性。

其次，為了使目標成果考評工作順利進行，確保績效考評的質量，在考評工作進行之前，在組織內部建立各級績效考評機構。其主要任務有：績效考評的雙方發生矛盾與分歧時進行協調；根據實際情況對各有關目標項目的完成情況做出考評；制訂和修改成果考評的指標體系和方案。

最後，做好標準化工作。具體包括：考評程序標準化、考評組織標準化、方法和手段標準化等。

（二）目標考評的主要內容

一是評價目標實現程度。目標實現程度是以目標值作為考評尺度。在考評階段將考評結果與目標值加以比較，就可知道目標的實現程度。值得注意的是，在目標實施過程中往往會出現一些新的情況，使最初提出目標時的外界條件發生變化，從而直接或間接影響目標及其完成情況。這些變化造成的影響，有的可以經過目標執行者的努力來消除，有的則是難以消除。為了正確地反應目標狀況，就有必要根據外界客觀條件的變化，適當地調整目標。

二是目標難度的比較。目標難度是指根據目標任務的性質、客觀條件和外界因素等的不同，為實現預定目標所付出的代價和努力的大小不同。如相同的企業利潤目標，對於成熟的、綜合實力強的公司來說，可以輕而易舉地完成；而對於那些新的、綜合實力薄弱的公司來說，只有花費大量的努力，才有可能實現目標。因此，在目標考核中，只注重目標的實現程度，而不考慮目標的難度的做法，並不能全面衡量目標執行

者的業績和能力，只有把目標實現程度和目標難度結合起來考慮，才能對目標成果做出較為全面的公正的評價。

(三) 目標績效考評的過程

第一，目標執行者對績效進行自我評價。當目標實施過程結束後，首先由目標執行者本人對目標管理的成果進行自我評價。自我評價的具體內容可以包括：檢查和衡量目標的實現情況，衡量目標的進度與難度情況以及目標執行過程中採用的措施手段的狀況。

第二，上級的指導和考評。上級可以通過個別協商和交談等方式，同下級交換意見和看法，使下級能恰如其分地對自己的工作績效做出客觀的評價。

第三，考評機構的綜合評價。在組織內部的各級管理單位要成立考評機構。他們的工作職責是根據每個目標執行者的自我評估，進行進一步的考核評價。在考評過程中，考評機構要注重實際取得的成果，並與目標執行者和上級領導者充分交換意見，以減少考評工作的片面性和局限性，更好地解決出現的矛盾和分歧。

【本章小結】

目標管理是以目標的設置和分解，目標的實施及對完成情況的檢查、獎懲為手段，通過員工的自我管理來實現企業的經營目的的一種管理方法。它以目標為導向，以人為中心，以成果為標準。在員工的積極參與下，自上而下地確定工作目標，並在工作中實行「自我控制」和「自我管理」，自下而上地保證目標實現。

在本章中，對目標管理的基本理論加以簡要概括。首先介紹了目標的概念、類型、性質及其功能，其次介紹了目標管理的概念、特點、適用範圍及實例，最後依據目標管理實施的四個環節，即目標制定、分解、實施和考核，逐一對目標管理進行較為全面的描述。

【思考題】

1. 什麼是目標？企業的目標一般有哪些？
2. 目標對企業管理來說有何功用？
3. 目標管理的特點是什麼？
4. 闡述目標管理的優點和缺點。
5. 試述目標管理的基本實施過程。

【案例】

海爾的 OEC 管理

目標管理的概念由德魯克在 1956 年提出，1978 年傳入中國後，歷經了 30 多年的發展，目前已是中國企業中推行較為普遍的一種現代管理方法。中國企業在應用目標

管理理論的同時，還根據國內企業與職工的特點，結合中國文化對目標管理進行實踐創新的成功實例。青島海爾集團的日清管理法（OEC 管理）就被認為是有中國特色的目標管理法。

海爾的 OEC 管理，O 是指全員、全方位（Over），E 是指每人、每天、每件事（Everyone），C 是指控制清理系統（Clean）。它也是由企業制定大目標，然後把目標分到各部門，各部門再分到每個人的每一天，做到事事有人管。最後再通過控制清理系統來促進既定目標完成，做到人人都管事。

OEC 管理建立了客觀的目標體系，把企業的總目標進行分解，並將分解後的子目標按照事（軟件）、物（硬件）分兩類，建立總帳，使企業正常運行過程中的所有事、物都能處於控制之中，做到「總帳不漏項」；然後將總帳中的事、物通過層層細化落實到各級人員，並制訂各級崗位職責及每件事的工作標準，每個人根據其職責建立工作臺帳，明確每個人的管理範圍、工作內容、每項工作的工作標準、工作頻次、計劃進度、完成期限、考核人、價值量等。績效目標採取自主認定制度，每個人都在上一級目標的指導下，參照自己的崗位職責自主擬定自己的目標計劃，並分解至每一天的工作。為確保工作目標的準確性、完整性以及確保公司總體目標的實現，在海爾每個人的工作目標（臺帳）都要由其上一級主管審核之後方可生效，這樣就保證了工作目標的整體一致性和整體協調性。

作為目標控制系統，OEC 管理提出「日事日畢、日清日高」。對管理人員實行月度臺帳加日清表控制，即每天一張表，明確一天的任務，下班時交上級領導考核，沒有完成的要說明原因和解決的辦法。對生產工人實行 3E（Everyday、Everything、Everyone）卡由責任人和檢查人員分別填寫，每日對照檢查是否全部完成達標。對工作中出現的薄弱環節不斷改善、不斷提高，每天尋找差距，以求第二天更好。日清系統有自我日清和職能人員按管理程序進行的復審兩部分。

OEC 管理實行多元激勵和及時激勵的考核激勵機制。對於管理人員來講，每月的總結及月報表便反應了其業績的好壞，其結果是不但影響其本月工資，而且還會影響其去留升遷。而對於工人來講，每天根據「3E」卡上的工作記錄（點數）就可以算出自己的工資。使得在反饋工作業績的同時，也將績效考評落到了實處。

海爾 OEC 管理很巧妙地將中國傳統文化的精華融入了現代化的管理實踐中，它不僅僅將企業的大目標分解到最末端的執行單位，而且還將企業的大目標分解到企業運作的每一天做到「日清日高」。這種管好企業運作的每一件事，每一個人，每一天甚至每一個小時的精細管理，以及不斷提高不斷完善的進取精神使得企業的總體目標一個個得以實現。正是憑藉 OEC 管理的客觀的目標體系，完善的目標責任制，合理有效的考核機制體系和激勵機制體系確保了目標管理的實施目標和效果。海爾集團的管理創新仍在繼續，他們又提出了「人單合一」體系的管理運作方式，進一步強調人的創造力，這也是對實施目標管理的深入與發展。

【思考題】

海爾目標管理的特色是什麼？

第十三章 人本管理

【學習要點】
1. 人本管理的含義、原則及特點；
2. 人本管理的核心內容；
3. 人本管理的具體方式。

第一節 人本管理概述

一、人本管理的含義

　　美國著名的企業家艾科卡說過：「你可以取走我企業的所有存款，拆去我工廠裡所有的設備，但務必請你留下我所有的成員。因為他們才是我企業的真正財產。」現代著名管理大師彼得‧德魯克曾說過：「任何組織中最稀缺的資源是在文化的影響下能把任務執行好的人。」這些都充分顯示了「人」在現代組織發展中的重要性。當前，「以人為本」、「人的因素第一」、「重視和發展人」的人本管理思想已經成為中外管理領域最熱門的話題之一。

　　那究竟什麼是人本管理？學者們仁者見仁、智者見智，尚未形成一個權威的定論。

　　有的學者通俗的將人本管理看做把人當人看，把人當人用，充分考慮個人的特點，尊重個人的個性，理解個人的情感與追求；同時在人與物的關係中，重視人與物的差別，做到人與物的協調，而不是使人成為物的附庸或一部分。

　　有的學者把人本管理歸結為「3P」管理。「3P」即「of the people」、「by the people」、「for the people」。它們的含義分別是「人與人才是企業最重要的資源」、「企業是依賴人進行生產經營活動的」、「企業是為了滿足人的需要而存在的」。

　　有的學者將人本管理劃分為五個層次：情感管理、民主管理、自主管理、人才管理、文化管理。根據這一觀點，人本管理實踐可企業目標和員工目標的一致性，建議採取目標管理、合理化建議、員工持股等多種方式增強員工參與管理的積極性；同時，以情感、文化凝聚人心。

　　有的學者將人本管理的內涵劃分為兩個層次：第一層是指首先在管理過程中樹立人的主導地位，然後圍繞如何調動企業人的積極性、主動性和創造性開展企業的一系列管理活動，強調人的主導地位；第二層內涵是通過以人為本的企業管理活動，以盡

可能少的消耗獲取盡可能多的產出的實踐,來鍛煉人的意志、腦力、智力和體力,通過競爭性的生產經營活動,使自己得到進步,也使企業獲得更大的發展。

有的學者認為人本管理就是以人為本的管理,指人們在管理活動中從人的角度出發來分析問題,以人為中心,按人性的基本狀態來進行管理的一種管理方式,其實質就是充分肯定人在管理活動中的主體地位和作用。

以上各種觀點實際上都是從不同的角度去認識人本管理的,只是反應和強調了人本管理的不同側面。人本管理應該是從管理理念、管理制度、管理技術、管理方式到管理態度的全面轉變。因此,編者贊同學者趙繼新(2008)的觀點,將人本管理的含義概括為:人本管理是一種把「人」作為管理活動的核心和組織最重要的資源,把組織全體成員作為管理主體,從尊重人的角度開發和利用組織的人力資源,服務於組織內外的利益相關者,實現組織目標和成員個人目標的管理理論和管理實踐的總稱。

二、人本管理的特徵

分析人本管理的含義,我們可得出它的以下特徵:

1. 人本管理的核心是「人」,是企業最重要的資源

這是人本管理與以「物」為中心的管理的最大區別,它意味著企業的一切管理活動都圍繞如何識人、選人、用人、育人、留人而展開。人成為企業最核心的資源和競爭力的源泉,而企業的其他資源(如資金、技術、土地)都圍繞著如何充分利用「人」這一核心資源,如何服務於人而展開。

傳統管理把「人」作為工具和手段,作為企業達到效益最大化的途徑,人僅僅為這一目的而存在,毫無自身作為「人」的價值和意義。而人本管理更重視企業中的「人」,突出人在管理中的地位,在促進企業發展的同時不斷促進人的全面發展、實現人的價值。在生產力發展程度、科技運用與實施程度以及資源佔有程度大體相同的情況下,企業的可持續發展依靠企業中人的日趨成熟與發展,依賴於人的素質提高,只有將「人」作為根本目標來追求才能使企業立於強者之林。日本索尼公司董事長盛田昭夫說:「如果說,日本式經營真有什麼秘訣的話,那麼,我覺得『人』是一切秘訣最根本的出發點。」被人們譽為「經營之神」的松下幸之助曾說,松下公司的口號是「企業即人」,並多次宣稱「要造松下產品,先造松下人」。

2. 企業的全體員工是人本管理的主體

勞動是企業經營的基本要素之一。人們對提供勞動服務的勞動者在企業生產經營中的作用是逐步認識的,這個認識過程大體上經歷了三個階段。

(1)要素研究階段。對勞動力在生產過程中的作用研究是隨著以機器大生產為主要標誌的現代企業的出現而開始的。但在早期,這種研究基本上限於把勞動者視為生產過程中的一種不可缺少的要素。比如,管理科學的奠基人泰勒的全部管理理論和研究工作的目的,都是致力於挖掘作為機器附屬物的勞動者的潛能。他仔細研究工人操作的每個動作,精心設計出最合理的操作程序,要求所有工人嚴格地執行,而不要自己再去創造和革新。他堅信,工人只要按照規範程序去作業,就能實現最高的勞動生產率,從而獲得最多的勞動報酬。這樣對工人和企業雙方都是有利的。泰勒之後幾十

年中，所有對勞動和勞動力的研究大多未擺脫這種把人視做機器附屬物的基本觀點和方法。

（2）行為研究階段。第二次世界大戰前夕，特別是戰後，有一部分管理學家和心理學家，開始認識到勞動者的行為決定了企業的生產效率、質量和成本。在此基礎上，他們進行了大量的案例分析，研究影響勞動者行為的因素。通過這些研究他們發現，人的行為是由動機決定的，而動機又取決於需要。勞動者的需要是多方面的，經濟需要只是其基本內容之一。所以他們強調，管理者要從多方面去激勵勞動者的勞動熱情，引導他們的行為，使其符合企業的要求。這一階段的認識有其科學合理的一面，但其基本出發點仍然是把勞動者作為管理的客體。

（3）主體研究階段。20世紀70年代以來，隨著日本經濟的崛起，人們通過對日本成功企業的經驗剖析，進一步認識到職工在企業生產經營活動中的重要作用，逐漸形成了以人為中心的管理思想。中國管理學家蔣一葦（1980）發表了著名論文「職工主體論」，明確提出「職工是社會主義企業的主體」的觀點，從而把對職工在企業經營活動中地位和作用的認識提到了一個新的高度。根據這種觀點，職工是企業的主體，而非客體；企業管理既是對人的管理，也是為人的管理；企業經營的目的，絕不是單純商品的生產，而是為包括企業職工在內的人的社會發展而服務的。

人本管理的主體是企業的全體員工，其實現的關鍵在於員工的參與管理。企業實現有效管理有兩條完全不同的途徑：一是高度集權，依靠嚴格的管理和鐵的紀律，重獎重罰，使得企業目標統一，行動一致，從而實現較高的工作效率；二是適度分權，依靠科學管理和職工參與，使個人利益與企業利益緊密結合，使企業全體職工為了共同的目標而自覺地努力奮鬥，從而實現高度的工作效率。兩條途徑的根本區別之處，在於前者把企業職工視做管理上的客體，職工處在被管的地位；後者把企業職工視做管理的主體，使職工處於主動地參與管理的地位。當企業職工受到饑餓和失業的威脅時，或受到政治與社會的壓力時，前一種管理方法可能是有效的；而當職工經濟上已比較富裕，基本生活已得到保證，就業和流動比較容易，政治和社會環境比較寬鬆時，後一種方法就更為合理、更為有效。

3. 人本管理的主要手段是利用和開發組織的人力資源

人是企業的最核心的競爭力，是決定企業興衰成敗的關鍵因素。在信息爆炸的現在，技術優勢的保持變得困難，這就使得各個公司可以更容易、更快速地戰勝對方。這時，組織可持續發展競爭優勢的源泉就不在於商品與服務，而在於人的思維與能力了，因此，企業要想在激烈的競爭中取得優勢，就必須充分利用和開發企業的人力資源。這就要求企業一方面要能最大限度地利用企業現有的人力資源，另一方面要盡可能地開發人力資源。而這當中最重要的問題就是提高人的能力和開發人的潛能，只有充分挖掘人的潛能，調動人的積極性，才能保持人力資源優勢。同時，企業要想保持競爭優勢，還必須制定和實施人力資源發展規劃，不斷追加對員工的人力資本投資，使組織中員工的知識不斷更新，綜合素質始終處於不斷提高的狀態，發展在職教育和終生教育，營造學習型組織分為，才能保持企業的競爭力。

4. 人本管理活動的服務對象是組織內外的利益相關者

人本管理的主體是全體組織成員，因此，企業在追求物質資本所有者利益的同時，應該兼顧人力資本所有者的利益，亦即企業內部全體員工的利益。此外，隨著社會的發展，企業的目標趨於多元化，企業已突破單一的經濟組織的局限，綜合考慮企業外部的利益相關者，包括顧客、環境、社區建設，遵守國家相關的法律法規和企業應盡的社會責任，把人、企業、社會整合成一個有機的整體。

5. 人本管理的理想效果是組織和員工的雙贏

人本管理是以人為本，尊重人性，注重人的發展與提高的管理，因此，在人本管理理念下，企業的發展不僅要看企業經濟利潤，更要注重員工的個人發展是否與組織發展同步，從而達到人本管理的理想狀態——組織與員工雙贏。在當代，人是企業最重要的資源，員工的個人發展與組織的發展是密不可分的；員工的個人發展程度則取決於企業對於員工的態度和方式，與此同時也決定了員工的工作能力及其對企業的忠誠度，而這又反過來影響組織的發展。正如管理學家麥格雷戈所說：「當管理者為員工提供使他們的個人目的與公司的商務目的一致的機會時，組織就會遠為有效與有力。」

總之，人本管理的本質就是尊重人、服務人、依靠人和發展人。

三、人本管理的原則

人本管理的原則是指以人為本的管理過程中應遵循的基本原則，它涉及以人為本管理的基本方式的選擇和以人為本管理的核心。

（一）個性化發展的原則

以人為本的管理，從根本上說應該是以組織成員的全面發展為出發點。個性化的發展雖然僅僅是人的全面發展的初級階段，但比起過去組織僅將員工看做是「機械人」或「操作工」，只培養完成某一崗位要求的技能，只按完成崗位任務的優劣進行獎懲，已進步許多。因為尊重員工的個性化發展，表明組織已允許員工在發展符合組織發展要求的技能的同時，可以在組織中選擇其自願發展的方向。

個性化發展的原則要求組織在成員的崗位安排、教育培訓，在組織工作環境、文化氛圍等方面都要以是否有利於組織成員個性潛力的發揮和長遠發展來考慮，而不僅僅是從組織的功利性目標出發。

另外，在人本管理的模式下，組織員工是一個個獨特的、具有能動性的個體，因此，組織在制定管理制度的過程中不能忽視員工的個性，以統一標準管理員工，而應該尊重員工的個性發展要求，採取因人而異的多樣化管理模式。

（二）引導性管理原則

組織中以本人的管理本質上是組織中成員的自我管理。因此，以人為本的管理實則是不需要權威和命令的管理。組織員工之間的協作配合，資源的安排、投入與產出等方面原來依靠領導者的權威和命令來組織、協調與監控，而在人本管理思想的指導下則演變為引導性的管理，即以引導來取代權威和命令，以引導來協調組織成員自我管理的行為，從而最終有效地完成組織既定的目標。

引導性的管理原則實際上是要求管理主體至少要改變其在決策方面的角色。在人本管理條件下決策是組織成員共同的責任，否則就不能稱之為自我管理。

引導性準則在組織運作中要求組織中的所有成員能相互協調、互相建議，使組織成員凝聚在一起，共同完成組織最終的目標，並在此過程中謀求成員的個性化發展。因此，自我管理既是個性化發展的一個條件，也是它的結果。

(三) 建設環境原則

人本管理的核心是要促進人的全面發展，因此就必須為組織員工創建一個能讓人全面發展的場所，間接地引導其自由地發展個體的潛能。組織應從以下兩個方面進行環境建設：一是物質環境，包括工作條件、設施、設備、文化娛樂條件、生活設施安排等；二是文化環境，即組織獨特的文化氛圍。

組織的物質環境建設要受到組織所擁有的資源有關，雖然不能說物質環境越好，越能讓個性化全面發展，但良好的物質條件是發揮人的潛質、訓練技能的重要保障。組織文化建設是一個漫長的過程，需不斷尋找及調試適合組織發展的文化。但組織文化一經創設成功，就會對組織成員的思想和行為產生導向、約束、激勵和凝聚的作用，其效用是不可取代的。

第二節　人本管理的核心內容

一、參與管理

參與管理是指員工從單純的執行者轉變為積極參與者，自願地參與到管理決策中來，以此滿足員工成長發展、自主管理需要的一種管理方式，也是有效管理的關鍵。實現有效管理的途徑有兩條：一條是高度集權；另外一條是適度分權、職工參與的民主式管理，使員工個人利益與企業利益結合，使企業全體職工為了共同的目標而自覺地努力奮鬥，從而實現高度的工作效率。兩條道路的根本不同之處在於，前者把企業職工視做管理上的客體，職工處於被管理的地位；後者把企業職工視做管理的主體，職工處於主動地參與管理的地位。

企業實施參與管理的目的在於：第一，從控制性管理向參與性管理轉變，滿足員工多層次、多方面的需要。與單純的經濟激勵相比，員工在參與管理中更能體驗到歸屬感，促進團體的凝聚力，提高員工的忠誠度。第二，參與管理的方式為員工提供了發揮自己多方面才智的機會，使員工能在更大的範圍內運用自己的智慧與能力，而不局限於本職工作。參與管理可以採取多種形式，如，建立員工合理化建議制度、管理者接見日制度等。

二、企業文化管理

現代企業文化是指在一定的社會歷史條件下，企業在生產經營活動中培育並形成全體員工共同遵循的企業使命、價值觀、道德規範、行為規範等，是企業賴以生存和

發展的精神支柱。現代企業文化包括三個層次：理念層、制度層和物質層。理念層主要是企業精神文化，包括企業的核心價值觀、經營哲學、企業使命等一系列價值理念，其中價值觀是最核心的內容；制度層主要是企業的行為文化，包括企業制度、流程、企業行為等一系列規範，它在理念層指導下活動，是企業價值理念的實踐化；物質層是企業文化的表層外顯部分，是精神形態文化的載體。

企業文化具有對內和對外雙重功能。對內起著導向、凝聚、激勵、約束的作用；對外則發揮傳播形象、擴大影響的功能。企業文化形成後，員工在企業文化的熏陶下，共享同樣的價值觀、共同創造並維持組織特定的氛圍，並為實現組織目標而共同努力，企業內部的人際關係將更融洽，正式組織和非正式組織之間的關係更加協調。同時，企業文化還通過傳媒、員工行為等途徑在社會上傳播和輻射，成為社會文化的重要組成部分並在社會文化中發揮越來越重要的作用。在高度協調的企業文化氛圍中，員工既保持各自鮮明的個性，又能形成合力，遵循共同的行為準則且不斷進取創新。

人是人本管理的主體，企業首先要樹立以人為本的價值觀，體現出尊重人、愛護人、尊重人個性化發展的文化理念，並表現出企業組織對個人目標的重視。如：海信集團的宗旨是「以人為本」，關心人、尊重人、理解人、愛護人是海信集團文化最主要的特色。

三、激勵管理

激勵是通過滿足員工的個人需求來提高他們工作積極性的活動。激勵是現代企業人力資源管理的核心。哈佛大學的威廉·詹姆士教授發現，按時計酬的職工一般只需發揮20%～30%能力，就可保住飯碗，但是，受到充分激勵的員工能發揮出80%～90%的能力。人本管理的最終目的在於人的全面發展，發展首先體現在能力的發展上，但人的能力並不完全處於外顯狀態，有些潛能需要適當的目標和環境的刺激才能顯現出來，這就需要激勵。建立在需求和心理動機理論基礎上的激勵通過提供適當的目標刺激和環境支持，將人的行為動機強烈地激發出來，在實現目標的過程中將一些員工甚至沒意識到的能力施展出來。激勵管理實際上是管理者為企業員工服務的一種重要的方式。

通過激勵，管理者洞察並滿足員工的需要，將員工個人目標與企業目標結合起來，從而使他們產生符合組織期望的動力。即激勵通過提供外界推動力或吸引力，把組織的期望轉化為員工內在自覺自願的行為，使其實現從「要我做」到「我要做」的轉變。因此，激勵管理是人本管理重要的、不可或缺的組成部分。

四、人力資源開發與培訓管理

在人本管理中，人力資源的培訓與開發不是作為員工的福利，也不是作為留住員工的一種手段，而是員工應享有的基本權利。企業則是員工進一步獲得提高與發展的責任承擔者。

培訓是企業向員工提供工作所必需的知識與技能的過程；開發是依據員工需求與組織發展的要求對於員工潛能開發與職業發展進行系統設計與規劃的過程。培訓與開

發的目的都在於通過提升員工的能力實現員工與企業組織的共同成長。人本管理中企業應注重對於組織成員在企業服務期間全過程進行開發，通過工作輪換、工作擴大化和豐富化等方式不僅可以提高員工對崗位要求的適應性，而且著眼於提高員工個人對外部環境，包括市場競爭的適應性和駕馭能力，完善員工的個性、開發他們的潛能，發揮他們的創造力，使企業員工在自我實現的過程中得到全面的發展。為了滿足員工個人發展的需要，企業必須更加注重差異化、個性化的培訓方法，根據員工發展需要，設計不同的培訓方案，即組織由培訓的主導地位轉變為輔助地位，而將培訓的主導地位交給員工自己。總之，在員工培訓過程中，企業要以員工為主，組織起輔助引導作用，盡量給員工創造良好的培訓環境，提供培訓資料、設備等條件。另外需要說明的是，這個方法很大程度上要靠員工的自覺性和積極性來實施，企業要想取得良好的培訓效果，還要設法提高員工的積極主動性。

五、人際關係管理

任何一個組織都是由有著共同目標的人組成的有效協作系統。企業組織不僅是一個經濟組織，也是一個人群組織。在組織中，不僅內部成員之間存在著各種各樣的人際關係，而且企業與外部其他社會組織以及個人之間也存在著錯綜複雜的人際關係，二者共同構成了企業的人際關係網絡。

企業對外的人際關係網絡具有信息溝通、調動資源、增強互信感等功能，是對正式市場機制的一種補充，對企業目標的實現具有重大的意義。此外，組織中人與人之間和睦親善、相互信任的關係，能避免成員之間不團結、內耗等事情的發生，使成員之間的合作更為有效，從而共同完成組織的目標。同時，通過組織內部深入的溝通和交流，可以產生共鳴，有助於團隊精神的培養，能夠發揮成員的潛能，形成凝聚力，在組織遇到困難或危機之時，起到相互扶持與鼓舞的特殊作用，從而使人的精神得到昇華。

第三節　人本管理的方式

一、人本管理的基本方式

人本管理的方式是極其豐富且多樣的。從企業目前和未來面臨的經營環境對於企業的要求來看，從企業的實踐效果來看，人本管理的方式可以歸納為：目標管理、建立有效激勵機制、加強情感溝通、建立良好用人、育人、留人機制、創建獨特的企業文化等五個方面。

（一）實施目標管理，實現員工的參與管理與自主管理

目標管理是以目標的設置和分解、目標的實施及完成情況的檢查、獎懲為手段，通過員工的自我管理來實現企業的經營目的的一種管理方法，也是員工參與管理的一種管理方式。它以目標為導向，以人為中心，以成果為標準，企業在員工的積極參與

下，自上而下地確定工作目標，並在工作中實行「自我控制」和「自我管理」，自下而上地保證目標實現。而人本管理下的目標管理則是在此基礎上更加強調企業目標與個人目標相協調，強調全體員工或員工代表參與組織目標的制定與實施。它具有強調個人與組織共成長、重視參與管理、強調自我管理與自我控制、注重權力下放及注重成果的特點。其實質之一就是尊重人。因此，目標管理是實施人本管理的重要方式之一。

通過推行並實施目標管理，不僅調動了員工的積極性、主動性和創造性，通過強調自我控制，自我調節，將個人利益和組織利益緊密聯繫起來，提高了士氣；也促進了管理者與員工之間的意見交流與有效溝通，改善了組織內部的人際關係，為組織營造一個和諧的氛圍。另外，目標管理也可以通過改進組織結構和職責分工的方式，將時間和精力最大的限度地投入到組織目標的實現中去，從而能帶來良好的績效。

(二) 建立有效的員工激勵機制，充分調動員工的積極性

美國哈佛大學教授威廉·詹姆斯用一個數學公式表示了激勵的作用：工作績效 = F(能力×激勵)。這就是說，人的工作績效取決於他的能力與水準即積極性的高低，能力是績效的基本保證，但是不管能力多強，如果激勵水準低，就難以取得好的績效。可見，根據人的心理和行為規律不斷調動、提高和保持員工工作的積極性、主動性和創造性，有利於創造出更佳的工作績效，增強企業的綜合實力。

人本管理中要想做到有效激勵必須注意以下幾點：首先，要瞭解員工的需求。需要是員工產生積極行為與進行有效激勵的動力源。在企業內部，不同的員工及其群體，由於其從事的崗位、知識的構成、興趣與愛好、年齡與性別、性格與氣質、自身的素質等各不相同，往往需求也不相同，管理者應根據其不同特點採取不同的激勵措施，有的放矢地激勵職工的積極性。需要強調的是，企業應重視員工合理的物質要求，企業應結合自身特色制定以機會、職權、工資、獎金、股權、紅利、福利以及其他人事待遇為形式的靈活分配制度，確定一整套有效的薪酬激勵機制，包括：確定合理的工資差別，力求使每個人的收入與他們的實際貢獻相稱；實行彈性工資制，使員工收入與企業實際效益緊密相連；在利益分配上引入競爭機制，通過競爭使收入分配趨於合理化；以工資為槓桿，引導員工積極解決公司所面臨的難題和關鍵問題，傾向對解決這些問題做出顯著貢獻的人給予重大獎勵。其次，建立適合本企業實際的激勵機制。激勵是全方位的，不僅有物質形態的還有精神形態的，單純的物質激勵和精神激勵都不能解決企業動力不足的問題。一般來講，在激勵中可採用主要有：理想激勵、目標激勵、榜樣激勵、榮譽激勵、競爭激勵、情感激勵、物質激勵、參與激勵等等。根據人的心理和行為規律，通過對員工的激勵，以創造出最佳工作績效，從而更好地實現組織目標。

(三) 加強情感溝通，創建和諧人際關係

隨著社會發展，經濟體制與企業經營方式的變革，員工在思想上、心理上、工作上、生活上難免會出現許多的問題與困難，這些問題與困難如果得不到關心和解決，將直接影響到員工的情緒和隊伍的穩定，更直接關係到企業能否正常運轉和改革的順利進行。在這個時候，建立良好的溝通以及和諧民主的團體關係就顯得尤為重要。

首先，管理者要善於與員工溝通。溝通是一種人與人之間的情感、思想、態度和觀點上的交流，是心靈之間的相互感觸。管理者要經常深入到員工中去，傾聽員工的心聲、瞭解員工的各種需要、體察員工的喜怒哀樂、關心員工的冷熱痛癢，關心員工思想上的提高、政治上的進步、工作上的適應以及員工自身的發展等。從而在管理者與員工之間建立起親密融洽的關係，在組織內部形成強大的凝聚力，達到管理目標。

其次，管理者要尊重員工。人都有自尊心，被尊重是每個員工渴望的心理欲求。要達到組織目標，管理者就必須尊重員工，即所謂愛人者，人恆愛之；敬人者，人恆敬之！它包括尊重員工的價值、人格、需要、情感以及他們的勞動和休息等。只有把尊重員工置於管理工作的始終，管理者的工作才能深入員工的心中，才會使員工產生一種知遇感，從而促使員工以在工作中的加倍努力作為回報。劉備「三顧茅廬」換得了諸葛亮的鞠躬盡瘁，死而後已，就是一個鮮明的例子。

最後，加強民主管理、民主參與、民主監督，增強員工的主人翁意識。管理者要徹底改變「命令—服從」這種對員工缺乏信賴的單向管理方式，在工作中經常徵求和虛心聽取員工的意見，暢通與員工間的信息渠道，及時向員工通報企業的經營狀況以及遇到的困難，鼓勵員工參與企業生產經營決策，積極採納員工的合理化建議，自覺維護員工的合法權益等。在制定企業計劃與目標時要構建一種公開、透明、參與的機制，使員工將其內化為自覺的行動，形成與企業的命運共同體。這樣就會在企業中形成一種民主、融洽、和諧的人際關係，充分調動廣大員工的積極性、智慧和創造力，從根本上增強企業活力。

(四) 建立良好的引人、用人、育人、留人機制，不斷增強組織發展的原動力

人本管理中不斷強調，人是組織發展的原動力。因此，在推行人本管理的過程中，組織應在引進、培養、留住人才上下工夫，為組織的發展存儲相當數量的人力資源。

第一，千方百計引進人才。企業要根據自己的生產經營要求制定人才需求計劃，採取各種方式想方設法地網羅人才。這就要求企業必須堅持公開、公平、競爭、擇優的原則，打破傳統的分配制度，實行合理公平的新的分配方式。建立客觀公正的評價體系，對每位員工的工作業績、工作態度、工作能力、貢獻的大小進行客觀公正的評價，充分激發員工的熱情，使其安心工作，為企業的發展創造後勁。

【小資料】

1. 20世紀30年代初美國著名教育家佛萊克斯納為了聘請愛因斯坦去他位於普林斯頓的高等研究院講學，曾到美國的加利福尼亞州、英國、再到愛因斯坦位於柏林附近的寓所再三懇求，愛因斯坦為其誠心邀請所感動，終於答應擔任終身教授。從此美國成了世界物理的中心。

2. 福特：為引進一個人買下一個公司

一次，福特公司的一臺汽車馬達壞了，公司所有的技術人員修了半天都沒有修好。於是，他們就把一個在小廠工作的技術員請過來幫忙。這個人是德國的技術人員，技術非常好，不知什麼原因流落到美國，現在所在的這個小廠收留了他。福特

> 公司把他請來以後,這個技術員為了聽馬達的聲音,在電機旁躺了三天,聽了三天,然後在一架梯子上爬來爬去,最後找到了原因。原來是馬達上的線圈多纏了 16 圈,他把這多的 16 圈線圈拿掉,馬達馬上恢復了正常。對此,福特老闆對他非常賞識,給了他 1 萬美元作為酬勞,並邀請他來福特工作。但這個技術人員很講義氣,他說:「原來的公司待我很好,我不能見利忘義。」福特說:「那好,我就把你的公司全買過來就是了。」於是福特公司真的把這個小廠買了過來。後來,福特公司能成為全球著名的大企業,應該說是與其重視網絡人才有很大的關係。

第二,要堅持量才適用、人事相宜等原則。用人是管理者的重要職責,人各有所長,企業管理者要根據員工的能力、興趣、心理等因素進行綜合考慮,科學的把最合適的人安排到最合適的崗位,以此來發揮人的最大效能。在使用人才時要堅持任人唯賢、任人唯能的原則,要堅決剔除那些不考慮企業現狀與未來發展卻只關心自身利益的幹部,提拔那些有能力、魄力和膽識的人;要大膽啟用那些犯過錯誤但具有良好的業務素質或特殊專長的人,使他們承擔起相應的責任;要做到重資歷更重能力決不忽視創新意識和開拓精神。在用人上真正做到公開、公正、公平。

第三,不僅要會使用人才,還應注重人才的開發與培訓。企業要在生產經營的同時有計劃地實施企業的員工教育培訓,把企業辦成一個學習型企業。必須重視並積極創造條件,組織員工學習新知識、新技術,不斷為其提供各種外出進修和學習的機會,不斷提高員工的知識、技能和業務水準,使他們能夠不斷提高自身素質適應企業發展的需要。同時要加強員工的思想政治工作,加強員工的職業道德建設,培養員工愛崗敬業、團結拼搏的精神。使企業內形成和諧、友善、融洽的人際關係和團結一心、通力合作的團隊精神。

第四,重視員工的個體成長和職業生涯設計,留住企業人才。對企業而言,人才是最稀缺的資源,如何合理利用並發揮最大效用,是一個值得關注的問題。越來越多的員工更在意自身價值的實現,並不滿足於被動地完成一般性事務,而是盡力追求適合自身的有挑戰性的工作。這種心理上的成就欲、滿足感也正是事業上的激勵。企業更多的是不同崗位間模糊化,工作職責的跨度化,企業應盡可能根據員工自身的素質與經驗,結合企業內部的實際情況,依照企業的目標策略,給員工設置挑戰性的工作或職位,使其能夠在工作中得到鍛煉發展的空間,不但滿足了員工自我滿足、自我實現的需要,同時,也使得員工在工作中得到了鍛煉,反過來也有利於企業的發展。同時也可以採用內部提升、工作輪換方式,讓企業員工接受多方面的鍛煉,培養跨崗位解決問題的能力,並發現最適合自己發展的工作崗位,為員工提供實現自我的環境與機會,積極提高員工的工作滿意度,還可以促進良好的人才競爭機制,形成能者上,庸者下的合理競爭局面。

(五) 培養獨特的企業文化,不斷增強企業的核心競爭力

良好的企業文化不僅是提高員工素質的重要保證,也是企業員工朝氣與活力的源泉,是企業的靈魂所在。因此,實施以人為本管理,必須構築獨特的企業文化。企業

文化建設必須做到企業價值觀、企業精神與企業形象三者的有機統一。企業價值觀是核心，企業精神是保證，企業形象是利器。只有將這三者有機地統一起來，才能形成企業的核心競爭力。在企業文化建設過程中，只有實現尊重人、理解人的價值觀，把團結奮進的企業精神與良好誠信的企業形象有機結合，才能激勵員工不斷創新，推動企業快速發展。除此，企業的亞文化也不可忽視。例如，在「以人為本」的細節管理時代，咖啡機是一種有效的「軟管理」工具。許多企業都在寫字樓的茶水間配置濃縮咖啡和上好的咖啡豆，向員工供應免費的「工間咖啡」。「咖啡時間」成為公司的一種亞文化，不但可以激發員工的創意和靈感，而且還是一種特殊的溝通方式。部門與部門之間不再是獨立王國，大家經常可以在咖啡機旁碰撞、交流，上司與下屬之間也有了更好的溝通渠道，比如要督促或批評一個下屬，邊喝咖啡邊聊天，自然能達到很好的批評效果。同時，還可以給員工一個充電和溝通的時間。

二、人本管理運作的機制

為有效的實行人本管理，關鍵是建立一整套完整的管理體制和適宜的環境，使員工能處於自動運轉的主動狀態，自我激勵，自我管理，奮發向上。

（1）動力機制。動力機制旨在形成員工內在要求的強大動力，主要包括物質動力和精神動力，即利益激勵與精神激勵機制，兩者相輔相成，不可分割。

（2）壓力機制。壓力機制包括競爭壓力和目標責任壓力。競爭使人面臨挑戰，使人產生緊迫感，會產生積極向上獲得解脫的衝動。因而在用人、選人、工資、獎勵等管理工作中，應充分發揮優勝劣汰的競爭機制。目標責任使人們有明確的奮鬥方向和責任，迫使人們努力去履行職責。

（3）約束機制。約束機制是由制度規範和倫理道德規範組成，是企業的內部法規和社會輿論約束，使人們知道應當做什麼、如何去做並怎樣做對。制度規範是一種有形的約束，倫理道德是一種無形的約束；前者是企業的法規，是一種強制約束，後者主要是自我約束和社會輿論約束。當人們的精神境界提高時，以上兩種約束都會內化為員工的自覺行為。

（4）保證機制。保證機制主要指法律和社會保障體制保證。法律保障體制主要是指通過法律保證人的基本權利、利益、名譽、人格等不受侵害。社會保障體制主要是保證員工在病、老、傷、殘及失業等情況下的正常生活。在社會保障體系之外的企業福利制度，則是作為一種激勵和增強企業凝聚力的手段。

（5）選擇機制。選擇機制主要指員工有自由選擇職業的權力，有應聘和辭職、選擇新職業的權力，以確保人才的合理流動；另外，企業也有選擇和解聘的權力。實際上也是一種競爭機制，有利於人才的選拔與優化組合，有利於建立企業結構合理、素質優良的人才群，來保證企業的正常運作和發展。

【本章小結】

　　人本管理是一種尊重人、服務人、依靠人和發展人的管理，是一種把「人」作為管理活動的核心和組織最重要的資源，把組織全體成員作為管理主體，從尊重人的角度開發和利用組織的人力資源，服務於組織內外的利益相關者，實現組織目標和成員個人目標的管理理論和管理實踐。

　　本章對人本管理的基本理論作了簡要概括。首先介紹了人本管理的概念、特徵及其原則，其次介紹了人本管理的核心內容，最後對實施人本管理的基本方式及運行機制逐一進行了較為全面的描述。

【思考題】

1. 什麼是人本管理？人本管理的特徵是什麼？
2. 人本管理應遵循什麼原則？
3. 在管理中，人本管理應遵循哪些原則？
4. 人本管理的核心內容是什麼？
5. 實施人本管理有哪些基本方式？

【案例】

摩托羅拉的人本管理

　　摩托羅拉自成立之日起，根本宗旨就是尊重人性，為員工、客戶和社會做有益的事情，並始終把這一理念作為指導企業發展的最高準則，在人本管理方面其主要做法有：

　　有成熟的雇聘制度：摩托羅拉的所有正式員工均與公司簽訂無期限合同。

　　有完備的培訓體系：公司每年為每個員工提供五天的在職培訓。此外，公司還非常重視為員工提供高級的技術、管理培訓及多層次的學歷教育。

　　有科學的工作安排：公司普遍實行工作輪換制度，管理人員通常也採取輪換的方式來進行培養。人力資源、行政、培訓、採購等非生產部門的領導多數都具備生產管理經歷。

　　有公正的評估體系：公司在制定薪酬報酬時所遵循的原則是「論功定酬」，員工有機會通過不斷提高業績水準及對公司的貢獻而獲得加薪。對於直接從事生產的員工，其直屬主管每月統計並公布所屬員工的產量、質量、效率和出勤情況並以此來決定加薪與否與加薪幅度。對非生產性員工來說，他們的績效分要根據他們完成半年工作目標的程度來定。

　　有優厚的福利待遇：公司的員工每年享受 80 小時帶薪休假。通過員工援助計劃為員工及其家庭成員提供保密的心理健康諮詢、矯正不正當行為和其他個人問題的業務

服務。公司的主要辦公區內部都設有應急醫療服務並舉辦健康和保健教育。公司的員工享受所在國政府規定的所有醫療、養老、失業等保障。在中國，公司為員工提供免費午餐、免費班車，並成為第一個為員工提供住房的外資企業。

有真正的人格尊重：摩托羅拉企業文化的基石是對人保持不變的尊重。公司將人的尊嚴定義為：實質性的工作；瞭解成功的條件；有充分的培訓並能勝任工作；在公司有明確的個人前途；及時中肯的反饋；無偏見的工作環境；員工還享有充分的隱私權，員工的機密紀錄，包括病例、心理諮詢紀錄和公安調查清單等都與員工的一般檔案分開保存，員工的私人資料，只有在獲得本人同意的情況下才能對外界公布。

有開放的溝通渠道：為促進員工關係、鼓勵和增強員工參與意識，公司採取雙向溝通策略。員工可以根據個人情況選擇不同的溝通方式參與「總經理座談會」「肯定個人尊嚴」對話等。公司還設有業績報告大會、「大家庭」報、公司互聯網網頁等面向全體員工的溝通渠道。

有平和的離職安排：公司盡最大的可能將裁員人選降至最低。當必須裁員時，裁員人選將根據員工業績、技能和服務年限等各方面作出抉擇。在公司服務滿10年的員工未經董事長和總裁批准不被列入裁員的名單。當員工由於個人或公司業務需要而離開時，公司還將視情況提供諸如安排其他工作、幫助介紹外面的工作、發放補償金和繼續發給某些福利和工資的幫助。

【思考題】

摩托羅拉的人本管理給予中國企業在推行人本管理上的啟示有哪些？

第十四章　管理成本

【學習要點】
1. 掌握管理成本的內涵與構成；
2. 理解管理成本影響因素的作用過程；
3. 研究控制管理成本的方法。

在 21 世紀經濟全球化的趨勢下，新興經濟體的迅猛發展使全球經濟版圖發生著巨大的變化。伴隨著高速發展的信息技術與不斷創新的管理方式，企業面臨的競爭越來越激烈。如 2007 年美國次貸危機引發的全球性金融危機導致大批企業的倒閉；2008 年的「三鹿奶粉」暴露的奶粉行業三聚氰胺事件；2010 年雙匯身陷瘦肉精事件；等等。這些問題都不再是個體事件，它向我們揭示了在經濟快速發展的趨勢下，企業規模膨脹與管理失控、企業有效管理與成本之間的平衡問題。管理成本不再是一個新鮮的詞，但是學術界對其內涵的界定卻還存在一定的爭議，但可以確定的是現在所提的管理成本有別於會計上的管理成本，也不同於成本管理的概念。

第一節　管理成本概述

一、管理成本的概念

管理成本的概念在 20 世紀 30 年代由新制度經濟學奠基人科斯（R. H. Coase）提出後，長期未受到充分重視，但隨著組織管理水準的提高，人們發現並非所有的管理方法和手段都是提升組織效率的「靈丹妙藥」，因為管理給組織帶來效率的同時，也消耗組織的成本。管理成本是組織獲取管理這一稀缺性資源必然付出的相應成本，它不同於會計學名詞「管理費用」，而是一種體制成本。會計學上管理成本是指企業行政管理部門為組織和管理生產經營活動而發生的各項費用支出，例如工資和福利、折舊費、辦公費、郵電費和保險費等。人們以財務會計和管理會計的劃分為依據，而將成本分為財務成本和管理成本兩大類。

如果把管理看做是組織資源的有效整合，那麼管理成本也可以看做是有效地整合組織資源所需要的成本。

二、管理成本的構成

在科斯教授率先提出管理成本的概念之後，其追隨者不斷對管理成本理論進行補充和修正，形成了管理成本理論的四個主要組成部分：內部組織管理成本、委託—代理成本、企業外部交易成本、管理者機會成本。[①]

(一) 內部組織管理成本

內部組織管理成本是指企業利用企業內部行政力量取代市場機制來配置企業內部資源，從而帶來的訂立內部「契約」活動的成本。管理學者和經濟史學家錢德勒在考察了企業演進的歷史後，得出現代企業的兩大特點：①企業包含著許多不同的部門；②每個部門都由所屬等級的企業管理人員來管理。在進一步考察現代企業形成的原因後，他提出現代企業內部資源的配置機制是由企業內部行政力量這只「看得見的手」，而不是由斯密所謂的「看不見的手」來調節的。這就意味著現代企業將由市場機制決定的交易「內部化」到企業內部，由企業管理人員來協調和支配。因此，企業內部的職能部門和企業經理的專業知識對於企業的「長壽」來說是必不可少的。

企業經理利用企業內部行政力量這「看得見的手」來配置企業內部資源，這是需要花費財力和精力的創造性活動。企業管理活動的複雜性，導致了企業內部職能部門的分化和管理的專業化，進而使得企業內部的組織活動成為必不可少。企業的內部組織活動就是合理配置企業所擁有的各項人、財、物，使企業資源能夠按照理想的生產函數組織生產。在企業內部管理中，雖然「看得見的手」代替了「看不見的手」，但並不意味著「契約」成本被免除了。企業內部行政力量的協調也是一種內部「契約」活動的結果。企業內部「契約」活動也帶來了大量的、難以計量的成本，這就是企業的內部組織成本，主要表現在兩個方面：構建正式企業組織結構框架所需要的成本和企業內部組織管理機制的運行成本。

(二) 委託—代理成本

委託—代理成本即由委託—代理關係的存在而產生的費用。現代企業的委託—代理關係主要表現在兩個方面：第一，在股份制企業中，企業的股東越來越多，企業所有權越來越分散，管理權和所有權的分離日益明顯，在這種條件下，企業的股東和管理者之間就形成了一種委託—代理關係；第二，在現代企業的內部，以團隊生產為特徵的內部組織管理使得管理者的任務是通過他人來完成的，此時在管理者和執行決策的執行者之間形成企業組織內部的委託—代理關係。無論哪一種委託—代理關係，都可以看做是一種契約，在這種契約下，委託人把若干決策權或者具體的執行權托付給代理人，由代理人來履行某些任務。由委託—代理關係所產生的委託—代理成本在企業管理中表現為監督激勵成本、承諾成本和利益偏差損失。

[①] 馮巧根. 管理成本、信息成本和運行成本初探 [J]. 財會月刊（會計），2002（12）；李元旭. 管理成本問題探討 [J]. 中國工業經濟，1999（6）；張建平，胡明暉，楊春平，楚德江. 試論管理成本及其構成 [J]. 財稅與會計，2003（6）.

為了降低委託人和代理人間的利益偏差，委託人可以對代理人做出的符合委託人利益的行為進行適當的激勵，或者對代理人牟取私利的行為或不利委託人的行為給予監督約束。不管是激勵活動還是監督約束活動都需要一定的激勵成本，包括測量代理人努力程度的費用、測量報酬數量的費用以及使報酬與努力程度相聯繫的費用等。

　　（1）監督成本，包括制定有關約束規則的費用、監督交易者執行約束規則的費用以及對機會主義進行懲罰的費用等成本。

　　（2）承諾成本。在委託—代理關係中，代理人可以保證不採取損害委託人利益的行動，或者承諾如果採取了損害委託人利益的行動時願意給予委託人以經濟賠償。代理人為此所產生的資源支出稱承諾成本。雖然承諾成本不如激勵監督成本那樣普遍，但它是委託—代理成本的一種重要的形式。

　　（3）利益偏差損失。委託人和代理人的行動選擇是以各自利益最大化為導向的，二者之間的利益偏差是絕對的，由此導致的委託人的利益損失實際上也是一種管理成本。

　　（三）外部交易成本

　　交易成本的概念最早是科斯提出的，是指交易雙方在尋找交易對象、簽約以及履約等方面的付出。現代企業是市場中的行為主體，在購買或租用生產要素時需要簽訂合同，而在貨物和服務的生產中雇傭要素的過程則需要有價值的信息。這兩者都涉及真實資源的消耗，這種真實資源的消耗被定義為外部交易成本。在一般情況下，企業的外部交易成本由搜尋成本、談判成本和履約成本三部分組成。

　　（1）搜尋成本是指企業主體在市場上搜尋有關交易信息所付出的代價。市場具有不確定性，即有關的價格、質量、品種、交易夥伴以及交易雙方的搭配等情況是難以清晰預見的。企業為了避免或少受市場變化的不利影響，會盡可能搜尋有關的交易信息，這一切都會導致企業成本的增加。

　　（2）談判成本是指企業在契約談判活動中所付出的成本。交易談判過程往往表現為一場曠日持久的戰爭，需要投入相當多的人力、物力和財力，這些構成了企業的交易成本。交易的成本大小與談判的複雜程度正相關。

　　（3）履約成本是指企業監督交易合同履行所造成的資源支出。簽約後，企業有履行和違約兩種選擇。當市場變化時，契約的一方如果違約能夠帶來更大的利益，那麼履約將導致利益的損失、管理成本的增加；如果不履約，將會被訴諸法律。在這樣的情況下，無論企業做出哪項選擇都會付出一定的代價。

　　（四）管理時間的機會成本

　　管理本身是企業使用的一項稀缺資源，獲得管理者的管理要付出成本。由於管理資源的特殊性（主要體現在管理者的時間和精力有限、且難以計量），管理者用於一個企業或一項活動時，必然放棄其他選擇。管理的機會成本並不意味著真實的成本付出，它的重要意義在於可以用來判斷管理活動是否值得繼續以及管理者的精力和時間分配是否合理。因此就存在企業是否有必要繼續使用管理資源的問題，它會直接影響企業的管理績效。

　　機會成本概念的引入可以使我們更好地衡量企業管理資源的使用價值，可以將其

視為企業繼續使用管理資源的代價，因而被包括在企業管理成本之中。管理資源不同於其他一般的資源，它不具有具體的或有形的實體形態。因此，管理者的時間可能是衡量企業管理資源消耗的一個相對較好或具有操作性的標準。管理資源繼續使用的代價是指管理者時間的機會成本，即管理者的時間資源因為用於管理而不能用於其他用途的最大可能損失。

三、管理成本理論的實踐意義

（一）管理成本理論為改善組織績效提供新思路

無論是對於組織的管理者還是對於組織的利益相關者，組織的管理績效評價都是一個不易破解的難題。管理成本理論的提出使得我們能夠對組織管理進行重新審視，即組織管理在給組織帶來利益和價值的同時也會增加組織的產品成本和運作成本。影響組織管理成本的因素主要包括產權制度、組織規模、組織結構、組織環境、組織文化以及組織的管理者才能。企業應從分析影響組織管理成本的各個因素著手，採取各種手段和措施去控制管理成本的諸因素，從而降低管理成本提升組織績效。從這個意義上說，管理成本理論是我們改善組織績效的主要基本理論。

（二）管理成本理論為甄選和考評管理者提供了理論支持

管理者的才能對管理成本以及組織的生產成本具有重要的影響，有效的管理者能夠通過降低組織的管理成本來降低組織的生產成本，提高組織的績效。第一，有效的管理者能夠適應環境的變化，並通過對環境變化的把握來減少組織的內耗，獲得趨近完備的信息來降低組織的管理成本、產品成本和服務成本。第二，有效的管理者能夠設計合理有效的組織框架和運作機制，通過從外部減少交易成本、從內部減少組織成本來改善經營績效。第三，有效的管理者能夠準確把握組織的目標，使管理決策更加符合組織的利益，從而減少組織的委託—代理成本、監督成本和利益損失。第四，有效的管理者具有較高的效率，可以提高組織的效率，降低管理者經營企業的機會成本。

（三）管理成本理論的提出使我們更加重視管理和管理者

管理是一種稀缺性資源，管理者是一種稀缺性人才，但中國許多企業對管理和管理者並不十分重視，管理成本理論要求我們必須重視組織的管理和管理者。

四、管理成本與成本管理的區別

最初的近代意義上的成本計量是為了管理而產生的。工業革命對傳統生產經營方式的衝擊，形成了新的近代工業生產企業。以機器為特徵的大生產代替了傳統的以手工操作為特徵的生產方式，企業經營管理的重心也由原來企業外部市場上的生產要素的協調轉移到企業內部對所擁有的資源進行有效配置，以提高勞動生產率，滿足不斷增長的市場需要。

目前，仍有人把「管理成本」與「成本管理」混淆。所謂成本管理是指利用價值手段，對生產費用的耗費及成本的形成所進行的控制；而管理成本是指企業為了獲得

管理這種特殊的稀缺性資源所付出的成本。國外企業界流行一句話：「根據不同的目的動用不同的成本」，管理成本就是為了企業管理的需要而提出的成本概念。而成本管理強調的是管理，即如何對成本進行管理，以降低其發生額。由此可見，二者是有著本質區別的。我們國家在很長一段時間內，將二者混為一談，只抓了成本管理的研究，而忽視了管理成本的研究。

五、經濟發展趨勢對管理成本內涵的影響

進入新世紀以來，中國企業管理出現了新的發展趨勢，極大地衝擊著企業管理成本的原有內涵，主要表現在以下幾個方面。

（1）國際化趨勢增強。隨著中國加入世界貿易組織，企業的國際化趨勢更加明顯，它迫使企業從全球經濟一體化的視角思考問題，同時還要從企業所處的實際情況出發考慮成本管理等戰略問題。企業要向外擴展，還有如何適應當地經營環境與經營文化的問題，這使得企業間經濟交易的環境更加不確定，增加了管理的難度，促使管理成本內涵發生新的變化。

（2）競爭模式轉變。以往的競爭更多的是體現在價廉物美上。近年來，競爭的焦點集中到如何最大限度地滿足顧客的需求。對此，企業必須改進現有的管理流程，加強內部管理，使外部交易內部化，增強企業的競爭機制。

（3）組織結構扁平化。企業規模越大，管理層次就越多，機構臃腫以及官僚主義等「大企業病」將使企業管理成本大幅度上升。因此，結合企業再造，重構企業成本管理的扁平化的組織結構，圍繞降低管理成本進行的改革和完善成為當前企業管理的一個重要課題。

（4）管理活動更趨複雜。在現代企業制度中，經營者、股東和債權人三方利益存在著不可避免的矛盾和衝突，就出資者與經營者的關係而言，如何使經營者恪守職責，在委託—代理關係中完成出資者的托付，實現以企業價值為核心的顧客價值最大化，一直是困擾著人們的一個話題。

第二節　管理成本的影響因素與控制方法

一、影響管理成本的因素

管理成本是管理學與新制度經濟學研究的重要方面，學術界和企業界都在尋找一種能夠節約管理成本，且能更加合理、有效地配置資源的範式。影響管理成本的因素是多方面的，借鑑李元旭等作者對管理成本影響因素的分析，本書總結了以下幾個方面：組織規模、產權制度、組織環境、組織結構、組織文化、管理者才能。[1] 如

---

[1] 科斯. 企業、市場與法律 [M]. 上海：上海三聯書店，1990；李元旭. 對企業體制成本的分析方法—管理成本的影響因素 [J]. 經濟體制改革，2001（2）；李超杰，張陽，周海煒. 管理創新的管理成本分析 [J]. 經濟師，2001（12）.

圖 14-1 所示：

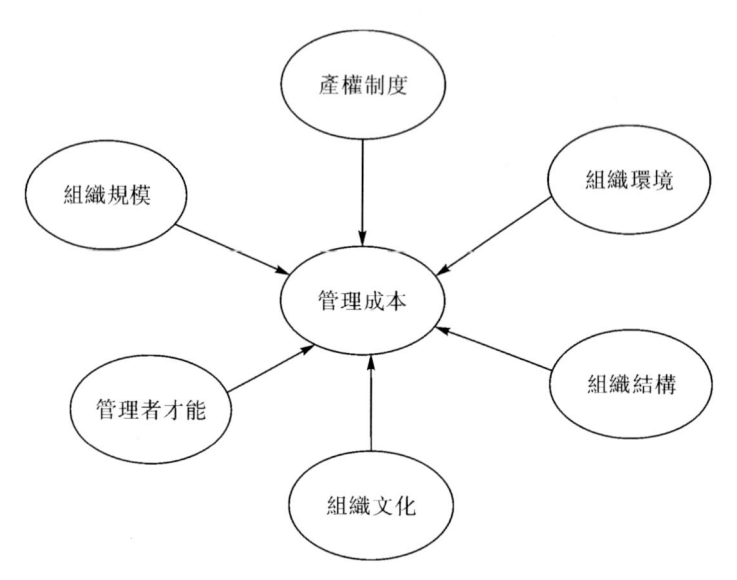

圖 14-1　管理成本的主要影響因素

（一）組織規模

組織規模是由組織運作資源的多少和組織內部業務量的多少決定的，它是管理成本的重要決定因素，其變動會影響到外部交易成本和內部組織成本。

1. 外部交易成本與內部組織成本的關係

外部交易成本是交易雙方用於尋找交易對象、簽約及履約等方面的一種包括金錢、時間和精力上的資源支出，通過外部交易內部化可以節省一部分外部交易成本，但同時會增加企業內部組織成本。因此，外部交易成本與內部組織成本存在此消彼長的關係。當市場交易費用的節約與內部組織成本的增加相等時，企業規模的擴大就會停止，企業與市場的邊界就由此確定。但是企業的外部交易成本不可能被消除，否則企業的利潤無從取得。事實上，不同規模的企業，在一定的技術水準的制約下，都有一個最優經濟規模，在這個規模下的外部交易成本與內部組織成本之和為最小。

2. 組織規模對外部交易成本的影響

組織的外部交易成本可能會隨著組織規模的增加而減少。這主要體現於以下兩方面：

（1）組織的規模影響搜尋成本和談判成本。首先，規模大的企業在尋找交易對象時所花費的成本較小。大企業往往知名度高、資信好，因此受到市場的廣泛關注，當其尋找交易夥伴的消息一發出，很快就會有回音。相對而言，小企業則沒有這方面的便利。其次，規模大的企業談判能力強，這包括與供應商的談判能力和與購買方的談判能力。

（2）組織規模影響履約成本。履約成本是指用於防止一方違反合約或協約條款的

支出，是外部交易成本的組成部分。規模大的企業，經營穩定性較強，因而對交易對手違反合約和協議的抵禦能力較強，也就是說，大企業不是十分擔心交易對手違約，因此在履約成本上的開支較小企業少。

3. 組織規模對內部組織成本的影響

組織規模的擴大可以獲得交易成本下降的好處，同時又會面臨內部組織成本增加帶來的威脅。

（1）組織規模的擴大增加了組織複雜性。組織橫向擴大，增加了管理幅度，使組織協調的難度增大，為緩解這種狀況，組織可能會增加管理人員或聘用更有能力的管理者，這樣既增加了組織規模，又增加了組織的工資費用。組織的縱向擴大增加了組織內部溝通與交流的複雜性，使信息傳遞的失真度變大，指揮人員的指揮會因此變得困難且缺乏成效，這樣將降低組織的效率，從而增加企業管理成本。

（2）組織規模的擴大增加了組織內部的監控費用。規模擴大，內部人員增加，為了有效管理，組織將使用直接控制和間接控制的方法來控制內部成員的工作。直接控制即人員控制，通過增加監工來控制組織員工，使組織計劃得以實現，它可以提高控制的成效，卻不可避免地增加了控制成本。間接控制是利用規章制度來約束員工行為，從而促使其行為合乎企業的需要，這樣會增加組織規章制度的擬定成本、解釋成本及執行成本。儘管這些成本本身是微不足道的，但其中的隱含成本卻不容忽視。這是因為過多過細的規章制度會使組織內部工作日益程序化，導致組織靈活性和創造性下降，對市場反應遲鈍從而造成效率下降。官僚化大概已經成為巨型公司的通病，其主要原因就在於為有效控制而制定了過多的規章制度。

（3）組織規模的擴大造成內部消耗增加。規模擴大不可避免地使組織權力中心下移，擁有權力的中低層執行者可能會從小集體而不是組織整體利益出發來制定決策，這將在整體層面增加組織內部消耗，最終使管理成本增加。

（二）產權制度

現代產權是由原始產權和派生產權構成的財產權利體系。原始產權指的是人們所說的財產的終極所有權，而派生產權則指法人財產所有權，即財產占用權、處置權、經營權和使用權等權利。這裡所探討的組織產權制度主要指組織的所有權與經營權問題。下面我們按企業的類型來分析產權對管理成本（主要是代理成本）的影響。

1. 私人企業

私人企業大多規模較小，經營業務簡單，通常由企業所有者自己管理企業，不存在委託—代理關係，因此不存在因委託—代理關係而產生的管理成本。不過，對於為數不多而規模較大的私人企業，為了提高管理績效，也存在兩權分離的情況，所有者將企業的經營權交給管理能力更強的職業經理來管理，這時會增加委託—代理成本，但由此產生的收益可能更大。此外，因為私人企業的委託—代理機制相對簡單，其監督激勵成本和承諾成本因其規模的限制而不可能太高，代理成本則主要體現在剩餘損失上，經營者很可能會逃脫監控而作出對所有者不利的決策。

2. 合夥企業

合夥企業可分為兩種：企業所有者共同經營；合夥人通過一定程序將經營權委託

給職業經理。對於前一種情況，所有者之間會相互代理，因而會產生代理成本，而這種代理成本主要產生於互相監督的需要及其剩餘損失，其原因在於：如果每一個合夥人都在管理企業時盡力而為，並且相互之間能察覺到各方的努力，那麼合夥能夠達到最優。但事實上，當相互觀察和監督要花費很大的成本時，就會出現互相「搭便車」問題，經營改善的收益由全體合夥人分享，而成本卻只由那些積極去監督的單個合夥人來承擔，所以單個合夥人缺乏監督經營的激勵，因而只要有機會，單個合夥人就可能偷懶，這必將導致剩餘損失的增加，從而造成管理成本的提高。另外，企業所有者一般沒有職業經理的經營才能高，所以會造成內部組織成本增加，繼而增加管理成本。對於第二種情況，由於經營者的經營能力一般會高於所有者，使得企業的內部組織成本減少，同時委託—代理關係的發生必然增加委託—代理成本。與私人企業委託他人管理相比，合夥企業的委託—代理程序比較正規和完善，因此，在同等規模下剩餘損失會小些，但是，正規和完善的程序不可避免地增加了企業的監督成本和激勵成本，經營者的承諾成本也將增加。

　　3. 股份制企業

　　近期來，越來越多的企業開始採用股份制形式，因為它不僅能使企業的籌資能力得到加強，也能降低所有者的風險。股份制企業對管理成本的影響是雙方面的：一方面，股份公司可以聚集大量的資本，使得股份公司的競爭實力增強、聲譽變好，企業的外部交易成本降低而且其雄厚的實力使公司可以聘用比較好的管理者，有利於日常經營的改善，從而降低內部組織成本。另一方面，股權分散產生的委託—代理問題比私人企業和合夥企業更加突出。通常股份公司有兩層委託—代理關係：一層是股東大會選舉董事會；另一層是董事會聘任總經理。每一層委託—代理關係都會產生委託—代理費用，尤其是第二層。在有些情況下，總經理是不持有公司股份的職業經理，為了使其決策符合股東利益最大化的目標，公司必須付出很高的監督激勵成本和承諾成本。即使如此，由於信息不對稱，經理們的行為也不能完全被約束，因而會產生股東目標與經理目標不一致的情況，造成較大的剩餘損失。

　　(三) 組織環境

　　組織環境是指對組織績效起著潛在影響的外部機構或力量，它包括一般環境和具體環境。一般環境又稱為宏觀環境，是指並不涉及某一具體組織但對組織的一切經營活動產生影響的周圍環境，如經濟、技術、文化、法律等因素。而具體環境是與實現組織目標直接相關的那部分環境，包括供應商、客戶、競爭者、政府機構及公共輿論等。環境對企業管理的影響是顯而易見的，下面我們從環境的層次及環境的競爭性兩方面來分析它們對管理成本的影響關係。

　　1. 一般環境層、具體環境層與管理成本

　　每個組織都會受到一般環境和具體環境兩方面的影響，組織環境有兩個度量尺度：變化程度（平衡和動盪）、複雜程度（簡單和複雜），由這兩個度量尺度組成四類環境，以下逐一分析它們對管理成本的影響。

　　(1) 相對平穩而簡單的環境。其特點是組織面臨的環境因素較少，因素之間有較

多相似性，有關因素變化較小。在這種環境下，所有者對組織的環境判斷較準確，因而對組織的目標和任務比較明確，能夠有效地控制經營者，對經營者努力程度較容易把握，從而使委託—代理產生的管理成本較低。另外，由於環境比較平靜，外部交易成本大大降低，經營者將致力於提高組織內部的經營效率，從而進一步降低內部組織成本。

（2）相對平穩而複雜的環境。其特點是環境變化性較小，所有者有可能預測出環境的發展狀況，但環境的複雜性又使所有者無法準確把握環境狀況，所以對組織的目標和任務不可能十分明確，而是給經營者以足夠的自主權，這樣為避免敗德行為及逆向選擇的發生會增加監督成本。對經營者而言，平靜的環境下交易成本較低，其主要精力將用於提高組織內部的經營效率，因此將降低內部組織成本。

（3）相對動盪而簡單的環境。其特點是組織面臨的環境因素較少，因素間有相似之處，但各因素含有持續的變化，即持續的動盪性。在這種環境下，環境的動盪導致企業所有者對未來的預測十分困難，因此，其組織目標和任務的確定比較模糊，由此帶來了更高的監控成本。相對動盪的環境增加了外部交易成本，其內部的組織效率也因經營者要經常注意環境的變化而降低，內部組織成本增加。

（4）動盪而複雜的環境。其特點是組織面臨的環境因素多，各因素差異大，諸要素變化速度快且持續性強。在這種環境下，企業所有者很難對組織現實和未來的環境作出評估，因此，其組織目標和任務的確定非常困難，所有者為保證經營者的決策能夠實現企業價值最大化，要增加監控成本。環境的動盪增加了交易的不穩定性，從而增加了外部交易成本。同時，動盪的環境使領導者無法安心於內部組織效率的提高而導致內部組織成本的增加。

2．環境的競爭性與管理成本

環境的競爭程度將影響到企業從投入到產出和最終實現產品價值的全過程。在充滿競爭的市場裡，企業的企業管理人員面對各種市場（產品市場、資本市場和企業家市場）的壓力，這些壓力在不同程度上影響企業的管理成本。

（1）產品市場競爭性與管理成本。產品市場的競爭性對管理成本的影響比較複雜。一般說來，市場的競爭性與外部交易成本成正比，這是因為：競爭使得企業的談判實力降低，從而導致談判成本增加；競爭使企業不得不提供較優惠的交易條件，這樣交易對象容易發生違約現象，為防止違約，企業要增加履約成本。而委託—代理成本則與市場競爭激烈程度成反比。

（2）資本市場的競爭與管理成本。資本市場的競爭主要影響組織的委託—代理成本和內部組織成本，兩者成反比關係。企業的股票價格反應企業的經營狀況，如果經營不善，股票的價格會下跌，於是，經營較好的企業可以通過買進足夠的股票購買該企業，使原有的經理失去經營企業的權力。這種企業控制權的爭奪使企業的經營者感到有壓力，從而在很大程度上防止敗德行為和逆向選擇行為的發生。

（3）經理市場的競爭與管理成本。經理市場的競爭對管理成本的影響更直接，它們成反向關係。企業家的現實價值取決於以往的成就，未來價值的預期則取決於過去和現在，在競爭激烈的經理市場中，經理會盡可能使自己的價值增大，這就要求經理

努力工作，盡量使自己的地位穩固並爭取直接報酬的增長。

（四）組織結構

組織結構形式多種多樣，但最基本的是直線職能制和多事業部制，隨著管理學及其相關領域的實踐和研究的不斷發展又衍生出其他一些形式，如直線參謀制、矩陣制、委員會制、超事業部制等，最近又出現向網絡發展的新趨向。無論何種組織結構，對管理成本影響最大的因素有三個：

1. 組織對信息的處理能力

許多企業已經把信息看做生產要素之一。有關市場和產品的信息往往是決定企業成敗的關鍵因素，及時準確的信息能使企業領導進行正確的決策，提高企業效益。

2. 組織分權與控制

企業的許多信息往往掌握在低層管理者手中，過於集權的組織結構很難對有關信息作出及時、準確的反應。因此，當企業面對競爭激烈的市場環境時，適當進行分權能充分利用信息的決策價值。分權的實質是把決策權下放到更接近信息源的各個管理層次，避免了傳遞過程中的控制問題。企業分權的本意是希望在被授權部門以企業整體利益為決策目標的基礎上，以較小的成本充分利用信息的決策價值。然而，如上所述，被授權部門在利用信息進行決策時，往往首先考慮部門的局部利益，而不是企業整體利益，這就形成了委託—代理關係，由此造成的代理成本是分權管理的主要問題之一。同時，被授權部門為了在企業的利益中獲取更多的份額，會把更多的精力放在爭權奪利等分配性努力而非生產性努力上。因此，企業在分權的同時，還要進行必要的控制，即集權與分權的程度問題。

組織對信息的處理能力與分權控制這兩個因素往往交織在一起，對管理成本產生作用。為了有效地協調企業各層次的管理活動，企業的領導必須從下級搜集信息，並將指令傳遞給下級。信息在各層級傳遞的過程中，會因種種原因產生信息的損失或扭曲，當信息只有部分正確內容得以傳遞時，信息就會發生累積性失真，從而使企業總體決策發生重大偏差。企業可以通過改進傳遞技術來彌補信息傳遞的技術性損失，但卻無法避免人為的對信息的扭曲。信息在傳遞過程中並不是「中性」的。當企業內部包含不同的部門與不同的層級時，信息的處理問題就更加複雜了。這也正是企業分權問題的癥結所在。

3. 組織結構的相對穩定性

組織結構一經設立就要在相當長一段時間內保持不變，這就是企業組織結構的相對穩定性。對不同的組織環境有比較有效的組織結構與之相對應，這種有效性會降低企業的管理成本。但由於組織結構相對穩定，組織的管理成本也隨之增加。組織結構的穩定性與管理成本的關係是：

（1）組織結構穩定性將減少內部組織成本。在外界環境發生變化的時候，企業的組織結構不能變化，這就促使企業從其他方面來適應變化的環境。這些努力可以是增加新的機構，也可以是增加或減少組織的規模，還可以是增加、減少或改變原有的管理人員等等，這些努力都會在一定程度上改善企業組織協調的狀況或提高信息溝通的

效率。如果企業不斷地改變其組織結構，無論是具體工作人員還是管理人員都會感到無所適從，具體工作的效率和組織協調的效率都將大大下降，從而對內部組織成本造成不良影響。因此，組織結構的穩定性有利於減少內部組織成本。

（2）組織結構的穩定性將減少委託—代理成本。不斷變化的組織結構使企業的所有者感到難以適應，他們面對變化不能立刻研究出最好的委託—代理機制，從而導致組織的委託—代理成本的提高。

（3）組織結構的穩定性將增加外部交易成本。相對一個外部環境，一定有一個最有外部交易效率的組織結構與之相對應。因此，如果企業的組織結構不隨市場環境的變化而變化，它就不可能達到最優外部交易效率。但是，組織結構的不斷變化顯然對內部組織成本和委託—代理成本有不利的影響，加上組織結構的改變將增加經營的不確定性，必然會遭到經營者和企業員工的共同抵制。組織結構的穩定性強度在很大程度上決定了外部交易成本的大小。

（五）組織文化

組織文化是指組織中共有的價值體系，它使一個組織區別於其他組織。組織文化是影響管理成本的重要因素。在每個組織中都存在隨時間而改變的價值觀、信條、儀式、習俗、倫理、制度及實踐的體系或模式。組織文化是有其顯著特徵的，如成員的同一性、團體的重要性、對人的關注、單位一體化、衝突的寬容度、系統的開放性、風險承受度等等，這些特徵表明，組織文化在很大程度上決定了企業員工的看法及對周圍世界的反應。此外，組織文化制約著管理者的行為，左右著管理者的判斷、思想和感覺。

企業中個人的目標與企業目標之間總會有一定的差距。個人所追求的並不一定是企業的目標，而是在企業規定的獎懲條件約束下的自身利益最大化。個人為了追求其自身利益的最大化，其行為可能會違背企業的目標，損害企業的利益。為了克服這種偏差，訂立有約束力的內部「契約」就十分必要了。由於內部契約涉及企業內部的資源分配，個人（或部門）為了訂立有利於自己的契約而討價還價，這會消耗組織的時間、精力及其他資源，這便形成了企業內部組織成本。現代企業理論認為，企業組織活動是成員個體決策及其相互作用的結果。這一決策過程在一定程度上也是企業內部資源的流動過程。在信息非對稱條件下，組織成員的決策行為存在著機會主義傾向。同時，決策主體為了搜集決策信息，也要付出一定的成本。決策主體決策的博弈過程，同時也是一種內部管理的協調過程。為了使企業內部決策順利進行，企業不得不花費相當大的協調成本。企業管理成本在量上主要是委託—代理成本。在企業組織的每一個層次上，每次管理活動都涉及委託—代理關係（如委派、授權或指揮）。如果這種關係的雙方當事人都是效用最大化者，就有理由相信，代理人不會總是以委託人的最大利益而行動。

企業文化的形成是以企業「內部契約」的穩定為前提的。在短期（不穩定）的內部契約關係下，訂立契約的雙方（在企業內部是上下級或同事）考慮的是短期利益，容易導致機會主義行為，導致雙方的不信任，從而不利於一種良好的企業文化的形成。

而在長期（穩定）的內部契約關係下，一方目光短淺的機會主義行為易導致對方的報復。因此，契約雙方會努力恪守契約，從而有助於建立信任關係，形成良好的企業文化。企業應在不同的管理層次上，建立一種相對長期（穩定）的內部契約關係，將契約雙方「捆」在同一種利益關係上，從而建立起一種相互信任的「關係鏈」，塑造企業文化。這種相互信任的企業文化，培育了一個利益相關者合作的氛圍，大大減少了機會主義行為，降低了企業內部的委託—代理成本。同時，這種信任的關係還可以增加彼此經驗的交流，隨著交流的增多、經驗的累積，可能會發展出一套專用的語言，並可能產生一種只能意會不可言傳的知識，從而形成交流經濟，降低組織的協調成本。激勵問題的實質是企業組織對組織成員決策的價值前提施加影響的過程。這種價值前提包括組織成員的責任心、敬業精神、對組織的歸屬感和成就感等。任何一種企業文化的建立，都可能或多或少地影響企業內部各層決策主體決策的價值前提。企業可以通過影響企業各層管理者決策的價值前提，而使其行動目與企業整體利益趨於一致，從而減少各層管理者有損於企業融化利益的機會主義行為，減少監督約束成本（代理成本的一種）和協調成本。這就是為什麼現代管理的前沿注重對員工進行價值觀教育的原因所在。

（六）管理者才能

管理者才能是管理者整合組織資源的能力，它對組織的管理成本有全面的影響。好的管理者通常能夠降低管理成本，其理由是：首先，好的管理者能適應環境的變化。從外部看，把握環境變化就是充分掌握信息，這樣就能提高企業對供應方和消費者的砍價實力，降低企業的談判成本和履約成本；從內部看，把握環境變化將使企業的經營方法、生產規模、人力資源制度、財會制度等適應環境的變化，從而減少企業內部的損耗，最終減少內部組織成本。其次，好的管理者能設計好的運作框架和機制，有較高的效率。好的運作機制能自動適應環境的變化，減少外部交易成本，也能夠不斷地改善企業的經營效率，從而減少內部組織成本；高效率可以降低管理者的時間投入，從而降低管理者管理企業的機會成本。再次，好的管理者能夠準確把握組織的目標，並使決策符合組織的利益。這種能力職業道德，可以減少監督成本和剩餘損失，也就可以減少企業所有者和經營者的委託—代理成本。好的管理者有較強的控制下屬的能力，可以下屬的決策符合組織的利益，這將進一步降低委代理成本。

二、管理成本控制的方法

現代企業管理成本控制並不是單純降低企業管理成本，而是實現企業管理效益的提升。要實現管理成本控制，提升管理效益，對企業而言這是一項系統性的工程。

（一）有效溝通

在一個團隊中，要使每一個成員能夠為共同目標而努力工作，就離不開溝通。有效溝通是管理的核心和靈魂。從很多事例中都能看出溝通所產生的巨大作用，企業管理中也不例外。管理溝通已經成為現代管理者所必備的素質，順暢的溝通體制是實現有效溝通的基礎。

1. 縱向溝通

縱向溝通即上下級之間的溝通，良好的縱向溝通首先能夠實現對工作過程的控制，避免上級交辦的工作很長時間得不到反饋，不知進展情況；其次，能夠讓下級正確理解上級意圖，避免工作方向出現偏差，而且通過即時的反饋溝通偏差也能及時糾正；最後，積極的縱向溝通要求管理者用發展的眼光看待員工，對員工的表現及時激勵和有效指導，有利於激發員工的工作熱情。

2. 水準溝通

水準溝通指一個團隊中相互協作的部門或者成員間的溝通。良好的水準溝通會促使合作雙方換位思考，營造寬容互信的氣氛，創造和諧融洽的人際氛圍。部門或員工之間由於站的高度不同，角度不同，導致對事物的看法認識也不盡相同。充分有效地溝通可以使雙方多站在對方的角度，虛心聽取別人的觀點、意見，總結、反思自己，使自己時刻保持清醒的頭腦，實現團隊整體效能的最大限度發揮，形成推動企業發展的強大合力。

3. 對外溝通

對一個企業來說，一是與客戶的溝通，二是與地方政府、社會公眾的溝通。客戶是企業的衣食父母，客戶關係是市場行銷中最基礎的鏈條，而建立良好的客戶關係也離不開有效的溝通。與客戶溝通的例子在移動公司這樣的企業裡更是不勝枚舉，瞭解需求、解釋業務、處理投訴、推薦產品、談判、推介會、聯誼會等，可以說在每一個工作環節裡溝通都顯示了勃勃生機。而企業發展中，營造一個有利的外部發展環境至關重要，與政府、媒體等的溝通，是必不可少的。

4. 完善與建立企業溝通機制

每個企業都會制定一定的宏觀戰略，它需要通過團隊協作和強大的執行力來實現。但是，如果溝通不暢，在執行中就會出現偏離和誤差，進而削減執行力，影響效率和效益。要進行及時而有效的溝通，首先，要有一套健全的溝通和反饋機制，其中包括日總結、月工作計劃與回顧、OA 辦公系統、內部報紙、例會、談心等，利用這些溝通機制第一時間搜集準確信息、瞭解工作進展、掌握思想動向，便於及時修正和指導。其次，促進企業扁平化，減少溝通環節，減少信息的傳遞層次，在信息傳遞過程中，傳遞的層級越多，信息的失真度越高。

（二）培養良好的企業文化

在統一的企業文化中，人們對各種事物的認知相對一致，價值判斷也趨於相同，即使不瞭解深度的背景信息，也可以統一行動，促進效率提高。反之，如果企業文化不統一，員工對企業的價值觀、目標、使命的認識也不統一，那麼信息處理的過程就容易有分歧、走彎路。因此，作為經營管理環境的一部分，企業文化的整合，在企業管理溝通的有效實現過程中起著關鍵的作用，會大大提高溝通效率，並為企業持續健康發展注入和諧力量。

（三）企業管理創新

目前不少 IT 企業從硬件和軟件兩方面為中小企業量身定做瞭解決方案。2007 年 7

月19日惠普公司在上海全球首發了一款新的服務器 HP ProLiant DL180，惠普希望它能夠成為中小企業和部門級單位最理想的選擇之一。當日，惠普公司同時發布推出了 HP Systems Insight Manager（SIM）5.1 簡體中文版，用來對 HP ProLiant 和 Integrity 服務器以及存儲設備進行統一管理，由此降低操作營運成本。

而根據近期由 IDC 調查公司進行的一項研究表明，SIM 可以使客戶降低多達 34% 的數據中心運行成本。此項研究發現，每 100 位 SIM 的使用客戶能在 3 年時間裡最多省下 35,000 美元，減少成本 1/3 以上，達到 468% 的投資回報率。「新推出的 HP ProLiant DL180 面向新興行業而設計」惠普公司亞太及日本區副總裁 Tony Parkinson 說，「它在保持塔式服務器經濟性的同時，提供了機架式服務器的效率。」而此前金蝶 K/3, 10.4 新品巡展也在全國陸續強勢展開，該產品的全面成本管理解決方案也是其巡展最大的亮點之一。據金蝶 K/3 財務產品市場總監黃秋紅介紹，目前金蝶全面成本管理解決方案具有快速交付、靈活實用、全面管理的特點，可以滿足處於不同行業、不同發展和管理階段的企業需求，幫助企業完善成本管理體系、建立成本領先優勢。

熊彼特提出「創新是破壞性的創新」。創新本身就表示要改變原有模式，也意味著要有所突破。在打破原有模式的情況下，管理創新的效應是雙重的，它可能產生積極效應，也可能產生消極效應。管理創新是一項系統工程，在創新過程中，不僅要注重局部管理方式、方法的創新，更要注重管理系統的整體配合與協調，只有通過管理創新實現系統的整體優化，才能發揮管理創新的積極效應。管理活動本身就是一個不斷維持和創新的動態過程，它不像技術創新那樣有明確的終點、也不像制度創新那樣具有時代性、階段性，它具有的是動態性和持續性。芮明杰曾提出管理創新是指創造一種新的更有效的資源整合範式，這種範式既可以是新的有效整合資源以達到企業目標和責任的全過程式管理，也可以是新的具體資源整合及目標制定等方面的細節管理。這一概念指出管理創新包含五個方面的內容。

(1) 管理創新包括提出一種新經營思路並加以有效實施。
(2) 管理創新包括創設一個新的組織機構並使之有效運轉。
(3) 管理創新包括提出一個新的管理技術。
(4) 管理創新包括設計一種新的管理模式。
(5) 管理創新包括進行一項制度的創新。

企業只有不斷進行管理創新，適應內外環境的變化和發展才可能尋找到管理成本控制的較優方法。

【本章小結】

企業在實現規模化發展獲得規模經濟的同時，已經不得不關注因管理成本上升引發的規模不經濟等現象。管理成本作為現代企業發展不可忽視的一個問題，已經引起了廣泛重視。本章主要談及管理成本的內涵、管理成本的構成、管理成本的影響因素、管理成本與成本管理的區別，以及如何控制管理成本等。讀者在學習本章時，應理解管理成本對企業發展的深遠意義；要從企業整體發展的角度考慮管理成本的構成；從

提升管理效益和實現企業長遠發展的角度考慮成本控制。

【思考題】

1. 管理成本的內涵是什麼？
2. 管理成本的影響因素有哪些？
3. 企業文化是如何影響管理成本的？
4. 在職業經理人市場逐漸發展的今天，你如何看待企業中的委託—代理成本？
5. 管理成本與傳統的成本管理有什麼區別？
6. 管理學上的管理成本與會計學中提及的管理費用有什麼關係？
7. 企業如何才能實現企業管理成本的有效控制？

【案例】

蘇寧「E連鎖」管理：降低管理成本[①]

蘇寧電器集團是中國最大的電器流通企業之一，連鎖企業300多家，建立了遍布全國24個省、市的4,000多家分銷客戶網絡。2002年營業額為80億元人民幣，擁有14,000名員工。那麼蘇寧為什麼能夠瀟灑自如地管理好這麼龐大的網絡資本和來自五湖四海的上萬人的員工隊伍呢？也許恰如張近東所說：「微軟有數字神經網絡，蘇寧有『IT神經網絡』，就是建立在ERP系統的強大的銷售網絡、物流配送網絡和售後服務網絡的『三位一體』網絡。入世後，零售業實現的競爭體現在服務的競爭，正是有了這『三位一體』的網絡，蘇寧才得以將店開進社區，實現零售網點的社區化。」

事實上，在20世紀最後幾年，張近東已經意識到21世紀「資本＋技術」經濟特性，將主導零售行業的競爭。零售業既是一個市場進入門檻低、技術經營簡單的行業，又是一個資金密集、吸收著IT技術等各種新興技術的行業，是一個古老又現代、傳統又創新的行業。連鎖經營不能簡單化，傳統的老辦法更是不適應現代化連鎖經營的發展。高成本風險、進貨價高、專賣店商品單一、繁榮地段與昂貴地租的矛盾曾經是（直到現在對某些企業也仍然是）零售企業的死穴，今天的零售企業面對的更多風險卻可能是在管理混亂中死亡。管理混亂，資本利用率降低，管理的無法複製，已形成遏制零售業主的鐵鏈。正是在這個意義上，在「網絡為王」的新經濟時代，零售行業要發展更要重視「E連鎖」管理。「E連鎖」管理概念是蘇寧公司率先在全國提出的。

早在2000年，蘇寧就成功上線ERP系統，這標誌著各類數據、信息在蘇寧龐大的連鎖網絡內的即時傳遞、分析、處理已成為可能。蘇寧的企業經營和內部管理已全面啟用基於Internet的企業資源管理系統和基於Internet的供應廠商、連鎖企業、分銷客戶以及終端用戶的電子商務系統。而蘇寧龐大的客戶管理系統不僅是售後服務網絡化

[①] 許強. 蘇寧「連鎖」管理：降低管理成本［N］. 經理日報, 2004-07-30.

管理的需要，也為蘇寧的電器採購決策和大規模定制提供了最為客觀、最具權威性的決策依據。蘇寧利用最先進的技術和設備實施了快速高效的現代化供應鏈管理，通過對信息流、物流、資金流的有效調控，把供應廠商、連鎖企業、分銷客戶，直到終端用戶連成一個整體的功能性網鏈結構，以便進行更加有效的協調和管理。與此同時，在分公司之間充分共享信息，蘇寧電器決定建立 VoIP 網絡，以降低分支機構之間的通信成本、網絡管理成本；在分公司之間充分分享信息，包括商業行政、採購、銷售、物流、服務、策劃等；同時，全面部署簡單通信，比如內部捷徑、呼叫 ID 等。在經過全方位的比較之後，蘇寧電器決定與西門子進行全面合作。西門子為蘇寧提供了 HiPath3750、Hicom350、HG1500 等設備，在總部與各個分部之間建立了暢通無阻的集成 IP 網絡。系統運行後，蘇寧電器每年節省的通信成本為 43.2 萬元人民幣。同時，新的系統為蘇寧電器未來部署呼叫中心方案提供了強大的平臺；24 小時的服務全面提升了客戶滿意度，在蘇寧電器集團已經成為現實。

專家們認為，蘇寧為代表的連鎖行銷為基本形態的家電行銷模式最具有競爭力。事實上，連鎖行銷是中國家電業供應鏈一種形態變式。中國家電業供應鏈的發展，很大程度上取決於生產企業與流通企業的關係協調發展。商家與廠家自古就有互惠互利的傳統關係，二者的雙贏是廠商的共同目標。在這個過程中，在大市場環境下，任何一個企業都不可能在所有業務上成為最傑出者，必須聯合行業上、下游企業，建立一條經濟利益相連、業務關係緊密的行業供應鏈，以此實現優勢互補，充分利用一切可利用的資源來應對複雜的市場環境，共同增強市場競爭實力。說白了，新世紀市場競爭正演變為產業供應鏈之間的整體競爭。中國加入 WTO 後，國外的製造業巨頭、零售業巨頭大舉進軍國內市場已成為定勢，如何深練內功，整合彩電行業的產業供應鏈，共同打造中國製造的核心競爭力這是中國家電業必須探討的問題。

世紀交替之時，中國家電市場格局變化中一個引人注目的新現象——以蘇寧為代表的以連鎖經營為基本形態的商業資本的不斷壯大。2003 年江蘇蘇寧連鎖區域已覆蓋北京、上海、成都等 20 多個大都市，成為了在國內與北京國美、山東三聯齊名的家電零售三巨頭之一。這種成功基於蘇寧實現了「E 連鎖」管理，從而實現了服務網點社區化、眾多的分支機構、完善的配送系統、低廉的價格優勢、忠心耿耿的客戶群體以及強大的技術力量和諧統一、有序而系統，蘇寧的「E 連鎖」管理讓在眾多人眼裡虛無縹緲的電子商務管理真實而豐富多彩。毋庸置疑，蘇寧的「E 連鎖」管理為中國連鎖行銷業創造了新的管理模式，值得學習和借鑑。

【思考題】
1. 蘇寧的「E」連鎖是如何影響企業管理成本的？
2. 蘇寧「E 連鎖」模式為中國企業實現連鎖化經營帶來了什麼啟示？

第十五章 管理效率

【學習要點】
1. 理解管理效率的內涵；
2. 掌握影響管理效率的因素；
3. 掌握各因素對管理效率的作用過程。

　　管理效率並不是一個新的管理理論問題，它是伴隨著科學管理的產生而被提出來的，是科學管理的重要內容和基本原則。研究一下管理思想史會發現，科學管理產生的主要動因是企業（工廠）對管理效率現狀不滿，產生了新的管理效率的要求和願望。科學管理的奠基人泰勒開創科學管理理論的直接原因就是他對工廠的管理現狀不滿，認為很多工人做工時在「磨洋工」，在工作時間內遠未盡其所能；管理人員沒有科學管理的規劃，僅憑經驗行事，紀律渙散；工廠中勞資關係緊張，充滿敵對情緒，相互不協作，歸根究柢，工廠管理效率低下，急需尋找一種每個工人從事勞動的最佳方式和工廠管理工人的最有效率的方法。哈林頓‧埃默森進一步明確提出管理效率是科學管理的核心，並對管理效率進行了深入研究，提出了 12 項效率原則。法約爾在對管理過程研究後認為，成功的管理人員如想保持較高的管理效率，必須在工作中遵循經過驗證行之有效的管理原則，他列出了實行分工、專業化、給管理人員權力等 14 項管理原則。現代管理科學為提高管理效率把最新的科研成果應用於管理活動中，特別是統計學和計算機技術的應用，使管理活動最大限度地數學化和模型化，增強了管理活動的客觀性、規律性、必然性，極大地提高了管理的效率。

第一節　管理效率概述

一、管理效率的概念

　　管理效率有量和質的兩重含義：從量上來看，它是指資源的投入與產出的比率。羅賓斯說：「效率是指輸入與輸出的關係」，對於給定的輸入，如果你能獲得更多的輸出，你就提高了效率。類似的，對於較少的輸入，你能夠獲得同樣的輸出，你同樣也提高了效率。從質上來看，它是指資源的合理配置。薩繆爾森說：「效率是指在不會使其他人的境況變壞的前提條件下，一項經濟活動如果不再有可能增進任何人的經濟福利，那麼該經濟活動就是有效的，稱帕累托效率。」效率質的含義說明人們衡量它的尺度是

合理性。

管理效率是勞動效率中一種，是指管理者從事管理勞動的效率，評價的是管理者的投入產出比。管理效率和其他勞動效率的區別主要體現在管理者運用和發揮智力的效用上。因為管理勞動集中表現在計劃、組織、指揮、控制、協調和決策的過程之中。管理效率的高低與管理的有效性有很大的關係，對一個管理者來說，首先應該考慮的是做對事情的能力，也就是有效性，比如說決策正確、指揮得當等。然後再考慮把事情做好做快的能力，比如說怎樣很好地實施決策方案等。因此，提高管理工作的有效性有非常重要的現實意義。

例：李氏進出口公司的羅賓・李先生是這家服裝公司的創立人和執行總裁。他在5年內成就了一家由1個人到50個人的私人公司，年生產額為300萬美元。儘管企業的規模和盈利水準都發生了變化，然而他的管理卻沒有多大的變化。他埋頭於企業的日常事務中，總是猶豫不決是否應該由其下屬人員完成某些重要任務。他制訂企業的所有規劃，組織各種活動，招聘員工，指揮員工的活動，解決員工的待遇問題。在企業快速成長期間，他已經沒有時間去制定新的策略以應付各種變化。員工發現問題時，很難找到李先生，員工的士氣達到了最低點。隨著問題的增多，壓力的增大，他正準備賣掉他的公司。

管理是通過他人完成工作的藝術，李先生在管理上用的時間太多了，顯而易見，他的管理效率是極低下的，他根本就不理解管理的實質，也就更談不上管理效率的提高了，這是導致他最終失敗的原因。

二、管理效率的特徵

不同的管理方式、管理手段具有不同的效率結果；同一種管理方式在不同的社會歷史條件下所產生的管理效率也不盡相同。為了取得較高的管理效率，就產生了管理方式、手段的選擇問題。對不同管理方式的認同是管理理論分歧的根本原因。因此管理效率如同其他社會活動、工作和勞動效率一樣，是歷史的變化和發展的結果。隨著管理勞動及其相應管理決策、管理組織、管理監督、管理信息、管理工具的現代化，現代管理效率呈現出新的特徵。

（一）管理效率的多重化

現代管理效率的多重化特徵主要表現在管理效率的構成因素、形成條件和社會作用上。人們通過管理取得了有效的勞動成果，這種成果的構成因素可以分解為物質的、精神的、經濟的、政治的等，以往人們追求和考慮的只注重某一或某幾個方面，忽視效率目標的多重性，造成片面性和利己性。現代管理效率化要求各構成因素協調發展、相互促進，以實現具有多重性的管理目標。

（二）管理效率的集約化

集約化是最能反應效益問題的，從粗放到集約就是提高效率的過程。在現代化的進程中，管理效率不斷地表現出集約化的特徵，這種集約化特徵最突出的表現是在智力、信息和科技方面。管理效力的形成和提高，總是與管理者的智力水準和實際能力

有著密切的關係。過去提高管理效率主要依賴於經驗，採用簡單的強制、脅迫或者粗暴的形式達到目的。現代社會主要通過智力開發來提高管理效率。利用信息提高管理效率已成為人們管理的客觀要求和必然趨勢。同時，人們在關注信息數量的同時，十分關心信息的質量，把管理效率的提高建立在信息資源集約化的基礎上，以提高管理的可靠性。

（三）管理效率的綜合化

管理歷史和實踐告訴我們，管理過程不可能孤立地進行和完成，提高管理效率是一個綜合的過程。效率綜合化是現代管理的明顯特徵，這種特徵主要表現在效率責任、效率關係和效率效能上。管理學家孔茨·奧唐奈指出：主管人員「必須盡力地以經濟效率來完成自己的任務，以最好的判斷對政治情況作出反應，尊重別人的一切權利，並作為社會中的一種建設力量去進行活動，這就是他們的社會責任。」可見管理效率體現的絕不是為了某個人、團體、或者地區的狹隘利益，而是全局的共同利益，管理者從事的管理勞動是一種社會責任。與此同時，提高管理效率不單單與額定的工作量、投入的實際工作時間有關，而且與環境（社會的、企業的）條件有著十分密切的關係，在效率關係上反應出多方位、多條件的綜合性。為了提高管理效率，必須把各種效率關係綜合起來加以考慮。效率責任、效率關係的綜合化最終要體現在管理的效能上，即管理者從事管理活動及其相應管理勞動的行為水準和能力、工作狀態和效果上。包括用人效能、辦事效能、組織效能、決策效能、支配時間的效能等方面，這種管理效能的綜合化已成為提高管理效率的根本。

第二節　管理效率的影響因素

影響管理效率的因素很多，有管理體制、文化傳統、以及人們的行為方式等。現在通行的觀點認為影響企業管理效率的因素分為內部因素和外部因素。呂謀篤[①]認為，導致企業組織效率差距的因素主要有兩個方面：一是源自企業外部的環境因素，如政治與法律、區域經濟、科學技術、社會與文化等；二是源自企業內部的管理因素，如組織結構、業務流程、企業員工、工具平臺以及企業文化等。外部環境因素與內部管理因素相互影響，相互制約，最終決定了企業的組織效率。

一、外部環境因素分析

外部環境因素主要指企業組織所處國家的政治法律、區域經濟、科學技術、社會文化等外部條件，這些外部條件客觀存在，不以單個企業意願發生改變。一般情況下，企業組織只能適應這些環境因素，對組織本身進行調整與改變，以便獲得生存與發展的機會，世界500強企業中，曾排名第1的美國埃克森美孚比曾排名第39的中國石油

---

① 呂謀篤. 組織效率的影響因素分析［J］. 中國安防, 2007（7）.

組織效率高出 50 倍，其主要原因就是受到外部環境的影響，因為中國石油作為傳統的大型國有企業，承載了很多社會職能，並對政治穩定與城市就業有著不可推卸的責任。

企業組織受到外部環境因素的限制，但如果能對環境因素進行深入研究，加以有效利用，也會對企業組織效率產生積極的影響。在企業組織所處的行業與行業供應鏈位置的選擇上，企業具有相當大的自由度。如某集團自 2003 年的 15 億營業額增至 2006 年的 68 億，取得了年增長約 100% 的良好業績，主要原因就是在企業所處行業與供應鏈位置選擇中，從初期的單一煤產業轉向了煤電鋁產業，這一業績絕不是靠加強煤產業的內部管理所能達到的。

外部環境對組織效率有著決定性影響，這種影響是長期的，不會在短時間改變。由於內部因素的可控性、可操作性，內部因素的改變往往可對企業管理改善產生直接影響，對企業內部因素的改善可以在較短的時間內實現企業組織效率的提升，因而對內部因素的研究就有著非常重要的現實意義。

二、組織結構因素分析

影響管理效率的第一個內部因素就是組織結構。一個組織的結構往往意味著一個組織的權力分配，同時也決定著組織的決策模式，而權力分配與決策模式是影響組織效率最關鍵的要素。組織結構同時也影響著組織溝通效率，這方面主要體現在組織的層級以及信息傳遞的路徑上，層級越多、路徑越長，組織的效率也就越低。

扁平化已經成為組織結構發展的一個趨勢。在歐美發達國家，層級較少、路徑較短的扁平化組織已經成為企業改善組織效率的一個有效工具，郭士納進行 IBM 再造的一個重要的工作就是改變了 IBM 全球的組織結構，把以區域公司為主的權力結構改為中央事業部為主的扁平化組織架構，使區域成為沒有任何權力的服務平臺。同時，適時調整組織結構也是提高組織效率的一個重要手段，企業現狀組織結構往往有著其歷史原因，在形成當初也適應或解決了一些特定問題。然而對於任何企業來說，隨著自身的發展，規模的擴張，組織的變更與調整也是必然的，無論這種變更與調整方案是來源於企業自身，還是外部機構（如管理諮詢公司）。以新華信正略鈞策諮詢公司為例，業務發展的直接動力來源於組織結構的調整，在每個業務年度開始，公司都會根據上一年度的業務進行分析，尋找新的種子業務，並設立新的業務部門，以此來促進新業務的快速發展。

（一）業務流程因素分析

在組織結構確定後，業務流程成為影響管理效率的又一個關鍵因素。面對越來越激烈的市場競爭，如何讓企業在現有資源的基礎上，突破運作瓶頸，大幅度提升效率，成為所有企業追求的目標。在這一過程中，豐田的精益製造模式、高德拉特的 TOC 法，以及哈默提出的流程優化等理論，都是在流程方面對提升效率的有效嘗試。

（二）員工因素分析

在組織結構與企業流程確定之後，工作人員的態度與能力就成為影響管理效率的又一重要因素。目前市場中進行的各類管理類培訓業務、人力資源諮詢業務都是在這

方面所進行的努力。在諮詢公司提供的各類諮詢項目中，人力資源項目是最直接的，也是短期內最有效提升組織效率的做法，對組織效率的貢獻值約為 15%。

組織效率的提高必須通過全員參與才能實現，華為內部刊物《華為人》第 181 期曾對此問題進行了深入討論，文章認為華為經過多年的快速擴張，已經出現效率增長減慢的現象，為進一步提高組織效率，縮小與業界巨頭的差距，必須進行全員參與。並提出每位員工是組織效率提升的責任主體和執行主體，只有充分發揮每位員工的聰明才智，並使全員持續發現和分析日常工作中存在的效率問題，制定並實施改進措施，從注重規模化擴張的粗放化管理轉向注重組織效率的精細化管理，才能實現公司整體效率的提升。

(三) 工具因素分析

隨著科學技術的發展，信息化成為提高組織效率最直接的工具，在企業應用的信息化工具，可簡單分為兩個層面：一是技術信息化工具，技術信息化的相關軟件直接提高某個具體工作崗位的效率，軟件功能非常具體，通常涉及大量數據的計算與管理，效果也最為明顯；二是管理信息化工具，管理信息化相關軟件有助於提高管理效率，即溝通效率、協同效率、決策效率等。從信息化工具的效果上講，技術信息化有利於提高崗位技能，能夠快速提高瓶頸崗位的工作效率，管理信息化則是從整個公司的視角出發，提高整個供應鏈的服務運作能力，因而管理信息化一旦實施成功，將成為企業核心競爭力重要組成部分。如戴爾公司，其信息系統都已成為企業營運不可缺少的重要組成部分，也成為領先於其他企業的重要工具。

(四) 企業文化因素

雖然建立企業文化需要經過漫長的歷史累積，但良好的企業文化對於長遠發展卻是至關重要的。企業文化隨著企業成長逐步建立起來，無法在較短時間內通過交易方式獲得，曾經有人說過，即使你有足夠的資金，你或許能夠按照戴爾構建組織、流程、企業制度，能夠招聘到同樣優秀的工作人員，購買同樣先進的運作系統，卻肯定不能實現戴爾的順暢運作，其原因就是你的企業沒有戴爾文化，這些員工的思維方式、思維習慣還不是戴爾式的。企業文化雖然不能快速建立，但是員工卻能在短時間內融入企業文化，並按照文化認同的方式去做事，一個很明顯的例子，國企工作的員工，經常遲到、怠工，可一旦進入外企工作，就會適應外企的工作節奏、工作模式，其實這一點就是文化的作用。

第三節　提高管理效率的有效途徑

提高管理效率的根本目的就是要增強企業的經濟效益。要提高企業的經濟效益沒有高效率的管理是很難實現的。要提升一個企業的組織效率，必須從多方面共同努力，結合考慮企業的外部因素，如區域經濟、社會文化、政治法律、科學技術等，以此提升企業的遠景效率；同時不懈努力地追求企業內部因素的優化和發展，如對組織結構、

業務流程、員工因素、工具因素等內部管理因素進行改善，以此提升企業組織的效率現狀。只有充分關注現狀效率與遠景效率的雙重改善，才能使自己的企業在競爭中勝出，並保持長久的競爭力。一般而言，企業並不能控制和改變宏觀環境，但對於企業的內部因素卻有較強的控制能力。因此要提升企業的管理效率，要著力練好內功。

1. 系統地累積管理資源，發揮管理資源的累積效應

管理資源是企業重要的財富和無形資產。如同企業原始資本的累積一樣，企業沒有長期的累積，要全面提高企業管理效率，增強企業的效益是很難實現的。管理資源的累積有利於豐富企業的管理內容，促進本企業管理工作的順利開展，更有利於企業長期穩定的發展。這已被國內外先進企業的經驗所證實。

企業的管理資源有軟件和硬件。軟件資源包括企業文化、企業精神、管理觀念、各種規章、管理制度及方法等，管理文化既是企業管理的精神環境又是企業管理的基本方法，與管理效率密切相關。硬件資源主要是各種管理工具、器械等。管理資源的累積過程表現為長期性和滾動性特徵，比如企業文化、企業精神、管理觀念都要經過長期的培育才能形成和發揮作用。同時，累積過程也是邊干邊建、邊實踐邊完善，最終形成一整套行之有效的管理方案。

管理資源的累積方法靈活多樣，可以派人員學習和引進先進企業的管理經驗，可以聘用管理專家直接指導，可以通過綜合和匯總各家之長變為己用等；並要建立翔實的管理資源檔案，實行信息化管理，加速管理資源轉化速度。在管理資源累積中，要充分注意理論和實踐相結合、繼承和創新相結合，以便提高管理的實效性。

2. 提高管理密度和強度，增強管理過程的力度

「密度」和「強度」是物理學上的兩個概念，把它們引入管理過程，說明管理的狀態和力度。管理密度表示組織結構各層次管理網的分佈和聯結情況，比如企業內部的人事組織分佈及聯接關係；管理強度表示管理組織管理過程的控制力度，比如企業計劃的執行狀況。管理密度和管理強度是直接影響管理效率的原因，企業管理的效率不高，往往是由於管理脫節、不能到位、密度不夠。或者是管理過程十分鬆懈、偏離控制標準，力度不夠。高管理密度可提高管理效率的基礎，條件合理的管理密度有利於管理信息暢通無阻，有利於管理資源集約化使用。

管理強度是提高管理效率的保證。提高管理強度有利於體現管理決策的意志和目標的實現。提高管理密度要和企業管理網絡、信息網絡密切地結合起來，同時要和企業的管理資源累積過程結合起來，逐步優化，使管理載體始終處於「管理場」之中。提高管理強度要從管理者和被管理者的教育入手，通過各種途徑和手段努力提高管理者的能力和被管理者的素質，使其適應市場經濟的要求，盡快成為現代企業的管理者和新型員工。

3. 擇一套適合實際的經營管理模式

企業經營的市場環境瞬息萬變，而企業因為自身所處行業、發展歷史、人文環境和員工素質等的差異，對企業而言沒有一套萬能的管理模式。要想提升企業的管理效率，只有結合自身實際情況和外在環境特點尋求一套適合實際的管理模式。

市場經濟的發展要求企業必須轉變經營方式，因為商品生產經營只營運產品，只

注意產品保護，只看到增量投入和技術的先進水準。這顯然是一種靜態的管理方法。而資本營運是營運資金，使之不斷增值，注意多元產業的保護，關心資產閒置、關心投入的報酬率。這是一種動態的管理辦法，能以市場為基礎，合理配置包括資產在內的各種資源，提高總體管理效率。

4. 流程再造

近年來，企業運作模式已經發生巨大變化，大規模生產已經不能確保企業在競爭中獲得相對優勢。以轎車為例，產品多樣化日趨明顯，型號已從原來的幾種上升到幾千種；生產模式不自覺進入調整狀態，生產模式由原來的按照計劃生產模式轉化為圍繞訂單的生產模式；產品研發與銷售週期縮短，產品的銷售週期由原來的多年縮減為一年甚至幾個月，舊產品總為新產品讓路。對大規模定制的研究正是在這一背景下開展的，大規模定制是個性化定制與大規模生產的結合，最終目標是用大規模的生產的價格實現產品的多樣化甚至個性化的定制。

通過流程工作的改變，完成對組織效率的提升。2006年世界500強汽車企業的人均營業額排名中，日本豐田公司位居第一，領先德國大眾近一倍，其主要原因就是豐田汽車多年來一直進行流程改善，大力推行豐田精益製造思想，將大規模生產模式逐步改為大規模定制模式而實現。

5. 造就一批高素質的管理專家隊伍和企業家階層

人永遠是企業管理的核心，也是提升管理效率的關鍵。企業家階層是科學管理得以推行的基礎和前提，是企業提高經營管理水準和企業效益的關鍵因素。一個企業如果沒有良好的管理團隊，再好的政策、再合適的經營管理模式最終都只能流於形式，因為一切事情都需要依靠人去執行和落實，而人的素質就決定了執行的結果。企業不但是需要高素質的管理者，更需要一個結構合理、能力互補，可以實現分工協作的優秀管理團隊。

【本章小結】

競賽以快取勝，搏擊以快打慢，軍事先下手為強，商戰已從「大魚吃小魚」變為「快魚吃慢魚」。跆拳道要求心快、眼快、手快；中華武學一言以蔽之：百法有百解，唯快無解！

競爭的實質就是在最短的時間內做最好的東西。質量是「常量」，經過努力都可以做好以至於難分伯仲；而時間，永遠是「變量」；一流的質量可以有很多，而最快的冠軍只有一個——任何領先，都是時間的領先！作為衡量一個企業是否管理高效、是否運行健康、是否擁有潛力的重要指標，管理效率一直是很受關注的話題。很多企業想盡辦法要提高效率，效果不一。沒有企業能一直保持高效率，但卻有企業永遠低效率而直至消亡。

【思考題】

1. 什麼是管理效率？
2. 管理效率受到哪些因素的影響？
3. 中國企業要提升管理效率應該重點解決哪些方面的問題？

【案例】

濱海某置業有限公司業務流程再造[①]

一、企業概況

濱海某置業有限公司於2000年5月率先在濱海市以「連鎖經營」的全新銷售模式向房地產三級市場進軍。經過不懈的探索，該公司的連鎖經營快速發展起來，規模不斷壯大。現在已經建立了160家覆蓋市內六區的連鎖店，200家以社區服務為中心的社區服務店。而且隨著該有限公司的全國化發展，其在10個城市的異地公司也秉承連鎖經營的模式沿著規模化的道路迅速發展。在不久的將來，公司將進入全國80個城市，形成對中國房地產仲介市場的全面覆蓋，規模化發展將使該集團隨時隨地為客戶提供便捷、完備的專業服務。

目前，公司已經擁有員工近2,600人，大本以上學歷占90%。公司制定了嚴格的招聘及用人標準，所有連鎖店員工均要求大本以上的學歷。該公司在長期的發展過程中形成了完善的業務體系，具有豐富的業務品種。同時，針對變化的市場不斷探索新的業務，為客戶提供更加滿意的服務。目前，公司針對市場特點以及發展趨勢，對商品房銷售、空置房銷售以及租賃等業務有了很大創新，建立了嶄新的業務操作模式。

1. 全國化的租賃業務

公司利用自身強大的體系能力，發揮全國範圍連鎖經營的優勢，推出了全國化租賃業務，幫客戶實現「異地需求，本地實現」的願望。這不僅滿足了客戶工作調動時異地長期居住的需求，同時也使得出差、旅遊等短期住宿問題只依靠酒店解決的舊觀點受到衝擊。公司不僅可以提供長期的租賃居住需求，也可提供專為旅遊，出差等事宜開設的短期租賃業務，極大地滿足了客戶多樣化的需求。

客戶所有租賃需求，不僅可以通過各地連鎖店，還可以通過公司特意為客戶開通的各地租賃專線、短信、全國租賃網絡錄入需求，第一時間得到公司和客戶的溝通，真正實現足不出戶解決異地租賃問題。

2. 限時銷售

公司經過對市場、客戶的長期關注，通過對客戶需求的深入分析，充分聚焦客戶價值法則，在傳統的代賣基礎上，推出了限時銷售這個新的業務品種。

所謂「限時」是指公司運用其強大的渠道銷售能力，使客戶的房屋在約定的銷售

[①] 天津財經大學《生產管理學》案例教材。

期限（如一個月）內售出變現，如果在約定的銷售期限（如一個月）內，客戶的房屋因為各種原因未能售出，公司可以以事先約定的市場價格付給房主房款，從而使客戶避免了因房屋買賣過程中產生的問題而未能及時售出，使客戶可以從容地制訂資金使用計劃。公司限時銷售業務是用於補充委託代賣業務和收購業務之間空白市場的新業務品種，細化市場，針對不同需求的客戶提供差異化服務。

3. 商品房的連鎖銷售

公司具有多年的商品房代理銷售經驗，在發展連鎖經營的過程中，對二、三級市場有了更加深刻的認識，對連鎖經營渠道有了更加深刻的理解。結合房地產市場的發展趨勢，公司突破了傳統的商品房銷售模式，提出了嶄新的商品房連鎖經行銷售模式。為商品房提供了一個低成本的、優質的、深度的宣傳渠道，同時也為廣大客戶提供了一項便捷的服務，使連鎖經營渠道發揮了極大的商品房銷售能力。

網絡渠道與公司的傳統渠道有機結合，發揮了網絡渠道覆蓋面廣，不受時間、空間局限，即時性強，形式多樣化等優勢，在一定程度上，彌補了傳統渠道的不足，有效地擴大了資源的入口，同時，網絡渠道還以傳統渠道為依託，為網絡業務的開展提供支持保證，使網絡業務的真實性、可靠性得到保障。

二、企業業務流程現狀

公司在2000年5月率先以連鎖店經營方式進入濱海房地產三級市場，主營業務包括：二手房的買賣、租賃；空置房的買賣以及聯動項目。對於服務型企業來說，公司的業務流程的先進性是取得市場競爭優勢的關鍵。企業的目的是為了實現自己的價值，而價值的實現取決於企業是否滿足顧客們的要求。企業業務流程設計應從顧客需求出發，以滿足顧客為目的。顧客需求決定了主要業務流程的內容和基本模式。公司連鎖店建立的就是以顧客為中心的業務流程。下面以二手買賣與租賃為例子來描述公司的主要業務流程。

1. 二手房買賣

公司連鎖店的二手房買賣業務主要分為二手房的調入，調出以及代賣。調入是指公司以現金形式購買客戶房，從而增加公司的房源量以及提高公司在交易中的主動性。調出即是把公司的房賣給客戶即第三方。二手房的調入與調出是公司的主要利潤來源。但是這兩種情況並不是在交易中可以經常遇到的，二手房的代賣才是公司的主要項目。所以可以把二手房買賣的業務流程分為買房流程與賣房流程。

（1）賣房流程：

① 免費房屋評估

客戶只需攜帶房屋的房本（產權證或商品房合同）、房主身分證、經辦人身分證，就可以就近到公司連鎖店享受公司為客戶免費提供的房屋評估業務，為客戶出售的房屋提供有價值的參考依據。

② 房屋委託代賣

如果客戶認同公司評估價格出售房屋，雙方簽訂委託協議。如果在委託期間成交，公司之收取買賣雙方各成交價的1%信息費，如在委託期間未成交，則不收取任何費用。

③ 現金收購

如果客戶希望盡快出售房屋，公司為客戶提供收購房屋的業務。雙方確定收購條件後簽訂收購協議，公司將約定時間向客戶付款。

④ 房源信息發布

如果客戶希望自己定價賣房，公司可以在連鎖店及相關媒體上發布客戶的售房信息並收取相應的費用。

(2) 買房流程

① 免費看房：客戶可以就近到公司各連鎖店免費查詢房源，聯繫看房。

② 求購登記：若客戶時間寶貴請到各連鎖店求購登記，並交納 50 元登記費。

③ 成交：如成交公司會協助客戶代辦過戶，辦理居間仲介鑒證（簽訂三方合同），錢款委託交接，貸款全程辦理。如圖 15-1 所示：

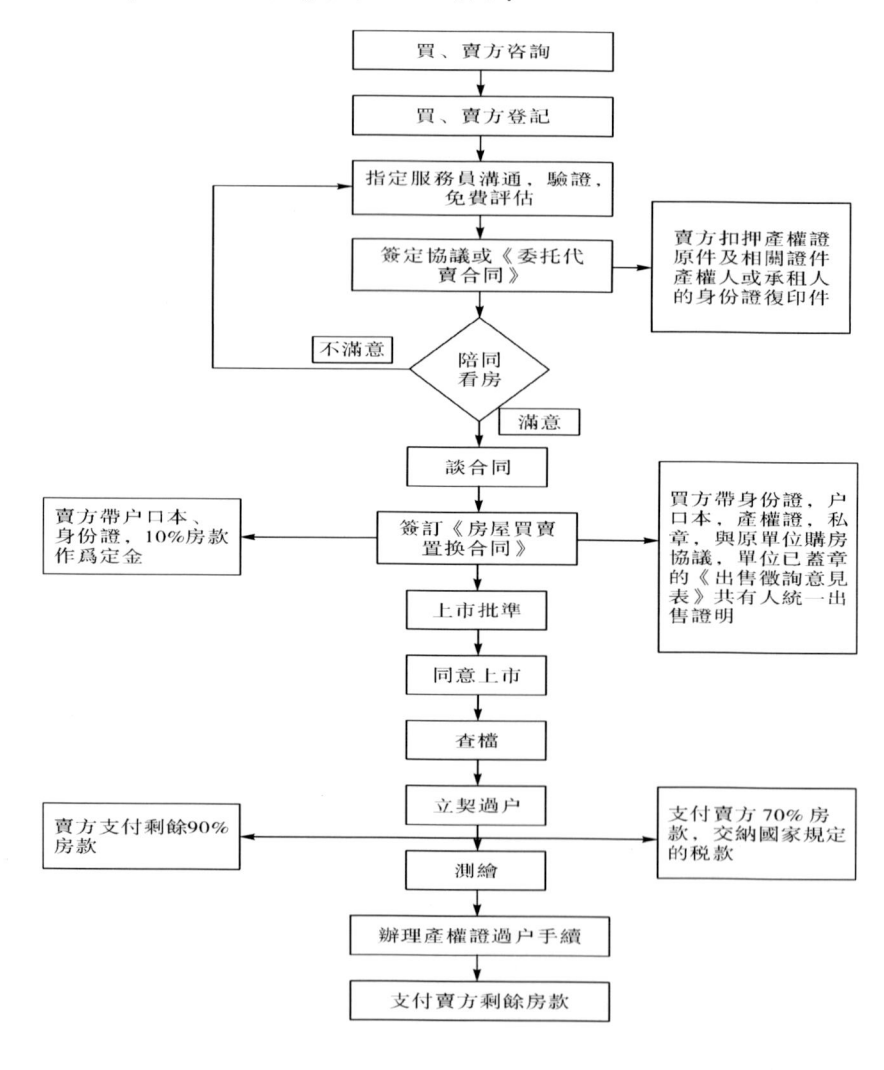

```
                買、賣方咨詢
                     ↓
                買、賣方登記
                     ↓
            指定服務員溝通、驗證、
                 免費評估
                     ↓                    賣方扣押產權證
            簽定協議或《委托代              原件及相關證件
                 賣合同》          →      產權人或承租人
                     ↓                    的身份證復印件
            ┌─ 不滿意 ─ 陪同看房 ─┐
                          │ 滿意
                          ↓
                        談合同
                          ↓                買方帶身份證、戶
   賣方帶戶口本、                            口本、產權證、私
   身份證、10%房款  →  簽訂《房屋買賣     章、與原單位購房
   作為定金              置換合同》         協議、單位已蓋章
                          ↓                的《出售徵詢意見
                        上市批準             表》共有人統一出
                          ↓                  售證明
                        同意上市
                          ↓
                         查檔
                          ↓
   賣方支付剩餘90%  ←   立契過戶    →   支付賣方70%房
   房款                    ↓              款，交納國家規定
                         測繪               的稅款
                          ↓
                  辦理產權證過戶手續
                          ↓
                    支付賣方剩餘房款
```

圖15-1　二手房買賣流程

2. 房屋出租

公司連鎖店的另一主營業務就是房屋出租。房屋出租分為普通出租與高端出租。並且公司利用強大的體系能力，發揮全國範圍連鎖店經營優勢，推出了全國化租賃業務，幫客戶實現「異地需求，本地實現」的願望。公司不僅可以提供長期的租賃居住要求，也可以提供短期的租賃業務，極大地滿足了客戶多樣化的要求。客戶所有租賃需求，不僅可以通過連鎖店還可以通過公司特意為客戶開通的租賃專線、短信、全國租賃網絡錄入需求，解決客戶租賃問題。

房屋出租流程：

流程一（原則上普通出租）

① 房屋委託

如果客戶有空閒的房屋需要出租，客戶可到公司200餘家連鎖店的任意一家連鎖店，持權屬證明、房主身分證原件，連鎖店留存二者複印件，簽訂《委託出租協議》。

② 信息發布

客戶的房屋信息將在全市200百餘家連鎖店、公司天津置業網租賃欄中推薦。

③ 簽訂合同

如果客戶的房屋在委託期內成交，客戶可與承租方自願到連鎖店簽訂《房屋租賃合同》，收取買賣雙方租賃服務費，終止委託。

流程二（原則上高端出租）

① 房屋委託

如果客戶有空閒的房屋需要出租，客戶可到公司200餘家連鎖店的任意一家連鎖店，持權屬證明、房主身分證原件，連鎖店留存二者複印件，簽訂《房屋租賃協議》，該房屋如有鑰匙，可留存在連鎖店。

② 信息發布

客戶房屋信息將在全市200百餘家連鎖店、公司天津置業網租賃欄中推薦。

③ 簽訂合同

如果承租方為公司介紹的客戶，將與公司連鎖店簽訂《房屋租賃合同》，公司收取一定的仲介費。如果承租方為非公司介紹的客戶，則需告知公司，撤銷委託，公司連鎖店將與此類客戶終止協議。

（註：普通出租的客戶也可以選擇此項服務）

流程三（信息發布）

① 發布委託

如果客戶有空閒房屋需要出租，可到公司200餘家連鎖店的任意一家連鎖店，持權屬證明、房主身分證原件，連鎖店留存二者複印件，簽訂《信息發布協議》，交納一定信息發布費。

② 信息發布

客戶的房屋信息將在全市200餘家連鎖店推薦並在相關媒體上發布廣告一次。具

體流程見圖 15-2：

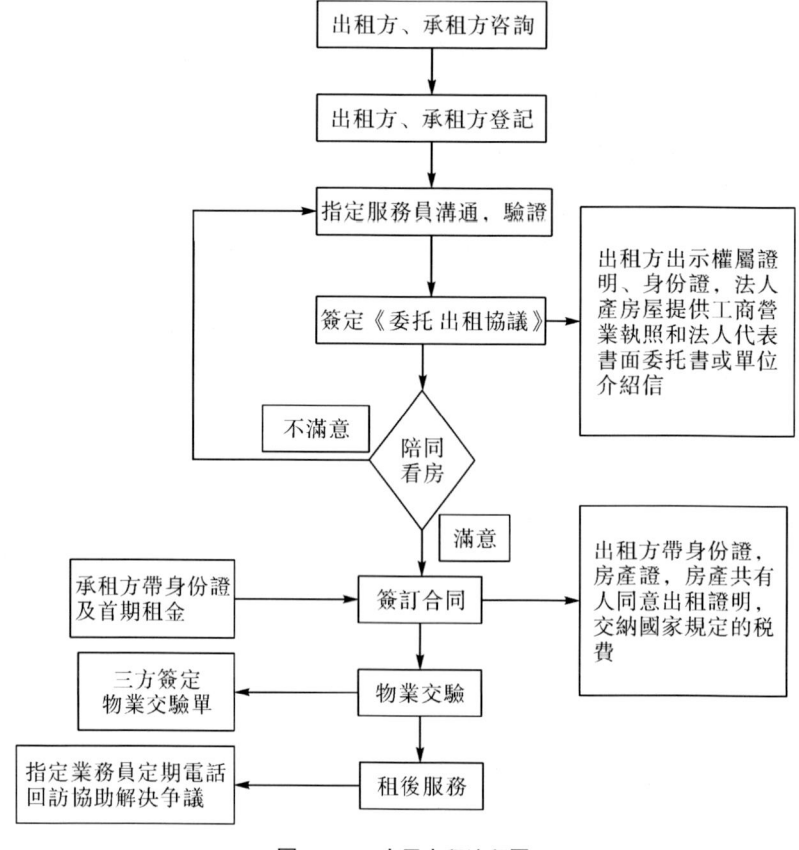

```
                    ┌──────────────────┐
                    │ 出租方、承租方咨詢 │
                    └────────┬─────────┘
                             ↓
                    ┌──────────────────┐
                    │ 出租方、承租方登記 │
                    └────────┬─────────┘
                             ↓
                ┌────────────────────────┐        ┌──────────────────┐
                │ 指定服務員溝通，驗證    │        │ 出租方出示權屬證  │
                └────────┬───────────────┘        │ 明、身份證，法人  │
                         ↓                        │ 產房屋提供工商營  │
                ┌────────────────────────┐        │ 業執照和法人代表  │
                │ 簽定《委託出租協議》   │───────→│ 書面委託書或單位  │
                └────────┬───────────────┘        │ 介紹信            │
                         ↓                        └──────────────────┘
        ┌─────────┐    ╱╲
        │ 不滿意  │←──╱陪同╲
        └─────────┘   ╲看房╱
                       ╲╱
                        │滿意
                        ↓                         ┌──────────────────┐
   ┌──────────────┐  ┌──────────┐                 │ 出租方帶身份證，  │
   │ 承租方帶身份證│  │          │                 │ 房產證，房產共有  │
   │ 及首期租金    │─→│ 簽訂合同 │────────────────→│ 人同意出租證明，  │
   └──────────────┘  └────┬─────┘                 │ 交納國家規定的稅  │
                          ↓                       │ 費                │
   ┌──────────────┐  ┌──────────┐                 └──────────────────┘
   │ 三方簽定      │←─│ 物業交驗 │
   │ 物業交驗單    │  └────┬─────┘
   └──────────────┘       ↓
   ┌──────────────┐  ┌──────────┐
   │ 指定業務員定期電話│←│ 租後服務 │
   │ 回訪協助解決爭議 │  └──────────┘
   └──────────────┘
```

圖 15-2　房屋出租流程圖

【思考題】

1. 請思考企業業務流程與企業管理效率的關係？
2. 企業是否可以通過業務流程進行再造提升管理效率？
3. 企業的業務流程應該如何改進？

第十六章　管理理論的形成與發展

【學習要點】
1. 儒家、道家、法家、兵家學派的管理思想；
2. 近代前期、近代後期及中國當代管理思想；
3. 古典管理理論；
4. 行為管理理論；
5. 現代管理理論；
6. 當代管理理論；
7. 管理創新的概念、內容。

第一節　中國管理理論的形成與發展

　　現代管理科學發源於西方，隨著經濟全球化的浪潮，六西格瑪、長尾理論、二八法則等種種西方學說逐步進入中國企業管理者的視野，衝擊著管理者的思維方式，影響著管理者的行為。然而，中國與西方發達國家之間在文化上依然存在著難以逾越的鴻溝，如果脫離中國的國情，完全照搬照抄西方的管理理論與方式方法，必將導致我們管理工作的被動甚至事倍功半。因此，管理者研究中國的管理思想，通過科學的繼承和發揚中國優秀的傳統文化，吸取文化精粹與人文素養，融合西方先進的科學技術和管理思想，科學地總結中國企業管理理論與實踐，對於探索適合中國國情的中國化管理之路，提升中國企業的生命力與核心競爭能力具有重要的現實意義。

　　管理學的發展是一個從實踐到理論再到實踐的迴歸過程，中國古代管理思想的形成是以最初的實踐與經驗總結為基礎的。古代管理思想的形成為近現代管理理論的發展奠定了社會基礎。

一、中國管理思想的萌芽階段

　　中華民族的傳統文化具有 5,000 多年的悠久歷史和豐富多彩的內涵。作為東方文明的重要發端，對整個人類文明產生了深遠的影響，是人類文明寶庫中的重要內容。中國古代管理思想由四個方面構成。一是治國學，二是治生學，三是治家學，四是治身學。從春秋戰國時期起，中國文化形成了以儒、道、釋為中心，以法、工、墨、農、名、兵、縱橫、陰陽為復線的多元文化體系，諸子百家競相爭鳴，三教九流各顯其能。

其中以孔子、孟子為代表的儒家，以老子、莊周為代表的道家，以韓非為代表的法家，以孫子為代表的兵家的管理思想最具有代表性。

(一) 儒家學派的管理思想

古代中國的儒家思想是中國傳統文化與管理思想的一大主流，儒家學派的代表人物有孔子、孟子、莊子、墨子、管子等。儒家思想強調的基本主題是對人的本性和人與人之間社會關係的揭示。他們提出了以「三綱」（君為臣綱、父為子綱、夫為妻綱）作為處理君臣、父子、夫妻之間關係的道德規範；以「五常」（仁、義、禮、智、信）作為處理國家、社會、家庭及個人之間關係的行為準則。仁是儒家最重要的核心價值，孔子以仁為核心、以禮為準則、以和為目標、以德治國的思想是儒家管理思想的精髓，成為中國傳統思想的主流。孔子所講的仁，不是沒有原則、沒有勇氣、沒有理想的溫情主義，而是一種深刻的核心價值。是由一切價值來充實的價值，其他所有價值如智、禮、義、信乃至忠、孝都可以充實仁的內容。孔子認為仁的本質是人，仁所講的是做人的道理。孔子強調在內為仁，在外為禮，內心的道德操守和外在的行為規範相統一就達到了仁的境界。

「有智而無仁是可能的，有仁而無智是不可能的；有禮而無仁是可能的，有仁而無禮是不可能的；有義而無仁是可能的，有仁而無義是不可能的。」[①] 儒家思想在中國封建社會形成的長達數千年的以農業和手工業為基礎的社會發展中，起著極其重要的支撐作用，構成了封建社會中起支配作用的管理思想。儒家思想早在唐代就已超越國界，傳到日本、朝鮮和東南亞各國，成為對世界文化有重要影響的古老的流派。該思想應用到管理中就是強調以人為本，注重通過倫理規範、道德教化，增強員工的自身修養，培養人們共同的信念和價值觀，增強員工的凝聚力，使企業和諧有序地發展。

(二) 道家學派的管理思想

與儒家同時產生和並列發展的道家學說，在中國幾千年的發展歷史上有著極其重要的作用。老子是道家學說的創始人。道學中最為精煉的觀點是無為而治，「為無為，則無不治」。老子所講的「無為」並不是什麼都不做，「無為」的真實含義是：人是自然萬物中的一種物，應與其他萬物一樣，順應自然規律，不能任意妄為。要根除使人妄為的種種慾望、欲念，心思清靜地按照自然做事，就會收到好的管理效果。「道」是老子思想中的重要概念，老子認為「人法地，地法天，天法道，道法自然。」也就是說，人們必須按照自然規律辦事，以「自然」為法則，而不要把自己的意志強加給自然界。從管理的角度來看，就是要求管理者必須遵循社會管理的客觀規律，一切都順其自然，才能取得良好的管理效果。

老子還提出「四不」來保證管理者、領導者的永久成功。「四不」是不自見、不自是、不自伐和不自矜。

(三) 法家學派的管理思想

中國古代的法家思想是在君主專制制度的基礎上形成的，具有穩固的經濟基礎和

[①] 駱建彬. 卓越領導國學講堂 [M]. 北京：北京大學出版社, 2008：109.

傳統文化基礎的一種不完整的法治思想。法家學派的代表人物是韓非、商鞅等。他們主張使用客觀的、具體的、鐵定的法律，通過鐵面無私的獎懲制度，強化司法的威嚴和檢查力度，確保每個人在各自的工作位置上都必須達到最大限度的工作效率。以法律高於一切為主旨，提倡愚民政策，強調雷厲風行的作風和冷酷無情的強制手段。管理的核心是以獎懲的強制手段來求得「公平」這一社會思想。

法家思想的存在是極其自然的現象。任何組織的建立與運行都需要有一整套制度和規定去管制與約束組織成員的行為，其制度和規定需要一定的機構去維護和執行，並且需要一定的權威性懲罰手段作保證。因此，依法而治的思想是組織活動的必然產物，是組織存在與發展的保障。在古代中國的國家治理中，法家思想在歷代統治者中都有實質上的體現。如秦國的變法和統一中國後的封建專制制度的確立；漢代天人同一的模式與「官學」的發展；唐代從鼎盛國力出發的「開明專制」；宋代「理學」思想的產生以及「以天理遏制人欲」的對執法者的約束理念與實踐；直至元、明、清諸代專制體制的新發展，不斷豐富著法家思想的治國實踐。同時，古代中國的法家思想也存在著實質上的局限性，「刑不上大夫」實質上是對最高統治者權力的無限制保護，君主專制使「治國」帶有「人治」的色彩。在維護社會秩序、促進生產發展的同時，也起著維護阻礙社會發展的封建專制制度的作用。

（四）兵家學派的管理思想

中國在漫長的歷史進程中所經歷的戰爭之多、規模之大，是世界各國所少有的，由此產生了對世界有重大影響的中國古代軍事管理思想。其中，至今已流傳 2,500 多年的《孫子兵法》就是中國最著名最具代表性的軍事思想著作。《孫子兵法》內容博大精深，涉及戰爭規律、謀略、政治、外交、經濟、天文、地理及氣象等多方面內容，不僅明確了軍、旅、卒、伍的軍隊編製，規定了軍隊管理的層次關係，還闡述了為將之道、用人之道、用兵之道，以及在各種錯綜複雜的環境中克敵制勝的戰略、策略和戰法。它不僅對戰爭有指導意義，對管理活動同樣具有教益。

《孫子兵法》開篇就指出「兵者國之大事，生死之地，存亡之道，不可不察也」的軍事重要性，接著指出軍事鬥爭所涉及的關鍵點，「一曰道，二曰天，三曰地，四曰將，五曰法」。決策者需「智信仁勇嚴也」，戰爭的核心是「兵者，詭道也」。並提出戰爭的最高境界乃「不戰而屈人之兵」。其提出的「上兵伐謀」、「必以全爭於天下」、「出其不意，攻其不備」、「唯民是保」等思想至今仍為管理者們所運用。

總之，《孫子兵法》在管理方面的價值為國內外管理者所關注。在日本，一些大公司培訓管理幹部是以《孫子兵法》作為必讀書目，東亞、歐美的一些國家也肯定了《孫子兵法》對現代管理的價值。

二、中國管理思想的形成階段

1840 年的鴉片戰爭使中國社會的性質發生了重大變化，由封建社會逐步轉變為半殖民地半封建社會。繼鴉片戰爭之後，外國列強又對中國發動了一系列侵略戰爭，眾多不平等條約奪去了中國大片土地，國家主權受到嚴重侵害，經濟侵略也不斷深入，清王

朝成為列強統治中國的工具和代理人，其政權也病入膏肓。同時，西方列強的政治與經濟入侵也帶來了商品經濟發展的宏觀氛圍。這種氛圍動搖了中國傳統的小農經濟結構與自然經濟的基礎，也促進了中國城鄉商品經濟的發展。更為重要的是它為中國民族資本主義的產生和發展創造了客觀條件。隨之，中國資產階級產生，中國無產階級的隊伍也隨之壯大。在此前後，從清政府到民國政府都採取了一些發展經濟的措施，民族資本主義不斷發展。1911 年，辛亥革命勝利。1912 年，中華民國成立。1914 年第一次世界大戰爆發，為中國民族工業的發展提供了良機。

從 1840 年的鴉片戰爭到 1945 年的抗日戰爭取得勝利，中國近代的 100 年間，列強打開國門，軍閥混戰不息。國門洞開促進了資本主義工商業的發展，引進了西方的企業經營管理思想，使中國傳統管理思想融進了新鮮的內容。這一時期的管理思想，以 1911 年的辛亥革命為界限，又分為近代前期和近代後期。

近代前期中國管理思想的轉變過程，也是一些先進人士向西方國家尋找真理的過程。林則徐、魏源是向西方尋求救國真理的思想先驅，他們做了引進西方管理思想的最初嘗試；洋務派代表人物李鴻章、張之洞提出以「自強」「求富」為管理目標的主張；康有為、梁啟超推出建立資產階級君主立憲制國家的改革措施；孫中山、廖仲愷提出以「三民主義」為特徵的政治管理思想。

近代後期主要是中華民國時期。辛亥革命推動資本主義發展，第一次世界大戰為民族工商業的發展提供了機會，並形成了企業家群體。這些經營管理者們借鑒西方的企業管理理論與方法，使中國的傳統經營思想與之融合，產生了獨具特色的企業經營管理思想。中國近代管理思想具有以下兩個特點：第一，中西管理思想融合，實現了科學管理原理的中國化。近代工商企業的發展使企業經營管理的思想體系形成，充實了中國傳統管理思想。在繼承中國傳統管理思想精華的同時，企業家引進泰勒等的管理思想，並使兩者相融合。穆藕初率先引進科學管理理論。他在美國結識科學管理之父泰勒及其弟子，並與其共同討論生產企業的科學管理問題。回國後，他翻譯並傳播科學管理的著作和思想，並在實踐中貫徹實施，使其逐漸中國化。第二，借鑒中國古代管理思想。中國近代民族企業家注重傳統文化，在經營中強調引證和運用中國古代管理思想。

（一）近代前期的管理思想（1840—1911）

1. 林則徐的管理思想

林則徐在貿易管理方面認為一般貿易的開展有助於增加國家收入，增加國防經費。他從交換價值的角度認為對外貿易是有益的。但他堅決反對鴉片貿易，力主禁菸，並實施了虎門銷菸。在貨幣管理方面林則徐從國內貨幣流通和幣材的需要出發，提出了自鑄銀幣、行使錢票和開採銀礦的主張。首先，自鑄銀幣。林則徐的建議符合用鑄造貨幣代替稱量貨幣的趨勢，有利於社會進步。其次，行使錢票。林則徐認為，錢票的流通可以彌補現金的不足，有利無害，可以減輕銀荒。第三，開採銀礦。林則徐鑒於開礦所需資本甚巨，不是個別商人獨立所能擔任，提出「招集商民，聽其朋資伙辦」

的主張，官府發動，商民經營，「成則加獎，歇亦不追」①。這裡的「朋資伙辦」已具備股份公司的理念。

2. 李鴻章的管理思想

李鴻章辦洋務首先從興辦近代軍事工業做起，以求自強。他將製造船炮、修築鐵路、公派留學等視為「自強根本」，沒有涉及社會制度問題，這是洋務派「自強」思想的根本特點。後來，經過實踐檢驗，他認識到只靠發展軍事工業還不能達到「自強」的目的，要發展民用工業以「求富」。先富而後強，強調「強與富相因」，強以富為基礎，富以強為目的。這是其自強求富的管理思想。在創辦和經營新式民用企業時，李鴻章主張「以官護商」。他強調，對私人投資企業聽其自辦，盈虧自負，政府不加干涉，只是「官為扶持」「以助商力之不足」，這是李鴻章官督商辦的管理思想。所謂官督商辦，就是商人出資，政府派員管理。

3. 張之洞的管理思想

張之洞從論述工商雙方的關係出發，提出了「工商兩業相因而成」的經營管理思想，他認為「工有成器，然後有商販運，是工為體商為用也」，但「其精於商術者，則商先謀之，工後作之……是商為主工為使也」。「二者相益，如環無端」，而前者「易知」，後者則「罕知」②。張之洞精闢地論述了工業生產和市場需求的辯證關係。在對待清政權和商民的關係方面，提倡權利分離，即允許商民求利，但堅決反對其政治要求。他反對民權，也反對商權，並以官督商辦的形式控制民族資本。

4. 康有為的管理思想

康有為主張君主立憲，認為變法必以政治改革為本，政治改革又必以君主立憲為根本。康有為對官制改革的設想，主要體現在設議院上。他在著名的「公車上書」中提出：由每十萬戶舉一名「博古今、通中外、明事體、方正直言」的人為「議郎」。凡內外興革大政，由「議郎」會議，「三占從二，下部施行」③。康有為多次上書光緒皇帝，提出發展資本主義經濟的主張，目的為「富國」和「養民」。富國之法包括鈔法、鑄銀、鐵路、機器輪舟、開礦、郵政六項綱領。養民之法包括務農、勸工、惠商、恤窮四項綱領。

5. 梁啟超的管理思想

梁啟超強調變法圖強，警告當局：「變亦變，不變亦變」，變法已為世界大勢，絕非人力所能抗拒和阻撓的。他的變法主張是：首先必須從「育人才」和「變官制」入手。他認為「變法之本，在育人才；人才之興，在開學校；學校之利，在變科舉；而一切要其大成，在變官制。」④ 他認為，通過教育「開民智」、「仲民權」，提倡西學，才能使中國由弱轉強，而改變官制是變法維新的關鍵。梁啟超主張以資本主義的方式振興實業，並寄希望於資本家，認為發展經濟「當以獎勵資本家為第一義，而以保護

---

① 近代中國史料叢刊 [C]. 臺北：臺灣文海出版社，1967.
② 張之洞. 勸學篇・農工商學 [M]. 鄭州：中州古籍出版社，1998.
③ 康有為. 康有為政論集：上冊 [M]. 北京：中華書局，1998.
④ 梁啟超. 飲冰室文集：論變法不知本原之害 [M]. 南京：正中書局，2003.

勞動者為第二義。」① 為振興實業，梁啓超明確提出「以托拉斯法行之」的近代工業管理思想，並以此管理方法從事中國的絲、茶、皮貨、瓷器、紡織品等重要產品的生產。同時，梁啓超對當時中國股份制公司發展的不利因素進行了深刻的剖析：一是股份公司必須在強有力的法制國家才能生存，而中國則不知法制為何物；二是股份公司有責任心強固的國民才能有效地實施，而中國人則不知有對於公眾的責任；三是股份公司必須有種種相輔機關，而中國則全缺此種機關；四是股份公司必須有健全的企業能力才能有效辦理，而中國則太缺乏企業人才。

6. 孫中山的管理思想

孫中山以民權主義為特徵的政治管理思想是在革命實踐中形成並不斷發展的。第一，民族革命的思想。這時的革命口號是：「驅除韃虜，恢復中國，創立合眾政府。」第二，建立民國的思想。這時的革命目標是：「驅除韃虜，恢復中華，建立民國，平均地權。」② 第三，三民主義（民族、民權和民生）的思想。第四，五四運動以後，孫中山致力於改組國民黨，並重新解釋了三民主義。關於民權主義，又提出了「五權分立」的思想。

在經濟管理方面，孫中山提出以民生主義為特徵的經濟管理思想。首先，治貧與治不均。同時注意「貧」和「不均」兩個問題，但把解決不均的問題放在首位。其次，國家干預經濟。其基本措施：一是土地國有，私人佔有的土地可自行經營；二是國家對實業發展進行全面的規劃和指導；三是國家對民營實業依法加以保護和扶持；四是對外實行開放主義，反對閉關鎖國。

（二）近代後期的管理思想（1911-1945）

1. 蔡元培的管理思想

蔡元培在任南京臨時政府教育總長期間，發表了《對於教育方針之意見》，把清廷學部制定的「忠君、尊孔、尚公、尚武、尚實」的五項教育宗旨加以修正，刪掉忠君、尊孔的內容，改為軍國民教育、實利教育、公民道德教育、世界觀教育、美感教育五項。他指出，這五方面教育不可偏廢。在任北京大學校長時，整頓校風，注重學術研究，熱心教師隊伍建設。為了鼓勵和提倡學術研究，引導學生參加各種有益的社會活動，他還組織和支持成立各種學術團體。他提出「思想自由」、「兼容並包」的治學方針，打破文化專制主義的桎梏，為新思想新文化的發展創造有利條件。他還改革學校體制，調整科系及課程設置，擴大文理兩科；設立校評議會，實行教授治校和民主管理。並提出了勞工神聖的思想。

2. 黃炎培的管理思想

黃炎培認為「要救中國，只有到處辦學堂」、「教育為救國唯一方法」。他認為辦教育如同治病，知病源才能開好藥方，做到對症下藥。「外國考察，讀方書也；國內考察，尋病源也。方書誠不可不讀，而病所由來，其現象不一，執古方治今病，執彼

---

① 梁啓超. 飲冰室文集：論變法不知本原之害 [M]. 南京：正中書局，2003.
② 單寶. 中國管理思想史 [M]. 上海：立信會計出版社，1997.

治此病，病曷能已。」① 1945 年，黃炎培來到延安，同毛澤東暢談中國歷代興亡的經驗教訓，提出了著名的「黃炎培難題」。他說：「我生六十多年，耳聞的不說，所親眼看到的真是所謂『其興也勃焉，其亡也忽焉』，一人、一家、一團體、一地方，乃一國，不少單位都沒有能跳出這週期律的支配力。大凡初時聚精會神，沒有一事不用心，沒有一人不賣力，也許那時艱難困苦，只有從萬死中覓取一生。現在環境漸漸好轉了，精神也就漸漸放下了。有的因為歷時長久，自然地惰性發作，由少數演為多數，到風氣養成，雖有大力，無法扭轉，並且無法補救。也有為了區域一步步擴大了，它的擴大有的出於自然發展，有的為功業欲所驅使，強求發展，到幹部人才漸漸見竭蹶，艱於應付的時候，環境倒越加複雜起來了。控制力不免趨於薄弱了。一部歷史，政怠宦成的也有，人亡政息的也有，求榮取辱的也有。總之沒有能跳出這週期律的。只有大政方針決之於公眾，個人功業欲才不會發生。只有把每一個地方的事，公之於每一地方的人，才能使地地得人，人人得事。用民主來打破這週期律，怕是有效的。」②

　3. 張謇的經營管理思想

　　中國近代實業家張謇在資金管理方面就聚積國內資金提出以下設想：一是建立銀行金融機構來聚積資金資源，具體措施是銀行在經營儲蓄的同時兼營商業；利用地方公款，政府股份來加強銀行的力量；向企業和紳商吸收銀行資本。二是發行股票，建立公司，建議國家對公司實行獎勵政策及加強經濟立法。三是借債，他說：「用己之財則己之善，用人之財則人之善，知其未必善而必期其善，是在經營之致力矣。」③

　　在人才管理方面。張謇把人才放在企業和國家發展的突出地位加以重視，認為人才培養的根本途徑是教育，所以常將實業與教育相提並論。他還提出專門技能與創業精神並重的全面人才觀。在人事管理方面，他提出建立崗位責任制，實施獎懲制度和建立考工制等。

　　在成本管理方面，張謇認為不論從競爭還是從獲利的角度，都應該降低成本。他提出降低成本的具體措施：一是成本核算，二是節約開支，三是採用先進的機器設備和生產技術。在物資供應和產品銷售方面，為實現「入乃不竭出乃不噎」的目標，主張把工廠建在供銷兩利的市場環境中。

　　上述人士的管理思想，在不同的年代，對中國的管理都產生了一定的影響。在抗日戰爭勝利後，中國官僚資本的發展達到最高峰，形成了以蔣介石、宋子文、孔祥熙、陳立夫四大家族為核心的官僚資本集團，在他們當權的 20 多年裡，集中了約 200 億美元的巨大財產，壟斷了全國經濟命脈。至 1947 年，四大家族控制的工礦業資本額占全國工礦業資本總額的 70% ~ 80%，這一時期的企業管理方式有了較大的進步。直至 1949 年新中國成立，管理思想又發生了新的變化。

三、中國當代管理思想（中國管理思想的發展階段）

　　中國當代管理思想主要指新中國成立後到現在這一歷史時期中國的管理思想。中

---

① 自壽彞. 中國通史：第十二卷 [M]. 上海：上海人民出版社，1998.
② 自壽彞. 中國通史：第十二卷 [M]. 上海：上海人民出版社，1998.
③ 張謇. 張季子九錄·實業錄：卷五 [M]. 北京：中華書局，1935.

華人民共和國成立後，中國的企業管理活動伴隨著宏觀經濟管理體制與運行機制的確立、調整與改革，不斷發生著種種變化。這一時期又劃分為五個階段。

一是新中國成立初期的國民經濟恢復階段。在管理上重點是解決企業產權與管理權問題，沒收了帝國主義和官僚資本主義企業，依靠工人階級，組建工廠管理委員會和職工代表大會來管理企業，並實行對資本主義工商業的社會主義改造。

二是全面學習蘇聯階段。1953年以後，進入大規模的社會主義建設時期，我們自己無成熟經驗可用，於是全面引進與學習蘇聯的管理模式，較為系統地建立了社會主義計劃經濟的管理體系。

三是「大躍進」與調整鞏固階段。1958年的「大躍進」違背客觀規律，在管理指導思想上產生錯誤，也造成了嚴重的經濟損失。為糾正「大躍進」的失誤，1961年中央提出了「調整、鞏固、充實、提高」的發展方針，並制定了《國營工業企業工作條例（草案）》（簡稱「工業七十條」）。在科學總結經驗教訓的基礎上，提出較為系統的企業管理政策和管理方式，使中國經濟又走上了健康發展的道路。

四是「十年動亂」階段。中國進入全面內亂，一切管理機構、管理制度、管理體系都被衝垮，並使「管理」本身成為一個禁區。十年動亂是中國管理思想史上的一場浩劫。

五是改革開放後的探索與創新階段。實施社會主義市場經濟基礎上的集權與分權結合、經濟與社會並重的管理思想。19世紀70年代後期，以改革開放為標誌，中國進入到全新的，建設具有中國特色的社會主義階段。30多年來，中國所進行的社會主義經濟體制改革，極大地促進了現代管理思想的發展，對外開放政策的實施又為學習和借鑑國外的先進管理經驗提供了機會。因此，改革開放30多年來，中國現代管理思想發生了極為深刻的變化。突顯出六大發展趨勢。

第一，從傳統產品經濟的封閉型管理向社會主義市場經濟的開放型管理轉變。中國長達幾千年的農牧經濟形成了牢固的小農經濟模式和小農經濟思想，由此帶來管理上的封閉與僵化。建國以後長期的產品經濟模式與思想，排斥商品與市場，實質上是小農經濟、自給自足生產方式的延續。市場交易觀念的樹立，統一大市場的形成，特別是中國加入世界貿易組織之後，封閉將不再可能，開放型管理必將到來。

第二，從「大鍋飯」平均主義到承包制再到股份制。中國長期的小農經濟極易導致平均主義和「大鍋飯」行為，歷代不少仁人志士提出「平均地權」的口號，發出「不患寡而患不均」的感嘆。由於人們的機會、努力程度和素質不盡相同，造成了人與人收入與生活上的差別客觀存在。是去承認差別進而用科學的、法制的手段去調節差別，還是一概否認、削平差別，是經濟學上如何處理效率與公平問題的基本選擇。經過了長期的探索與實踐，我們終於作出了效率優先、兼顧公平，允許一部分人、一部分地區先富起來的現實選擇。由此，承包制、股份制應運而生，一種以按勞分配為主體多種分配形式相結合的分配體系的經濟形態擴展開來。

第三，從行政型管理向專家型管理轉化。長期以來，各條戰線上的管理人員大多是行政型人才，萬金油式的幹部較為普遍。近些年來，這種現象正在逐漸得到改善，專家型人才、內行管理逐漸流行，建立中國式的職業企業家隊伍問題也提上了議事

日程。

第四，從單一化向多元化轉變。中國管理上的單一化主要體現在三個方面，一是經濟形態的單一化，二是管理方法的單一化，三是企業經營的單一化。近年來正在向經濟形態的多樣化、管理方法的多樣化、企業經營的多樣化方向轉變。

第五，從經驗型管理向科學化、現代化管理轉變。傳統的企業管理以人治為主，以經驗型管理為主，這就使得傳統的企業存在兩大共同現象：一是企業做不大，一大就面臨倒閉；二是企業做不長，大多只是短暫的輝煌。近年來開始向管理的科學化、法制化、現代化轉變。

第六，從重視物的管理向重視人的管理轉變。傳統上企業只是注重資本和技術的引進和增加，忽視人力資源開發。近年來企業人本管理思想在傳播，不少企業轉向重視人力、人才管理的開發。

第二節　西方管理理論的形成與發展

管理是隨著人類生產活動的不斷發展而發展的。縱觀西方管理思想發展的全部歷程，大致可以劃分為六個發展階段：分別為古代管理思想產生階段、管理理論萌芽階段、古典管理理論階段、行為科學管理理論階段、現代管理理論階段和當代管理理論階段。

一、古代管理思想產生階段

國外有記載的管理實踐和管理思想可以追溯到6,000多年前，一些文明古國如古埃及、古巴比倫、古羅馬等在組織大型工程的修建、指揮軍隊作戰、教會組織的管理和治國施政中都體現出了大量高深的管理思想。

（一）古埃及的管理思想

古埃及人在公元前5,000年左右開始建造的金字塔，是世界上最偉大的管理實踐之一。他們當時在時間短、交通工具落後及科學手段缺乏的情況下創造了世界上最偉大的奇跡之一。

古埃及建立起以法老為最高統治者的中央集權的專制政權，制定了土地制度、稅收制度、檔案制度，把權力和財富都集中在法老手中。而輔助法老的宰相則集「最高法官、宰相、檔案大臣、工部大臣」等職銜於一身，掌管著全國的司法、行政。高度的集權制使古埃及取得了巨大的成功。古埃及人在工程管理中表現出了非凡的管理和組織能力，他們在興修水利系統、建造金字塔的過程中，精心計劃、安排、組織和控制，鑄就了人類歷史上不可思議的壯舉。

（二）古巴比倫王國的管理思想

公元前2,000年左右，巴比倫重新統一兩河流域以後，建立了古代巴比倫王國。國王漢謨拉比建立起強大的中央集權制度，任命各種官吏管轄城市和各地區的行政、

稅收和水利灌溉；總攬國家全部司法、行政和軍事權力，官吏是貫徹國王政令的工具；並且編寫了古代歷史上著名的《漢謨拉比法典》。這部法典共有 280 多條條款，包含豐富的管理思想。如其中對責任的承擔、借貸、最低工資、貨物的交易、會計和收據的處理、貴金屬的存放等都作了明確的規定。

（三）古希臘的管理思想

古希臘文明是歐洲最早、影響最為深遠的古代文明。古希臘也留下了一些寶貴的管理思想。在公元前 370 年，希臘學者瑟諾芬曾對勞動分工做了如下論述：「在制鞋工廠中一個人只以縫鞋底為業，另一個人進行剪裁，還有一個人製造鞋幫，再由一個人專門把各種部件組裝起來。這裡所遵循的原則是：一個從事高度專業化工作的人一定能工作得最好」。瑟諾芬的這一管理思想與後來科學管理的創始人泰勒的某些思想非常接近。科學和思維的發展促進了管理思想的發展。希臘人探尋各種知識和思想，在哲學、政治、經濟、文學、藝術、體育運動、數學、生物學、醫學等許多領域推進了學術和科學的發展。科學方法對管理的影響十分明顯。希臘人早就認識到按規定速度應用統一的方法能使產量最大化這一原則。他們用音樂來規定時間，用笛子和管樂器來規定動作。這樣，他們配合著音樂來工作，改進了節奏、標準動作和工作速度。其結果會使產量增加而浪費和疲勞減少。

古希臘的改革家、思想家最先產生在工商業最發達、最容易接觸其他先進文化影響的地方。這些地方生產力開始有了發展，人們為了發展工商業開始進行一些有組織的生產，從而促進了人們對自然的進一步認識。出現了如蘇格拉底、柏拉圖、色諾芬、亞里士多德等哲學家，其思想對後人影響極大。

（四）古羅馬的管理思想

古羅馬最初是義大利北部的一個奴隸制城邦，到公元前 3 世紀逐漸強大起來並統一了義大利。在人類歷史上古羅馬的文明也為我們留下了管理方面的寶貴文化遺產。公元 284 年，古羅馬建立了層次分明的中央集權帝國。他們在權力等級、職能分工和嚴格的紀律方面都表現出相當高的水準的管理思想。中央集權帝國由百人團會議從貴族中選舉執政官兩人，協商處理國家政治事務，遇緊急事變則以其中一人為獨裁官，為期半年。執政官有隨從 12 人，肩荷棒一束，中插戰斧，象徵國家最高長官的權力。這種棒稱為「法西斯」，這也是「法西斯」一詞的來源。元老院由氏族長和退任執政官組成，有決定內外政策亦即審查和批准法案的權力，並監督執政官。這些管理方式對後來國家管理機構與政治體制影響很大。

二、管理理論萌芽階段

18 世紀 60 年代以後，西方國家開始了第一次產業革命，生產力有了很大發展，歐洲逐漸成為世界的中心。這時期可以說是歐洲各國在社會、政治、經濟、技術等方面經歷大變動、大改革的時期。幾次大規模的資產階級革命大大推動了生產技術的進步，以手工技術為基礎的資本主義工場手工業開始過渡到以機器大生產為特徵的資本主義工廠制度。工廠制度的產生導致生產規模的擴大、專業化協作的發展、投入生產的資

源增多等，這就帶來一系列迫切需要解決的新問題：工人的組織、分工、協作以及配合問題，工人與機器、機器與機器間的協調運轉問題，勞資糾紛問題，勞動力的招募、訓練與激勵問題，勞動紀律的維持問題等。在這種形勢下，一些管理先驅者從不同角度對管理進行了理論研究，出現了一批卓有貢獻的以亞當・斯密為代表的思想家、以查爾斯・巴貝奇為代表的經濟學家和以羅伯特・歐文為代表的管理學家。他們的管理思想雖然還不系統、不全面，沒有形成專門的管理理論和學派，但對以後管理理論的形成卻產生了較大影響。

（一）亞當・斯密的勞動分工與「經濟人」觀點

亞當・斯密（1732—1790）是英國古典政治經濟學家，他在 1776 年發表的代表作《國民財富的性質和原因的研究》一書中，最早對勞動分工進行了研究。他以制針行業工人製造大頭針為例，詳細闡述了勞動分工可以極大地提高勞動生產率。在實驗中，如果每個工人獨立完成所有制針工作：拔絲、矯直、切段、敲針頭、磨針尖、將針頭和鐵杆焊在一起，那麼 10 個工人最快也不過每天製作 200 根大頭針。但如果把制針程序分為若干項目，10 個工人每人從事一項專門的工作，每天能生產 48,000 根大頭針。由此，亞當・斯密得出結論，勞動分工之所以能夠提高生產率，是因為它提高了每個工人的技巧和熟練程度，節約了由於變換工作所浪費的時間，以及有利於機器的發明和應用。他還進一步闡述了勞動分工之所以能提高勞動生產率的原因：第一，勞動分工可以使勞動者專門從事一種單純的操作，從而提高工人技術的熟練程度；第二，勞動分工可以減少由於變換工作而損失的時間；第三，分工使勞動簡化，可以使人們把注意力集中到一種特定的對象上，有利於發現比較方便的工作方法和改進機器和工具。

此外，亞當・斯密還提出了「經濟人」的觀點，認為人們在經濟活動中追求的是個人利益，社會利益是由於個人利益之間的相互牽制而產生的。亞當・斯密的分工理論和「經濟人」觀點對後來西方管理理論的形成有巨大而深遠的影響。

（二）羅伯特・歐文的人事管理思想

英國空想社會主義代表人物之一的羅伯特・歐文（1771—1858），從 18 歲創辦他的第一個工廠開始，就一直致力於工廠管理的研究。他最早注意到了工廠中人力資源的重要性，並對人力資源的利用提出了獨特的見解。在歐文以前，工廠的老板大多把工人看做是呆板的機器和工具，而歐文把他們看作是有感情的人，他認為工廠要獲利，就必須注意對人的關心，在人際關係方面取得和諧一致，這樣可以獲得更多的利潤。與此同時建立靈活、穩健的人事管理政策，不虐待、不解雇工人，改善勞動條件和生活條件，提高工資，工廠主和工人要和睦相處；鼓勵競賽精神，以此來代替殘酷的懲罰等。另外，他還注重對工人的行為教育。由於歐文較早地注意到企業中人的重要性，被公認為現代管理中行為學派的先驅者之一。

（三）查爾斯・巴貝奇的科學管理思想

查爾斯・巴貝奇（1792—1871）是英國劍橋大學教授，著名數學家、機械學家。在 1832 年發表的代表作《機器與製造業經濟學》一書中，查爾斯・巴貝奇對專業化分

工、機器與工具的使用、時間研究、批量生產、均衡生產、成本記錄等問題都做了充分的論述。此外，他還發展了亞當‧斯密的勞動分工思想，第一次指出腦力勞動和體力勞動一樣，也可以進行勞動分工。他還對勞動報酬問題進行研究，提出固定工資加利潤分享制度，即應該結合工人的效率和工廠的成功按比例付給工人獎金，以謀求勞資雙方的調和。巴貝奇主張通過科學研究來提高機器工具、材料及工人的工作效率，這已展示出了科學管理的萌芽，因此後人把巴貝奇稱為科學管理的先驅。查爾斯‧巴貝奇的管理思想無論在深度還是廣度上都較前人甚至同代人有較大進步，其代表作《機器與製造業經濟學》是管理史上的一部重要文獻。

三、古典管理理論

19世紀末20世紀初，伴隨第二次科技革命，電力、內燃機等新技術在企業中廣泛應用，大大促進了資本主義生產的發展，推動了資本的累積和集中，企業的生產規模不斷擴大，生產技術更加複雜，生產的專業化、社會化程度日益提高。同時，隨著自由競爭資本主義發展為壟斷資本主義，企業主為了獲得高額壟斷利潤，往往採取提高工人勞動強度、延長工人工作時間及降低工人工資等辦法，導致勞資雙方矛盾不斷擴大。在這種情況下，資本家單憑個人的經驗和能力越來越難以獨立完成管理企業的任務。因此，一方面要求有專職的管理人員，建立專門的管理機構；另一方面對於規範的管理理論的需求也應運而生，要求對過去累積的管理經驗進行總結提高，使之系統化、科學化並上升為理論，以指導實踐，提高管理水準。正是基於上述形勢的客觀需要，很多人都在總結、研究和探討新的管理理論和管理方法，以取代落後的經驗管理。於是出現了以弗雷德里克‧溫斯洛‧泰勒、亨利‧法約爾、馬克斯‧韋伯等為代表的著眼於尋找科學組織生產、提高勞動生產率的古典管理理論提出者。

（一）泰勒的科學管理理論

弗雷德里克‧溫斯洛‧泰勒於1856年出生於美國費城一個富有的律師家庭，中學畢業後考上哈佛大學法律系，但不幸因眼疾而被迫輟學。1875年終止了大學課程，進入一家小機械廠當徒工，1878年轉入費城米德瓦爾鋼鐵公司當機械工人，並在夜校學習獲得工程學位。在該工廠工作了12年，由於工作努力，表現突出，泰勒從一名普通工人先後被提升為車間管理員、小組長、工長、技師、製圖主任和總工程師。這種豐富的工作經歷使泰勒有充分的機會去直接瞭解工人的種種問題和態度，並能夠發現提高管理質量的可能途徑。1898—1901年，泰勒受雇於伯利恆鋼鐵公司繼續從事管理方面的研究。開展了著名的「搬運生鐵塊試驗」和「鐵鍬試驗」。1901年以後，他把大部分時間用在寫作和演講上。1906年擔任美國機械工程師學會主席職務。泰勒的代表著作有：《計件工資制》（1895年）、《車間管理》（1903年）和《科學管理原理》（1911年）等。泰勒的科學管理思想集中體現在1911年出版的《科學管理原理》一書中，主要包括：

1. 科學制定工作定額

泰勒對工人的工作和任務進行分析研究，制定出標準操作方法，確定工人的合理

的日工作量，以此解決生產效率低下問題。方法是把工人的操作分解為基本動作，再對盡可能多的工人測定完成這些基本動作所需的時間。同時選擇最適用的工具、機器，確定最適當的操作程序，消除錯誤的和不必要的動作，得出最有效的操作方法作為標準。然後，累計完成這些基本動作的時間，加上必要的休息時間和其他延誤時間，就可以得到完成這些操作的標準時間，據此制定一個工人的「合理的日工作量」，這就是所謂的工作定額原理。

2. 實行標準化管理

通過動作研究與時間研究，泰勒剔除各種不合理的因素，採用標準操作方法、標準勞動工具，形成標準作業環境。泰勒在伯利恒鋼鐵公司做過有名的「鐵鍬試驗」。當時公司的鏟運工人拿著自家的鐵鍬上班，這些鐵鍬各式各樣、大小不等。堆料場中的物料有鐵礦石、煤粉、焦炭等，每個工人的人均日工作量為16噸。泰勒經過觀察發現，由於物料的比重不一樣，一鐵鍬的裝載大不一樣。一鐵鍬到底裝載多少才合適呢？經過試驗，最後確定一鐵鍬裝載21磅物料對於工人是最合適的。根據試驗的結果，泰勒針對不同的物料設計了不同形狀和規格的鐵鍬。以後工人上班時都不自帶鐵鍬，而是根據物料情況從公司領取特製的標準鐵鍬，工作效率大大提高。同時工人的人均日工資從1.15美元提高到1.88美元。這是工具標準化的典型事例，也是標準化管理原理實踐的過程。

3. 科學地選拔培訓工人

泰勒指出，為了提高勞動生產率，必須為工作挑選第一流的工人。第一流的工人是指最適合做這種工作而且他又願意干這項工作的人，並不是指體力超過常人的超人。泰勒認為，健全的人事管理的基本原則是：要根據工人的能力把他們分配到相應的工作崗位上，並進行培訓，教會他們科學的工作方法，使他們成為第一流的工人，激勵他們盡最大的力量工作。

4. 實行差別計件工資制

泰勒認為，工人磨洋工的一個重要原因是報酬制度不合理。計時工資不能體現勞動的數量。計件工資雖能體現勞動的數量，但工人擔心勞動效率提高後雇主會降低工資率，從而等同於勞動強度的加大。針對這些情況，泰勒提出了一種新的報酬制度——差別計件工資制，即根據工人完成勞動定額情況，採取「差別計件工資制度」。這種工資制度主要通過制定合理的工作定額，實行有差別的計件工資制來鼓勵工人完成或超額完成工作定額。也即按照完成工作定額的不同情況規定差別工資率：完成工作定額標準的以正常工資率付酬，未達到工作定額標準的以低工資率付酬，超過工作定額標準的則以高工資率付酬。這種工資制度促使工人掌握科學的操作方法，極大地激發了工人的積極性，提高了勞動效率，並有效緩解了勞資雙方的矛盾。

5. 管理職能與作業職能分離

泰勒認為，應該用科學的工作方法取代經驗工作方法。為此，他明確提出把管理工作從操作工作中分離出來，並對管理工作職能進行細分的主張。設立專門的管理部門及管理人員，專門研究、計劃、調查、訓練、控制和指導操作者的工作，而工人只負責第一線操作。這實質上是實現了管理職能與作業職能分離，實現了管理職能的專

門化，明確了管理者和工人各自的工作和責任。

6. 實行例外管理

泰勒認為，規模較大的企業組織及其管理需要運用例外原則，即企業的高層管理人員為了減輕處理紛繁事務的負擔，把例行的一般日常事務授權給下級管理人員去處理，自己只保留對例外事項（重大事項）的決策權和監督權。這種以例外原則為依據的管理控制原理，以後發展成為管理上的分權化原則和實行事業部制的管理體制。

以上這些改革，形成了科學管理理論的基本組成部分。這些現在看來似乎非常平常的早已為人們所熟悉的常識，在當時卻是重大的變革。實踐證明，這種改革收到了很好的效果，生產效率得到了普遍提高，出現了高效率、低成本、高工資、高利潤的新局面。與泰勒同時代的對管理改革作出過貢獻的還有亨利·甘特、弗蘭克·杰布蕾斯夫婦、福特、亨利·法約爾等。泰勒及其他同期先行者的理論和實踐構成了泰勒制。可以看出泰勒制著重解決的是用科學的方法提高生產效率的問題。所以，人們稱以泰勒為代表的這些學者所形成的學派為科學管理學派。

（二）法約爾的一般管理理論

亨利·法約爾（1841—1925），法國人，被稱為「經營管理之父」。法約爾19歲從聖艾帝安國立礦業學院畢業後進入一家大型採礦冶金公司擔任工程師，很快顯露出他的管理才能，28歲擔任公司總經理。位居高層的法約爾從企業上層開始研究管理問題，以企業組織結構的合理化問題為中心，著重研究企業的經營管理，最先提出了管理的職能、要素和原則。1916年出版了他的代表作《工業管理和一般管理》，總結了他一生的管理經驗和管理思想，被公認為第一位概括和闡述一般管理理論的管理學家。他的理論概括起來包括以下內容：

1. 企業基本活動與管理職能

法約爾認為，任何企業，都存在六種基本的活動，而管理只是其中之一。這六種基本活動分別是：

（1）技術活動：設計、生產、製造。

（2）商務活動：進行採購、銷售和交換。

（3）財務活動：確定資金來源及使用計劃。

（4）安全活動：保證員工勞動安全及設備使用安全。

（5）會計活動：編製財產目錄，進行成本統計、核算等。

（6）管理活動：包括計劃、組織、指揮、協調、控制等五項職能。

在這六種活動中，管理活動處於核心地位，其他任何活動都需要管理，而企業本身更需要管理。計劃、組織、指揮、協調、控制是構成管理的五項職能。

2. 管理活動應遵循的14條管理原則

法約爾根據自己的工作經驗，歸納出簡明的14條管理原則。

（1）勞動分工。實行勞動的專業化分工可提高雇員的工作效率，從而增加產出。

（2）職權與職責分明。管理者必須擁有命令下級的權力，但這種權力又必須與責任相匹配，不能責任大於權力或者權力大於責任。

（3）紀律嚴謹。紀律是管理所必需的，其實質是遵守公司各方所達成的協定。雇員必須服從和尊重組織的規定，領導者以身作則，使管理者和員工都對組織規章有明確的理解並實行公平的獎懲，這些對於保證紀律的有效性都非常重要。

（4）統一指揮。組織中的每一個人都應該只接受一個上級的指揮，並向這個上級匯報自己的工作。

（5）統一領導。每一項具有共同目標的活動，都應當在一位管理者和一個計劃的指導下進行。

（6）個人利益服從整體利益。任何雇員個人或群體的利益，不能夠超越組織整體的利益。

（7）報酬公平。對雇員的勞動必須付以公平合理的報酬。

（8）集權適度。集權反應下級參與決策的程度。決策制定權是集中於管理當局還是分散給下屬，這只是一個適度的問題，管理當局的任務是找到在每一種情況下最合適的集權程度。

（9）等級鏈明確。從組織的基層到高層，應建立一個關係明確的等級鏈系統，使信息的傳遞按等級鏈進行。不過，如果順著這條等級鏈溝通會造成信息的延誤，則應允許越級報告和橫向溝通，以保證重要信息的暢通無阻。

（10）秩序井然。無論是物品還是人員，都應該在恰當的時候處在恰當的位置上。

（11）公正。管理者應當友善和公正地對待下屬。雇員們受到公正的待遇後，會以忠誠和獻身的精神去完成任務。

（12）人員穩定。每個人適應自己的工作都需要一定的時間，高級雇員不要輕易流動，以免影響工作的連續性和穩定性。管理者應制訂出規範的人事計劃，以保證組織所需人員的供應。

（13）鼓勵首創。應鼓勵員工發表意見和主動地開展工作。

（14）團結。必須注意保持和維護每一集體中團結、協作、融洽的關係，雇員間團結、融洽的關係可以增強企業的凝聚力。強調團結精神將促進組織內部的和諧與統一。

法約爾提出的一般管理的這十四條原則，為20世紀50年代興起的管理過程研究奠定了基本理論基礎。

（三）馬克斯·韋伯的行政組織理論

馬克斯·韋伯（1864—1920）是德國著名的社會學家。他對管理理論的主要貢獻是提出了「理想的行政組織體系」理論。這集中反應在其《社會組織與經濟組織》一書中。

這一理論的核心是：組織必須以法定的權力與權威作為行政組織體系的基礎。而不是通過個人或世襲地位來管理。他所講的理想行政組織形式是一種高結構、正式的、非人格化的組織體系。即現代社會最有效和最合理的組織形式。

韋伯理想的行政組織體系具有以下特點：

（1）明確的分工。每個職位的權利和義務都應有明確的規定，人員按職業專業化進行分工。

(2) 形成自上而下的等級體系。組織內各職位按照登記原則進行法定安排，形成自上而下的等級體系。一個組織應遵循等級體系，上一級部門應控制和管理下一級部門，直到每一成員都被控制為止，形成一個自上而下的指揮鏈或等級體系。

(3) 人員的任用。組織中人員的任用要根據職務的要求，人員通過正式的教育培訓，考核合格後任命，嚴格掌握標準。

(4) 職業定向。組織中的管理人員是職業化的專職人員，而不是該組織的所有者。

(5) 正式的規則和紀律。管理人員必須嚴格遵守組織中規定的規則和紀律，明確辦事的程序。原則上所有人都服從制度規定，不是服從於某個人。

(6) 非人格化。組織中成員之間的關係以理性準則為指導，不受個人情感的影響。這種公正不倚的態度不僅適用於組織內部，而且也適用於組織與外界的關係。

韋伯認為，這種高度結構化的、正式的、非人格化的理想行政組織體系是強制控制的合理手段，是達到目標、提高效率的最有效形式。這種組織形式在精確性、穩定性、紀律性和可靠性等方面都優於其他形式。這是由於程序化的工作方式和結構化的正式關係網絡，並用規則和紀律來規範著人們的行為，能夠消除管理者的主觀判斷，即使是人事變動也不會影響組織的正常運行。同時，這種組織模式對人沒有偏見，無論是上級還是下屬，無論是顧客還是員工，都應當一視同仁地遵守規則，使得領導的權威更多地來源於位置而不是個人。這樣，組織可以更加公正有效地運作。所以它適用於各種行政管理工作及當時日益增多的各種大型組織，如教會、國家機構、軍隊、政黨、經濟組織和社會團體。韋伯的這一理論，對泰勒、法約爾的理論是一種補充，對後來的管理學家、特別是組織理論家產生了很大的影響。

上述古典管理理論是以提高生產效率為主要目標，強調以物質利益為中心，重視個人積極性的發揮。把物質利益作為刺激工人勞動積極性的唯一有效的手段，把規章制度作為企業組織重要的管理工具，有效提高了生產效率。但也具有其局限性，表現在以下三個方面：第一，對組織中人的因素的研究不夠，一般只是把人看做「經濟人」；第二，主要強調對組織內部有效運行問題的研究，而忽略了或較少地分析有關外部環境對組織的影響問題；第三，對解決管理實踐中的協調問題以及為貫徹各種管理職能提供服務方面較少涉及。

四、行為管理理論

以科學管理理論、一般管理理論和行政組織理論為代表的古典管理理論著重於生產過程、組織控制方面的研究，較多地強調科學性、精密性、紀律性，而對人的因素注意較少。把工人當成是經濟人。到了20世紀20年代前後，由於經濟的發展和週期性危機的暴發，以及階級矛盾激化和勞資衝突加劇。傳統的管理理論和方法已不能有效地控制工人，無法提高生產率和利潤。面對新的挑戰，管理實踐呼喚新的管理理論，行為科學應運而生。這是繼古典管理理論之後管理學發展的一個重要階段。

行為科學研究從人際關係學說（或人群關係學）開始，到1949年在美國芝加哥大學召開的有關組織中人的行為的討論會上第一次提出並正式定名為「行為科學」，20世紀50年代以後行為科學無論在理論方面還是實踐方面才真正發展起來。

（一）梅奧的人際關係理論

喬治‧埃爾頓‧梅奧（1880—1949）原籍澳大利亞，後移居美國。作為一位心理學家和管理學家，他領導了在芝加哥西方電氣公司霍桑工廠進行的試驗，即霍桑試驗。該試驗分四個階段。

第一階段：工作場所照明試驗（1924—1927年）

實驗的目的是研究照明的強度對生產效率是否有影響，即工作環境與生產效率有無直接因果關係。研究人員選擇一批工人，並把他們分成兩組：一組是試驗組，變換工作場所的照明強度，從而使工人在不同照明強度下工作；另一組是控制組，工人在照明強度保持不變的條件下工作。試驗結果發現，照明強度的變化對生產率幾乎沒有什麼影響，但從中可以得出兩條結論：第一，工作場所的照明只是影響工人生產率的微不足道的因素；第二，由於牽涉因素較多，難以控制，且其中任何一個因素都足以影響試驗的結果，所以照明對產量的影響無法準確衡量。該試驗以失敗告終。

第二階段：繼電器裝配室試驗（1927年8月—1928年4月）

實驗的目的是研究福利和工作條件對生產效率是否有直接影響。從這一階段起，梅奧開始參加試驗。研究人員選擇了5名女裝配工和1名畫線工在單獨的一間工作室內工作。一名觀察員被指派加入這個工人小組，記錄室內發生的情況，以便掌握影響工作效果的因素。在試驗中分期改善工作條件，如改進材料供應方式、增加工間休息、供應午餐和茶點、縮短工作時間、實行集體計件工資制等。這些女工們在工作時間可以自由交談，觀察員對她們的態度也很和藹。這些條件的變化使產量上升。但一年半後，取消了工間休息和供應的午餐和茶點，恢復每週工作六天，產量仍維持在高水準上。經過研究，發現其他因素對產量無多大影響，而監督和指導方式的改變，即人際關係的改善能促使工人改變工作態度、增加產量，於是決定進一步研究工人的工作態度和可能影響工人工作態度的其他因素。

第三階段：大規模訪談試驗（1928—1931年）

研究人員在上述試驗的基礎上，利用兩年時間進一步在全公司範圍內進行訪問和調查，達2萬多人次。結果發現，每個工人的工作效率的高低不僅取決於他們自身的情況，還與其所在小組中的同事有關，任何一個人的工作效率都要受他的同事們的影響，特別是受到一些在工作過程中產生的小團體的影響。因此，研究人員在這一階段的實驗中得出了以下結論：影響生產效率的最重要因素是工作中發展起來的人際關係，而不是待遇和工作環境。

第四階段：接線板接線工作室試驗（1931—1932年）

實驗的目的是要證實工人在工作中會形成小群體，而且這種小群體的存在對工人態度有著很重要的影響。研究人員為了系統地觀察在實驗小組中的工人之間的相互影響，安排了電話接線工作室的實驗。他們挑選了14名工人，其中9名接線工、3名焊工以及2名檢驗工，讓他們在一個單獨的房間內工作。除檢驗外，其他12人分成3組，構成正式組織。在這一階段有許多重要發現。

第一，公司規定的工作定額為每天焊接7,312個接點，但工人們只完成了6,000～

6,600個接點，原因是怕公司再提高工作定額，怕因此造成一部分人失業，要保護工作速度較慢的同事。

第二，工人對不同級別的上級持不同態度。把小組長看作小組的成員。對於小組長以上的上級，級別越高，越受工人的尊敬，工人對他的顧忌心理也越強。

第三，成員中存在小群體。每個小群體都有自己的一套行為規範。誰要加入這個小群體，就必須遵守這些規範。

梅奧對歷時8年的「霍桑試驗」的結果進行了總結和分析，於1933年出版了《工業文明中人的問題》一書，闡述了與古典管理理論不同的理論：人際關係學說理論。標誌著管理學發展到了「以人為中心」的新階段。其理論要點有以下內容。

1. 工人是「社會人」而不是單純的「經濟人」

工人是「社會人」而不是單純的「經濟人」。科學管理學派認為金錢是刺激人們工作積極性的唯一動力，把人看作「經濟人」。但是，霍桑實驗表明，工作條件、工資報酬等並不是影響勞動生產率高低的第一位因素。工人是「社會人」，他們除了有生理和物質方面的需求以外，還有很多社會、心理方面的需求。因此，強調必須同時從社會、心理方面來激勵工人提高生產率。

2. 企業中存在著「非正式組織」

企業成員在共同工作的過程中，由於共同的興趣、愛好、處境、背景以及相容的個性特點等會自發形成小群體，即「非正式組織」。「非正式組織」以它獨特的感情、規範和傾向，左右著成員的行為。古典管理理論僅注重正式組織的作用是很不夠的。「非正式組織」不僅存在，而且與正式組織相互依存，對生產率有重大影響。

3. 生產率的提高主要取決於工人的工作態度以及他和周圍人的關係

梅奧認為提高生產率的主要途徑是提高工人的滿足度，即工人對社會因素，特別是人際關係的滿足程度。如果滿足度高，則工作的積極性、主動性和協作精神就高，即士氣高，從而生產率就高。

梅奧等人的人際關係學說的問世，開闢了管理和管理理論的一個新領域，並且彌補了古典管理理論的不足，使管理學的發展又向前推進了一大步。並為後來行為科學理論的發展奠定了基礎。

(二) 行為科學理論的發展

繼梅奧之後，許多行為科學家在人際關係學說的基礎上做了更深入的研究。從研究對象所涉及的範圍來看，大體上可分為以下幾類：

(1) 有關人的需要、動機和激勵方面的理論。主要包括內容型激勵理論（馬斯洛的需要層次理論、赫茨伯格的雙因素理論、麥克利蘭的成就需要理論等）、行為改造理論（斯金納的強化理論等）、過程型激勵理論（亞當斯的公平理論、弗魯姆的期望理論、洛克的目標設置理論等）

(2) 有關企業中的人性假設理論。主要包括麥格雷戈的X理論、Y理論，阿吉里斯的不成熟—成熟理論。

(3) 組織行為理論。主要包括有關領導理論和組織變革、組織發展理論。

其中，領導理論又分為領導特質理論（吉賽利、斯托格迪爾、謝里和洛克的領導特質理論）、領導行為理論（利克特、勒溫的領導方式理論、四分圖理論、管理方格法理論）、領導權變理論（坦南鮑姆的領導行為連續統一體理論、菲德勒的權變領導論、布蘭查德的領導生命週期理論、豪斯的目標—途徑領導理論等）；組織變革和發展理論（勒溫的組織變革學說、卡斯特的組織變革學說、沙因的適應循環學說、唐納利的組織變革模式、威廉. 大內的 Z 理論等）。[1]

五、現代管理理論

20 世紀 40 年代前，管理學的著作大多出自管理工作者之手。第二次世界大戰以後，隨著科學技術日新月異的發展，生產和組織規模的急遽擴大，生產力的迅速發展，生產的社會化程度日益提高，市場競爭更加激烈，企業經營管理問題越來越複雜。這一時期，新的科學領域不斷拓展，特別是系統論、控制論、信息論和計算機等最新研究成果在企業管理中得到廣泛的應用。不僅從事實際管理工作的人和管理學家在研究管理，而且一些心理學家、社會學家、人類學家、經濟學家、生物學家、哲學家及數學家等也從各自不同的背景、角度，用不同的方法對現代管理問題進行研究，這帶來了管理理論的空前繁榮，出現了各種各樣的學派。1961 年 12 月，美國管理學家哈羅德·孔茨發表了《管理理論叢林》，把當時的管理理論分為 6 個主要學派，成為西方現代管理理論形成的標誌。他使用「管理理論叢林」來描述西方現代管理理論的主要特徵，指出「第二次世界大戰後的西方管理理論領域中管理問題的觀點和結論莫衷一是，眾說紛紜，管理理論已發展成為盤根錯節、枝繁葉茂的熱帶叢林。」孔茨在 1980 年出版的《再論管理理論叢林》一文中，進一步將現代管理理論分為 11 個學派。

（一）管理科學學派

管理科學學派又稱數理學派，它是泰勒科學管理理論的繼承和發展，其代表人物主要是美國的伯法等人。伯法的代表作是《現代生產管理》，該學派認為，管理工作是可以用數學模型來表示、分析的，他們反對憑經驗、憑直覺、憑主觀判斷來進行管理，主張採用科學的方法，探求最有效的工作方式或最優的方案，以達到最高的工作效率，用最短的時間、最小的支出取得最大的效果。它是以現代自然科學和技術科學的最新成果，如以先進的數學方法、電子計算機技術、系統論、控制論及信息論等為手段，運用數學模型，對管理領域中的人、財、物、時間、信息等資源進行系統的定量分析，並作出最優規劃和決策。使整個管理從以往的定性描述變為定量的科學預測。管理科學學派的主要內容有 3 個方面：運籌學、系統分析和決策科學化。管理科學學派的研究具有以下一些特徵：

其一，以決策為主要著眼點，在不同程度的不確定條件下，求出合理的決策。

其二，以經濟效果標準作為評價依據，注重經濟技術方面的問題。

其三，以數學模型和電子計算機作為處理和解決問題的方法和手段，注重解決問

---

[1] 孫耀君. 現代管理學的發展與回顧 [J]. 經濟管理·新管理，2001（2）.

題的數量方法和系統方法。

（二）管理過程學派

管理過程學派是在法約爾管理思想的基礎上發展起來的，其代表人物有美國的哈羅德・孔茨、奧唐奈等。該學派的主要特點是把管理過程與管理職能聯繫起來，認為管理是一個過程，此過程包括計劃、組織、人事、指揮和控制 5 種職能。這些管理職能對任何組織的管理都具有普遍性。管理者把長期管理實踐累積起來的經驗、知識綜合起來，通過對上述各個職能的具體分析，歸納出其中的規律與原則，指導管理工作，提高組織的效率和效益。其觀點的局限性是認為協調是管理人員的本質及目的。

（三）人際關係學派

人際關係學派是從 20 世紀 60 年代的人類行為學派演變來的。該學派認為，既然管理是通過別人或同別人一起去完成工作，那麼，對管理學的研究就必須圍繞人際關係這個核心來進行。他們把有關的社會科學原有的或新近提出的理論、方法和技術用來研究人與人之間和人群內部的各種現象，以個人心理學為基礎，從個人的品性動態一直到文化關係，無所不及。重視管理中「人」的因素，注重人際行為、人際關係、領導和激勵的研究。其觀點的局限性是忽略了管理的計劃、組織和控制職能。

（四）團體行為學派

這一學派是從人類關係學派中分化出來的，因此，同人際關係學派關係密切，甚至易於混同。但它關心的主要是群體中人的行為，而不是人際關係。它以社會學、人類學和社會心理學為基礎，而不以個人心理學為基礎。它著重研究各種群體行為方式，從小群體的文化和行為方式，到大群體的行為特點，都在其研究之列。對大群體的研究常常被叫做「組織行為學」。其觀點的局限性在於缺乏完整的管理概念、原則、理論和方法。需要更緊密地結合組織結構設計、人員配備、計劃和控制。

（五）經驗（或案例）學派

該學派主要從管理者實際管理經驗方面來研究管理，認為成功的組織管理者的經驗是最值得借鑑的。他們以成功或失敗的大企業的管理經驗作為案例，分析其成功的管理經驗和失敗的教訓，然後加以概括，找出它們成功經驗中的共同點以及失敗的原因，然後使其系統化、理論化，並據此向管理人員提供實際的建議。該學派強調管理的藝術性，強調從管理的實踐出發，試圖通過分析各種成功和失敗的管理案例，為人們提供解決具體管理問題的有效方法。經驗學派的代表人物主要有：彼得・德魯克，著有《有效的管理者》等書；歐內斯特・戴爾，著有《企業管理的理論與實踐》等書；威廉・紐曼，著有《經營管理原理》等書。其主要觀點有：

1. 對於管理的性質

他們認為，管理是管理人員的技巧，是一個特殊的、獨立的活動和知識領域，但對什麼是管理，對管理概念的認識卻不一致。

2. 對於管理的任務

德魯克認為，作為主要管理人員的經理，有兩項別人無法替代的特殊任務：第一，

他必須造就一個「生產的統一體」；第二，經理在作出每一決策和採取每一行動時，要把當前利益和長遠利益協調起來。

3. 對於目標管理

德魯克最早提出了目標管理的概念和方法。德魯克認為，傳統管理學派偏於以工作為中心，忽視了人的一面；而行為科學又偏於以人為中心，忽視了把人同工作結合起來。目標管理則是綜合了以工作和以人為中心的管理辦法，它能使職工發現工作的興趣和價值，從工作中滿足其自我實現的需要。他認為，目標管理能從根本上激發職工的積極性，比參與管理更能體現自我的價值和責任，便於統一企業與個人的利益和目標，目標管理法更適用於企業高層管理者對中、下層管理者的有效管理。

由於學派研究對象所處的環境不同，研究目的不在於確定一些原則，其觀點也存在一定的局限性。從管理學思想和理論的角度看，這個學派在管理學界的影響不大。

(六) 社會協作系統學派

創始人是美國的經濟學家巴納德，1909 年，巴納德進入美國電話電報公司統計部工作。1927 年起開始擔任美國貝爾電話公司的總經理。巴納德以最高經營者的經驗為基礎，從社會學和系統論的觀點來研究管理問題，並以組織理論為研究重點，把人際行為和群體行為兩個方面引導到一個協作系統。他的代表作是 1938 年出版的《經理的職能》一書，該書被稱為美國管理文獻中的經典著作。社會協作系統學派的主要觀點有：

1. 對於組織的性質

巴納德等人認為社會的各級組織都是一種社會協作系統，是一種有關人的相互關係的協作體系，它是社會大系統中的一部分，受到社會環境各方面因素的影響。經理人員是這個協作系統的中心人物，在組織中起著溝通、協調和領導的作用，使組織能夠順利運轉。

2. 對於組織的要素

巴納德認為，社會活動一般是通過正式組織來完成的，而作為正式組織的協作系統，不論其級別的高低和規模的大小，都包含共同目標、協作意願、信息聯繫三個基本要素。

3. 對於非正式組織

所謂非正式組織，是指不屬於正式組織的一部分，且不受其管轄的個人聯繫和相互作用以及有關的團體的總和。非正式組織可能對正式組織起某些有利或不利的影響，是正式組織不可缺少的部分，其活動應使正式組織更有效率並促進其效力。

其局限性表現在，對於管理研究的範圍過於廣泛；同時，它忽視了許多管理概念、原則和方法。

(七) 社會技術系統學派

這一學派的創始人是特里斯特及其在英國塔維斯托克研究所工作的同事。他們通過對英國煤礦中長壁採煤法生產問題的研究，發現單單只分析企業中的社會方面是不夠的，還必須注意其技術方面。他們發現，企業中的技術系統（如機器設備和採掘方

法）對社會系統有很大的影響。個人態度和群體行為都受到人們在其中工作的技術系統的重大影響。因此，他們認為，必須把企業中的社會系統同技術系統結合起來考慮，而管理者的一項主要任務就是要確保這兩個系統相互協調，著重研究生產、辦公室業務以及在技術系統和人際之間具有緊密關係的其他方面。其局限性表現在，只強調藍領和低層的辦公室工作，忽視了更多的其他管理知識。

（八）系統學派

系統理論學派產生於20世紀60年代初，是以系統為基礎來研究管理，強調任何組織都是由若干子系統所構成。企業的經營系統可以劃分為戰略子系統、協調子系統和作業子系統。在管理工作中，強調通過各個子系統之間的協調，以實現組織大系統的整體優化，強調組織整體效率的提高。系統管理學派突破了以往各個學派僅從局部出發研究管理的局限性，從組織的整體出發闡明管理的本質，對管理學的發展作出了重大貢獻。

（九）決策理論學派

決策理論學派的主要代表人物是1978年諾貝爾經濟學獎獲得者赫伯特·西蒙，他的代表作是《管理決策新科學》（1960）。西蒙原屬於巴納德的社會系統學派，後又致力於決策理論、運籌學、電子計算機在企業管理中的應用等方面的研究，獲得豐碩成果，所以另成一派。決策理論的主要觀點如下：

1. 決策的作用

決策理論學派特別強調決策在管理中的作用。西蒙在《管理決策新科學》一書中提出了「管理的關鍵是決策」、「管理就是決策」、「決策貫穿管理的全過程」、「決策程序就是全部的管理過程」，以及「決策是管理人員的主要任務，管理人員應該集中研究決策問題」等思想。

2. 決策的過程

西蒙認為，決策是一個完整的過程，包括：情報活動，其任務是收集和分析反應決策條件的信息；設計活動，在情報活動的基礎上設計、制定和分析可能採用的行動方案；抉擇活動，從可行方案中選擇一個適宜的行動方案；審查活動，對已作出的抉擇進行評估。

3. 把決策看做研究所有企業活動的出發點

4. 決策的原則

應該按「令人滿意」的原則來決策，而不是按「最優化」原則來決策。

5. 程序化決策和非程序化決策

西蒙根據一個組織的決策活動是否重複出現，將決策分為程序化決策和非程序化決策。在西蒙的決策理論中，對非程序化決策的方法進行了細緻的研究。他用心理學的觀點和運籌學的手段，提出了一系列指導企業管理人員處理非程序化決策的技術，從而在西方企業界產生了重要影響。

（十）權變理論學派

權變理論學派也稱權變學派。其理論是繼系統理論之後，於20世紀70年代在西方

出現的另一個試圖綜合各個管理學派的理論。該學派基本的管理思想是：在企業管理中，沒有什麼一成不變、普遍適用的、「最好的」管理理論和管理方法，企業管理者必須隨著企業所處的內外環境變化而隨機應變。在企業組織結構方面把企業看成一個受外界環境影響而又對外界環境施加影響的「開放式系統」。其主要代表人物是美國的盧桑斯、菲德勒和英國的伍德沃德等，理論基礎是「超Y理論」。

權變理論具有整體化優勢，集中融合了各個不同學派的觀點，強調應在不同的環境下提出不同的管理對策和措施，採用不同的管理模式和方法。這種強調隨機應變、主張靈活運用各學派學說的觀點，為管理學的發展作出了一定的貢獻。

（十一）經理角色學派

這是最新的一個學派，同時受到管理學者和實際管理者的重視，代表人物是加拿大的管理學家亨利・明茨伯格。該學派著重研究管理者在組織中扮演的角色和管理任務。在20世紀60年代末，明茨伯格通過對五位總經理的工作進行仔細研究後，發現管理者扮演著十種不同但卻高度相關的角色。明茨伯格認為，這些角色對於所有經理的工作都具有普遍性，因此，可以通過對經理人員在管理過程中所充當的角色的研究來形成管理的理論體系，這樣才能使理論對實踐有指導意義。明茨伯格把管理者所擔任的十種角色進一步組合成三個方面：人際角色、信息角色和決策角色。

六、當代管理理論

20世紀80年代以後，世界格局發生了巨大的變化，在政治方面表現為舊的格局迅速解體，新的格局逐漸形成，軍事實力競爭逐步轉為經濟實力競爭；在經濟方面表現為經濟全球化和經濟一體化；在技術方面表現為高新技術的發展日新月異；社會文化伴隨著國與國之間頻繁的交流而相互交融。在這種環境下，各種組織為了尋求生存和發展，引發了管理學者進行深入的思考和探索，管理思想也隨之發生了重大的轉變，產生了管理的新思想。

（一）戰略管理理論

戰略管理思想最早出現在巴納德的代表作《經理的職能》一書之中，歷經錢德勒、安德魯斯、安索夫、波特、普拉哈德等人的研究，形成了比較完整的戰略管理理論體系。

20世紀80年代，哈佛大學商學院邁克爾・波特按照產業組織經濟學的範式：結構—行為—績效，提出了行業結構決定行業內的競爭狀態，並決定組織的競爭規則、競爭範圍、企業的潛在利潤及企業的競爭策略這一理論。波特特別強調，組織在制定競爭戰略時要考慮組織所處的環境，組織競爭的核心是獲取競爭優勢，而決定組織競爭優勢的主要因素：一是行業的盈利能力，即產業的吸引力；二是組織在行業內的相對競爭地位。而相對競爭地位受到五種競爭力量的影響：即供應商、購買者、競爭對手、替代產品和潛在競爭對手。波特還提出了贏得競爭優勢的三種基本的競爭戰略，也就是成本領先戰略、差異化戰略、目標集聚戰略。

以波特為代表的競爭戰略理論在過去的20多年裡，受到企業及其他戰略管理學界

的普遍認同,其外部環境分析模型得到廣泛使用,以致該理論在20世紀80年代的戰略管理理論中占據主導地位。

1990年美國經濟學家普拉哈拉德和哈默在《哈佛商業評論》發表了《企業核心能力》一文,由此形成了戰略管理理論中的「核心能力學派」。普拉哈拉德和哈默認為,制定戰略時,組織內部環境比外部環境更為重要,組織的核心競爭力是組織可持續競爭優勢與新業務發展的源泉,它來源於能夠比競爭對手以更低的成本和更快的速度建立核心競爭能力,是組織所有能力中最核心、最根本的部分,它可以通過向外輻射,作用於其他各種能力,影響著其他能力的發揮和效果。他們還認為,現代市場競爭與其說是基於產品的競爭,不如說是基於核心能力的競爭。企業的經營能否成功,已經不再取決於企業的產品、市場的結構;而取決於其行為反應能力,即對市場趨勢的預測和對變化中的顧客需求的快速反應,因此,企業戰略的目標就在於識別和開發競爭對手難以模仿的核心能力。

1996年,美國學者詹姆斯·穆爾出版的《競爭的衰亡》標誌著戰略管理理論的指導思想發生了重大突破。穆爾從生物學中的生態系統這一獨特的視角來描述當今市場中的企業活動,但又不同於將生物學的原理運用於商業研究的狹隘觀念。後者認為,在市場經濟中,達爾文的自然選擇似乎僅僅表現為最合適的公司或產品才能生存,經濟運行的過程就是驅逐弱者。而穆爾提出了「商業生態系統」這一全新的概念,打破了傳統的以行業劃分為前提的戰略理論的限制,力求「共同進化」。穆爾站在企業生態系統均衡演化的層面上,把商業活動分為開拓、擴展、領導和更新四個階段。建議高層經理人員經常從顧客、市場、產品、過程、組織、風險承擔者、政府與社會七個方面來考慮商業生態系統和自身所處的位置;系統內的公司通過競爭可以將毫不相關的貢獻者聯繫起來,創造一種嶄新的商業模式。在這種全新的模式下,應著眼於創造新的微觀經濟和財富制定戰略,即以發展新的循環來代替狹隘的以行業為基礎的戰略設計。[1]

(二) 企業再造理論

企業再造理論是美國學者邁克·哈默與詹姆斯·錢皮提出的關於企業經營管理方式的理論和方法。20世紀90年代之後,企業生存與發展的環境發生了巨大的變化,特別是顧客、競爭和變化三種力量,已對專業分工思想提出了挑戰。1993年,邁克爾·哈默和詹姆斯·錢皮共同出版了《企業再造》一書,該書第一次系統地闡述了企業再造的內容、方法和程序,重點分析了營運流程的再造,使企業變革有了新的系統理論作為指導,標誌著流程再造理論的誕生。

企業再造是指為了在產品和服務質量、顧客滿意度、成本、員工工作效率等衡量企業績效的關鍵指標上能夠取得顯著的改善,從根本上重新思考、徹底改造業務流程。其理論的核心思想是對組織原有的作業流程進行根本地再思考和徹底地再設計,以求在成本、質量、服務和速度等各項當今至關重要的績效標準上取得顯著的改善,其目

---

[1] 汪濤,萬健堅. 西方戰略管理理論的發展歷程、演進規律及未來趨勢 [J]. 外國經濟與管理, 2002 (3).

的是為了提高企業的競爭能力。哈默將其形象地闡釋為「打破雞蛋才能做蛋卷」。

企業再造強調信息技術的利用，注重人與信息技術的有機結合，重新、徹底地設計業務流程；面向流程的組織是扁平化的結構，減少管理層級，拉近高層管理者與組織員工和顧客的距離，提高管理效率；業務流程以顧客為導向，突出全局最優，而不是著眼於職能分工和局部最優；組織人員實施的是團隊式管理，而不是職能管理；組織溝通突出橫向溝通，而不是縱向溝通。

在具體實施過程中，企業再造可以按照以下程序來進行。
（1）對原有流程進行全面的功能和效率分析，發現其存在的問題；
（2）設計新的流程改進方案並加以評估；
（3）制訂規劃，形成方案；
（4）組織實施與持續改善。

總之，企業再造理論適應了通過變革來創造企業新活力的需要，在歐美的企業中受到了高度的重視，因而得到迅速的推廣，並帶來了顯著的經濟效益，這也使得越來越多的學者加入到企業流程再造的研究中來。當然，作為一種新的管理理論和方法，企業再造理論仍然需要不斷地發展和完善。

（三）學習型組織理論

1990年，彼得・聖吉出版了《第五項修煉》一書，提出了企業持續發展的源泉是提高企業的整體競爭優勢，提高整體競爭能力，提高整體的素質。未來真正出色的企業是使全體員工全心投入並善於學習、持續學習的、符合人性的、有機的、扁平化的組織——學習型組織。

學習型組織理論是以五項修煉為基礎的，這五項修煉具體如下：

第一，自我超越。這是五項修煉的精神基礎，是指學習不斷理清並加深個人的真正願望，集中精力，培養耐心，並客觀地觀察現實。

第二，改善心智模式。即不斷適應內外的變化，改變自己的思維定式以及由此決定的假設、成見甚至圖像、印象。

第三，建立共同願望。是指要使組織擁有一種能夠凝聚全體成員，並堅持實現的共有的目標、價值觀和使命感。

第四，團體學習。是指在群體中進行思想交流，分享集體的智慧。當團體真正在學習的時候，不僅團體整體容易產生出色的成果，個別成員成長的速度也比其他的學習方式要快。

第五，系統思考。這是五項修煉的核心，是指樹立系統觀念，善於運用完整的知識體系和實用的工具，認清整個變化形態，並瞭解如何有效地掌握變化，開創新局面。

聖吉認為，以上五項修煉是一個有機的整體，每一項修煉都與其他幾項修煉密切相關。其中最關鍵也是最困難的修煉是系統思考的修煉。

學習型組織的特點是：
（1）全體成員有共同的願景；
（2）善於不斷學習；

(3) 扁平式的組織結構；
(4) 自主管理；
(5) 員工家庭與事業之間的平衡；
(6) 領導者的新角色。

學習型組織理論突破了原有的模式，它以系統思考代替機械思考，以整體思考代替片斷思考，以動態思考代替靜止思考。現代組織面臨日益複雜多變的環境，只有不斷增強自身的學習能力，提高整體素質，才能適應新形勢的變化。

（四）虛擬組織理論

美國管理學家查爾斯・薩維奇於 1991 年出版了《第五代管理》一書，1996 年他對該書進行了修改，書中明確提出通過建立虛擬組織、動態協作團隊和知識聯盟來創造財富的觀點。

所謂虛擬組織是指兩個以上的獨立的實體，為迅速向市場提供產品和服務，在一定時間內結成的動態聯盟。它不具有法人資格，也沒有固定的組織層次和內部命令系統，而是一種開放式的組織結構。因此可以在擁有充分信息的條件下，從眾多的組織中通過競爭招標或自由選擇等方式精選出合作夥伴，迅速形成各專業領域中的獨特優勢，實現對外部資源的整合利用，從而以強大的結構成本優勢和機動性，完成單個企業難以承擔的市場功能，如產品開發、生產和銷售。虛擬組織所表現的基本特徵是：

(1) 人力資源虛擬化，即將不同企業的人員集中在一起，協同工作；
(2) 組織結構虛擬化，即虛擬型組織結構是鬆散的，其空間的分佈和功能的確定都是臨時的，完全取決於項目和產品；
(3) 信息網絡虛擬化，即企業成員之間的信息傳遞和業務往來主要通過信息網絡完成。

隨著技術進步和經濟全球化的加速，虛擬型組織成為企業謀求生存與發展、參與全球化浪潮的途徑。虛擬型組織以互聯網為基礎，以全球經濟一體化為背景，以自主、平等為組織原則，以技術合作為基本紐帶，通過信息網絡構建核心競爭力來創造財富。其優勢在於，能夠敏銳地把握市場機會，有效地縮減交易期，及時滿足客戶的要求。

（五）知識管理理論

知識，是 21 世紀最重要的概念。早在 16 世紀，弗蘭西斯・培根的「知識就是力量」是對知識重要性的最經典的詮釋。知識管理是使信息轉化為可被人們掌握的知識，並以此來提高特定組織的應變能力和創新能力的一種新型管理形式。

20 世紀 80 年代以來，知識管理在商業壓力的推動下受到廣泛關注並成為浪潮。在激烈的商業競爭環境下，企業必須不斷提高自身效率才能獲得更多的利潤，因而企業不斷地運用各種先進的管理思想以期獲得競爭優勢。在國外，麥肯錫公司、安永會計師事務所、惠普公司等許多大型跨國公司紛紛實施知識管理並取得了巨大的成就，知識管理成為熱潮。據 Delphi Consulting Group 的調查，1998 年有 28% 的美國公司在運用知識管理，1999 年有 70% 的企業在實行全面的知識管理。KPMG 公司 1998 年的調查也表明，在英國 100 家大公司中，有 43% 的公司開始推行知識管理。到 2000 年，這個比

例就高達85%,年平均增長率為50%。

美國未來學者阿爾溫‧托夫勒1990年在《力量的轉移》一書中將「知識」與「財富」、「蠻力」並列稱為新的「力量金三角」。財富屬於富人,蠻力屬於強人,唯有知識,具有更多的「民主」與最高貴的「品質」。他還指出:「科學技術越發展,人類按照自己需要創造資源的能力就越大,那時唯一重要的資源就剩下信息和知識,知識將是未來貿易的中心。」[1]

從國內外知識管理的實踐來看,知識管理項目可分為四類:

(1) 內部知識的交流和共享,這是知識管理最普遍的應用;

(2) 企業的外部知識管理,這主要包括供應商、用戶和競爭對手等利益相關者的動態報告,專家、顧客意見的採集,員工情報報告系統,行業領先者的最佳實踐調查等;

(3) 個人與企業的知識生產;

(4) 管理企業的知識資產,這也是知識管理的重要方面,它主要包括市場資產、知識產權資產、人力資產和基礎結構資產等幾個方面。

隨著知識管理的發展,知識管理研究成為學術界的熱點。20世紀90年代後是知識管理理論得到系統發展的時期,有關知識管理的書籍和論文增長迅速。以知識管理實踐與理論為基礎,形成了一個專門的學科——知識管理學。國際知識管理網的創始人之一卡爾‧維格在《知識管理:一門淵源久遠的新興學科》一文中強調,知識管理成為新興學科需要包括認知科學、教育方法、管理科學、經濟學、人工智能以及信息管理與技術科學等在內的支持性學科。而且擁有多個學科領域知識的知識管理專家正逐漸成為一種新興職業。

第三節　管理創新

一、管理創新概述

在市場競爭激烈、產品生命週期短、技術突飛猛進的今天,創新是企業生存的根本,發展的動力,成功的保障。江澤民同志曾指出:「創新是一個民族進步的靈魂,是一個國家興旺發達的不竭動力,也是一個政黨永葆生機的源泉。」在今天,創新能力已成了國家的核心競爭力,也是企業生存和發展的關鍵,是企業實現跨越式發展的第一步。

(一) 創新的概念

什麼是創新?

創新一詞起源於拉丁語,原意有三層含義:更新;創造新的東西;改變。簡而言之,創新就是利用已存在的自然資源創造新事物的一種手段。創新作為一種理論可追

---

[1] 柯平. 知識管理學 [M]. 北京:科學出版社,2007.

溯到 1912 美國哈佛大學教授熊彼特的《經濟發展概論》。熊彼特在其著作中提出：「創新是指把一種新的生產要素和生產條件的『新結合』引入生產體系。」[1]它包括五種情況：引入一種新產品，引入一種新的生產方法，開闢一個新的市場，獲得原材料或半成品的一種新的供應來源，實現任何一種新的產業組織方式或企業重組。熊彼特獨具特色的創新理論奠定了其在經濟思想發展史研究領域的獨特地位，也成為他經濟思想發展史研究的主要成就。熊彼特關於創新的基本觀點中，最基礎的一點即「創新是生產過程中內生的」[2]。他認為經濟生活中的創新和發展並非從外部強加而來，而是從內部自行發生的變化。這實際上強調了創新中應用的本源驅動和核心地位。

美國管理學家德魯克在 20 世紀 50 年代將「創新」概念引入管理領域，從而進一步發展了創新理論。他所定義的創新概念要寬泛得多，指的是賦予資源以新的創造財富能力的行為。德魯克認為創新有兩種：一種是技術創新，它在自然界中為某種自然物找到新的應用，並賦予新的經濟價值；一種是社會創新，它在經濟與社會中創造出一種新的管理機構、管理方式或管理手段，從而在資源配置中取得很大的經濟價值與社會價值。

總之，創新涵蓋眾多領域，包括政治、軍事、經濟、社會、文化、科技等各個領域的創新。因此，創新又可以分為科技創新、文化創新、藝術創新、商業創新、社會創新等等。

(二) 管理創新的概念

管理創新本身並不具有固定的模式，它是個動態的發展過程。關於企業管理創新的概念，學者們從不同的角度闡述了自己的觀點。

李軒認為，企業管理創新就是一個不斷根據市場和環境的變化，重新整合企業的人才、資本和技術要素以適應和創造市場，滿足市場需求，同時達到自身效益和社會責任目標的過程。

藍峻、張黎認為，企業管理創新就是不斷根據市場和社會變化，重新調整人才、資本和科技要素，以知識創新適應市場，滿足市場需求，同時達到自身的效益和社會責任的目標的過程。這個過程本身就是管理過程。

張寬裕、王萍認為，管理創新就是企業為了適應內外環境的變化而進行的局部和全局的調整和變革，也就是將一種新思想、新方法、新手段或新的組織形式引入管理中，並取得相應成效的過程。管理創新包括管理思想與管理理論、管理制度、管理組織、管理模式、管理方法與手段的創新。管理創新具體體現在目標、產品、經營、組織結構、環境等創新。

林萍認為，管理創新是指企業把新的管理要素（如新思想、新方法、新手段、新的管理模式等）引入管理系統的創新活動。它通過對企業的各種生產要素和各項職能在質和量上做出新的變化和組合，以創造出一種新的更有效的資源整合範式，從而促

---

[1] Castells M. The Rise of the Network Society [M]. Cambridge, MA: Blackwell, 1996.
[2] 熊彼特. 增長財富論——創新發展理論 [M]. 李默, 譯. 西安：陝西師範大學出版社，2007.

進管理系統綜合效益不斷提高的過程。管理知識不同於技術知識，具有整合和優化生產要素的特徵。

王學軍認為，管理創新是一個將資源從低效率轉向高效率使用的過程，它著眼於資源更有效的利用，儘管也有一定的規律，但它本身並沒有某種特定的表現形式，它貫穿於組織的各項管理活動之中，通過組織的各項創新活動來表現自身的存在與價值。創新在整個管理過程中處於軸心地位，通過對計劃、組織、領導、控制職能的創新，推動著管理向更有效地運用資源方向發展。

綜合上述學者的觀點，我們認為，管理創新是指企業在資源的配置過程中，所創造的新的管理理念、管理制度、組織形式、組織環境、管理目標、管理方法及管理模式。這一概念至少包括下列五種含義：

（1）提出一種新發展思路並加以有效實施；
（2）創設一個新的組織機構並使之有效運轉；
（3）提出一個新的管理方式方法；
（4）設計一種新的管理模式；
（5）進行一項制度的創新。

在管理創新中，管理理念創新、管理制度創新、組織形式創新是十分重要的三部分內容。

二、管理創新的內容

（一）管理理念創新

企業管理理念是指導企業管理活動的指導思想。企業管理理念從工業經濟時代的以物為本向新環境下的以人為本、以知識為本轉化。縱觀當代企業，只有不斷創新，才能在競爭中處於主動，立於不敗之地。而管理理念的陳舊或新穎是關係到企業興衰成敗的關鍵。

管理理念創新指具有領先時代的經營思想和經營理念。思想和理念屬於意識形態，統領企業創新的發展趨勢。管理理念創新是企業生存和發展的先決條件，是管理創新的靈魂。在知識經濟和可持續發展戰略的指導下，企業首先應該完善管理理念，從單一生產意識轉化為追求經濟效益的市場意識；從「你死我活」的競爭理念向競爭與合作統一的競爭理念轉化；從企業片面追求利潤最大化，發展到積極承擔社會責任和對用戶的責任的經營目標多元化理念轉化；從工業經濟時代的以物為本向新形勢下的以人為本、以知識為本轉化。工業經濟時代，土地、勞動、資本是最基本的生產要素，企業管理思想是以物為中心的。梅奧的人際關係學派，特別是行為科學的產生與發展，給管理學新的研究視角，以人為本的管理理念逐步代替以物為本的管理思想。

在新形勢下，知識及知識的主要載體人員在生產產品和服務的過程中起著越來越重要的作用，企業管理要求圍繞企業的人員及知識展開管理。以知識為本的管理思想表明了企業知識資源是創新的源泉，為了充分開發和有效利用企業的知識資源，進行以創新為目的的知識生產，需要企業建立組織學習的機制，並有計劃、有組織地進行

各種組織培訓活動以及與外部知識資源的結合。這樣，才能將企業的知識資源融入產品或服務及其生產過程和管理過程，並通過上述四個轉化，實現管理理念的創新。管理理念創新有利於企業適應經濟全球化的客觀要求。

（二）管理目標創新

企業是在一定的經濟環境中從事經營活動的，特定的環境要求企業按照特定的方式提供特定的產品。一旦環境發生變化，要求企業對經營目標進行相應的調整。中國的企業，在高度集權的經濟體制背景下，嚴格按照國家的計劃要求來組織內部的活動，改革開放以來，企業與國家和市場的關係發生了變化，企業必須通過其自身的活動來謀求生存和發展。因此，利潤最大化，幾乎是所有企業都一直在追求的目標。隨著經濟體制改革的不斷深化，產業結構的調整，在新的經濟背景下，企業必須建立理性化目標，即生存目標、雙贏目標和可持續發展目標。至於企業在各個時期的具體的經營目標，則更需要適時地根據市場環境和消費需求的特點及變化趨勢加以調整，每一次調整都是一種創新。在管理目標創新中，理性化目標是核心、流動性目標是活力、穩定性目標是基石。

（三）技術創新

所謂技術創新，是從一個新思想的產生，到產品設計、試製、生產、行銷和市場化的一系列活動，也是知識的創造、流通和應用的過程。技術創新是企業創新的主要內容，技術創新的實質是新技術的產生和商業應用。現代工業企業的一個主要特點是在生產過程中廣泛運用先進的科學技術。企業中出現的大量創新活動是有關技術方面的，技術水準是反應企業經營實力的一個重要標誌，企業要在激烈的市場競爭中處於主動地位，就必須順應甚至引導社會技術進步的方向，不斷地進行技術創新。在現代企業裡，技術創新的內容非常廣泛，一般包括：

1. 產品創新

產品創新包括改造老產品和開發新產品兩個方面，它是企業術創新的「龍頭」。產品的改造，既要提高產品的使用價值，又要盡可能降低活勞動和物化勞動的消耗；既要簡化產品的結構，又要保證產品的質量；既要簡化產品的品種規格，又要提高產品標準化、通用化、系列化水準。開發新產品，必須要有戰略眼光，努力做到生產第一代，研製第二代，設計第三代，探索第四代。

2. 設備和工具的創新

設備和工具是企業進行生產的必要手段，是現代化大生產的基礎。設備和工具的創新主要包括：

（1）改造原有的機械設備；

（2）開發簡易設備，革新生產工具；

（3）將手工操作改為半機械化、機械化操作，提高機械化、自動化水準；

（4）開發自動化的新型數控工具。

3. 能源和原材料的創新

開發能源是技術創新的重要內容，每個企業都必須千方百計地採取各種有效措施，

節約能源，提高能源利用率，以發展新能源為主導，積極實施熱加工設備的更新改造，加強餘熱利用等措施。原材料創新是指以最新科學理論為基礎，研究、試驗、發展中的具有較優性能的新型原材料。

4. 工藝和操作技術的創新

工藝和操作技術，是指在生產過程中以一定勞動資料，作用於一定的勞動對象的技術組合的加工方法。這方面的創新主要包括：改革舊的工藝和縮短加工過程；用先進的加工方法代替舊的加工方法；創造新的加工、操作方法等。生產工藝和操作方法的創新，可以迅速提高勞動生產率，提高產品質量和經濟效益。

5. 人事創新

任何生產手段都需要依靠人來操作和利用，企業在增加新設備、使用新材料的同時，還需不斷提高人的素質，使之符合技術進步後的生產與管理的要求。企業的人事創新，既包括根據企業發展和技術進步的要求，不斷地從外部取得合格的、新的人力資源，而且更應注重企業內部現有人力的繼續教育，用新技術、新知識去培訓、改造和發展他們，使之適應技術進步的要求。

6. 改善生產環境及勞動保護

隨著科學技術的飛速發展，解決環境污染、職業病以及公害等問題將越來越迫切。因此，不斷研究變害為利，治理環境污染，改善勞動條件，保證安全生產等課題，都是技術創新的重要內容。

（四）制度創新

制度的功能是協調和規範組織成員的行為。企業的管理制度本身就是一種規範，具有一定的穩定性，企業在管理制度體系下正常運行，去實現目標。這種規範在風險社會和多變的社會中尤其重要，它有利於降低不確定性和風險。但是這種規範有時易成為組織發展的一種障礙。因為組織已經習慣了某些規範或從中獲利而不願放棄固有的規範。在快速變化、動盪的環境下，企業管理制度也應該具有一定的動態性。因此，管理制度應把規範性和創新性很好地結合起來。一方面，管理制度應按規範來編製，體現組織的規範要求，另一方面，應根據環境的變化、企業的要求對制度實施創新。

制度創新是一種十分重要的創新活動，制度創新是技術創新的保證，決定了技術創新的動力來源，是技術創新的主要推動因素。企業創新系統的運行，需要一套行之有效的管理制度作保證。管理制度創新主要包括決策制度創新、信息管理制度創新、人力資源管理制度創新、建立知識產權管理制度等幾個方面內容。

（五）組織創新

企業系統的正常運行，既要求具有符合企業及其環境特點的運行制度，又要求具有與之相應的運行載體，即合理的組織形式。因此，企業制度創新必然要求組織形式的變革和發展。組織創新是創新活動的保證。組織創新就是要改變、調整和重塑企業的生產關係，來適應技術創新的要求。組織創新主要體現在組織結構、內部的分工協作及組織內各成員的職權、職責關係的創新。

（六）環境創新

實踐證明，一個地區、一個企業、一個部門發展環境是否優化、是否寬鬆，直接關係到生產要素能否聚集、人才能否聚集、員工的積極性能否發揮，直接影響到其自身的發展。企業的發展環境是一個綜合的概念，包括影響企業發展的硬環境和軟環境。硬環境為具有實體的和剛性的環境，包括人員結構、設施、經費和管理體制等。軟環境是指非實體的和非剛性的環境，主要是人文環境。它的主要組成要素有科學精神和人文精神、科學傳統、組織文化、價值觀等。

環境是企業經營的土壤，同時也制約著企業的經營。環境創新不是指企業為適應外界變化而調整內部結構或活動，而是指通過企業積極的創新活動去改造環境，去引導環境朝著有利於企業經營的方向變化。例如，通過企業的公關活動，影響社區政府政策的制定；通過企業的技術創新，影響社會技術進步的方向等。就企業來說，環境創新的主要內容是市場創新。市場創新主要是指通過企業的活動去引導消費，創造需求。企業開發新產品是創造市場需求的主要手段，有時通過市場的地理轉移，也可實現市場創新，走創新發展之路。如德邦物流股份有限公司重視環境創新，走創新發展之路，從創業初期僅有 4 個人的創業小組，營業面積不足 8 平方米的小檔口，經過十幾年的風雨歷程，至 2010 年已發展成為用有 26,000 多員工，年產值達 26.88 億元的中國汽車運輸行業的排頭兵。「創新發展對德邦物流的發展至關重要，公司一直在努力營造一種鼓勵、激勵員工創新改進的氛圍和文化，許多的創新改進方案對公司改進動作流程和客戶服務發揮了重大作用。」「我們所有的員工，包括總監、區長，都要不斷地學習、思考、創新、改進。充分發揮自己的智慧，同心協力，想別人未想到的事情，做得比別人更好、更有效，這樣公司才會穩步快速地發展。」[1]

近年來風行國內外的高新科技園區的快速發展，與環境創新是息息相關的。美國加利福尼亞的多媒體產業無論就技術水準還是內容創新在世界上都處於領先地位。其原因是一方面依託硅谷的高科技創新，當地大量的計算機軟件、硬件、娛樂業的存在以及隨後出現的技術都直接促進了多媒體產業的發展，而且在當地產生了巨大的集聚效應，使當地的多媒體產業一直遙遙領先。中國深圳高科技產業區，已逐步形成了一定鼓勵創新的文化環境，招攬了一大批國內外人才創業，形成了良好的發展勢頭。

三、管理創新的過程和組織

（一）創新的過程

創新是無規律可循的。創新是對舊事物的否定，對新事物的探索。從本質上講創新是雜亂無章的。但就創新的總體來說，它們必然遵循一定的步驟、程序和規律。總結眾多成功企業的經驗，成功的創新要經歷「尋找機會、提出構想、迅速行動、堅持不懈」這樣幾個階段的努力。

---

[1] 德邦物流股份有限公司董事長崔維星。

1. 尋找機會

創新是對原有秩序的更新。原有秩序之所以要打破，是因為其內部存在著或出現了某種不和諧的現象。這些不和諧對組織的發展提供了新的機會或造成了某種不利的威脅。創新活動正是從發現和利用舊秩序內部的這些不和諧現象開始的。不和諧為創新提供了契機。

舊秩序中的不和諧既可存在於組織的內部，也可產生於對組織有影響的外部。就組織的外部來說，有可能成為創新契機的變化包括：技術的變化、人口的變化、文化與價值觀念的轉變。就組織內部來說，引發創新的不和諧現象主要有如下兩種：生產經營中的「瓶頸」企業意外的成功和失敗。企業的創新往往是從密切地註視、系統地分析社會經濟組織在運行過程中出現的不和諧現象開始的。

2. 提出構想

敏銳地觀察到了不和諧現象的產生以後，還要透過現象究其原因，並據此分析和預測不和諧的未來變化趨勢，估計它們可能給組織帶來的積極或消極後果，並在此基礎上努力利用機會或將威脅轉換為機會，使組織在更高層次實現平衡的創新構想。

3. 迅速行動

創新成功的秘密主要在於迅速行動。提出的構想可能還不完善，甚至可能很不完善，但這種並非十全十美的構想必須立即付諸行動才有意義。「沒有行動的思想會自生自滅」這句話對於創新思想的實踐尤為重要，一味地追求完美，以減少受譏諷、被攻擊的機會，就可能坐失良機，把創新的機會白白送給自己的競爭對手。創新的構想只有在不斷地嘗試中才能逐漸完善，企業只有迅速地行動，才能有效地利用「不協調」提供的機會。

4. 堅持不懈

構想經過嘗試才能成熟，而嘗試是有風險的，是不可能「一擊就中」的，是可能失敗的。創新的過程是不斷嘗試、不斷失敗和不斷提高的過程。因此，創新者在開始行動以後，為取得最終的成功，必須堅定不移、持之以恒地繼續下去，決不能半途而廢，否則便會前功盡棄。

(二) 創新活動的組織

系統的管理者不僅要根據創新的規律和特點的要求，對自己的工作進行創新，而且更主要的是組織下屬的創新。組織創新，不是去計劃和安排某個成員在某個時間去從事某種創新活動——這在某些時候也許是必要的，但更要為成員的創新提供條件、創造環境。有效地組織系統內部的創新，要求管理人員做到如下幾點：

1. 正確理解和扮演「管理者」的角色

管理人員往往是保守的，他們往往自覺或不自覺地扮演現有規章制度的守護神角色。為了減少系統運行中的風險，防止大禍臨頭，他們往往對創新嘗試中的失敗吹毛求疵，隨意懲罰在創新嘗試中遭到失敗的人，或輕易地獎勵那些從不創新、從而從不冒險的人。在分析了前面的關於管理的維持與創新職能的作用後，再這樣來狹隘地理解管理者的角色，顯然是不行的。管理人員必須自覺地帶頭創新，並努力為組織成員

提供和創造一個有利於創新的氛圍與環境，積極鼓勵、支持並引導組織成員不斷進行創新。

2. 創造促進創新的組織氛圍

促進創新的最好方法是大張旗鼓地宣傳創新，鼓勵創新，激發創新，樹立「無功便是有過」的新觀念，使每一個成員都能奮發向上、努力進取、躍躍欲試並且大膽嘗試。要造成一種人人談創新、時時想創新甚至無處不創新的組織氛圍，使那些無創新慾望或有創新慾望卻無創造行動、從而無所作為者自己感覺到在組織中無立身之處，使每個人都認識到組織聘用自己的目的，不是要自己簡單地用既定的方式重複那也許重複了許多次的操作，而是希望自己去探索新的方法、找出新的程序，只有不斷地去探索、去嘗試才有繼續留在組織中的資格。

3. 制訂彈性的組織計劃

創新意味著打破舊的規則，意味著時間和資源的計劃外占用，因此，創新要求組織的計劃必須具有彈性。創新需要思考，思考需要時間。把每個人的每個工作日都安排得非常緊湊，對每個人在每時每刻都實行「滿負荷工作制」，則創新的許多機遇便不可能發現，創新的構想也無條件產生。美國成功的企業，也往往讓職工自由地利用部分工作時間去探索新的設想，據《創新者與企業革命》一書介紹，IBM、3M、奧爾—艾達公司以及杜邦公司等都允許職工利用5%～15%的工作時間來開發他們的興趣和設想。同時，創新需要嘗試，而嘗試需要物質條件和試驗的場所。要求每個部門在任何時間都嚴格地制訂和執行嚴密的計劃，則會失去創新的土壤。而永無機會嘗試的新構想，就只能留在人們的腦子裡或圖紙上，不可能給組織帶來任何實際的效果。因此，為了使人們有時間去思考、有條件去嘗試，組織制定的計劃必須具有一定的彈性。

4. 正確面對失敗的挫折

創新的過程是一個充滿失敗的過程。創新者應該認識到這一點，創新的組織者更應該充分認識這一點。只有認識到失敗是正常的，甚至是必需的，管理人員才可能允許失敗、支持失敗甚至鼓勵失敗。當然，支持嘗試、允許失敗，並不意味著鼓勵組織成員去馬馬虎虎地工作，而是希望創新者在失敗中取得有用的教訓，學到一點東西，變得更加明白，從而縮短下次失敗到創新成功的路程，失敗是成功之母。

5. 建立合理的激勵制度

要激發每個人的創新熱情，還必須建立合理的評價和激勵制度。創新的原始動機也許是個人的成就感、自我實現的需要，但是如果創新的努力不能得到組織或社會的承認，不能得到公正的評價和合理的獎酬，則持續創新的動力會漸漸減弱甚至消失。

促進創新的激勵制度至少要符合下述條件。

(1) 注意物質獎勵與精神獎勵的結合

獎勵不一定是金錢上的，而且往往不需要是金錢方面的，精神上的獎勵也許比物質報酬更能滿足和驅動人們創新的心理需要。而且，從經濟的角度來考慮，物質獎勵的效益要低於精神獎勵；金錢的邊際效用是遞減的，為了激發或保持同等程度的創新積極性，組織不得不支付越來越多的獎金。對創新者個人來說，物質上的獎勵只在一種情況下才是有用的：獎金的多少首先被視作是衡量個人的工作成果和努力程度的

標準。

　　（2）獎勵不能視作「不犯錯誤的報酬」

　　獎勵是對特殊貢獻，甚至是希望作出特殊貢獻的努力的報酬；獎勵的對象不僅包括成功以後的創新者，而且應當包括那些成功以前，甚至是沒有獲得成功的努力者。就組織的發展而言，也許重要的不是創新的結果，而是創新的過程。如果獎酬制度能促進每個成員都積極地去探索和創新，那麼對組織發展有利的結果是必然會產生的。

　　（3）獎勵制度要既能促進內部的競爭，又能保證成員間的合作

　　內部的競爭與合作對創新都是重要的。競爭能激發每個人的創新慾望，從而有利於創新機會的發現、創新構想的產生；而過度的競爭則會導致內部的各自為政，互相封鎖；協作能綜合各種不同的知識和能力，從而可以使每個創新構想都更加完善，但沒有競爭的合作難以區別個人的貢獻，從而會削弱個人的創新慾望。要保證競爭與協作的結合，在獎勵項目的位置上，可考慮多設集體獎，少設個人獎，多設單項獎，少設綜合獎；在獎金的數額上，可考慮多設小獎，少設甚至不設大獎，以使每一個人都有成功的希望，避免「只有少數人才能成功的超級明星綜合徵」，從而防止相互封鎖和保密，破壞合作的現象。

【本章小結】

　　管理理論源於人類的管理實踐，而人類的管理實踐活動源遠流長，古今中外的管理思想是人類智慧的結晶。隨著資本主義工業革命的產生和發展，生產規模的不斷擴大，勞資雙方的矛盾日益激化，迫切需要一種理論指導人們的社會化大生產和其他社會活動，科學管理理論便應運而生。本章通過三節內容介紹了管理理論的形成和發展及管理創新。在中國管理理論形成和發展這節中分三個階段介紹了儒家學派的管理思想、道家學派的管理思想、法家學派的管理思想、兵家學派的管理思想、近代前期的管理思想、近代後期的管理思想及中國當代管理思想；在西方管理理論的形成與發展這節中，介紹了西方古代管理思想、管理理論的萌芽階段、古典管理理論、行為管理理論、現代管理理論、當代管理理論；在管理創新這節中，介紹了創新的概念、管理創新的概念、管理創新的內容及管理創新的過程和組織等知識。

【思考題】

　　1. 中國古代管理思想的主要內容體現在哪些方面？其對現代管理有哪些啟示？
　　2. 為什麼在 19 世紀末、20 世紀初會出現古典管理理論？古典管理理論由哪些管理理論組成？
　　3. 泰勒的科學管理理論的主要內容是什麼？
　　4. 試分析法約爾對管理學理論的奠基性貢獻。
　　5. 現代管理理論主要包括哪些理論？
　　6. 當代管理理論主要包括哪些理論？

7. 人際關係學說的主要內容是什麼？其對管理學發展的主要貢獻是什麼？
8. 怎樣理解權變理論的基本思想？
9. 如何理解決策理論學派的主要觀點？
10. 什麼是管理創新？管理創新的基本內容有哪些？

【案例】

廣西某高校如何成功引進兩位博士後[①]

2000年9月中旬，在廣西某醫科院校內，大家都在議論一件事：本碩畢業於本校，留日後工作於本校，剛從廣州某高校出站的某博士後被兄弟院校——廣西某醫學院「引進」了。這在整個廣西的高校中引起了軒然大波，因為無論從學校的辦學規模、工作條件、福利待遇、社會影響等方面，廣西某醫學院都遠不如其他重點院校。是什麼原因促使這位博士後作出如此選擇呢？還得從頭說起。

廣西某醫學院是廣西地方所屬的單科性院校，也是廣西唯一一所培養高級中醫藥人才的高等學府。多年來，在黨的教育方針和中醫藥政策的指引下，經過廣大教職員工的努力，學院在辦學規模、教學質量等方面都有了長足的發展和提高。但是，由於廣西經濟發展一直滯後，對教育的投入一直不足，一般高校的辦學條件都比較差，教師隊伍不穩定，「留不住」、「引不來」現象普遍存在，極大制約了廣西高等教育的發展。為了解決這一「瓶頸問題」，近兩年來，某醫學院和其他高校一樣採取了不少措施，如興建教師住宅，改善教師的居住環境；提高課酬補貼，改善教師的生活待遇；設立科研獎勵基金，為教師開展學術研究提供必要的條件等。這些措施對穩定原有的師資隊伍無疑起到了積極的作用。但窘於財力，這些措施的力度又十分有限，特別是與發達地區相比，與重點院校相比，差距還很大，人才外流問題仍然很難遏制。就學院的藥學系來說，每年都有五六名甚至十幾名青年教師考上博士後，就「壯士一去不復返」，畢業後或者留京，或者「孔雀東南飛」。因此，在1999年下半年，學院黨委多次提出一定要採取更有力的措施，千方百計留住人才，引進人才。

就在這個時候，學院人事處在向學院黨委書記、院長匯報工作時提及廣州某高校有兩位廣西籍的博士後即將出站，這兩位博士後所從事的研究方向都是當前中西醫結合的前沿課題，其中一位是研究中西醫結合治療糖尿病的，另一位則是研究中西醫結合治療老年痴呆的（也就是文章開頭提及的那位博士後）。黨委書記和院長馬上意識到，若能引進這兩名博士後，對於提高本院師資隊伍的學歷層次，完善隊伍的學歷結構，帶動學院前沿學科的建設，將具有重要意義。於是當即指示人事處盡快設法和這兩位博士後聯繫，瞭解他們的願望和要求，及時匯報。人事處根據指示，馬上開展工作，通過信函、電話等方式和對方取得了聯繫，瞭解到兩位博士後都有回廣西工作的意向，但同時又面臨著北京、廣州和上海等重點院校和外資藥業公司的多種選擇。得知這一情況後，黨委書記馬上召開黨政領導會議，對這兩位博士後的引進工作進行專

[①] 薛岩松，邱法宗. 公共管理：案例解讀與分析 [M]. 北京：中國紡織出版社，2006.

題研究和部署。會議一結束，書記就與兩位博士後直接通了電話，表達了學院歡迎他們來院工作的希望，並誠懇地邀請他們來學院考察，經費由學院負擔。與此同時，學院組織部與人事處分別與兩位博士後的家屬及父母聯繫，通過他們做說服工作。2000年春節，兩位博士後回廣西探親，學院專門請他們到學校來召開座談會，讓他們瞭解學院教學改革成果及未來發展規劃和前景。大年初三，黨委書記又帶領學院人事處長等親自登門給兩位博士後拜年，還到他們父母家裡進行了慰問。春節後兩位博士後要回校時，書記、院長又親自為他們送行。院領導的行動感動了兩位博士後，他們回到廣州後不久就主動表示可以優先考慮來學院工作。

看到引進工作有了初步效果和進展，書記、院長決定進一步抓好這項工作。除要求人事處平時經常保持與兩位博士後聯絡溝通外，2000年7月中旬，正是南方盛夏之際，書記、院長帶領學院組織部長、人事處長、附屬醫院院長和附屬製藥廠廠長等學院主要部門和單位的負責人，冒著酷暑炎熱，長途驅車800多公里，風塵僕僕地專程到廣州某高校，與兩位博士後協商引進的具體問題，並當場回答了兩位博士後有關來院後的生活、工作和發展等方面的問題。在廣州的三天時間裡，領導們除了吃飯、睡覺外，白天、晚上的所有時間都用來與兩位博士後座談、交流和慰問他們的家屬，連所在高校安排的遊覽活動也被婉言謝絕了。這次後來被稱為「院領導遠程異地辦公」的舉動，深深地打動了兩位博士後，當他們與院領導握別時，都激動地說：「士為知己者死，領導們這樣求賢若渴，真誠待人，我們一定回到廣西去，為學院的發展作出應有的貢獻。」

從廣州回來後，雖然正值暑假，書記、院長卻顧不上休假，又馬不停蹄地召開黨政領導班子辦公會議，再次研究落實引進博士後的特殊政策，最後經比較其他高校所給予的優惠條件，作出了五項決定：①在附屬醫院內分別設立糖尿病研究所和老年痴呆研究所，並同時在附屬藥廠建立實驗室，聘請兩位博士後擔任所長和主任；②分別提供10萬元科研啟動資金；③在學院範圍內新建的120平方米的住宅中，由兩位博士後各自任選一套免費居住，在服務滿5年後產權即歸其個人所有；④一次性提供6萬元安家費；⑤兩位博士後的愛人可以在學院範圍內的部門和單位選擇適合自己的崗位隨調，學院工會積極聯繫所在城區最好的學校，安排好其子女的上學問題。八月底，學院再次邀請兩位博士後到校考察，兩位博士後不僅看到自己的工作、科研、生活都得到妥善的安排，同時還看到自上次來校後，僅僅過了幾個月的時間，學校的校容校貌、教學設施、校園網絡就發生了很大的變化，甚至有了根本的改觀，於是就愉快地與學院簽訂了用人協議，並於出站後按時到校工作。

就這樣，一個在省區內排名中遊的單科性院校在與眾多優勢顯赫的高校的人才爭奪中，一次引進了兩位博士後，而那所失去了本應屬於自己人才的某醫科院校，只能望「才」興嘆了。

【思考題】
1. 某醫學院是否應該引進博士後？
2. 學院在引進博士後過程中採取了哪些措施，符合什麼管理理論或思想？

國家圖書館出版品預行編目（CIP）資料

管理學 / 蔣希眾 主編. -- 第一版.
-- 臺北市 ：財經錢線文化發行；崧博出版, 2019.11
　　面； 公分
POD版

ISBN 978-957-735-937-7(平裝)

1.管理科學

494　　　　　　　　　　　　　　108018065

書　　名：管理學
作　　者：蔣希眾 主編
發 行 人：黃振庭
出 版 者：崧博出版事業有限公司
發 行 者：財經錢線文化事業有限公司
E-mail：sonbookservice@gmail.com
粉 絲 頁：　　　　　網　址：
地　　址：台北市中正區重慶南路一段六十一號八樓 815 室
8F.-815, No.61, Sec. 1, Chongqing S. Rd., Zhongzheng Dist., Taipei City 100, Taiwan (R.O.C.)
電　　話：(02)2370-3310　傳　真：(02) 2388-1990
總 經 銷：紅螞蟻圖書有限公司
地　　址：台北市內湖區舊宗路二段 121 巷 19 號
電　　話:02-2795-3656 傳真:02-2795-4100　　網址：
印　　刷：京峯彩色印刷有限公司（京峰數位）

　　本書版權為西南財經大學出版社所有授權崧博出版事業股份有限公司獨家發行電子書及繁體書繁體字版。若有其他相關權利及授權需求請與本公司聯繫。

定　　價：380 元
發行日期：2019 年 11 月第一版
◎ 本書以 POD 印製發行